Hanns Heinz Ewers
Ameisen

SEVERUS Verlag

ISBN: 978-3-95801-450-3
Druck: SEVERUS Verlag, 2016

Der SEVERUS Verlag ist ein Imprint der Diplomica Verlag GmbH.
Bibliografische Information der Deutschen Nationalbibliothek:
Die Deutsche Nationalbibliothek verzeichnet diese Publikation in der Deutschen National-
bibliografie; detaillierte bibliografische Daten sind im Internet über http://dnb.d-nb.de
abrufbar.

© SEVERUS Verlag, 2016
http://www.severus-verlag.de
Printed in Germany

Hanns Heinz Ewers

Ameisen

SEVERUS

Meiner lieben Mutter
Maria Ewers-aus'm Weerth

I

AMEISEN UND ICH

Diesen drei Menschen habe ich manches liebe Mal
die Pest an den Hals gewünscht.

Oder: nicht eigentlich die Pest an den Hals – dazu hatte ich sie zu lieb, alle drei. Aber doch etwas,
das sie brav zwicken möchte, so etwa ein Quartals-
zipperlein in die großen Zehen, das sie hübsch erinnern sollte an ihre Sünden.

Aber garnichts zwickt dies Gesindel, das mir den
Floh dieses Buches ins Ohr setzte. Es lebt lustig
drauf los. Fragt mich, so oft es mich sieht – wie
weit ich nun eigentlich wäre mit dem Buch?

Sie grinsen dabei, alle drei. Wissen ganz genau,
warum?

★   ★   ★

So war es: es saßen in München bei Walterspiel
diese drei Menschen und ein harmloser Trottel. Der
harmlose Trottel war ich. Die drei Menschen waren:
ein Herr Verleger, ein Herr Professor und ein
Dichter. Eigentlich war es dieser, der mir die ganze
Brühe angerührt hat, die ich nun seit Jahren aus-
zulöffeln versuchte – und gerade ihm hätte ich's
am wenigsten zugetraut. Ich hielt ihn, wie alle
Dichter, für genau so harmlos vertrottelt wie mich
selbst. Ich irrte mich sehr – und habe meine Leicht-

gläubigkeit bitter genug bereut: dieser deutsche Dichter ist ein äußerst gescheiter Mensch.

Also: wir saßen beim Burgunderwein, erzählten uns was. Von der glorreichen Dummheit der Völker und ihrer Regierungen, die nie begreifen wollen, wie unendlich blöd es ist, daß sie sich selbst und einander ernst nehmen. Von den Sternen, die doch endlich einmal anfangen sollten, ein bißchen von dem Hokuspokus zu machen, den wir ihnen nun so lange schon andichten, und die statt dessen nichts tun, als Sechstagerennen spielen – Sechstausendsextillionenundnochmehrtageundnachtrennen – sich selbst und alles im Weltenraum grenzenlos langweilend. Von der Kunst, die immer nur eine kleine Vorspeise ist und nie einen Menschen satt macht — weder den, der sie kocht, noch den, der sie kostet. Von der Natur, die am Ende auch nie und nirgends ein Meisterstück ist und von der man, je mehr man sich mit ihr beschäftigt, um so weniger Hochachtung hat –

Dann, von ungefähr, war der Herr Professor der Biologie bei den Ameisen. Dies und das erzählte er – und manches war dabei, was wir nicht wußten. Das war uns unangenehm, mir und dem anderen Trottel – denn dafür hielt ich ihn damals noch in meiner leichtgläubigen Gutmütigkeit. So kramten wir also auch unsere Weisheit aus. Es stellte sich heraus, daß wir beide auch ein wenig von den Sechsbeinern wußten. Denn wir, die Antipoden dieser Arbeitstiere, wir, die Luxustierchen – Dichter, wie Husarenleutnants, sind ja letzten Endes nichts als für die Menschheit höchst überflüssige Luxustierchen und es ist darum sehr verwunderlich, warum ihr Dasein nicht längst von den Weisen in Berlin besonders hoch besteuert wird – also wir Dichter haben nun einmal die Eigentümlichkeit, unsere Nasen in alles hineinzustecken. Nicht einmal an einem Ameisenhaufen können wir ruhig vorbeigehn, immer wieder müssen wir den Herrn vom Fach ins Handwerk pfuschen. Was ging den Goethe die Knochenlehre an, was die Farbenlehre, was die Metamorphose der Pflanzen?

Der Herr Verleger geriet ins Hintertreffen. Dichter: zweibeinige Insekten. Ameisen: sechsbeinige – viel mehr wußte er nicht. Er wollte sich gern unterrichten.

»Gibt's so ein Buch?« fragte er.

»Hundert!« sagte der Herr Professor. »Forel und Wasmann und Wheeler und Huber und Lubbock und Emery und Escherich und Janet und Latreille und Mc. Cook und –«

»Hören Sie auf!« rief der Herr Verleger. »Das ist doch alles Wissenschaft – Fachgelehrsamkeit. Gibt's ein Buch, meine ich, aus dem ein einigermaßen gebildeter Laie –«

Der gemeine Kerl, mein Nebenbuhler, platzte los. Denn lachen kann er, wie kein anderer Mensch auf Erden je hat lachen können. Wenn's einer könnte – in keinem Wirtshaus würde man ihn auch nur eine Viertelstunde leiden, weil kein Mensch mehr sein eigen Wort versteht, wenn er mal loslegt. Ihn freilich duldet man. Duldet man? Dankbar ist jeder Wirt und jeder Koch im Lande, wenn er dasitzt – man wird gelb vor Neid, wenn man sieht, wie ihn die Walterspielbrüder behandeln. Denn er ist nicht nur *mein* Dichtkollege – er ist auch *ihr* Kochkollege. Kennt jedes Gericht und macht es besser als sie. Setzt die weiße Mütze auf, bindet die weiße Schürze um, geht in die Küche — ehrfürchtig staunen mit aufgerissenen Mäulern die Köche und Köchinnen und Kochstudentinnen: der kann's!

Aber ich will sein Lob nicht singen, im Gegenteil. Er platzte los, furioso, maestoso. Er ist eben garnicht harmlos und gar kein Trottel und also eigentlich völlig ungeeignet zum Dichter. Er hatte es gleich heraus, daß der Herr Verleger Morgenluft witterte — noch ehe der's selbst recht wußte. Darum brüllte er:

»Ah, das möchte Ihnen so passen! So eine Biene Maja aufs ameisenische! Was? Eine Million Auflagen und in alle Sprachen der Welt übersetzt!? (Böh! Böh! Böh! so lacht er.) Wird nix draus: 's gibt schon ein halbes Dutzend solcher Erbauungsbüchlein, die dem braven Kinde vom artigen Ameis erzählen — eins noch blöder wie's andere. Pleiten — und mußten's werden! (Böh! Böh! Böh!) Einmal frißt das Publikum so ein himmelblaues, zukkersüßes, marzipangefülltes, schokoladenbegossenes Osterei — wenn's so geschickt gelegt und so gescheit begackert ist, wie die Maja — aber dann hat's genug. Denkt nicht dran, noch zu Pfingsten beim minderwertigen Konditor wieder solche Eier zu kaufen.« (Böh!)

Der Herr Verleger tat, als hätte ihm nie die Biene Maja um die Nase gesummt. »Ich interessiere mich nicht für Literatur zu Firmungsgeschenken und Konfirmationsgaben« bemerkte er großartig. »Ich frage, ob es ein Buch über Ameisen gibt, aus dem

ich und andere einigermaßen gebildete Laien sich
unterrich —«

Aber der wilde Dichtersmann gab ihm keine
Ruhe. »So?« brüllte er. »Auch nicht ganz so dumm!
So eins, wie Maeterlincks Bienenbuch? (Böh!) Nicht
gerade eine Million — aber doch ein sehr hübsches
Geschäft.«

»Gibt es nicht!« entschied der Herr Professor.
»Kann es auch kaum geben. So verhältnismäßig einfach, wie die Sache bei den Bienen liegt, so ver-
zwickt liegt sie bei den Ameisen. Fünftausend Arten über die ganze Erde verstreut und alle verschieden in ihrem Treiben und Tun. Item: der Wissenschaft vorbehalten!«

Aber der Herr Verleger wußte schon, wie er's
machen sollte. Wenn er mal einen Gedanken hatte,
dann gab's kein: »Kann's nicht geben!« Er stand
auf, ging zum Herrn Walterspiel und beratschlagte
mit ihm. Allgemach brachte ein Kellner eine Flasche
goldbraunen Steinberger Kabinetts und dazu See-
muscheln in Chablis — und das stellte er vor den
Herrn Professor. Und ein anderer kam und brachte
Bocksbeutel, Juliushospital, 1915 Beerenauslese und
dazu eine Schnepfe, fertig geröstet mit Gänseleber-
parfait — und stellte es vor den Herrn Verleger. Und
ein dritter kam und brachte eine Flasche 1908 Ro-
manée und dazu Filetscheiben mit Schinken in Eier-
kuchenteig gebraten und stellte es vor meinen Nebenbuhler. Zu mir kam keiner und mir stellte niemand etwas hin. Ich seufzte — aber das nutzte nichts.
Ich mußte dreimal tief seufzen. Da merkte es der
Herr Verleger und sagte:

»Ach — entschuldigen Sie, mein Lieber! Sie hatte

ich ganz vergessen!« Dann bestellte er ein kleines
Gläschen Kirsch für mich.

Er weiß eben, dieser gemeine Mensch, daß ich
eine arme Halbwaise bin! (Mein lieber Vater ist
schon seit vierzig Jahren tot – und da kann natürlich alles auf mir rumhacken!)

»Greifen Sie zu! Und trinken Sie, meine Herrn«,
mahnte er. »Auf Ihr Wohlsein!«

Sie tranken alle und ich suckelte an meinem
Schnäpschen. Der Herr Verleger bot mir noch eine
Zigarre an – weil er weiß, daß ich die doch nicht
rauchen kann.

»Und nun, meine Herrn«, fuhr er fort, »wer
von Ihnen schreibt mir das Buch?«

»Ich ganz gewiß nicht«, sagte der Biologe.
»Wenn ein Gelehrter von Ruf ein Buch für Laien
schreibt, ist er ein für allemal für die Wissenschaft
erledigt. Bei mir haben Sie, Gottseidank, sich umsonst in Unkosten gestürzt!«

»Und bei mir, (Böh! Böh!) bei mir auch!«
grölte der wilde Dichter. »Ich hab zwei Dramen
auf der Pfanne und eine Pantomime und die Le-
bensgeschichte des braven Kaptains und meinen
Nebelroman und ein halbes Dutzend Geschichten --
das reicht für zwei Jahre und mehr! Dabei komme
ich noch garnicht mal zu dem Kochbuch, das ich
den Walterspiels schon seit langem versprach. Und
übrigens (Böh! Böh! Böh!) kriegen Sie garnichts
von alledem, weil mir die Leute in Wien und Berlin
viel mehr bezahlen.«

Das ging so hin und her; der Herr Verleger tat,
was er konnte, aber die beiden tranken und schmau-
sten und lachten ihn aus. An mich dachte niemand;

trübselig lutschte ich an dem Schnapsgläschen rum.
Sie waren längst von den Ameisen auf persische
Naphtaquellen gekommen — denn der wilde Mann
war grade dabei, eine große Naphtagesellschaft zu
gründen, halb persisches, halb amerikanisches Ka-
pital. Er gründete stets etwas; manchmal gelang es
und wenn's nicht gelang, konnte er noch immer
einen Roman draus machen. Dann kamen sie auf
Seidenraupen — denn der Herr Professor war Welt-
berühmtheit für diese lieben Tiere, denen er beigebracht hatte, dünnere Fäden zu spinnen. Dann
auf den Meister Ekkehart, von dem der Dichter
im Kloster Cues an der Mosel eine Handschrift entdeckt hatte, die indes der Herr Verleger sich be-
harrlich weigerte herauszugeben: keine Nachfrage
zurzeit nach Meister Ekkehart.

Dann —

Aber da fiel plötzlich des Dichters Blick auf
mich. Und da geschah es, daß ihn ein Gedanke
durchzuckte, den ich heute als sehr teuflisch längst
erkannt habe, den ich aber damals als äußerst
freundlich begrüßte, da er genau das traf, was in
meinem Schädel vorging, während ich die letzten
Tröpfchen Kirschwasser ableckte.

»Böh!« brüllte er den Herrn Verleger an. »Böh!
Böh! Böh! Jetzt hab ich's! Das Ameisenbuch —
das lassen Sie sich von Hanns Heinz schreiben!«
(Böh!)

Der Herr Verleger zog die Lippen herunter. »Ich
weiß nicht, ich weiß nicht —« zögerte er. »Aber
wenn die Herrn meinen, daß es ginge — vielleicht —«

Dieser Gedanke hatte mich nun schon seit Jahren

beschäftigt; immer wieder hatte ich ihn zurückgestellt. Ich grübelte: es sollte wirklich solch ein Buch geben. Und: einer. könnte es dennoch schreiben. Und: vielleicht kann ich's.

Natürlich ließ ich mir nichts merken – man kann nicht spröd genug tun mit Verlegern.

»So?« machte ich. »Meinen Sie? Aber Sie sind wieder an den falschen geraten, haben sich auch bei mir höchst vergeblich in große Unkosten gestürzt!«

Mit stolzer Gebärde schob ich das Schnapsgläschen quer über den Tisch, grade unter die Nase dem Herrn Verleger. Das sollte ein sehr giftiger Stich sein – aber der Mann merkte nichts davon. Er leerte sein Glas, füllte es wieder und begann mich auszuholen.

»Sagen Sie mir, mein Lieber,« forschte er, »seit wann beschäftigen Sie sich mit Ameisen?«

»Schon als Schulbub«, begann ich, »lag ich im Wald auf dem Bauch und –«

Der Herr Verleger unterbrach mich. Fauchte: »Es interessiert uns nicht, was Sie tun, wenn Sie auf dem Bauch liegen. Sagen Sie klipp und klar: wie kamen Sie grade auf Ameisen?«

Ich schnappte Atem. Sagte: »Ich ging mal als Junge in den Wald, pflückte Glockenblumen. Da war ein Ameisenhaufen, aber alle Ameisen waren drinnen. Um sie herauszulocken, schlug ich mit den Glockenblumen drauf: da wurden die blauen Blumen rot. Det fiel mir uff – wie der Berliner sagt.«

Der Herr Verleger fuhr mich an: »Wir sind nicht in Berlin – gottseidank! *Dort* mögen Sie solche Geschichten erzählen – oder Ihrer Urgroßmutter oder meinetwegen Ihren Lesern, aber nicht vernünftigen Menschen!«

Ich versuchte demütig: »Sie werden wirklich rot, die blauen Glockenblumen. Auch Lungenkraut wird rot. Nämlich die Ameisensäure —«

»Sie werden ja selber rot, Sie Glockenblümchen!« rief der Verleger. »Lassen Sie die Blumen und kommen Sie zu den Insekten. Was zog Sie zu den Ameisen hin?«

»Entschuldigen Sie bitte,« sagte ich. »Ich hatte einen Freund, der Emil hieß —«

Da rief der Herr Professor: »Wir wollen nichts von Emil hören, sondern von Ihnen! Sagen Sie mir: haben Sie jemals künstliche Nester gehabt, um die Tiere zu Hause zu beobachten?«

»Ja,« stammelte ich. »Zunächst eigene, ganz einfache. Dann Lubbocknester. Dann Janetnester. Endlich, in Amerika, Fieldenester —«

»Ausgezeichnet!« böhte der Dichter. »Er kennt auch amerikanische Ameisen!«

Der Herr Professor fuhr mich an: »Was haben Sie jetzt an Ameisen zu Hause?«

Immer verwirrter wurde ich. »Jetzt?« antwortete ich. »Garnichts. Doch — doch, ich habe einen Flaschenkorken, da ist eine im Bernstein drin.«

»Was kann man noch mehr verlangen?« raunzte der Dichter. »Er hat eingehend die fossilen Arten studiert!«

»Was wissen Sie von der Fachliteratur?« drängte der Herr Verleger.

»So einiges,« sagte ich bescheiden. »Ich habe gelesen, was mir so durch die Jahre in die Hand fiel.«

»Also gut,« schloß der Herr Verleger. »Wir wollen's versuchen mit Ihnen. Der Herr Professor wird die große Liebenswürdigkeit haben, mir alle Werke aufzuschreiben, die Sie durcharbeiten müssen — die lasse ich Ihnen zuschicken. Und das vergleichen Sie dann mit Ihren eigenen Erfahrungen. Nur merken Sie sich: keine Fachausdrücke! Kein Wort, das ich nicht verstehn kann — alles einfach und klar, hören Sie? In ein paar Monaten, denke ich, können Sie fertig sein — den Vertrag lasse ich Ihnen morgen zugehn.«

Der wilde Dichter grinste. »Ein paar Monate? — Na, werden ja sehn! Aber einerlei: ich habe Ihnen den Vertrag verschafft und also müssen Sie uns zu ein paar Flaschen einladen. Wenn Sie kein Geld haben — der Herr Walterspiel pumpt Ihnen, böh — Sie können ihn zahlen, wenn Sie das Honorar für das Buch bekommen.«

»Ja,« nickte ich. Ich bestellte den Wein und der Herr Walterspiel pumpte mir. Der Herr Professor trank mir gütig zu und sagte: »Mein Lieber! Haben Sie nur keine Angst vor der exakten Wissenschaft. Es ist eine rechte Spielerei, so wie Kinder spielen, und die besten Wissenschaftler sind die, die sich dessen bewußt sind.«

★　★　★

Diese schöne Begebenheit liegt nun schon drei Jahre zurück — den Wein habe ich immer noch nicht bezahlt.

Ich bekam Bücher zugeschickt und wieder Bücher und noch mehr Bücher. Ich baute Nester und wieder Nester und noch mehr Nester. Ich reiste herum und grub Haufen um Haufen von allen möglichen Ameisen – das ist ganz gewiß, daß kein stecknadelkopfgroßer Fleck an meinem armen Leibe ist, an dem mich nicht eine Ameise gezwickt hätte. Denn diese Tiere, darüber besteht kein Zweifel, haben nicht das geringste übrig für wissenschaftliche Forschung, stehn ihr vielmehr durchaus feindlich gegenüber.

Aber je mehr ich arbeitete und je heißer mein Bemühn war, um so hoffnungsloser erschien mir meine Aufgabe. Allmählich – es läßt sich halt nicht vermeiden – war ich selbst ein Fachgelehrter geworden und ein Buch für »gebildete Laien« erschien mir ebenso lächerlich wie unmöglich. Ich verstand jetzt den Biologen sehr gut, als er erklärte: »So ein Buch gibt's nicht und kann's auch kaum geben.« Und ich begriff die teuflische Bosheit des Dichters, der mich in diese Sache hineingehetzt hatte.

Dennoch ging ich immer wieder an die Arbeit, versuchte ihr von stets anderer Seite eine Möglichkeit abzugewinnen.

Nur: es ging nicht und ging nicht und ging nicht.

Tief überzeugt von meiner unheilbaren Trottelhaftigkeit, völlig verzweifelt über meine Unfähigkeit, krank und so nervös, daß kein Mensch mehr mit mir was zu tun haben wollte, reiste ich ab, um das Ameisengekribbele los zu werden, das mir Tag und Nacht keine Ruh geben wollte.

Sitze nun auf der Insel Brioni. Laufe menschenscheu herum – und kann doch nichts anderes denken, als: Ameisen (Böh!) Ameisen!

★   ★   ★

Gestern, unten in der Halle, rief mich der Kurarzt heran. Es seien einige Professoren da, die von dem Kongreß in Venedig herübergekommen seien. Er stellte mich vor, sagte, daß ich auch nun so ein halber Kollege sei, da ich dabei wäre, ein Buch über Ameisen zu schreiben. (Das wußte er aus den Zeitungen – mein Herr Verleger hat es längst in die Presse posaunt.)

Es befanden sich auf Lager: ein Pharmakologe aus Wien, ein Serologe aus Hamburg und ein Dermatologe aus Leipzig. Dazu dessen Frau, die auch Dermatologin war – die Unglückselige. Ferner ein Bakteriologe aus Rostock und ein Eugeniker aus Berlin; ein Wiener Phytopalaeontologe, ein Grazer Laryngologe und noch ein Urologe – wo aber dessen Stuhl stand, weiß ich wirklich nicht mehr.

Wissenschaft genug und sehr klangvolle Namen darunter. Und, wie der Zufall es wollte, nur Naturwissenschaftler – wenn freilich auch weder ein Biologe noch ein Zoologe irgendeiner Schattierung dabei war.

Also gut: wir sprachen über Ameisen. Das heißt: ich sprach nicht – sie sprachen. Keiner der Herrn nahm mich ernst, nicht eine Sekunde lang. Aber sie wußten so von mir, waren lieb und reichten mir, etwas mitleidig, gern ein Körnchen ihrer Weisheit. Das, meinten sie, möchte mir wohl wertvoll sein für meine Arbeit –

Ich hörte zu. Zunächst war ich ein wenig überrascht. Dann wunderte ich mich baß. Und endlich riß ich Ohren und Mund und Nase weit auf und war starr vor Staunen.

Bei meiner Seele: alle diese hochgelahrten und

grundgescheiten Herrn hatten auch nicht die leiseste Ahnung von meinen Peinigern, den Ameisen!!

Ich sagte nichts; aber ich fühlte: stunden- und stundenlang hätte ich ihnen erzählen können.

Gewiß: ein jeder hatte sein eigenes Fach, in dem er glänzte. Dennoch: Naturwissenschaftler alle. Und ein jeder aufnahmewillig für irgend ein interessantes, das ihm begegnen mochte –

Ich stand auf, ich bedankte mich bei allen.

Sie wissen nicht warum. Aber ich will es ihnen sagen und mich noch einmal bei ihnen bedanken: dafür, daß sie mir, endlich, den Mut gaben, dies Buch zu schreiben.

Dies Buch enthält nur wenig, das den Fachgelehrten etwas Neues wäre. Es enthält aber auch kein Wort, das nicht dem Laien verständlich wäre. Fraglos: es wird einmal überholt werden, doch bringt es das, was wir *heute* von der Welt der Ameisen wissen. Und das eine darf ich meinem Leser getrost versprechen: er wird sich nicht langweilen!

Aristoteles sagte einmal: ‚Der Beweis des Wissens liegt im Lehrenkönnen'. Wenn das richtig ist, so ist kaum ein Zehntel aller Wissenschaftler wirklich wissend. Die andern sind Halbwissende: sie können zwar lehren, aber nur die wenigen Menschen, die selbst in ihrem Fache schon recht viel wissen – alle andern vermögen sie gar nichts zu lehren. Das macht: sie können sich nicht verständlich machen. Vielleicht haben sie tiefste Weisheit — aber sie können sie nicht mitteilen. Sie schreiben zwar – aber was sie schreiben, ist nicht Deutsch. Auch nicht Englisch, bei englischen Gelehrten, was das angeht! Wahr ist, daß die meisten französischen, auch italienischen Gelehrten ihre Sprache beherrschen — was aber ist alle Wissenschaft ohne das englische und namentlich das deutsche Aufgebot? Die Sprache der deutschen Wissenschaft ist, von einigen Ausnahmen abgesehn, ein ekelhaftes Makkaroniwälsch, in dem ein deutscher Satzbau sich mit einem unverständlichen, mißverstandenen, falschen und verschwommenen Wust von Küchenlateinisch, Stubengriechisch, Kellnerenglisch und Commisvoyageurfranzösisch aufputzt. Ist keine Sprache mehr, sondern ein Zigeunergestammel, das bald widerlich, bald langweilig, bald unverständlich — meist aber das alles zusammen ist.

Gewiß schrieben Historiker, wie Clausewitz, Oncken, Treitschke, Kunsthistoriker wie Gurlitt, Justi, Lichtwark, Naturhistoriker wie Brehm, F. Cohn, Francé und andere eine mustergiltige Sprache, strebten nach höchsterreichbarer Klarheit, doch sind sie ein paar weiße Raben in der die Sonne verdunkelnden Krähenschar.

Wer sich nicht klar verständlich machen kann oder will — denn ich habe mehr als einen Gelehrten in Verdacht, daß seine nebelhafte Unverständlichkeit recht beabsichtigt ist, um als Lappen die nackte Blöße seines Nichtwissens zu decken — nun, der kann eben nicht schreiben. Und wer nicht schreiben kann, soll um Himmelswillen die Finger vom Federhalter lassen.

Dies Buch ist in Deutsch geschrieben.

★　★　★

Ein paar Worte noch als Gebrauchsanweisung.

Durch die nächsten Seiten soll man sich durchfressen. Man muß schon wissen, wieviel Beine ein

Tier hat, wieviel Augen und Mägen und andere schöne Sachen. Wie es aussieht von draußen und drinnen, wo es wohnt, wie es sich fortpflanzt. Es geht halt nicht anders; es ist zum Verständnis durchaus notwendig. Aber ich hab dies Notwendige schonend knapp behandelt.

Dann: es hat mir Spaß gemacht, den schweren Stoff mit ein paar Gedichten zu unterbrechen. Weil ich ein Mensch bin, muß ich, trotz dem Gefasel verknöcherter Wissenschaftler, die Ameisen wie alle Tiere menschlich sehn: anthropomorph.

Warum also soll ich nicht einmal auch Menschen – ameisenhaft sehn? Myrmekomorph?

Die Zwischenspiele sind myrmekomorphe Geschichten. Wer nicht mag, braucht sie nicht zu lesen – mit dem Buche haben sie wenig zu tun. Aber ich denke, daß sie dem einen oder andern schon munden möchten.

II

ALLGEMEINES

Wir staunen mehr über der Ameisen Leib, als
über den der gewaltigen Walfische.

Hlgr. Augustin, *De Civitate Dei.*

Mensch und Ameise.

Kein Mensch kann behaupten, daß Ameisen schöne
Geschöpfe seien. Man mag sie noch so sehr anerkennen, ihre sozialen Tugenden in den Himmel preisen, sie den lieben Mitmenschen als Vorbild anprei-
sen — und das tat man zu allen Zeiten von Salomon bis Bismarck — unserm Schönheitsempfinden
sagen sie sowenig zu wie Kakerlaken oder Ohrwür-
mer. Auch haben die Ameisen keine der anderen
Eigenschaften, die sonst des Menschen Vorliebe für
Tiere erwecken. Wir interessieren uns für alle Geschöpfe, die uns irgendwie nützlich sein können,
namentlich für die, die wir verzehren können. Wir
lieben Pferde, weil wir drauf reiten können oder
Bienen, weil sie uns Honig geben. Wir haben Vögel
in Bauern, weil wir ihren Gesang lieben, halten Katzen als Spielzeug. Neben der Nützlichkeit ist es die
Schönheit und schließlich auch wohl die Komik
eines Tieres, die die Teilnahme der Menschen wach-
ruft. Der Schulbub ist im Wald und Feld hinter

jedem Schmetterling her; die häßlichen Raupen fängt er nur, weil aus ihnen die schönen Falter sich entwickeln. Er fängt die zierlichen· Eidechsen, die farbenprächtigen Salamander, er schwärmt auch für possierliche, weiße Tanzmäuse und der häßlichste Aff reizt seine Lachmuskeln. Er sammelt Käfer nach Herzenslust, weil ihr drolliges Aussehn ihn reizt.

Die Ameise ist für den Menschen von keinem großen, augenfälligen Nutzen. Sie ist nicht schön. Und komisch ist sie auch nicht.

Darin liegt der Grund, warum der Mensch sich so wenig mit den Ameisen beschäftigt – ein Zustand, mit dem die Ameisen vermutlich ganz zufrieden sind, denn die Teilnahme des Menschen für die Tiere, die ihm nützlich sind, die sein Schönheitsgefühl befriedigen, oder die ihn ergötzen, bekommt diesen Tieren meist herzlich schlecht.

Wir kennen über fünftausend Arten von Ameisen, die sich über die ganze Erde ausdehnen. Alle Arten leben vergesellschaftet, bilden Staaten, Völker, Kolonien, wie man es nennen will. Einige Arten haben nur zwei Kasten von Tieren: Männchen und Weibchen. Im allgemeinen aber gibt es drei Kasten: Männchen auf der einen, Königinnen und Arbeiterinnen auf der anderen Seite. Die Königin ist stets fruchtbar; die Arbeiterin meist unfruchtbar. Das Männchen und Weibchen sind fast immer einförmig, dagegen finden wir häufig eine ganze Reihe sehr verschiedener Formen der Arbeiterinnen. Die Weibchen, wie die Männchen, tragen Flügel, obwohl wir auch Arten mit ungeflügelten Weibchen und andere mit ungeflügelten Männchen kennen. Die Arbeiterinnen sind dagegen stets ungeflügelt.

Die Ameisenvölker sind, wie die Bienenvölker, Weibervölker — mehr noch: Jungfrauenvölker. Die Männchen, von sehr kurzer Lebensdauer, verschwinden nach der Hochzeit; die Anzahl der befruchteten Königinnen, zwar nicht streng beschränkt auf eine einzige, wie bei den Bienen, ist dennoch verschwindend klein gegenüber den Arbeiterinnen: zuweilen sind mehrere vorhanden, selbst bei Völkern von hunderttausenden kaum mehr als ein halbes Hundert.

Unter den wirbellosen Tieren ist die Ameise in jeder Beziehung das höchststehende — so wie es der Mensch unter den Wirbeltieren ist. Und die Aehnlichkeit zwischen beiden ist in der Tat eine verblüffende. Nicht nur stoßen wir bei vielen Einzelheiten auf stets neue Aehnlichkeiten, auch in ihrer Entwicklungsgeschichte zeigen Mensch und Ameise große Gleichmäßigkeit. Wir sprechen beim Menschen vom Zeitalter des Jägers, des Hirten, des Ackerbauers und wir finden heute, zugleich lebend, neben den Handelsvölkern und Industrievölkern, auch noch reine Ackerbauvölker, reine Hirtenvölker, reine Jägervölker. Dieselben drei Zeitalter zeigt die Entwicklung der Ameisen: von den ältesten Jägervölkern über die Hirtenvölker zu den Ackerbautreibenden, wobei, wie beim Menschen, auch heute noch alle drei zu gleicher Zeit vorkommen.

Wie der Mensch, so hat auch die Ameise — wenn wir von Schmarotzern absehn — unter ihren Mitgeschöpfen nur sehr wenige Feinde, die ihren Völkern ernstlich gefährlich werden könnten. Gelegentlich frißt manches Tier wohl mal eine Ameise; ihnen nachstellen Ameisenbären und Ameisenigel, Spechte, Eidechsen, Frösche und Kröten, endlich einige Spinnen und Wespen sowie Ameisenlöwen. Aber all das, was diesen zur Beute fällt, ist nur ein ganz verschwindender Bruchteil der gewaltigen Völker der Ameisen. Dagegen haben diese einen einzigen Feind, der ihnen sehr gefährlich ist – und auch hier ist die Aehnlichkeit mit den Menschen eine schlagende. Wie die Stämme und Völker der Menschen, so bekämpfen auch' die der Ameisen *einander* durch alle Zeiten auf das heftigste.

Nutzen und Schaden.

Sind Ameisen dem Menschen mehr schädliche oder mehr nützliche Tiere? Die Frage ist allgemein kaum zu entscheiden. Einige Arten fügen uns zweifellos Schaden zu und verdienen bekämpft zu werden, während andere, die uns ebenso nützlich sind, unseres Schutzes gewiß sein sollten. Das einzige Land, in dem bisher für solche Arten ein Schutzgesetz erlassen wurde, ist Deutschland, wo in den meisten Einzelstaaten das Sammeln der sogenannten »Ameiseneier« in den Staatswäldern aus forstdienstlichen Gründen verboten wurde.

Ebenso schädlich wie lästig sind alle Arten Hausameisen, besonders die Pharaoameise; andere Arten machen sich in Gärten recht unliebsam bemerkbar. Die Blattschneiderameisen der Tropen entlauben ganze Bäume und Sträucher, darunter viele Obstsorten, während die viehzüchtenden Arten noch schlimmeren Schaden anrichten. Sie weiden ihre Haustiere, Blattläuse, Wurzelläuse, Schildläuse, Raupen auf jungen Wurzeln und Blättern, mit dem Erfolge, daß die jungen Pflanzen oft absterben. Die Ernteameisen wieder verzehren manch nützliches Samenkorn.

Der Schaden, den die Ameisen durch ihren Nestbau anrichten, ist sehr gering. Gewiß höhlen die Zimmermannsameisen schon hohle Bäume weiter aus, locken auch Spechte heran, die ihrerseits Löcher in den Baum hacken, doch schadet das dem Baume nicht allzuviel. Einzig die Korkeiche leidet zuweilen wirklich darunter.

Manche Ameisen können auch abscheulich beißen und stechen; den Preis in dieser Beziehung gebe ich der wilden Feuerameise in Dixieland. Doch kann man sagen, daß im allgemeinen nur *der* unter Ameisenbissen und Stichen zu leiden hat, der ihre Nester zerstört, in erster Linie also der Forscher.

Dann auch: der Ameiseneierjäger.

Da war – das ist nun fünfzehn Jahre her – der alte Bauer und Schuster Holzer; der lebte im Schneebergdörfel bei Puchberg im Raxgebiet. Er versorgte lange Zeit hindurch das Aquarium zu Schönbrunn mit Ameiseneiern. Die Ameisen am Fuße des Schneebergs hatten wenig Freude, so lange er lebte – ihre junge Brut sammelte der alte Holzer und schickte sie den Fischen nach Wien hinauf.

Einmal aber, grad wie er seinen Sack über einen großen Haufen stülpen will, trifft ihn der Schlag. Kopfüber fällt er, mit dem Gesicht in die wimmelnden Ameisen –

Man fand ihn im Walde, zwei Tage drauf. Jämmerlich zerfressen das Gesicht – kein Mensch hätt' ihn wiedererkannt, den alten Holzer.

Aber die Leut' im Schneebergdörfel sagen, daß er noch garnicht tot gewesen sei, als er dalag im

Ameisenhaufen. Sagen, daß er noch lebte, nur ge-
lähmt war und daß die Ameisen dem lebendigen
Vater Holzer die Augen herausfraßen.

Es sei die Rache der Ameisen gewesen, sagen sie.
Ameiseneier aber sammelt keiner mehr an den Ab-
hängen des Schneebergs.

★   ★   ★

Nun, die Ameisen sind dem Menschen auch recht
nützlich, ihr Hauptverdienst erkannte zuerst die
preußische Forstverwaltung. Sie wühlen den Boden
gründlich auf, pflügen und eggen besser als Men-
schenhand das je könnte. Dazu vertilgen sie tagtäglich eine unermeßliche Anzahl von Insekten – gewiß
nützliche darunter, aber doch sehr viel mehr recht
schädliche. Man hat ungefähre Schätzungen gemacht
und ist zu dem erstaunlichen Schluß gekommen, daß
ein starkes Ameisenvolk bis zu hunderttausend Insekten an einem einzigen Tage in sein Nest schleppt.
Wanderameisen überfallen in den Tropen menschliche Wohnungen, aber, obwohl die Bewohner oft
gezwungen sind, ihr Heim für Stunden oder gar
Tage zu räumen, sind sie dennoch meist willkommene Gäste. Mag das Haus noch so verwanzt, ver-
floht, verlaust und verkakerlakt sein: wenn die Ameisen abziehn, ist auch nicht ein kleinstes Beinchen
irgend eines Ungeziefers mehr übrig. Auch die Ratten und Mäuse vergessen sie nicht und kein Ratten-
fänger und Kammerjäger der Welt leistet so gründliche Arbeit.

Im südlichen China hat man Ameisen regelrecht
als Jäger angestellt, und zwar in den großen Apfel-
sinenpflanzungen, die sehr unter der Plage eines
Wurmes leiden. Man bringt ganze Nester heran, die

man in Beuteln an die Aeste hängt und in den Zweigen der Apfelsinenbäume befestigt. Diese selbst werden mit Bambusstangen untereinander verbunden, sodaß die Ameisen leicht von einem Baume zum andern gelangen und ihrer Jagd bequem nachgehn können. Ganz ähnlich überläßt man den Ameisen in Java den Schutz der Mangobäume vor einem gefräßigen Käfer, in Oberitalien den Schutz der Obstbäume gegen Raupen; in den Vereinigten Staaten läßt man Ameisen in den Baumwollpflanzungen den sehr schädlichen Kapselkäfer bekämpfen. Auch in Deutschland kennt man – und zwar schon seit Jahrhunderten – diesen Brauch, wenn er auch ein wenig aus der Uebung gekommen ist. Förster hängen an einen unter Raupenplage leidenden Baum einen Sack, in den sie ein Ameisennest gefüllt haben; um den Stamm machen sie einen Teerring, so daß die Ameisen nicht vom Baum fort können. Die Ameisen bauen dann in dem Sacke ihr Nest neu auf und ernähren sich von den Raupen, die sie jagen.

Unsere Waldameisen sammeln gelegentlich Pflanzensamen. Sie fressen aber nicht die Samen selbst, sondern nur die fleischige Nabelschwiele, werfen dann die Samen wieder fort. So tragen sie zur Verbreitung einiger von ihnen beliebten Pflanzen bei; an ihren Straßen findet man Veilchen, Schöllkraut und Wolfsmilch.

Daß die Ameisen ausgezeichnet skelettieren können, weiß jeder Schulbub, der einmal eine tote Maus oder Eidechse in einen Ameisenhaufen legte. In Mexiko benutzt man Ameisennester auch als Entlausungsanstalten: man legt die Kleider, die allzusehr von Ungeziefer starren, einfach darauf und bekommt sie am anderen Tage gereinigt zurück. Wanzen und Flöhe sind den guten Ameisen Bezahlung genug für ihre Arbeit.

In der Medizin ist die Ameise nicht unbekannt. Die Ameisensäure spielte früher, von zerquetschten Tieren selbst gewonnen, in der Apotheke eine große Rolle. Weniger bekannt ist die Brauchbarkeit von Ameisen zum Vernähen von Wunden. Indianerärzte benutzen hierbei die starken Soldaten der Blattschneiderameise. Sie drücken eng die Wundränder aneinander und lassen die Ameise hineinbeißen. Nach dem Biß wird der Kopf abgetrennt; die großen Köpfe der Ameisen schließen dann die Wunde vortrefflich.

Ameisenköpfe statt Katzendärme — die Medizinmänner der brasilianischen Indianer sind garnicht so dumm. Jedenfalls war der Gebrauch, den die europäische Medizin noch vor ein paar hundert Jahren von den Ameisen machte, viel weniger erfolgversprechend. So gibt des weisen Adam Lonicer hochberühmtes ,Kräuterbuch', das noch bis zum neunzehnten Jahrhundert hin eifrig benutzt wurde, diese trefflichen Rezepte:

»Setze einen Hafen in einen Omeishaufen, mit grünem Laub verdeckt, so tragen sie ihre Eyer darein, wenn du dann vermeynst, ihrer genug darinnen zu seyn, so thue den Hafen herauß und ·die Omeisen in einen Sack, schwing's, wie man Mehl beutelt, so ertauben sie, als ob sie tot wären, destilliere es durch einen Alambic. Solches Wasser, ehe man zu Beth geht, drei Tropfen in die *Augen* gethan, vertreibet derselbigen Fell und Flecken.«

So fürtrefflich, wie die ,Omeisen' selbst für die

Augen sind, so fürtrefflich, meint der gelehrte Herr
Lonicer, sind ihre Eier für die Ohren.

»Omeisen-Eyer zu sammeln, ist die beste Weyß,
stelle eine hölzerne Schüssel oder Napf in einen
Omeishaufen mit Laub verdeckt, so tragen sie ihre
Eyer alle darein, alsdann thue das Laub davon, so
fliehen sie alle und lassen die Eyer in der Schüssel.
Im Fall sie aber nicht weichen wollen, so schlage
mit einem Rüthlein an den Napf, so fliehen sie
bald. Solche Eyer destilliere durch einen Alambic
in Balneo Mariae. Dieses Wassers drey oder vier
Tropfen in die *Ohren* gethan, bringt das verlohrene
Gehör wiederum und vertreibet das Sausen der
Ohren.«

Nun, wer's nicht glauben will, versuch es. Hof-
fentlich tun die Ameisen ihm den Gefallen, sich
so zu benehmen, wie der Herr Lonicer sagt. Heutzutage freilich sind die Menschen viel zu gescheit,
zu glauben, daß man mit Ameisen kranke Ohren und
Augen heilen könne – dafür aber ist der Glaube, daß
sie gegen die Gicht ausgezeichnetes leisten, noch in
vielen Ländern im Volke verbreitet. Man braucht nur
die verschwollenen nackten Füße in einen Ameisenhaufen zu stellen und sich recht tüchtig ein Viertelstündchen lang stechen zu lassen, um das hartnäk-
kigste Zipperlein los zu werden. Angenehm ist dieses
Heilverfahren ja nicht grade – aber wenn's nicht
nutzt, so schadet's gewiß nicht. Sicher ist, daß ich
alte Bauern kenne, die jahraus jahrein solche Kur
gebrauchen und behaupten, daß sie ihnen trefflich
bekomme.

Auch zu Nahrungszwecken benutzt der Mensch die
Ameisen. Nicht nur werden die Puppen (sogenannte

Ameiseneier) als Futter für Vögel und Fische gesammelt, auch der Mensch ißt selbst die erwachsenen Tiere: jeder Indianer und Australneger betrachtet die honiggeschwollenen Leiber der Honigameise als besonderen Leckerbissen und verzehrt sie, wo er sie nur findet.

Körperbau.

Dies ist kein Lehrbuch.

Darum will ich so kurz, wie nur möglich, mich bei dem äußeren und inneren Bau der Ameisen aufhalten, bei ihrer Entwicklung, ihrer Vielgestaltigkeit, und andern Dingen. Ich will nur das notwendigste erzählen, so viel nur, als zum Verständnis des Lebens der Ameisen schlechterdings unentbehrlich ist.

Wenn irgend ein Tier den Namen ‚Insekt‘ mit Recht trägt, so ist es die Ameise. Insekt – das ist das *eingeschnittene* Tier, das Tier, an dem sich die drei Körperteile: Kopf, Brust, Hinterleib, scharf voneinander scheiden.

Der Körper der Ameisen steckt in einem Chitinpanzer, der häufig an manchen Stellen Haare trägt, die dem Tastsinn dienen.

Die Form des Kopfes ist so verschiedenartig wie bei keinem andern Tiere. Er kann rund sein oder elliptisch, dreieckig, rechteckig, birnenförmig, herzförmig, flaschenförmig. Ebenso verschieden in der Form sind die Oberkiefer, je nachdem sie zu dieser oder jener Arbeit gebraucht werden. Sie werden beim Kampfe als Waffen benutzt, zum Zerkleinern der Nahrung, zum Tragen der Beute oder der Jungen, zum Auswühlen des Bodens, zum Bauen und zu vielem anderen – sie sind also der Ameise, was dem

Elefant die Nase, was uns Arm und Hand ist. Wichtig ist auch die Zunge, die zur Aufnahme der flüssigen Nahrung, daneben als Waschschwamm dieses reinlichsten aller Tiere dient; sie und die Unterkiefer sind zugleich Sitz des Geschmackssinnes.

Der Kopf trägt an jeder Seite ein Netzauge, dessen Sehkraft bei den einzelnen Arten stark schwankt. Die besten Augen hat stets das Männchen, nicht ganz so gute das Weibchen. Die Arbeiterinnen haben noch schlechtere Augen, ja bei einigen Arten fehlt ihnen der Sehnerv, so daß sie blind sind, während andere Arten überhaupt augenlos sind. Neben den fazettierten Seitenaugen besitzen die Männchen und Weibchen − sehr selten auch Arbeiterinnen − noch Stirnaugen, deren Zweck noch wenig erkannt ist: sie dienen vielleicht zum Sehn im Dunkeln.

Die Fühler sind die Träger des Geruchssinnes und des Tastsinnes, die beide bei den Ameisen gut ausgebildet sind. Auch dienen die Fühler den Ameisen dazu, einander durch leichte Schläge Mitteilungen zu machen: wie wir mit dem Munde, so sprechen sie mit den Fühlern.

Daß die Ameisen auch hören können, ist gewiß; wo der Sitz ihres Gehörs ist, wissen wir bisher nicht. An anderer Stelle werden wir uns mit den Sinnen noch eingehender beschäftigen.

Bezeichnend ist der Unterschied zwischen den drei Formen beim Gehirn. Dies ist beim Männchen wenig entwickelt, während es beim Weibchen viel besser und bei den Arbeiterinnen oft noch besser entwickelt ist. Immerhin sind die Unterschiede durchaus so große, wie man bisher annahm; es gibt Arten, bei denen das Weibchen das bestentwickelte Gehirn hat, während das des Männchens dem der Arbeiterinnen nur wenig nachsteht.

★   ★   ★

Am Brustabschnitt sitzen die Flügel — bei Männchen und Weibchen — sowie die sechs Beine. Die Arbeiterinnen, gelegentlich auch Männchen oder Weibchen, sind ungeflügelt. An den Vorderbeinen ist hervorzuheben die den Ameisen eigentümliche Putzbürste, die aus zwei sich gegenüberstehenden Kämmen besteht. Der eine dieser Kämme liegt an der Längsseite der Beine selbst, der andere an einem besonderen Sporn. Zwischen diesen beiden Kämmen nun zieht die Ameise die Fühler durch, um sie vom Schmutz zu reinigen. Die Füße haben auch Greifklauen, die das Klettern ermöglichen, sowie Haftlappen, mittels denen die Ameise an glatten Wänden herauflaufen kann.

Der Hinterleib ist bei den einzelnen Arten ebenso verschieden geformt, wie der Kopf; er ist bald rund, bald elliptisch, bald langgestreckt, bald herzförmig; verbunden ist er mit dem Brustabschnitt durch einen dünnen kleinen Stiel. Bei einigen Arten sitzt hier ein Streichorgan, durch das die Tiere Geräusche hervorzubringen vermögen.

Beim Magen unterscheiden wir den sozialen Kropfmagen, aus dem die Ameise ihre Jungen und ihre Gefährtinnen füttert, sowie den eigentlichen Privatmagen: beide sind durch den Pumpmagen von einander getrennt.

Von den Geschlechtsteilen der Königin verdient die Samentasche besondere Erwähnung. Sie nimmt bei der Befruchtung den Samen des Männchens auf und vermag ihn zwölf Jahre und länger lebend zu bewahren: auf diese Weise ist die Königin befähigt, fast ihr gesamtes Leben hindurch befruchtete Eier zu legen.

Je größer bei den einzelnen Arten die Samentasche ist, je mehr Samen sie also aufnehmen und aufbewahren kann, um so zahlreicher ist das Volk, das die Königin in die Welt zu setzen vermag. Bei den Arbeiterinnen sind die Geschlechtsteile mehr oder minder verkümmert; das Fehlen, oder wenigstens die Verkümmerung der Samentasche aber unterscheidet sie stets von der Königin.

Unter den Drüsen ist die Giftdrüse zu nennen in engster Verbindung mit dem Giftstachel, der am äußersten Ende des Hinterleibes sitzt. Er fehlt stets bei den Männchen, aber auch den Königinnen und Arbeiterinnen fehlt er bei mancher Art. Die stachelbewehrten Ameisen spritzen das Gift in die mit dem Stachel gestochene Wunde durch diesen hinein, die stachellosen in die mit den Oberkiefern gebissene Wunde. Manche Arten sind imstande, ihr Gift meterweit um sich zu spritzen; es ruft schon, auch ohne daß es in eine Wunde eingedrungen ist, bei anderen Insekten Betäubung oft tödlicher Art hervor. Ueber das Wesen dieses Giftes ist noch sehr wenig bekannt.

Neben dieser allgemeinen Giftdrüse besitzen einige Arten noch eine besondere Giftdrüse, die ebenfalls zu Verteidigungszwecken dient; sie sondert eine Flüssigkeit aus, die feindliche Insekten durch ihren oft sehr scharfen oder widerlich ranzigen Geruch betäubt. Die Erfindung der Menschen, den Feind mit

giftigen Gasen zu bekämpfen, ist den Ameisen –
und andern Insekten – schon seit Jahrtausenden bekannt.

Die kluge deutsche Sprache.

Die deutsche Sprache ist wirklich eine recht gescheite Sprache. Manches kann ihr keine Zunge der
Welt nachmachen – welche zum Beispiel könnte
mit ausgewechseltem A, E, O als Anfangsbuchstaben
desselben Wortes die drei Formen der Ameisen wie-
dergeben?

Die deutsche Sprache tut es.

Da ist zuerst: der Omeis. Ein etwas veraltetes
Wort freilich, aber sicher bezeichnend, wie kaum
eins. Der Omeis – das ist natürlich das Männchen.
Und das „O" scheint zu sagen, daß er ein äußerst
unnützes Geschöpf ist, ein richtiger Onkel, der nichts
arbeitet und so recht in den Tag hinein lebt. Es ist
unmöglich, beim Omeis nicht an Oheim zu denken
– und in der Tat bleiben die weitaus meisten Omeise
ja auch wirklich zeitlebens Oheime: nur ein paar
Auserwählte bringen es zum Vater.

Die Ameise aber – das ist das echte Weibchen: die Königin. Ameise – das klingt schwer,
würdig, gedehnt, matronenhaft; es hat nichts mehr
von dem komisch-nichtnutzigen des Omeis. Und da
die Königin die Hauptsache ist im Ameisenstaat, so
tut man recht, nach ihr auch das ganze Volk Ameisen
zu nennen.

Das dritte Wort aber, das die deutsche Sprache
für das Insekt hat, ist noch bezeichnender als die
beiden andern. Emse: das kann nur die Arbeiterin
sein; kein Mensch mit einigem Gefühl für den Klang

der Sprache könnte sich darunter ein Omeis-Männchen oder eine Ameisen-Königin vorstellen. Die *Emsen* — das wibbelt und kribbelt und läuft durcheinander, das rafft und schafft ohne Ruh und Rast, wie eben nur *Emsen* es können — *emsiglich!*

,Das ist eine Spielerei,' mag mir der Philologe einwenden, ,die drei Worte bedeuten alle drei ohne jeden Unterschied die drei Formen der Ameisen zugleich. Nirgends werden Sie finden, daß jedes einzelne nur einer bestimmten Form der Ameise zuzusprechen sei.'

,Gewiß, lieber Herr Professor,' will ich antworten, ,die drei schönen Worte bedeuten ganz allgemein ein jedes das Gesamtvolk der Ameisen. Aber dennoch bedeutet ein jedes für sich noch eine besondere Form. Das Wort *Omeis* verschwand fast völlig aus dem Gebrauch. Warum? Weil dem Sprachempfinden *der Omeis* das Männchen war und weil es widersinnig war, ein Volk von Weibern, in dem das Männchen eine so untergeordnete Rolle spielt, nach diesem zu benennen.

Emse verschwand nicht ganz — dennoch wurde das Wort mehr und mehr ungebräuchlich, sodaß man es heute nur wenig hört, obwohl es uns ein abgeleitetes Wort, *emsig*, bescherte, das wir täglich benutzen. Warum verschwand aber die Emse? Aus demselben Grund wie der Omeis — bei aller Wichtigkeit der Arbeiterin ist dennoch nicht sie im Staate die Hauptsache, sondern die Königin. Diese: die Mutter des Staates, die Mutter aller Emsen.

Das putzige Wort *Omeis* und das hübsche Wort *Emse* mußten als Gesamtbezeichnung weichen, weil in ihnen zu sehr das Wesen des hilflosen Männchens oder der emsigen Arbeiterin betont wird.

Ganz ähnlich ist es ja bei den Bienen: Drohne, Biene, Imme. Drohne hat sich für das Männchen völlig erhalten und gilt nur für dieses. Biene — die Königin — ist zur Gesamtbezeichnung geworden. Imme ist die Arbeiterin; das hübsche Wort ist, wie Emse, etwas ungebräuchlich geworden, obwohl wir das abgeleitete Wort ,Imker' regelmäßig benutzen. Immenkönigin heißt dann: Königin über die Immen; eine Drohne aber würde man nie ,Imme' nennen.

Vielgestaltigkeit.

Drei stehende Formen also kennt die Ameisenwelt: den Omeis, das geflügelte Männchen; die Königin, das geflügelte Weibchen, und die Emse, die ungeflügelte verkümmerte weibliche Arbeiterin.

Freilich, um das gleich zu betonen, es ist nicht überall so. Wir haben Arten, die nur zwei Formen kennen, die dann natürlich Männchen und Weibchen sind; so die schmarotzerhaft lebenden ,Arbeiterlosen'. Wir finden auch zuweilen ungeflügelte Männchen oder ungeflügelte Weibchen; wir haben endlich statt nur einer Form der Arbeiterin mehrere voneinander verschiedene Formen. In der Regel beschränkt sich die Vielgestaltigkeit innerhalb einer Art nur auf das weibliche Geschlecht; das männliche Geschlecht, nur zur Befruchtung da und nur zeitweise im Ameisenstaate lebend, zeigt fast immer nur eine Form. Innerhalb des weiblichen Geschlechts ist dagegen die Vielgestaltigkeit bei keinem andern Tiere so ausgebildet wie bei den Ameisen.

Das typische Männchen ist die hübscheste der drei Kasten, seine Fühler und Augen – auch die Stirnaugen – sind die bestentwickelten. Dagegen sind die Oberkiefer weder als Waffen noch als Arbeitszeug zu gebrauchen. Der Kopf ist kleiner als beim Weibchen und das Gehirn wenig entwickelt.

Nicht immer freilich ist das der Typus des Omeis. So ist bei den Wanderameisen das Männchen ein ganz stattlicher Bursche, der auch sehr kräftige Oberkiefer hat. Bei den arbeiterlosen Ameisen hat das Männchen seine Flügel verloren und gleicht mehr einem entarteten Weibchen, während bei anderen Arten die flügellosen Männchen mehr den Arbeiterinnen ähnlich sehn. Bei den gefleckten Stachelameisen finden wir gar zwei verschiedene Formen: geflügelte und ungeflügelte Männchen.

Das typische Weibchen, die Königin, hat die größere Gestalt; es ist in allen Teilen gleichmäßig ausgebildet. Abweichend von der Regel finden wir die Wanderameisen; hier ist die Königin von einer erstaunlichen Größe, dabei aber ohne Flügel und ohne Augen. Bei andern Arten, wie bei den Amazonen, kommen dagegen neben den typischen noch andere Weibchen vor, die in ihrem Aeußern den Arbeiterinnen gleichen.

Die typische Arbeiterin ist stets flügellos; die Stirnaugen fehlen, die Seitenaugen sind nicht so gut entwickelt. Der Hinterleib ist klein, die Geschlechtsteile sind verkümmert. Dagegen sind Fühler, Oberkiefer und Hirn besonders gut ausgebildet. Doch finden wir neben der einen Form noch eine ganze Reihe anderer Formen. So ist es bei vielen Arten eine ganz gewöhnliche Erscheinung, daß man Arbeiterinnen

38

der verschiedensten Größe antrifft, ganz kleine und andere, die achtmal so groß sind; dazwischen dann wieder viele Zwischenstufen; auch zeigen diese Arbeiterinnen manche Abweichungen des Körperbaus. Dies Vorhandensein aller möglichen Größen bei den Arbeiterinnen ist wohl in der Ameisenheit der regelmäßige Zustand. Bei einigen Arten sind nun diese verschiedenen Größen im Laufe der Zeiten verschwunden, es ist nur *die* Sorte Arbeiterinnen übrig geblieben, deren Körperbeschaffenheit ihrem Volke am besten geeignet ist — in solchem Falle sprechen wir von einer Eingestaltigkeit der Arbeiterinnen. Von Zweigestaltigkeit reden wir, wenn zwei Größen übrig blieben; man pflegt dann die größere der beiden Formen ‚Soldatin‘ zu nennen. Die Soldatin hat stets einen größeren Kopf, viel größere und stärkere Oberkiefer. Häufig ist die Tätigkeit der Soldatin eine rein kriegerische; zuweilen aber hat sie auch einen recht friedlichen Beruf, dient als Zerkleinerin der eingeschleppten Beute, als Torwächterin, als Amme, als Trägerin oder gar als lebendige Tür.

Die Wissenschaft führt bei der Aufzählung der verschiedenen Formen der Arbeiterinnen stets noch eine weitere Anzahl auf, die äußerlich ganz beträchtlich abweichen. Bei einigen dieser Fälle ließe sich darüber streiten, ob sie wirklich eine besondere Form darstellen. Ganz abzulehnen aber ist es, wenn die Fachgelehrten auch die pathologisch mißgeformten Ameisen als besondere Formen hinstellen, wenn sie allzugroße und allzukleine Individuen, sowie solche, die durch Krankheiten oder durch Schmarotzer aller Art entstellt sind, als etwas besonderes fassen. Würden wir je beim Menschen Zwerge und Riesen, Zwitter, Buck-

lige, Menschen mit Riesenkröpfen oder Elefantiasis-
kranke als ‚besondere Formen‘ aufzählen? Gewiß
nicht — mit welchem Recht will man es dann bei
den Ameisen tun?

Wie gewaltig manchmal die Größenunterschiede
zwischen den einzelnen Formen eines Volkes sind,
mag man bei einer afrikanischen Diebsameise, der
Carebara, ersehen: in den Rauminhalt eines einzigen Weibchens könnte man über achttausend Arbeiterinnen hineinstecken.

★　　★　　★

Ueber die Gründe der Vielgestaltigkeit haben sich
alle Weisen den Kopf zerbrochen — ich war dumm
genug, das auch zu tun. Jeder Gelehrte macht das
so, daß er zunächst alles das, was die andern gedacht und geschrieben haben, unter die Lupe nimmt
und höchst kritisch prüft. Er nimmt dann hier einen Gedanken und da einen Gedanken, gibt ein wenig eigenes hinzu, verwirft die bisher ausgesprochenen Lehren und stellt eine neue auf. Zum Schlusse
erklärt er, wenn er ehrlich ist, daß das alles heller
Unsinn sei. Daß man von all diesen Sachen noch gar
keine Ahnung habe und sich auf reine Mutmaßun-
gen beschränken müsse.

★　　★　　★

Aber ich denke, es ist ganz gut so, daß wir das
noch nicht wissen und manches andere auch nicht.
Wie langweilig wäre es, wenn wir schon alles wüßten! Das ist ja der eigentliche Anreiz für alle Wissenschaft, immer neue Rätsel zu raten, immer neue
Geheimnisse zu entschleiern!

Ich war einmal als Student auf einem großen Gute
am Niederrhein; da ließ sich der Gutsherr eine An-

lage bauen, um Kunsteis herzustellen. Als die Aufsteller fertig waren und die Maschine zum ersten Male arbeitete, stand ein alter Knecht dabei, ließ sich alles genau erklären, rauchte seine Tonpfeife und nickte dazu. Wie aber die langen, klaren Eisbarren einer um den andern herauskamen, klopfte er sein Pfeifchen aus, warf einen stolzzufriedenen Blick gen Himmel und sagte:

»Da simmer hinger jekomme, Herrjöttche! Mer komme auch noch hinger mieh!«

O ja, wir werden noch hinter mehr kommen — heute und morgen und alle Tage. Doch sind noch genug Geheimnisse da für die nächsten hunderttausend Jahre und der Liebe Herrgott beschert nur ganz braven Kindern solch schöne Ostereier.

*   *   *

Das Geheimnis von der Vielgestaltigkeit der Ameisen ist noch nicht gelüftet: ,mer sin noch nich dahinger jekomme'! Wir wissen nicht, *wie* es geschah, wissen nicht, *was* es bewirkte. *Warum* es geschah — das ist leicht zu verstehn: die Vielgestaltigkeit des weiblichen Geschlechtes schafft dem Volke der Ameisen außerordentliche Vorteile. Sie macht die Arbeitsteilung im höchsten Maße möglich, die bei sozial lebenden Geschöpfen ja von höchster Wichtigkeit ist. Das *Wie* und *Was* vermag niemand zu sagen; wenn ich also bildmäßig den Hergang zu veranschaulichen versuche, so bin ich mir doch durchaus bewußt, daß das keine Erklärung ist.

Das Einzelwesen gilt nichts im Ameisenvolk: die Gesamtheit ist alles. Was der Gesamtheit nutzt, das ist gut schlechtweg, und was ihr schadet, das ist schlecht. Bei keinem andern Geschöpfe, auch beim

Menschen nicht, werden die Jungen so sorgsam behütet und gepflegt wie bei den Ameisen — dennoch gilt das einzelne Ei, die einzelne Larve garnichts: sie werden ruhig aufgegessen oder zur Fütterung der andern verwandt, wenn das notwendig erscheint. Nirgends in der Natur finden wir Kinderarbeit: sie ist den Menschen und den Ameisen vorbehalten.

Der Staat ist den Ameisen alles. Und für das Wohl des Staates ist die richtige Arbeitsteilung von ungeheurer Bedeutung. Darum verlangt der Volksgedanke die Arbeitsteilung, verlangt sie so gebieterisch, daß nicht nur unter gleichen Individuen die einen diese, die andern jene Arbeit übernehmen, sondern daß auch bestimmte Formen hervorgebracht werden, die für eine besondere Arbeit in hervorragendem Maße geeignet sind.

Von frühester Jugend an setzt diese Arbeitsteilung ein. Das Ei, das von den Erwachsenen gegessen wird oder den Larven zur Fütterung gereicht wird, hat damit seine Pflicht für die Gesamtheit erfüllt: es dient als Nahrungsmittel. Die Larven der Spinnerameisen dienen als Handwerkszeug — und es ist dies der einzige Fall in der Natur, daß sich, außer den Menschen, ein Geschöpf regelmäßig eines Gerätes bedient, dazu noch eines lebendigen, das den benötigten Stoff selbst hervorbringt. Die jungen, eben ausgeschlüpften Emsen, noch sehr zart, da ihr Chitinpanzer noch nicht erhärtet ist, beginnen sofort mit der Arbeit und helfen bei dem Kindermädchendienst. Aber die eigentliche Teilung der Arbeit setzt erst bei den erwachsenen Tieren ein. Man kann das im künstlichen Neste leicht beobachten; man braucht nur die einzelnen Emsen, denen eine besondere Arbeit obliegt, mit unterschiedlichen Farbtupfen zu kennzeichnen. Ganz bestimmte Tiere dienen zum Hereinbringen der Nahrung in das Nest, andere dienen als Wächterinnen und Verteidigerinnen. Ja, ich habe festgestellt, daß auch die Arbeit der Putzfrauen, die den Abfall aus dem Neste herausschaffen, um ihn auf den Kehrichthaufen zu werfen, der Totengräberinnen, die die Verstorbenen auf den Friedhof bringen, sowie der Krankenschwestern häufig von denselben Individuen besorgt wurde. Wenn nun so, unter äußerlich gleichen Tieren, eine Arbeitsteilung dem Staate von hohem Nutzen ist, um wieviel mehr mußte es wertvoll sein, besondere Formen hervorzubringen, die zu dieser oder jener Arbeit namentlich geeignet waren?!

So ward der Wunsch und der Wille zur Vielgestaltigkeit im Ameisenvolke und in jeder einzelnen Ameise lebendig. Der Volksgedanke verlangte die Vielgestaltigkeit und erzielte sie — ob es uns Menschen auch heute noch ein Geheimnis ist, wie das geschah. Die Arbeit der Fortpflanzung wurde den beiden Geschlechtern überlassen, während als Nebenform des einen, des weiblichen Geschlechts, eine dritte Kaste entstand, die man eine neutrale, geschlechtslose Form nennen kann, insofern sie, im allgemeinen wenigstens, nichts mehr mit der Fortpflanzung der Art zu tun hat.

Auf die Mitarbeit des Männchens verzichtete der Gedanke des Ameisenvolkes; er wollte einen Amazonenstaat, einen reinen Weiberstaat. Nur für die kurze Hochzeit dienen die Männchen, nur was dazu tauglich war, ward ihnen mitgegeben: also recht gute Augen, um draußen, außerhalb des Baues, das Weibchen leicht finden zu können. Ein Hirn ist zur Hochzeit nicht vonnöten: gute Geschlechtsteile genügen. Die Emse aber, die Arbeiterin, bekam das entwickeltere Gehirn. Für die Fortpflanzung war sie im allgemeinen nicht mehr nötig, so wurden all ihre Kräfte für die übrige Arbeit frei, die im Staate zu leisten war. Und wie die einzelnen Emsen, sonst völlig gleich, sich auf besondere Arbeiten einstellten, so schuf im Laufe der Zeiten der Wille des Volkes besondere Formen unter ihnen, die zu den einzelnen Arbeiten sich noch besser eigneten.

Diese Formen sind durchaus nicht feststehend; sie entstehn im Flusse der Jahrmillionen und verschwinden wieder, wie es das Staatswohl erfordert. Es ist, als ob der Geist des Volkes da immer neue Versuche mache, als ob er eine ganze Reihe von Arbeiterinnenformen schaffe, um herauszufinden, welche schließlich die geeignetsten seien. Wir finden bei manchen Arten ganz große Arbeiterinnen und ganz kleine – dazwischen aber dutzende von Zwischenstufen aller Größen. Bei anderen – den Schmalbrüstigen – finden wir ein Dutzend verschiedener Formen, die einen ganz allmählichen Uebergang von der Königin zur Arbeiterin zeigen: die geeigneten werden bleiben, die weniger geeigneten Formen verschwinden.

Ja, auch die ganze Kaste der Arbeiterinnen kann wieder verschwinden, wenn sie für das Staatswohl nicht mehr nötig ist. Das ist der Fall bei den Arbeiterlosen – diese leben schmarotzend bei andern Ameisen, die sie füttern und alle Arbeit für sie leisten: da ist's nicht mehr notwendig, eigene Arbeiterinnen zu haben.

44

LOB DER WISSENSCHAFT

Einige der Herrn Professoren sind auf der Insel geblieben – die Osterferien über. Wenn ich fertig bin mit meinem Tagewerk, sitze ich, nach dem Abendessen, mit ihnen in der offenen Halle. Sie wissen recht gut, wie Wein schmeckt; haben anerkennenswerte Kenntnisse von Jahrgängen und Wachstümern. Es sind lauter nette Menschen – alle!

Sie haben Ferien und genießen die. Laufen durch die Insel, schwimmen, segeln, radeln, spielen Golf – einer sogar Tennis. Und ein anderer reitet. Man kann sich sehr gut mit ihnen unterhalten. Besonders, wenn man müde ist, nur zuhört und nichts selber redet.

Einer hat ein Buch geschrieben und bekommt die Korrekturbogen hergesandt. Das gefällt ihm nicht; er ist so recht ferienfaul, will seine Zeit genießen. So bat er mich, ob ich sie nicht für ihn lesen wolle? Ich sei ja doch der einzige Gast, der hier arbeite auf der Insel – noch dazu den ganzen Tag über.

Na ja, dachte ich, was kommt's drauf an? Ein bißchen mehr oder weniger.

Ich las ihm die Korrekturen – gottseidank waren's nur wenige Bogen. Wenn ich da hätte bessern wollen – kein Satz wäre stehn geblieben. So ließ ich alles stehn und verbesserte ihm, um doch meinen guten Willen zu zeigen, nur ein paar deutsche Worte, die er aus Versehn hatte stehn lassen. So schrieb ich: *perfectibilistisch* statt vervollkommnungsfähig, *loricieren* für bepanzern, *abrikos* statt peinlich genau, *Eutolmie* statt Hoffnung auf Genesung, *Insalubrität* für Ungesundheit, *Perizom, sphacelieren, phonoklampisch, jatreusiologisch* für Bruchband, brandigwerden, schallbrechend und ärztlich. Na, und noch mehr solch schöne Sachen.

Der Herr Privatdozent fand das sehr wirksam, war entzückt und lud mich zu einer Flasche Wein ein; wir leerten sie auf das Wohl aller Wissenschaften.

Tags über, in meinem Arbeitszimmer muß ich mich schwer ärgern über die Gelehrten und ihr Kauderwälsch. Aber abends, beim Wein, sind sie prächtig.

III

FORTPFLANZUNG

ἢ κοίλης μύρμηκες ὀχῆς ἐξ ὦά πάντα θᾶσσον ἀνηνέγκαντο.

Aratos.

Hochzeit.

Wenn Menschen Hochzeit machen, so wählen sie
gern einen Tag, der ihnen recht glücklich scheint.
Früher befragte man die Sterne und harmlose Seelen tun das heute noch. Auch die Ameisen wählen
den glücklichen Tag und die glückliche Stunde für
ihre Hochzeit – nur sind sie gescheiter als wir: wo
wir im Dunkeln tappen, wissen sie genau Bescheid.

Wie sie das machen, verstehn wir nicht; es scheint,
daß sie für Wetter und Wind ein eigenes Empfinden
haben und sich darnach richten.

Daß ein Ameisenvolk sich zur Hochzeit vorbereitet, mag man schon Tage vorher am Nest beobachten. Der Kreislauf des Lebens, der Arbeit scheint
unterbrochen; eine sichtbare Unruhe hat von den
Tieren Besitz ergriffen. Nicht nur die geflügelten
Männchen und Weibchen laufen aufgeregt hin und
her auf dem Neste, klettern auf Grashalme und
Steinchen – auch die Arbeiterinnen vergessen ihre
gewohnte Tätigkeit. Es macht den Eindruck, als ob
sie von den Hochzeitern Abschied nehmen wollten;
sie geben ihnen zärtliche Schläge mit Fühlern, be-

trillern sie schmeichelnd, füttern sie aus ihrem Kropfe. Das ist der *Weihefrühling*, der ,Ver Sacrum' der Ameisen! Auch die Menschen kannten diesen heiligen Brauch einmal, vor ein paartausend Jahren in den italischen Städten — bei den Sabinern, Latinern, Samnitern, noch vor der Gründung Roms. Die Stadt war zu eng geworden, war übervölkert — da mußte die Jungmannschaft hinaus, Jünglinge und Mädchen. Man weihte sie den Göttern, bekränzte sie, stattete sie reichlich aus: dann nahm man Abschied. Und die Jugend zog hinaus in die Berge, zur Hochzeit und zur Gründung einer Tochterstadt und eines neuen Volkes. Oder auch: zum Tod!

Gewöhnlich sind entweder viel mehr Männchen oder viel mehr Weibchen unter den Flügeltieren. Dies hat zweifellos seinen Grund darin, daß die Inzucht möglichst vermieden werden soll; denn bei der Hochzeit — und nur an diesem einen Tage — duldet der streng nationale Staatsgedanke der Ameisen einen Verkehr mit Bürgern eines anderen Volkes. Dies ist nun nicht so zu verstehn, als ob die weibliche Ameise sich den Männchen einer anderen *Art* hingeben würde; sie gibt sich nur einem ihrer eigenen oder nah verwandten Art, wenn auch eines anderen Volkes. Um es menschlich zu fassen: die Schwedin würde sich einen Norweger, Engländer, Deutschen, Holländer zum Gemahl nehmen, nicht aber einen Neger oder Papua; die Chinesin würde einen Japaner oder Koreaner erwählen, nicht aber einen Araber. Die ungeduldigen Geflügelten werden, mit Gewalt manchmal, von den Arbeiterinnen zurückgehalten, bis die glückliche Stunde gekommen ist — dann erhebt sich, was Flügel hat, hinauf in die Luft. Eines nach dem andern fliegt ab, meist die Männchen zuerst.

Nicht alles freilich fliegt zum Himmel hinauf; einige Weibchen werden von den Emsen festgehalten, verhaftet, möchte man sagen. Es sind dies Ameisenfräulein, die den Hochzeittag nicht abwarten konnten und ihr Jungfernkränzlein schon im Neste verloren haben. Sie müssen im Neste bleiben und dort für die Vermehrung des Volkes tätig sein. Freilich haben sie Inzest mit Brüdern oder Halbbrüdern getrieben und müssen deshalb auf den schönen Hochzeitflug verzichten; aber sonst ist ihr Los besser, als das der tugendhaften Schwestern: all die Gefahren der echten Bräute, all die unsägliche Arbeit der jungen Mütter, ihr eigen Volk aufzuziehn, bleiben ihnen erspart. Auch einige unbefruchtete Weibchen müssen zuweilen im Neste zurückbleiben — vielleicht bewahrt sie die Staatsweisheit des Ameisenvolkes als Ersatzmütter für die Zukunft auf. Beide aber, junge Mütter und alte Jungfern, werden von nun an im Volke wie ‚Königinnen‘ behandelt.

Hinauf in die Luft geht der Hochzeitflug. Es ist erstaunlich, wie bei dieser Schilderung die Ameisenforscher poetisch werden. Alle Verachtung, mit der sie auf die anthropomorphe Einstellung des lieben alten Brehm hinabsehen, ist vergessen: plötzlich fassen sie selbst alles so anthropomorph wie nur möglich. Sie denken an ihre eigene Hochzeit — an die liebe Frau, die damals noch Jungfräulein war und der sie ihr Ameisenbuch widmen zur Erinnerung an diesen schönen Tag. Wenn sie aber nie Hochzeit feierten, wie der gelehrte Pater Wasmann, dann möchten sie

doch für solch einen Tag einmal Ameisen sein —
da oben im Himmelblau!

Ja, was möchten wir nicht alles! Denn an solchen
Tagen gilt das Männchen etwas bei der Frau. Die
Geschlechter steigen auf, von einem, von manchen,
von vielen Völkern. Schwärme bilden sich; dichte
Wolken werden aus den Schwärmen. Und alles liebt
sich und alles umfängt sich. Oft findet die Begat-
tung hoch in der Luft statt, oft auch fallen die
Pärchen hernieder, um auf der Erde einander anzu-
gehören. Drei, vier Männchen gibt sich das Weibchen nacheinander hin; aber es verstümmelt nicht,
wie die Biene, den Bräutigam. Sehr zärtlich, menschlich fast, benehmen sich die Pärchen, belecken sich,
streicheln sich vor und nach der Umarmung.

Diese Hochzeitschwärme haben zuweilen eine gewaltige Ausdehnung. Man hat Fälle beobachtet, wo sie
die Luft verfinsterten, wo sie ganze Seen bedeckten,
wo sie in solchen Massen hohe Kirchtürme umwogten,
daß man sie für Rauchwolken hielt und die Feuerwehr
heranrief, in dem Glauben, die Kirche brenne. Man
hat von dicht bedeckten Straßen ganze Eimer zusammengekehrt und bei demselben Hochzeitschwarm
bis zu dreißig verschiedene Arten feststellen können.

★　　★　　★

Andere Ameisen, andere Sitten! Wenn die geschil-
derte Weise des Hochzeitfestes auch die regelmäßige
ist, so weichen manche Arten doch ganz erheblich
davon ab. Bei den Blutroten fliegen gewöhnlich die
Männchen eines Volkes an einem früheren Tage auf
als die Weibchen — sie treffen dann nur Weibchen
eines fremden, zugleich mit ihnen schwärmenden
Volkes, wodurch jede Inzucht vermieden wird. Um-

gekehrt scheinen die brasilianischen Blattschneiderinnen ebenso ungeduldiger Natur zu sein wie unsere Waldameisen: die Weibchen geben sich schon
im Neste den Männchen hin. Andere Arten machen
zwar ihren regelrechten Hochzeitflug, bilden dabei
aber, wie die Roßameisen, keine dichten Schwärme,
sondern fliegen einzeln auf die Liebesjagd.

Auf den Hochzeitflug verzichten müssen natürlich
die Arten, bei denen das eine Geschlecht flügellos
ist; merkwürdigerweise gibt es keine Art, bei der
beide Geschlechter zugleich ohne Flügel wären.
Manchmal findet bei solchen Arten die Vermischung
im eigenen Neste statt, so stets bei den Arbeiterlosen,
die also dauernd Inzucht treiben. Bei andern Arten
mag das geflügelte Tier allein ausfliegen und sein
Glück bei fremden Nestern versuchen.

*　　*　　*

Nach dem großen Festtage – oder auch der Hochzeitnacht, denn einige Arten schwärmen nächtlich
aus – beginnt für beide Geschlechter der Ernst des
Lebens. Das Männchen, hirnlos, waffenlos, giftlos,
unfähig, selbst sich zu ernähren, stirbt bald, wenn
es nicht schon vorher aufgefressen wird. Den meisten Weibchen aber ergeht es nicht viel besser: nur
wenige der großen Zahl der werdenden Mütter entgehn dem Tode und bringen es soweit, ein eigenes
Volk aus eigenem Leibe zu schaffen.

Eine jede geht tapfer ihren schweren Weg, ver-
säumt nicht eine Stunde nach der Hochzeit, sich
für ihren künftigen Beruf vorzubereiten. Die Flügel,
nur für den großen Tag bestimmt, sind ihr nun
nicht mehr nütz – ihre erste Handlung ist also, sich
ihrer zu entledigen. Es ist fesselnd genug, sie hier-

bei zu beobachten; sie zerren mit Füßen, reißen mit Kiefernzangen, reiben die Flügel gegen Steine oder Holz, bis sie abbrechen – das geht in sehr kurzer Zeit vor sich. Hat die junge Mutter die Flügel, das Zeichen des Mädchentums und der Brautzeit, verloren, so macht sie sich sofort an die Arbeit. Gut genährt wurde sie im warmen Heimatnest, gepflegt und gehegt. Nie hat sie die kleinste Arbeit getan – nun greift sie zu, schuftet und schafft, daß auch die beste Arbeiterin ihres Stammes sich nicht mit ihr vergleichen könnte. Vor allem muß sie für das Volk der Zukunft, das sie in ihrem Leibe trägt, einen Schutz schaffen: dazu bedarf sie eines engen, geschlossenen Raumes. Sie gräbt einen solchen in die Erde, unter einem Steine oder in Baumrinde und verstopft sofort jeden Zugang. Bei dieser Arbeit kennt sie keine Schonung; sie schleift Zähne und Kiefer ab, scheuert ihre Haare ab, trägt Verletzungen aller Art davon, ohne sich eine Sekunde Ruhe zu gönnen, bis ihr Werk vollendet ist. Wochen und Monate, manchmal fast ein Jahr bringt sie dann in diesem engen Loche zu, in das sie sich selbst lebendig eingrub.

Bald beginnt sie Eier zu legen, die von dem Andenken der Männchen in den Hochzeitminuten, dem Samen, den sie nun in der Samentasche trägt, befruchtet werden. Sie pflegt die Eier, genau wie es die Arbeiterinnen tun, leckt sie, reinigt sie. Sie hilft den Larven beim Kokonspinnen und den jungen Tieren beim Ausschlüpfen. Und sie füttert sie.

Wir kennen die Fabel vom Pelikan: die Mutter hackt sich die eigene Brust auf, um die Jungen mit ihrem Blute zu nähren. Beim Pelikan freilich kommt diese schöne Geschichte nur auf Wappenbildern vor, wie dem der Stadt Magdeburg – bei den Ameisen aber füttert die Mutter ihre Jungen wirklich aus ihrem eigenen Leibe. Gut gefüttert, ordentlich fett hat sie ihren Weg ins Leben angetreten; dazu haben sich die Muskeln der abgestoßenen Flügel auch wieder in Fettsubstanz verwandelt: dieses Fett nun läßt die junge Mutter ihren Kindlein in Gestalt von Speichel zukommen. Abgeschlossen von der Außenwelt, nimmt sie selbst kaum Nahrung zu sich. Freilich frißt sie einen Teil ihrer Eier, aber kaum für sich, mehr, um sie aus dem Kropfe ihren jungen Larven in Gestalt von Futtersaft wieder zu füttern – zu welchem Zwecke sie auch gelegentlich gleich einige Eier selbst ihnen reicht. Auch die ausgeschlüpften jungen Tiere nährt, reinigt und pflegt die unermüdliche Mutter, bis deren Chitinpanzer erhärtet ist – bis sie erwachsen sind.

Klein und unscheinbar ist dies erste Geschlecht der jungen Emsen – denn Emsen, Arbeiterinnen, sind sie alle. Aber der Geist des nationalen Arbeitsvolkes lebt in ihnen: sie schicken sich sogleich an, der Mutter, ihrer Königin, zu helfen, die, nun völlig abgemagert, ausgemergelt und entkräftet, nur noch ein Schatten ihrer selbst ist. Deren schlimmste Zeit ist vorüber, die erste Grundlage zum neuen Staate ist geschaffen. Sie hat *übermenschliches* geleistet! Wenn die Bienenkönigin, hoch in die Luft steigend, nur dem kühnsten und stärksten Liebhaber angehört und so die Zuchtwahl durch Erhörung des Besten fördert, so ist bei den Ameisen dieser Wettstreit, die Lebenstüchtigste zu sein, allein den Weibchen zugefallen: *einer* nur gelingt der große Wurf, wo viele Hunderte und Tausende vom Leben verschlungen werden.

Die erste Sorge der jungen Emsen ist es, einen Ausgang aus dem Loche zu schaffen — denn nur da draußen ist Nahrung für die Mutter und sie selbst. Das Nest wird vergrößert, Gänge werden gebaut; wie die Mutter ihre Brut fütterte, so füttert nun die Brut die Mutter. Auch die Pflege der Eier, Larven und Puppen wird sofort von den jungen Emsen übernommen, die nun ein größeres, stärkeres Geschlecht großziehn.

Die Königin aber verwandelt sich ein zweites Mal. Die Merkzeichen ihrer Jugend bekommt sie zwar nicht wieder, sie bleibt flügellos, zahnlos, haarlos und bedeckt mit Narben. Aber, gut genährt, erholt sie sich bald wieder und setzt ordentlich Fett an. Ihre Eierstöcke, von jetzt an der wichtigste Teil ihres Leibes, entwickeln sich erstaunlich; sie kann nun Eier über Eier legen, um ein immer größeres, immer mächtigeres Volk um sich wachsen zu sehn.

★　　★　　★

Ist diese Art der Staatengründung die gewöhnliche bei der Ameisenheit, so ist sie doch nicht die einzige. Je stärker, je lebenstüchtiger die junge Mutter ist, um so größer ist die Möglichkeit für sie, sich durchzuhungern und dazu noch ihre Brut aufzuziehn. Bei einigen Arten aber ist das befruchtete Weibchen kaum allein dazu imstande; so muß es sich nach fremder Hilfe umsehn — wie es das macht, will ich später erzählen.

Sehr verschieden sind die Angaben über die Zahl der Bürger in einem Ameisenstaate. Einige Arten, wie die Schmalbrüster, deren Weibchen sehr spär-

lich Eier legen, zählen nur wenige Dutzend Staats-
bürger, während bei andern Arten man Schätzungen
gemacht hat, die in die Hunderttausende, ja mit
den abgezweigten Kolonien in die Millionen gehn.
Wie groß aber auch ein Volk ist – es muß in gewisser Zeit zugrunde gehn. Häufig steht dieser Vol-
kestod im engsten Zusammenhange mit dem Tode
der Königin. Erreicht diese auch das für Insekten
unerhört hohe Alter von über drei Lustren, einmal
muß sie doch sterben. Nun haben zwar manche Staaten Nebenköniginnen, bei einigen sehr volkreichen bis
zu fünfzig, meist Töchter der Stammutter, die ihr helfen, das Volk zu vergrößern. Grundsätzlich wäre nicht
einzusehn, warum ein solches Volk mit dem Tode
der Stammutter allmählich auch aussterben sollte.
Es ist durchaus möglich, daß die Emsen solcher
Staaten sich, wenn die alten sterben, in den Besitz
junger, befruchteter Weibchen setzen, genau so wie
sie das früher getan – um auf diese Weise ihrem
Volke eine unbegrenzte Lebensdauer zu geben. Tat-
sächlich ist es aber kaum der Fall. Auf irgendeine
unerklärte, uns Menschen nicht faßliche, geheimnisvolle Weise scheint das Leben der ursprünglichen
Gründerin des Staates in Verbindung zu stehn mit
dem ihres Volkes: stirbt die Königin, so werden alle
Bürgerinnen von einer seltsamen Unlust befallen.
Trauer, die bis zum Lebensüberdruß geht, möchten
wir Menschen es nennen. Wir haben ja auch hierzu
in der Menschheit Parallelen. Es gibt Stämme auf
Neu Guinea und manchen Südseeinseln, die beim
Tode eines beliebten Häuptlings Selbstmord beschließen. Nicht, daß die einzelnen Stammesmitglie-
der sich selbst oder einander töten würden – sie ver-

hindern nur neue Geburten ihrer Weiber: so stirbt der Stamm aus. Ich lernte selbst einen solch freiwillig sterbenden Stamm auf Buka kennen – und ich beobachtete dasselbe lebensunlustige Weiterleben und langsame Absterben in künstlichen Ameisennestern, denen die Seele genommen war: *die Königin!*

Beim haitianischen Vaudouxkult führt die Priesterin den Namen ‚Mamaloi'. In dem verdorbenen Französisch der Haitineger ist das ‚R' zu einem ‚L' abgeschliffen worden – das Wort bedeutet also: Mama – Roi, das heißt Mutter und Königin. Es ist gewiß ein großes und schönes Wort, das leider auf die schwarze Schlangenpriesterin auch nicht einmal im übertragenen Sinne zutrifft. Wir müssen eifrig suchen in der Geschichte des Menschengeschlechtes, um eine wirkliche Mamaloi zu finden: *eine Mutter und Königin.* Doch finden wir sie in jedem Ameisenhaufen: hier ist in recht eigentlichem Sinne das Weibchen Mutter und Königin ihres Volkes. Und wer mag leugnen, daß sie zugleich auch die Priesterin ist? Denn in ihr verkörpert sich all das, wofür die Ameisen leben und sterben: das Urbild des streng nationalen Arbeitstaates.

Die Bienenkönigin ist eine geborene Königin – das ist das Ameisenweibchen nicht: es muß sich die Würde der Königin in schwerem Lebenskampfe erkämpfen, um dann allerdings viel mehr Herrscherin zu sein, als die Königin im Immenreiche. Sehr viele Ameisenweibchen versuchen das große Spiel; nur ganz wenigen gelingt es – die meisten gehn elend zugrunde. Jedes Weibchen läßt sich nicht nur von einem, sondern gleich hintereinander von drei bis vier Männchen befruchten. Wenn wir, menschlich gesehn, bei der Immenkönigin, die nur den besten und stärksten Liebhaber erhört, von einer Wahl der Liebe sprechen können, so verzichtet das Ameisenweibchen auf diese Liebeswahl. Aber – sehr zum Vorteil ihres Volkes. Die Männchen, denen sie sich hingibt, sind nur in seltenen Fällen ihre Brüder, meistens aber Männchen eines andern Volkes – derselben Art freilich. Ihre Kinder sind also die Kinder einer Mutter, aber zugleich die von verschiedenen Vätern – so wird die Inzucht vermieden. Nach der Hochzeit handelt sie ganz anders als die Bienenkönigin. Sie wird nicht zur ,reinen Eierlegmaschine'; sie zieht vielmehr ihr Volk sich selbst heran. Sie legt Eier und pflegt sie, wie die Larven und Puppen und tut das ganz allein und hungernd dazu. Erst wenn sie ein Geschlecht von Arbeiterinnen sich zur Hilfe aufgezogen hat, dann erst überläßt sie ihren jungen Emsen alle andere Arbeit, um sich selbst nur dem Eierlegegeschäft zu widmen. Aber man störe nur einen Ameisenbau, da wird man sehn, daß, wenn es nottut, auch die Königin mit zugreift, Larven und Eier rettet und sich beim Wiederaufbau beteiligt. Die Ameisenkönigin also, in viel höherem Sinne als die Bienenkönigin, ist wahrhaft: Mutter und Königin ihrem Volke.

Junge Brut.

Die große Verschiedenheit, die alles, was die Ameisen tun und treiben, auszeichnet, zeigt sich schon im ersten Augenblicke der Geburt. Junge Königinnen, die allein sind und erst im Begriff stehn, ein neues Volk zu gründen, müssen selbst Hebamme spielen und mit dem Munde das eben gelegte Ei greifen. Später aber helfen beim Eierlegegeschäft die Arbeiterinnen ihrer Königin, streicheln sie, belecken sie, nehmen das frisch ausgetretene Ei sofort in Empfang, ja ziehn es ihr aus dem Leibe heraus.

Die Mutter, einmal befruchtet für ihr ganzes Leben, bewahrt in einem Täschchen den männlichen Samen auf; wird das Ei nun durch den Eileiter herausgeleitet, so mag es im Vorbeigleiten an der Samentasche befruchtet werden oder nicht. In der Regel entstehn aus unbefruchteten Eiern Männchen, aus befruchteten aber Weibchen oder Arbeiterinnen.

Vom ersten Augenblick an wird die Brut gepflegt. Am wenigsten freilich das erstgeborene Dutzend einer jungen Königin; diese Erstlinge sind infolgedessen auch stets kleine und verhältnismäßig schwächliche Geschöpfe.

Sonst ist die Pflege der Nachkommen bei keinem anderen Tiere so entwickelt, wie bei den Ameisen. Sie füttern nicht nur ihre Jungen, sie halten sie auch sauber und bringen sie von einem Platz zu einem andern, der bezüglich der Wärme oder Feuchtigkeit gerade besonders erspießlich für sie ist. Manche nehmen gar ihre Kinder aus der Wohnung heraus und tragen sie in warmen Nächten draußen herum, genau wie unsere Ammen und Kindermädchen ihre Schutzbefohlenen in den öffentlichen Parken herumtragen. Innerhalb des Nestes werden die Eier, Larven und Puppen getrennt gehalten und stets in solchen Räumen aufbewahrt, die ihrer jeweiligen Entwicklung am meisten zuträglich sind. Mittlere und größere Larven in sehr feuchtem Raume, Eier in trocknerem, Puppen in sehr trockenem Raume. Da nun aber die

Wärme so wenig wie der Feuchtigkeitsgehalt der Luft gleichbleibend sind, so tragen die Ameisenammen andauernd ihre Jungen herum, bringen sie mehr an die Oberfläche an warmen Tagesstunden und wieder hinunter in die Tiefe in kalten Nachtstunden. Auch findet manchmal ein regelrechtes Bebrüten der Eier statt.

Die Ameisen halten's also, in großen Zügen, mit ihren Kindlein nicht viel anders, als die Menschen auch. Es fehlt, um die Aehnlichkeit völlig zu machen, eigentlich nichts, als daß sie ihren Babies auch die dicke Ammenbrust reichten.

Nun, auch das findet sich in der Ameisenheit. Die

Ammenameisen

sind Bewohnerinnen der Sundainseln und der Philippinen. Sie haben einen mächtig gewölbten Busen, der jeder Menschenmutter und Menschenamme alle Ehre machen würde. Sie sind Insekten, nicht Säugetiere – aber sie säugen doch.

Ja sie haben, wie die Weibchen der Menschen, am Busen zwei Oeffnungen, sodaß man füglich von zwei Brüsten sprechen kann.

Da sie große Freundinnen von allem Süßen und besonders von Honigtau sind, den sie ihrem Vieh, den Blattläusen und Schildläusen, entmelken, so ist die Milch ihrer Brüste eine süße Honigtaumilch. Man kann durch die gespannte, durchsichtige Haut des Busens recht gut den goldgelben Inhalt bei den sonst dunkelbraunen oder schwarzen Tieren durchschimmern sehn.

Ungleich den nährenden Frauen der Menschen aber – und den Weibchen aller Säugetiere – sind die

nährenden Arbeiterinnen dieser Ameisen alle jungfräulich. Auch reichen sie die Brust nicht nur der
jungen Brut, sondern auch den erwachsenen Mit-
schwestern und natürlich der Königin – ihre süße
Milch gehört dem ganzen Volke.

Die Ammenameisen führen den schönen Namen:
‚Cremastogaster inflata‘, das heißt *aufgeblasener
Hängebauch* – bei dem stolzen Geschlechte der Hängebauchameisen sitzt nämlich das Leib und Brust
verbindende Stielchen nicht, wie gewöhnlich, mit dem
untern, sondern mit dem obern Ende am Hinterleibe, sodaß sich dieser nach unten senkt. Für die
Ammenameise würde vielleicht der Name *Hängebu-
sen* besser passen – ganz richtig wäre er auch nicht,
denn ihre Brust ist so striff und straff, daß jede
Spreewälder Amme höchst neidisch werden kann.

★   ★   ★

Freilich weiß jede Ameise, daß die Kindlein auch
recht gut – schmecken. Alle Ameisen sind große
Freundinnen solcher Leckerbissen; die erbeutete
Brut fremder Völker wird mit Wonne verzehrt. Aber
auch die eigene Brut muß gelegentlich herhalten;
häufig genug wird ein eben gelegtes Ei sofort wieder verzehrt, auch werden die Larven mit Eiern gefüttert. Das ist gewiß recht kannibalisch; doch finden wir diese Erscheinung überall in der Tierwelt.
Vögel, die gelegentlich ihre Eier verzehren, hochstehende Säugetiere, die ihre eben geborenen Jungen
auffressen – und zumal in der Gefangenschaft –
gibt's überall. Auch dem Menschen ist der Gedanke
durchaus nicht fremd: wie er, in grauer Vorzeit,
den Göttern jahraus, jahrein Kinder schlachtete, so
fraß er sie gelegentlich auch selbst auf. Besteht doch

die ganze Sippschaft der griechischen Stammgötter aus aufgefressenen Kindern! Hera, Demeter, Hestia, Pluton, Poseidon waren von ihrem freundlichen Vater Kronos verspeist worden und verdankten nur dem Umstande ihre göttliche Unsterblichkeit, daß Väterchen, dem der jüngste Sproß Zeus ein gutes Brechmittel eingab, sie alle miteinander wieder ausspie. Eine Sage – gewiß! Aber kein Sang und keine Sage ward je ersonnen, die nicht irgendwie auf dem fußte, was Menschen taten.

Beleckt werden die Eier stets. Es ist möglich, daß der Speichel von den Eiern aufgesogen wird – das würde das Wachsen der Eier erklären, das in einzelnen Fällen beobachtet wurde. Gewiß ist, daß der Speichel fäulnishindernd wirkt und die Eier vor Verschimmelung schützt, ferner daß dadurch die sehr kleinen Eier aneinander kleben und so leichter in größeren Packen hin und her getragen werden können.

Die Larve schlüpft aus dem Ei ohne Augen und ohne Beine, aber mit einem gutentwickelten Munde. Sie zeigt eine ausgezeichnete Eßlust – je besser sie gefüttert wird, um so stattlicher entwickelt sie sich. Manche Ameisen geben ihren Larven nur flüssige Nahrung, während andere ihnen all das geben, was sie selber essen. Fleischfressende Ameisen verabfolgen unbedenklich Fleischnahrung, geben kleine Insekten oder Teile größerer, während die strengen Vegetarianerinnen unter ihnen ihren Larven nur Pflanzennahrung reichen und die Gemischte-Nahrung-Vorziehenden ihnen alles vorsetzen.

Manche Ameisenarten haben nackte Larven; die meisten aber sind, in der verschiedensten Weise, behaart. Diese Behaarung erfüllt einen vielfachen Zweck. Sie schützt alle Larven davor, gleich auf dem zu feuchten Boden zu liegen, sie schützt jede einzelne davor, von der gefräßigen Nachbarin angeknabbert zu werden. Die Behaarung dient auch dazu, die Larven aneinander zu packen, wenn bei drohender Gefahr die Arbeiterinnen gleich mehrere auf einmal wegschleppen müssen.

Ist die Larve voll ausgewachsen, so beginnt sie sich zu verpuppen. Die Larven mancher Arten umspinnen sich mit einem Kokon, andere verzichten darauf; ja, bei derselben Art gibt es Spinnerinnen und Nichtspinnerinnen unter den Larven, sodaß wir manchmal in demselben Nest nackte und eingesponnene Puppen finden. Auch bei dem Einspinnen der Larven helfen die Arbeiterinnen. Sie betten sie in die Erde oder bedecken sie mit Sand oder Holzstückchen, die die Larve benutzen kann, um ihre Fädchen daran zu befestigen. Die Larve bewegt den Kopf hin und zurück und umgibt sich mit einem feinen Gespinst. Ist sie damit fertig, so wird sie sorgfältig ausgegraben; alle Körnchen werden aus dem Gespinste entfernt. Solche eingesponnenen Puppen nennt der Sprachgebrauch fälschlich »Ameiseneier«.

In diesem Gespinst entwickelt sich die Larve zur Ameise. Aber heraus kann sie — von wenigen Fällen abgesehn — wieder nur mit Hilfe der Arbeiterinnen. Diese öffnen die Hülle, sodaß das junge Tier herausschlüpfen kann; sie befreien sie auch von der eigentlichen Puppenhaut.

Die Ameise wird also nicht weniger als dreimal geboren — und jedesmal steht ihr eine Hebamme hilfreich zur Seite. Ohne die Pflege der Aelteren würde jede junge Ameise elendiglich zugrunde gehn – auch die junge Ameise bedarf noch sehr der Pflege, bis ihr Chitinpanzer erhärtet ist.

*   *   *

Sehr verschieden ist die Zeit der Entwicklung. Das Wachsen im Ei dauert eine Woche bis zu fünf Wochen; das Larvenalter ist oft viel länger. Verpuppen sich die Larven noch im späten Sommer, so dauert das Larventum vier bis zehn Wochen; überwintern sie dagegen, so mag es viele Monate währen. Aehnlich ist es mit der Puppenzeit; sie beträgt drei bis vier Wochen, aber sehr viel länger, wenn die Puppe als solche überwintert. Auch die junge noch weiche Ameise benötigt, bis ihr Panzer erhärtet ist, bis sie also recht eigentlich als erwachsen angesprochen werden kann, noch einige Wochen.

Entsprechend dieser langen Jugendzeit, ist auch das gesamte Alter der Ameisen ein recht bedeutendes. Das Männchen freilich hat nur eine sehr beschränkte Lebensdauer; es stirbt fast immer, nachdem es seine Pflicht erfüllt hat, also nach der Hochzeit, die bei einigen Arten allerdings erst im nächsten Frühling stattfindet. Bleiben einige Männchen im Neste zurück, so werden sie schlecht behandelt und wenig gefüttert; hie und da sogar hinausgetrieben oder getötet. Viel länger leben die Arbeiterinnen; ich hielt eine über drei Jahre lang in einem künstlichen Neste – einige Forscher haben eine Lebensdauer von beinahe sieben Jahren festgestellt. Königinnen können noch viel älter werden: man hat

ein Alter bis zu sechzehn Jahren feststellen können
— eine ganz erstaunliche Lebensdauer in der Insektenwelt.

Jungfernzeugung.

Hochzeit ist nötig, um Kinder zu kriegen — oder
doch wenigstens, was man so Hochzeit nennt; man
braucht ja nicht grade erst den Herrn Pfarrer oder
den Herrn Standesbeamten zu bemühn. Nein, die
beiden hat wirklich kein Jungfräulein nötig — wohl
aber eines: den Mann.

,Armes Mädchen!' denkt die Ameise. ,Das Männchen brauchst du? Na, und wenn keins da ist?'

,Dann kann ich eben keine Kinder kriegen!' gesteht
das Menschenfräulein.

Da lacht die Ameise. Sowas dummes kann sie sich
garnicht vorstellen, daß jemand zum Kinderkriegen
stets ein Männchen benötigt. Mit Männchen geht's
gewiß — aber warum soll's ohne Männchen nicht
gehn? Selbst ist das Weib, denkt sie, und jedes
Weibchen kann ganz allein soviel Junge bekommen,
wie es nur haben will.

Das ist doch kinderleicht — nicht einmal ein richtiges Weibchen ist dazu nötig. Selbst eine Arbeiterin kann's, ob die gleich nur ein halbes Weibchen ist.

Ja, da können die Menschenfrauen noch manches
lernen. Es ist doch so einfach: die Blattlaus hat's
begriffen und die Ameise, da sollte man meinen —

   ★ ★ ★

In der Tat nehmen bei den Ameisen manchmal
Arbeiterinnen die Obliegenheiten der Königin auf;
wir sprechen dann von weibchenähnlichen Arbeiterinnen: diese zeichnen sich von den gewöhnlichen

Arbeiterinnen nur durch den größeren Hinterleib aus. Es kommt dies bei einigen Arten vor, wenn einem Volke die Königin starb; Arbeiterinnen ziehn dann durch besonders reichliche Nahrungsgabe — eine ihrer Schwestern so heran, daß sie Eier zu legen vermag. Wohl verstanden: stets eine Erwachsene; die Annahme, daß die Art oder Menge der den Larven gereichten Nahrung, ähnlich wie bei den Bienen, einen Einfluß auf die zukünftige Form haben, ist durch nichts bewiesen — vielmehr ist anzunehmen, daß die spätere Geschlechtsform des einzelnen Tieres schon in der Keimanlage vorhanden ist. Eine solche Arbeiterin feiert nicht Hochzeit, wird also nicht befruchtet vom Männchen. Aus den Eiern, die sie legt, entwickeln sich im allgemeinen nur Männchen, doch ist es falsch, daß dies eine stets geltende Regel sei. Ich selbst habe in einem künstlichen Neste, in dem sich nur Arbeiterinnen befanden, Eier erhalten, aus denen sich nicht nur Männchen sondern auch Arbeiterinnen entwickelten, allerdings keine Weibchen.

Hier möchte ich die Ansicht nicht unwidersprochen lassen, daß bei einigen Arten die Form der Königin völlig verschwunden sei und an ihre Stelle *dauernd* weibchenähnliche Arbeiterinnen getreten seien. Eine solche Annahme kann nur auf einem Denkfehler beruhen. Entweder nehmen diese Arbeiterinnen in *jeder* Beziehung die Tätigkeit des echten Weibchens auf, das heißt: sie verzichten auf dauernde Jungfernzeugung, besitzen eine Samentasche und lassen sich von Männchen befruchten: dann ist nicht der geringste Grund vorhanden, sie nicht als wirkliche Weibchen, als Königinnen anzusprechen. Oder aber sie bleiben den Männchen fern, bleiben Arbeiterinnen, die in Jungferngeburt Eier legen, aus denen sich neben Männchen und den gewöhnlichen Arbeiterinnen wieder weibchenähnliche Arbeiterinnen entwickeln würden, die sich ihrerseits auch auf Jungferngeburt beschränken würden. Dann aber müßte nach einer Anzahl von Geschlechtern die Art aussterben, da wir im ganzen Tierreiche von der Amoeba angefangen keinen Fall kennen, in welchem eine unbegrenzte Jungfernzeugung – oder auch nur eine unbegrenzte Teilung – möglich wäre: die natürliche Paarung der Geschlechter muß immer zwischendurch wieder einsetzen.

Dauernd darf also das eigentliche Weib nicht fehlen; bei irgendeiner Generation müssen neben den Männchen auch echte Weibchen auftreten, die eine regelrechte Hochzeit machen.

Auch das echte Weibchen, die Königin, kann in Jungfernzeugung Eier legen, tut das sogar jeden Tag und bringt dabei das Kunststück fertig, Jungferneier zu legen, obwohl sie gar keine Jungfer mehr ist. Sie ist für ihr ganzes Leben befruchtet, trägt den männlichen Samen in ihrer Tasche mit sich herum und vermag die zu legenden Eier jeweils daraus zu befruchten oder nicht. Legt sie ein nicht befruchtetes Ei – so entsteht ein Männchen; diese Männchen sind also jungfräulich – von einer Nichtjungfrau – geborene Wesen!

Die Ameisen scheinen die ganze Frage der Jungfernzeugung noch nicht so recht gelöst zu haben. Das Volk der Blattläuse ist ihnen darin weit über. Wir finden *nur* Weibchen, die alle Eier legen – aus diesen unbefruchteten Eiern wachsen wieder *nur*

Weibchen heran.. Das geht so durch manche Geschlechter, bis zum Ende des Sommers plötzlich ein Geschlecht heranwächst, das Männchen und Weibchen zugleich hat, die sich ordentlich begatten und also die *regelmäßige* Einrichtung der Jungfernzeugung unterbrechen: ihre Nachkommen sind dann wiederum nur Weibchen. Das ist logisch und folgerichtig — was aber soll die Regel der Ameisenheit, daß aus Jungferneiern fast nur *Männchen* — und gar keine Weibchen — entstehn?? Die Männchen sind doch bei der Einrichtung der Jungfernzeugung vollkommen überflüssig; sind nur unnütze Fresser, die dem Volke zur Last fallen!

Kein Wunder also, wenn die eierlegende Arbeiterin ihre frisch gelegten Eier — aus denen ja meist doch nur ein unnützes Männchen sich entwickeln kann — in den meisten Fällen gleich wieder auffrißt, sodaß nur ganz wenige davon zur Entwicklung kommen.

Da sind noch manche Rätsel. Es ist schon so: allzuviel wissen wir nicht über die Jungfernzeugung, weder bei den Ameisen, noch — bei den Menschen.

IV

ZWISCHENSPIEL: JUNGFERNZEUGUNG?

Es ist gewiß, daß viele Menschen glauben, das Kind, welches Lady Charlot Vilma Bianka Baites im September 1921 zur Welt brachte, sei auf höchst natürliche Weise entstanden. Der Arzt, die Hebamme, der Standesbeamte und manche andern werden keinen Augenblick zweifeln, daß das Kind einen rechten Vater hatte, wie alle Kinder, die sie kennen; wenn dieser unbekannte Vater und Geliebte einer schwülen Nacht auch vermutlich nur ein Reitknecht oder Gärtnerbursch war. Denn daß Lady Charlot trotz ihrer achtundzwanzig Jahre nie einen Liebhaber gehabt, vielmehr stets jungfräulich zurückgezogen gelebt hatte, das wußten ja schließlich alle.

Diese allgemeine Meinung des Marktfleckens Morton-Jeffries, Grafschaft Herefordshire, teilt einer nicht: ihr Bruder, Sir Norman Baites, Oberst und während der Kriegsjahre Provost-Marshal und Leiter des englischen Geheimdienstes und der Propaganda in den Vereinigten Staaten. Er ist vielmehr überzeugt, daß es sich um eine parthenogenetische Geburt, eine Jungfernzeugung handle. Dennoch glaubt er, daß niemand anders als er selber der Vater dieses jungfräulich geborenen Kindes sei – ob er gleich zu der fraglichen Zeit durch das große Wasser der Atlantis von seiner Schwester getrennt war.

Das ist nun sehr verwirrend und recht sonderbar; grade darum will ich diese Geschichte ganz einfach und nüchtern erzählen. Man wird sehn, daß es einzelne Momente darin gibt, die der Annahme Sir Normans — so unbegreiflich und dazu in sich widerspruchsvoll sie zunächst erscheinen mag — wenn auch durchaus keine Gewißheit, wohl aber manche Wahrscheinlichkeit geben. Ich selbst habe ihn nur sehr oberflächlich gekannt; seine Schwester, Lady Charlot, einmal gesehn — dies eine Mal freilich so gut, daß ich sie nicht wieder aus dem Gedächtnis verlor.

Ich arbeitete damals, im ersten Kriegsjahre, in NeuYork mit Jan Olieslagers zusammen. Wir machten, auf unsere Weise, dasselbe, wie Sir Norman. Nur war *unsere* Weise erbärmlich, klein, vollkommen unzureichend, nur auf ein Dutzend Augen gestellt und fast ohne eine Unterstützung unserer Regierung. Dagegen hatte der Engländer einen Stab, der seine unzähligen Augen überall hatte, der mit unbegrenzten Geldmitteln arbeitete, dem Gesellschaft, Banken und Presse alle Türen öffneten. Ein kleines Winkelgeschäftchen also gegen einen riesigen Welttrust. Es war kein Vergnügen, gegen solche Odds zu kämpfen. Natürlich wußte Sir Norman so gut von uns, wie wir von ihm wußten; so waren wir Tag und Nacht beobachtet. Um diese Zeit hatte ich einige Papiere, die wichtig genug waren, in meiner Obhut; ich wußte, daß der Engländer sie auf jede Weise in seinen Besitz bringen wollte. Stehlen, rauben, Feuer anlegen — aber alles sehr gescheit und geschickt – jedes Mittel war damals recht und ein jeder von uns hatte schon seine Erfahrungen gesammelt und sein Lehrgeld bezahlt.

Meine Papiere waren in meiner Aktentasche; die ließ ich nicht aus. Im Bette lag sie unter meinem Kopfkissen; im Restaurant auf dem Stuhl und ich saß drauf. Kein angenehmes Sitzen, aber man gewöhnt sich dran. Dann, an *dem* Morgen, gab ich die Papiere ab; einem Mann aus dem Mittelwesten, für den sie bestimmt waren und der nun endlich gekommen war, sie zu holen. Im siebenundvierzigsten Stock befanden sich die Räume, wo ich ihn traf; unten in der Stadt, in einem großen Hause des Broadway. Wie ich hinaustrat auf den Flur, stand eine Dame da; ich fühlte gleich, daß sie auf mich wartete: wenn man immer beobachtet ist, bekommt man ein außerordentlich sicheres Empfinden dafür, Detektive zu erkennen. Ich stieg in den Aufzug; mit mir die Dame. Ich ging zur Hochbahn der vierten Avenue; sie folgte, kam in dasselbe Abteil, saß mir gegenüber. Meine Ledertasche legte ich neben mich; stattlich genug sah sie aus, genau wie zuvor. Aber nur Zeitungen hielt ihr Bauch und ein paar Dutzend grüner Gutscheine der Zigarrenläden. Nichts sonst.

Sehr leer war's im Abteil; kein Mensch fuhr um diese Zeit die Stadt hinauf. Wie wird sie's nur anstellen, überlegte ich, meine Tasche zu erwischen? Sie starrte mich an und ich starrte zurück. Ein dunkles Straßenkleid, sehr gut geschnitten. Ein Foulardtuch über dem Arm – was sie nur mit dem Tuch wollte, das so ganz und garnicht zu ihr paßte? Kleine Füße in spitzen Schuhen, die Absätze nicht allzu hoch. Seidenstrümpfe – natürlich. Die Hände, sehr schmal und klein, in Wildleder. Die Hüften ein wenig zu breit, das Gesicht ein wenig zu rund. Rotblonde Haare – Palma der Alte. Und die grüngoldenen Augen, die dazu gehörten, helle Brauen, durchsichtige Haut mit ein paar Sommersprossen. Der Mund klein genug; die Oberlippe rund gespitzt, als ob sie pfeifen wollte. Und irgendwo lag etwas Fanatisches in ihren Zügen.

Es war ganz offensichtlich, daß sie nur an meine Ledermappe dachte, daß ihr Hirn fieberhaft arbeitete, wie sie es anstellen sollte. Ich nahm eine Zeitung aus der Rocktasche, hielt sie vor mich hin, schielte ungesehn drüber hinweg – auch das lernt man sehr leicht mit einiger Uebung. Endlich schien sie einen Entschluß zu fassen. Ich sah, wie sie ihre Fahrkarte aus dem Handschuh zog, fallen ließ, mit dem Fuß vorsichtig unter den Sitz schob.

Ich überlegte – fand bald heraus, was sie wollte. Aussteigen, wenn ich ausstieg, mit mir durch die Sperre gehn. Man würde sie anhalten – o weh, sie hatte ihre Karte verloren! Und ihr Täschchen dazu: kein Geld! Sie würde mich bitten. So mich kennen lernen. Und – wenn es ihr vorher gelungen wäre, mich für sie zu interessieren – vielleicht würde ich sie zum Luncheon einladen. Da mochte sich eine Gelegenheit geben –

Wie ich die Zeitung sinken ließ, lachte sie mich an. Gescheit war es – und doch unglaublich ungeschickt. Gescheit – denn sie hatte sehr schöne, sehr weiße, sehr ebenmäßige Zähne. Der Ausdruck ihres Gesichtes wandelte sich; sehr jung sah sie aus und der Mund wie einladend zum Kusse. Wenn sie ein Mittel der Verführung hatte, so war es ihr Lächeln.

Dennoch, sehr ungeschickt. Wir waren gewöhnt an Geheimagenten in jenen Tagen, männliche und weibliche, berufsmäßige und Dilettanten. Wir kannten uns gut aus in jeder Beziehung. Dies Lächeln war eine offenkundige Einladung, die gar keinen Zweifel duldete. Dilettantin war sie dazu: eine helle Röte deckte die Wangen.

Entzückend sah sie aus; gern wäre ich eingegangen auf das Abenteuer. Nur: es ging nicht. Ging durchaus nicht. An der Haltestelle, wo ich aussteigen wollte, erwartete mich jemand; einer, den der Engländer bestimmt noch nicht kannte und den er nicht kennen lernen sollte, solange das möglich war. Ich mußte sie vorher abschütteln.

Und das war meine Aktenmappe wert. Ich riß einen Zettel aus meinem Notizbuch; schrieb darauf: ‚Sir Norman Baites. — Viel Vergnügen!‘ Zog den hübschen kleinen Schlüssel aus der Westentasche, schloß das Kunstschloß auf, gab umständlich den Zettel in die Ledertasche. Schloß wieder zu, legte sie neben mich. Starrte auf die Frau.

Die lächelte, lächelte noch einmal. Dann gab ich ihr das Lächeln zurück. Sie knöpfte ihren Handschuh auf, zog ihn aus, ließ ihn fallen, putzte mit den Fingern an ihrem Smaragdring. Das alles war so offensichtlich, so auffallend — auch der Harmloseste wäre nicht darauf reingefallen. Nein, diese Frau hatte wenig Talent zur Geheimagentin.

Also gut, ich hob ihr den Handschuh auf. Reichte ihn ihr, streichelte mit dem kleinen Finger ihre weiße Haut — es war ihr sichtlich sehr unsympathisch. Wie zur Abwehr schlossen sich ihre Lippen — einen Augenblick nur — dann lächelte sie wieder.

Sie wartete – aber ich sprach kein Wort. Lehnte mich zurück. Ich sah gut, wie sie es quälte; krampfhaft, fast verzerrt wurde ihr Lächeln. Blieb dennoch schön. Ein Tränenschimmer legte sich über die Augen; ich fühle: gleich würde sie losheulen.

Es tat mir wohl, sie zu quälen. Dennoch: es war so billig. Und dann wuchs in mir ein hochmütiges Mitleid. Ich stand auf, wandte ihr den Rükken; ging ein paar Schritte durchs Abteil, schaute zum Fenster hinaus.

Nach einer Minute kam ich zurück: richtig, die Ledermappe war fort. Ich nickte – also dazu hatte sie dies lächerliche Tuch mitgenommen, meine Tasche drin einzuwickeln! Ungeschickt genug überdies – an beiden Enden guckte sie heraus. Sie lächelte noch immer – starr und stier, eine regelrechte Grimasse. Aber: immer noch schön.

Im nächsten Augenblick hielt der Zug; sie sprang auf, lief zur Tür. Ich bückte mich, griff ihre Fahrkarte auf, sprang ihr nach. Dicht vor der Tür erreichte ich sie; sie blieb stehn, zitterte.

Stumm reichte ich ihr die Fahrkarte. Riß die Türe auf, ließ sie hinaus. Sah noch, wie sie lief, dann plötzlich stehn blieb, sich umschaute: schon fuhr der Zug. Und wieder lächelte sie, schöner als je, unendlich dankbar – wie eine arme Seele, die eben aus der Hölle herauskam.

In diesem kurzen Augenblicke begehrte ich sie.

Natürlich erkundigte ich mich. Erfuhr bald, was ich wissen wollte: es war Lady Charlot Vilma Bianka Baites, des Obersten und Provost-Marshals Schwester. Sie war erst vor zwei Wochen herübergekom-

men, ihrem Bruder zu helfen. Dies war ihre erste
‚Tat‘ für ihr Vaterland — ihre letzte auch in diesem
Lande: sie reiste wieder zurück nach acht Tagen.

★   ★   ★

Jan Olieslagers kam früher aus dem Gefangenenlager als ich. Im ‚Plaza‘ in NeuYork fand er eines
Samstags beim Luncheon Sir Norman; traf ihn dann
oft und wieder. Daß der Oberst grade ihm sich er-
öffnete, erscheint zunächst befremdlich, dennoch begreiflich. Er hatte besser, als ein anderer Mensch
hier im Lande, alles Deutsche studiert; er fühlte,
daß er bei diesem deutschen Agenten ein Verständnis voraussetzen durfte, über Dinge mit ihm sprechen konnte, die er nie und nimmer einem Engländer
der gegenüber berührt hätte. Was ich also nun nie-
derschreibe, weiß ich von Jan Olieslagers, der mir
sehr vertraut war.

Nicht, daß Sir Norman sich so hin zu ihm setzte,
ihm die Geschichte erzählte. Ganz langsam kam das
alles, sehr allmählich. Dann auch: das, was geschah,
war noch in vollem Fluß damals; so erlebte mein
Freund — durch den Mund des Obersten — manches
mit, so wie es sich eben abwickelte.

Beide lunchten im ‚Plaza‘ ein paar Mal in der
Woche und sie lunchten sehr spät, wenn der Speise-
saal fast leer war. Sir Norman hatte Jan Olieslagers
gleich das erste Mal begrüßt, sich entschuldigt, daß
er ihm Unannehmlichkeiten habe bereiten müssen,
ihn beglückwünscht, daß er nun wieder frei wäre.
Auch sich ihm zur Verfügung gestellt, falls er ihm
irgendwie nützlich sein könne. Lachend sagte er ihm,
daß er unsere Namen, als die der gefährlichsten
deutschen Spione, obenan auf die Liste gesetzt habe,

die er am Tage nach dem Kriegseintritt der Vereinigten Staaten in Washington überreicht habe. Er sei damals froh gewesen, uns los zu werden. Aber nun sei das ja alles längst vorbei —

Olieslagers griff mit beiden Händen nach diesem Finger. Zu retten, da drüben, war nichts mehr — aber manch einem armen deutschen Teufel, der vergessen im Lager oder Gefängnis saß, konnte vielleicht geholfen werden. Und das konnte niemand besser als Sir Norman: seine englische Fürsprache galt mehr in Washington als die von hundert Yankees.

Er merkte bald, daß der Oberst sich an ihn drängte, auf ihn wartete im ‚Plaza‘, sichtlich ungeduldig wurde, wenn er sich verspätet hatte. Er fühlte, daß Sir Norman irgendwas auf der Seele brannte, daß er darnach rang, sich jemandem mitzuteilen und daß dieser Jemand er, Olieslagers, sei. So nutzte er die Lage nach Kräften aus: dutzende von Deutschen verdanken es ihm allein, daß sie Monate, ja ein Jahr früher die Freiheit zurückerhielten. Er wurde der Vertraute des Provost-Marshals, aber er ließ sich gut dafür bezahlen.

*   *   *

Einmal trat Sir Norman wieder an seinen Tisch, bat, platznehmen zu dürfen, erzählte, daß er in Washington die Entlassung dieses und jenes Deutschen durchgesetzt habe. »Ich werde mehr noch für Sie tun,« schloß er, »geben Sie mir nur die Namen. Downing-Street hat nicht das geringste Interesse mehr daran, daß die Leute gefangen sitzen. Washington nur bei *den* Leuten, die hier im Lande Fabriken haben oder ein großes Vermögen — solang die hinter Schloß und Riegel sind, können sie sich nicht wehren. Da kann Herr Mitchell Palmer drauflos liquidieren und seine und seiner Freunde Taschen gründlich füllen. Man kann's ihm nicht übelnehmen: solch herrliche Gelegenheit findet sich nur alle hundert Jahre einmal. Wie gesagt, Doctor, ich helfe gerne – hab doch zurzeit wenig zu tun. Nur – sehn Sie – nur – – Ich möchte –«

Er druckste und schluckste, konnte die Worte nicht finden. Olieslagers half ihm. »Sie wollen etwas von mir, Oberst? Claro! Ich merk's ja seit Wochen. Ich war Ihr guter Feind und bin heute nicht Ihr Freund, das wissen Sie. Aber Sie haben mir sehr geholfen – haben, wenn Sie's so wollen, Vorschuß gezahlt. Also stehe ich zu Ihrer Verfügung: sagen Sie endlich, was Sie von mir wollen!«

Sir Norman goß seinen Cocktail hinunter. »Nein, nein,« sagte er. »Ich will nichts, garnichts von Ihnen. Will Ihnen nur – von mir, wissen Sie – etwas erzählen –«

Wieder stockte er, kam nicht weiter. Olieslagers fühlte, daß er schweigen würde, wenn er ihm nicht helfe. So fragte er rasch:

»Und warum, Sir Norman, warum mir? Was veranlaßt Sie, grade mir Ihr Geheimnis zu vertrauen? Glauben Sie etwa, daß es da besonders gut aufgehoben wäre?«

Der Provost-Marshal schüttelte den Kopf. »Geheimnis?« rief er. »Gewiß ein Geheimnis. Aber meinetwegen mögen Sie es ausposaunen durch die ganze Stadt – hundert zu eins wette ich, daß Ihnen kein Mensch glauben wird. Jeder wird Sie auslachen, wie jeder mich auslachen, mich für verrückt erklären würde, wenn ich's ihm erzählte. Einem aber muß ich's dennoch sagen — ich ersticke sonst daran. Sie habe ich ausgesucht, weil Sie der einzige Mensch sind, den ich kenne, der nicht lachen wird, der das alles vielleicht verstehn wird. Darum!«

Olieslagers trank ihm zu. »Danke, Sir Norman,« lachte er. »Und nun — erzählen Sie.«

Schwerfällig, immer stockend, suchend nach Worten, stolpernd und hinkend sprach der Oberst. Machte Pausen, lange und kurze, wiederholte ein Wort, einen ganzen Satz drei, viermal hintereinander.

Es müsse einer sein, der Kultur habe. Nicht ‚Culture‘, nein, Kultur mit einem »K«, deutsche Kultur, die alle Dinge erfühle im letzten Grunde, Kultur, die keine Angst habe vor Niedagewesenem, vor Grauenvollem und Grausamem. Nicht, daß er persönlich glaube an die Geschichten der Grausamkeiten der Deutschen — einige der allerwildesten habe man ja in seinem Büro unter seinen eigenen Augen ausgebrütet und mit den schönsten Photos und Urkunden versehn in die Presse gegeben. Dennoch: etwas müsse dran sein an diesen Geschichten, sonst — ja sonst hätte man sie ja garnicht ausdenken können, überall in der Welt! Und also darum wende er sich —

Jan Olieslagers sah ihn voll an, unterbrach ihn: »Sagen Sie, Oberst, glauben Sie all das, was Sie da sagen?« Aber er erwartete die Antwort nicht: der Mann, der da vor ihm saß, war bitterernst, jedes Wort glaubte er, das er sprach.

»Fahren Sie fort!« nickte er.

Sir Norman erzählte. Breitschweifig, weit ausholend, immer abirrend, als ob er Angst habe, auf das

zu kommen, was er eigentlich sagen wollte. Fast von
seiner Geburt fing er an.

Olieslagers hatte Zeit genug, ihn zu betrachten.
Eigentlich brauchte dieser Mann seine Lebensge-
schichte nicht zu erzählen; wenn man seinen Namen
und Rang wußte, konnte man sie ihm vom Gesicht
ablesen. Groß, breitschultrig, ein wenig Fettansatz.
Achtunddreißig – also sehr schnelle Laufbahn; zumal eine Rangerhöhung für seine Leistungen während der Kriegsjahre noch bevorstand. Aschblond,
kleine Bürsten auf den Oberlippen. Blaue Augen
und die Nase sattelförmig angesetzt. Sehr gepflegt
dazu, manikürt die Fingernägel. Doch irgendwo ein
Mangel – Olieslagers witterte: knabenhaftes – wenig geschliffen vom Weibe.

Jan Olieslagers nickte – das alles war so einfach
und selbstverständlich. Einziger Sohn; aber nicht
allzu großen Landbesitz vom Vater her. So: gute
Gentry. Also: Eton. Dann: Oxford. Dann: Har-
vard – dem hatte er's zu danken, daß man ihn
während der Kriegsjahre hier wirken ließ. Terri-
torialoffizier – dann in die Armee. Aegypten, Indien. Herumgereist durch die Welt; dazwischen London und sein Landhaus bei Morton-Jeffries. Die Eltern tot; seit vierzehn Jahren die Mutter, seit zehn der
Vater; nur seine Schwester hauste in Herefordshire.

Dann plötzlich, ausgebrochen durch alle Hemmun-
gen mit schwer erzwungenem Würgen, kam es heraus: er liebte diese Schwester.

Er schwieg. Nichts weiter. Olieslagers half ihm.
Gott ja, das sei doch nun nichts so sehr außer-
gewöhnliches. Adelphogamie – das gäbe es, solange
Menschen auf der Erde herumliefen. Ueberall – bei

Aegyptern und Griechen, Römern und Byzantinern. Durch die Jahrhunderte hin – überall. War nicht d'Alembert, Friedrich des Großen Freund, ein Kind von Bruder und Schwester! Und erst im modernen England –

Der Oberst stutzte. In England?

Da lachte Olieslagers. Beinahe Mode. Seit Aubrey Beardsley –

Sir Norman sah auf. Ob er den Zeichner meine? Den? Ja möglich – man spricht über so etwas nicht in England. Vielleicht weiß man's; gewiß weiß man's – aber man spricht nicht darüber.

Außerdem: ganz anders sei es bei ihm. Ganz anders. Nie habe er etwas mit seiner Schwester – gehabt. Nie. Nichts. Garnichts. Fast garnichts.

So also war es. Er, zwölf Jahre älter als seine Schwester, kam zurück aus Aegypten nach seines Vaters Tod. Fand, voll aufgeblüht, die Siebzehnjährige. Freundlich, geschwisterlich zärtlich, war stets ihr Verhältnis gewesen, wann immer er zu Hause war. Berührungen, harmlose Küsse.

Nun begriff er plötzlich, daß er mehr von ihr wolle. Wenn sie ihn ansah, wenn ihre Finger ihn berührten, fieberte er. Ueber die Maßen erschrak er; reiste weg nach einer Woche.

Floh nach London. Verlobte sich mit einem jungen Ding der Gesellschaft. Heiratete Hals über Kopf.

Nur – es ging nicht. Er war durchaus kein unschuldiger Jüngling, hatte Frauen gehabt hier und dort auf der Welt. Geliebt – nein! Aber doch – gehabt. Weils eben nötig war.

Dennoch ging es nicht mit der Frau, die nun seinen Namen trug. Er griff zu dem Mittel, das alle

Angelsachsen ergreifen, um sich Mut zu machen zu Liebesabenteuern – trank Whisky. Halb betrunken, in hohem Whiskymute stieg er zu seiner Frau.

Nein, nein – das Bild seiner Schwester stand dazwischen.

Die junge Frau verstand nichts – aber sie ekelte sich nun vor ihm. Ließ sich scheiden. Kaum drei Wochen waren sie beisammen.

Nach der Trennung reiste er nach Indien; aber vorher kam Lady Charlot, ihm Lebewohl zu sagen. Da geschah es, daß aus dem Nichts ein – Fastnichts wurde.

In ihren Armen hielt sie ihn, ehe er in das Boot stieg, das ihn zum Dampfer brachte. Küßte ihn, klammerte sich an ihn, als ob sie nimmer ihn loslassen wolle. Er glühte, keuchte; fragte endlich: »Du–?« Sie sah ihn an mit weit aufgerissenen Augen, nickte. Hauchte: »Ja! Ja!«

Da riß er sich los, sprang ins Boot.

Naß vom kalten Schweiß kam er an Bord, wankte in seine Kabine. Wußte nun, daß sie, daß seine Schwester nicht anders fühle, als er.

Sehr oft schrieben sie einander. Er schrieb: ‚Liebe Schwester‘; sie: ‚Lieber Bruder‘. Nicht ein Wort stand in diesen Briefen, das nicht in allen geschwisterlichen Briefen stand. Höchstens, daß zum Schlusse die Worte: ‚Love‘ und ‚Kisses‘ einmal unterstrichen waren. Und dennoch schri⌐ jede Zeile hinaus, daß sie sich verzehrten füreinander. Ja – aber nur sie konnten das lesen.

In Amritsar fand er die hübsche, junge Witwe eines Kolonialbeamten; es war offensichtlich, daß sie alle ihre Künste versuchte, ihn an sich zu ziehn. Er entschloß sich schnell, heiratete sie. Ueberlegte:

das ist die Möglichkeit der Rettung. Sie ist Witwe; also gewiß erfahren in Ehesachen. Sie – nun – sie weiß Bescheid, weiß, was sie will. Hatte er sich erst gewöhnt an sie als – als seine Frau – das heißt an sie als – nun gut, also – an sie im Bett, ja dann würde alles in beste Ordnung kommen. Dann würde diese verbrecherische Liebe erlöschen müssen – ja verbrecherisch grad heraus! Konnte ein guter Christ presbyterianischen Bekenntnisses es anders fassen? Man muß den Mut haben, die Dinge beim rechten Namen zu nennen.

Also die Witwe würde, dank ihrer Künste, ihn seine sündige Liebe vergessen machen. Und wenn Lady Charlot sah, daß er ruhig, glücklich verheiratet sei, würde auch sie diese Irrung des Blutes vergessen. Würde auch heiraten, würde Mutter werden und glücklich dazu, wie andere Frauen.

Wenn man sich dann wiedersah, wirklich als Bruder und Schwester, würde man lachen über die Narreteien.

Darum heiratete er.

Die hübsche Witwe tat ihr bestes. Sie war wirklich gescheit, brauchte nicht Whisky als Bundesgenossen. Alles ging ausgezeichnet eine Zeitlang, tagsüber und nachtsüber auch.

Die junge Frau verstand: etwas war nicht in Ordnung mit ihrem Mann. Sie wußte nicht, was es war – aber sie würde es schon herausfinden.

Er war ein sehr guter Gatte. Ueberhäufte sie mit allem, was sie nur wünschte; tat vielleicht ein wenig zu viel und zu absichtlich. Nichts war ihm genug, nichts zu gut für seine Frau.

Nur, schien ihr, tat das alles mehr ein Vater, mehr

ein Bruder, der ihre Tage sonnig machen wollte. Nicht – ein Mann, der sie begehrte. Alle Initiative zeigte er beitage – still war er zurnacht.

Fügte sich wohl, war artig, folgsam; begriff, ein wenig schwerfällig vielleicht, ihre Winke. Aber – *sie* mußte ihn verführen.

O, sie tat es. Erfüllte gern ihre Pflichten als christliche Ehefrau.

Doch verstand sie gut, daß etwas zwischen ihnen stand.

Alle seine Briefe überwachte sie, fand nichts. Sie beobachtete sehr scharf, merkte wohl, daß etwas vorging in ihm, wenn er ein Schreiben seiner Schwester erhielt. So las sie deren Briefe sehr sorgfältig durch, fand kein Wort darin, das sie nicht selbst ihrem Bruder jeden Tag schreiben würde.

Sir Norman aber blieb unruhig. Bald war er fest überzeugt, daß er nun endlich hinüber sei über den Berg. Daß er mit Hilfe seiner gescheiten, hübschen Frau ganz und ganz gewiß seine Liebe zu Lady Charlot überwunden habe. Dann wieder zweifelte er; ritt hinaus auf seiner Rappstute, zerquälte sich, ließ seine Seele ringen mit dieser Liebe.

Vielleicht – o wohl möglich! – hätten die Verführungskünste der Witwe den Sieg davongetragen. Schlimmere Rätsel schon wurden gelöst durch die kluge Liebe einer schönen Frau.

Wenn erst ein Kind da war –

Aber sie starb. Eine Typhusseuche brach aus in Amritsar; eines der ersten Opfer war sie.

Auf dem Totenbette sagte sie: ‚Geh zurück nach England zu deiner Schwester'. Sagte das in dem Augenblick, als sein großes Mitleid mit der armen

Kranken zum ersten Male aus dankbarem Mitgefühl fast zur Liebe sich wandeln wollte.

Er begriff recht gut, wie sie das meinte. Sie wußte ja, wie leicht sie ihn gewonnen hatte. Und da waren mehr hübsche Mädchen, mehr junge Witwen in der kolonialen Gesellschaft Indiens, die alle gern Sir Norman genommen hätten. Nein, denen mochte sie ihn nicht gönnen. Irgendeiner Frau in England vielleicht, die sie nicht kannte, nie gesehn hatte –

Darum –

Er begriff das recht gut – faßte es dennoch in anderm Sinne. Nahm es: geh zu deiner Schwester. Genieße in ihren Armen, was ich dir nicht geben konnte.

So verklärte sich ihm das Bild der Sterbenden.

Mehr noch: das seiner Schwester.

Er nahm Urlaub, fuhr über Japan und Amerika. In Seattle hörte er vom Kriegsausbruch; in Chicago erhielt er seine Ernennung zum Oberst und zum Provost-Marshal in den Vereinigten Staaten. Er machte sich sofort ans Werk, froh, alle Stunden mit fieberhafter Arbeit füllen zu können.

Lady Charlot kam herüber zu ihm – nun war kein Zweifel mehr zwischen beiden. Sie sprachen sich aus in langen Gesprächen, immer wieder. Nie recht zur Sache, nur so drum herum. Immer unfrei, immer ängstlich alles schonend, was in ihnen lebte an Ueberlieferung, angeboren und anerzogen. Dennoch: sie wußten, wo sie standen. So vermieden beide, allein im geschlossenen Raume zusammen zu sein; saßen dafür beieinander in der Oper, in Restaurants, handinhand gepreßt, stundenlang. Hand in Hand, das war erlaubt, war geschwisterlich, nichts mehr.

Sie fanden bald, daß es doch nicht gehn wollte. Daß jeder Zoll von Fleisch in ihnen, jede Unze ihres Blutes die glücklichen Hände beneidete.

So schickte sie ihm eines Morgens einen Brief ins Büro. Sagte ihm, daß sie zurückfahren wolle. Man solle nichts tun, nichts entscheiden – alles aufschieben. Ueber den Krieg hinaus. Solle jetzt nur arbeiten für England – das würde ihnen beiden Ruhe geben. Nur eines wolle sie: einmal noch, zum Abschied, ihn küssen, wie sie ihn küßte, als er nach Indien fuhr. Sei es Sünde, so habe sie solche einmal schon begangen, müsse büßen dafür in langen einsamen Stunden.

Aber sie wußte, als sie das schrieb, daß es nur dieser Kuß war, nach dem sie schrie, nur dieser Kuß, demzuliebe sie den Entschluß faßte, abzureisen.

Er brachte sie an Deck, führte sie in ihre Kabine. Als die Dampfpfeife pfiff, daß alle Nichtreisenden das Schiff nun verlassen müßten – da erst sanken sie einander in die Arme.

★   ★   ★

Die Kriegsjahre. Wie Sir Norman arbeitete, wußte keiner besser als Olieslagers. Drüben in England wurde Lady Charlot zunächst Krankenschwester, machte ihre Kurse, pflegte im Krankenhaus. Später änderte sie ihren Beruf; die Nachtwachen an den Betten Verwundeter gaben ihr zu lange Stunden zum Nachdenken. So ging sie als Arbeiterin in eine Waffenfabrik. Schaffte zwölf Stunden im Tage; fiel in ihr Bett völlig erschöpft. Das half ihr über die Tren-

84

nung, das und das Gefühl, ihren Bruder sicher zu wissen in NeuYork.

Nach Morton-Jeffries kam Sir Norman einige Monate nach Kriegsende. Das Zusammensein der Geschwister war noch qualvoller als zuvor. Jedes wußte, daß der Kampf langer Jahre völlig fruchtlos gewesen war und nun gewiß und in alle Zukunft hoffnungslos bleiben würde. Durch ein Weltmeer getrennt und dabei jede wache Stunde anstrengend arbeitend, hatten sie diese Liebe dennoch nicht zu überwinden vermocht — wie sollten sie das können, wenn sie beieinander waren in langen Mußestunden, durch nichts die Gedanken ablenken konnten? So hatten sie jeden Versuch aufgegeben, gegen eine übermächtige Bestimmung anzukämpfen. Keines sprach das aus — aber jedes wußte gut, daß in des andern Seele es so ausschaute, wie in der eigenen.

Also: sie nahmen das hin. Sie liebten und begehrten einander — das war Geschick, dem man sich beugen mußte. Aber: ebenso fest stand ihnen beiden, daß nie und nimmer ihre Leiber an dieser Liebe teilhaben durften — mochten sie darüber zugrundegehn.

Das hieß: alles vermeiden, was in Versuchung führen konnte. Kein Kuß mehr, keine Umarmung. Kaum ein Blick und ein rascher Händedruck.

Drei Tage blieb der Oberst in Morton-Jeffries. Fuhr nach London, seinem Amte Bericht zu erstatten; wurde nach Versailles gesandt, dann wieder zurück nach NeuYork.

*   *   *

In dieser Zeit änderte sich der Inhalt ihrer Briefe. Lady Charlot fing damit an — und der Oberst ging darauf ein. Immer noch begann man: ,Liebe Schwester' und ‚Lieber Bruder', immer noch schloß man: ‚Kisses' und ‚Love'. Dazwischen aber brauste ein Sturm nicht mehr verhaltener Sehnsüchte. Wie ihr ganzes Sein von ihm erfüllt sei, schrieb sie; wie sie nur dafür lebe, einmal noch, und sei es sterbend, ihn in den Armen zu halten. Und er antwortete, wie sie ihm schrieb.

Immer phantastischer wurden diese Briefe, immer weiter sich entfernend vom Hergebrachten. Je fester in ihnen die Ueberzeugung wurzelte, daß eine Erfüllung ihrer Wünsche eine nicht einmal denkbare Möglichkeit war, umso offener und freier gaben sie sich in ihren Briefen, die das einzige Ventil waren für die mehr und immer mehr vulkanisch tobenden, dennoch ewig unterdrückten Empfindungen, die in ihnen glühten.

★   ★   ★

Nicht an jenem Nachmittage erzählte der Oberst das alles. Manches Mal gebrauchte er dazu; immer von neuem weit zurück den Faden anknüpfend, den er nie zu Ende spann. Denn da war kein Ende — das lief so weiter durch Wochen und Monate.

Jan Olieslagers hörte ihm zu, warf auch ein Wort dazwischen, wenn es nicht weitergehn wollte. Er sah, wie es den Oberst erleichterte, wenn er so sprechen konnte — endlich einmal. Und er half ihm, so gut er's vermochte. Wieder einem Gefangnen und noch einem konnte er das Telegramm schicken, daß er nun frei sei von morgen an: das war schon ein wenig Zuhörens wert.

Einen großen Kasten mit ihren Briefen schickte ihm Sir Norman; und er sah sie durch, um sich das nächste Mal darüber mit ihm unterhalten zu können.

Die einen, vor und während der Kriegsjahre, einfach berichtend über das, was sie wochenüber tat. Anteilnehmend an dem, was er tat. Warm, zärtlich. Aber nur, wenn man, wie Olieslagers, Bescheid wußte, konnte man zurückgedrängte, heißere Gefühle herauslesen. Dann die andern, nach seinem letzten Besuche in Morton-Jeffries. Nicht ein Wort mehr von Hunden, Pferden und Kühen; keine Silbe über Dr. Clarke und Pastor Mc. Cowan. Nur: Empfindungen, nur: Sehnsüchte. Nicht mehr, was sie tagsüber tat — das nur, was sie träumte, nachtsüber und in der Dämmerung.

Und dann, leise anklingend erst und ganz allmählich stärker werdend, ein Empfinden seiner Gegenwart in ihrer Nähe. Als sie durch die Wiesen gewandelt sei, habe sie ein Gefühl gehabt, als ob er ihr nachfolge. Oder: als sie zum Nachtmahl sich niedergesetzt habe, sei ihr gewesen, als müsse er gleich eintreten. Sie habe fast dem Diener befohlen, ein Gedeck für ihn aufzulegen, habe eine Viertelstunde mit dem Essen gewartet — auf ihn. Dann wieder: als sie zu Bett ging, sich entkleidete, vor dem Spiegel die Haare zur Nacht ordnete, habe sie ganz deutlich seine Stimme gehört. Ganz leise, schwach nur — vom Garten her.

In der letzten Zeit verdichtete sich in ihr dies starke Gefühl, ihn um sich zu wissen. Und immer mehr nahm es bestimmte Formen an.

Das blieb: er war um sie herum alle Zeit. War im Garten, war im Nebenzimmer, kam an die Tür, wenn sie im Stalle den Pferden Zucker brachte. Aber näher kam er zu ihr, sehr nahe, wenn sie sich schlafen legte. Dann, wenn sie die Augen schloß, saß er an ihrem Bette, hielt ihre Hand. Oder: sie fuhr auf aus ihrem Schlafe, mitten in der Nacht, hörte ihren Namen flüstern, dicht an ihrem Ohr.

★   ★   ★

Das war es recht eigentlich, was den Oberst trieb, sich endlich jemandem mitzuteilen. Als ihm Jan Olieslagers die Briefe zurückgab, kam er zum ersten Male damit heraus: er, Sir Norman, habe, mit ganz kleinen Abweichungen, genau dieselben Wahnvorstellungen, wie seine Schwester. Er wache auf in der Nacht durch einen tiefen Seufzer, fest überzeugt, daß Lady Charlot im Zimmer sei. Er würde in sein Schlafzimmer gezogen von dem sicheren Empfinden, daß sie ihn dort erwarte. Er ziehe sich aus, so wie man sich an der offenen Meeresküste ausziehe, wenn man mit Damen bade. Vorsichtig, Stück um Stück, durch einen Gegenstand gedeckt, um sich keine Blöße zu geben, immer in dem Gefühl, daß sie da irgendwo stehe oder gleich aus der Tür des Badezimmers treten werde. Auch fühle er, wenn er einschlafe, die Spitzen ihrer Finger an seinen Schläfen.

Olieslagers fand das nicht sehr verwunderlich. Meinte, daß zweifellos ihre Briefe das erklärten: er lese von ihren Sinnestäuschungen, die nun sehr suggerierend auf ihn wirken mußten. Derselben Eltern Kinder — sei es da so sonderbar, daß sie beide zu solchen Nervenüberreizungen neigten?

Das befriedigte Sir Norman wenig. Nein, nein, er habe die Probe aufs Exempel gemacht. Zugegeben, daß bei allen *Handlungen* — also wenn sie ihn zum Abschied küßte, wenn sie begann, ihm offen von ihren Gefühlen zu schreiben — aller Antrieb auf ihrer Seite lag. Zugegeben, daß er ihr da gefolgt wäre. Aber niemals in seinen *Empfindungen.* Er habe sie geliebt, lange ehe er gewußt habe, daß sie diese Liebe teile. Und jetzt wieder – und das sei der Beweis – habe *er* ihr *früher* die eine oder andere Sinnestäuschung mitgeteilt, wenn man's schon so nennen müsse. Nicht, als ob er damit sagen wolle, daß nun er ihr etwas eingeflüstert habe, sie ihm gefolgt sei. Durchaus nicht. Meist sei es so, daß sich die Briefe mit solchen Mitteilungen kreuzten, daß sie etwa beide um dieselbe Zeit, am selben Tage oft, ihre gleichen Wahrnehmungen einander mitteilten.

»Sagen Sie, Oberst«, versuchte Olieslagers, »haben Sie jemals das Empfinden, als ob Ihre Seele nicht hier sei in NeuYork? Weit hinausflöge nach Herefordshire zu Lady Charlot? Nehmen Sie das nicht so wörtlich, Sir Norman. Wenn Sie an Ihre Schwester denken, glauben Sie dann, dort zu sein in Morton-Jeffries? Träumen Sie sich in ihre Nähe, stellen Sie sich vor, daß Sie beobachten würden, wie sie dies tut oder jenes? Wie sie im Armstuhl am Fenster sitzt, wie sie Rosen in die Vasen füllt?«

Der Provost-Marshal schüttelte den Kopf. »Nie, Herr«, antwortete er, »niemals. Ich habe nie das Empfinden, daß ich dort bei ihr wäre. Stets nur, daß sie hier, in NeuYork, um mich herum sei. Früher, vor einem halben Jahre noch, bildete ich mir ein, daß sie plötzlich an meiner Seite im Taxicab sitze, oder auf dem leeren Platze neben mir in meiner Opernloge. Heute habe ich nur noch das eine Empfinden, daß sie bei mir weilt die Nächte durch. Das ist genau so bei Lady Charlot. Wenn sie sich im Geiste hinversetzen würde zu mir, also hierher nach NeuYork, wenn sie sich so handelnd denken würde, wie ich sie sehe in meinen Träumen, so hätte sie mir das gewiß einmal geschrieben. Aber nein, sie empfindet es nie so. Stets nur träumt sie mich dort, in unserm Landhause. Ja, ich kann sagen, daß ich, so sehr ich mich nach ihr sehne, sie dennoch nicht hierher sehne, nicht sie zu mir hinwünsche. Im Gegenteil hat, bei aller Wonne, ihr unsichtbares Um-michherumsein in meinen Räumen in der achtundfünfzigsten Straße für mich etwas Bedrückendes und Beklemmendes, sehr Beängstigendes. So, als ob das alles nur ein Anfang sei von dem, was kommen soll.

Sie aber, meine Schwester, lebt unter demselben Eindruck: zweimal hat sie mir darüber geschrieben.«

Sir Norman zog die Brieftasche heraus, die, dickgefüllt, ein gutes Dutzend der letzten Briefe enthielt. Ohne lange zu suchen, nahm er zwei Briefe, las ihm die Stellen vor.

»Sehn Sie, Doktor, hier und hier wieder! Sie betet unten im Wohnzimmer – denn in ihrem Schlafzimmer kann sie nicht mehr beten – daß sie diese Nacht ruhig und still schlafen möge. Nur: es nutzt ihr nichts, so wenig wie mir alles Beten genutzt hat.«

Der Oberst seufzte. Dann fuhr er fort: »Ich weiß, worauf Sie hinaus wollen. Ich habe mir aus der Bibliothek holen lassen, was da zu haben war; habe alles mögliche Zeug gelesen über Gedankenwirkung in die Ferne. Da ist nichts, was irgendwie auf unsern Fall passen würde – ich bin überzeugt, daß er ganz und garnichts mit Telepathie zu tun hat.«

»Man könnte sagen«, versuchte Jan Olieslagers, »daß Sie, Sir Norman, sich ein Bild schaffen aus Ihren Wünschen und Sehnsüchten – daß Ihnen diese dabei bewußt werden, ist durchaus nicht nötig. Und daß dasselbe Ihre Schwester tut. Da mögen Sie beten nach Herzenslust, da mögen Sie wachend nicht den kleinsten Wunsch haben, Lady Charlot zur Nacht in Ihrem Zimmer zu wissen: das Unbewußte arbeitet stärker. Ein deutscher Professor, Siegmund Freud heißt er —«

»Lieber Herr«, unterbrach ihn der Oberst, »ich weiß darüber Bescheid. Wir Engländer sind ungebildet in vielen Stücken, bekümmern uns nicht um Dinge, die uns nichts angehn. Aber geht etwas uns an, so studieren wir's schon, glauben Sie mir. Und hat nicht Greenwich-Village die Psychoanalyse zur großen Affenmode in NeuYork und ganz Amerika gemacht? In jedem Buchladen liegen populäre Bücher darüber, jedes dritte Theaterstück handelt davon. Ich weiß Bescheid, Herr, und ich gebe Ihnen mein Wort, daß von keinem Freud'schen Komplex bei mir die Rede sein kann.«

Er griff ein Brötchen, zerbrach es; drehte kleine Teigkügelchen, rollte sie rund mit den Fingerspitzen. Er zog den Mund, als ob er pfeifen wollte; öffnete dann die Lippen, atmete schwer.

»Es ist mir fast«, begann er wieder, »es ist mir, als ob *ein drittes* dabei eine Rolle spiele. Etwas, das nichts gemein hat mit Lady Charlot und mir. Etwas — ihr fremd und mir. Etwas, das dennoch mächtiger ist — das uns beide zusammenreißen will — Seelen und Leiber —«

★   ★   ★

Wenige Tage darauf, am vierzehnten Februar, kam der Oberst zu Jan Olieslagers in die Wohnung. Er hielt ihm ein Telegramm hin.

»Lesen Sie!« rief er. »Da: ,Du bist mein Valentin!'
Und ich habe ihr gestern dasselbe gekabelt und sie
liest es in dieser selben Stunde: ,Du bist meine Va-
lentine!' Sie kennen den alten Brauch des Valentins-
tages, nicht wahr? Der Bub sagt oder schreibt dem
Mädel — oder das Mädel dem Bub — diese Worte
und er muß dann ihr Kavalier sein, ihr höfliche
Dienste leisten das Jahr über. Nie haben Lady Charlot und ich daran gedacht — nie war sie meine Va-
lentine, nie ich ihr Valentin. Gestern aber, zu gleicher Zeit, denken wir beide daran, schreiben zugleich dasselbe Kabelgramm. Kann irgendetwas in der
Telepathie, der Psychoanalyse, kann sonst irgendetwas Wissenschaftliches oder Halbwissenschaftliches
das erklären?«

Er faltete die Depesche zusammen, steckte sie in
die Tasche. Leiser wurde seine Stimme, flüsternd
fast.

»Diese letzten Nächte waren furchtbar. Sie ist immer da, dicht bei mir. Geht durch das Zimmer, sitzt
auf dem Stuhle. Und sie will — will —«

»Was will sie?« drängte der Andere.

Der Oberst griff seinen Arm, als ob er sich stüt-
zen wolle. »Sie — sie will zu mir kommen. Zu mir
— ins Bett! Sie — meine Schwester!«

»So lassen Sie sie doch kommen, Sir Norman!«
rief Olieslagers. »Das alles sind nervöse Ueberrei-
zungen, sind die Folgen übertriebener Askese: se-
xuelle Unterernährung, weiter nichts.«

Aber der Oberst schüttelte den Kopf: »Nein, nein«,
stöhnte er. »Sie irren. Meine — meine — geschlechtlichen Bedürfnisse waren zeitmeineslebens nur sehr
geringe, ich kann sehr gut ohne eine Frau und ohne

allen Ersatz auskommen, wie ich's nun jahrelang getan. Es ist ein anderes – ist ein Fremdes, das Besitz von mir nehmen will – wie von ihr.«

»Was ist es denn?« fragte Olieslagers.

Der Oberst flüsterte: »Ich weiß es nicht! – Wie soll ich's wissen? Aber es ist da – *ist da!*«

Diese selbstquälerische Grübelei des Provost-Marshals schleppte sich hin durch Wochen und Monate. Immer enger schloß er sich an Jan Olieslagers, den er nun alle paar Tage aufsuchte: sich ihm stets von neuem auszusprechen, wurde ihm ebenso sehr Bedürfnis, wie es ihm sichtlich Erleichterung verschaffte. Im Mai wurde sein Zustand immer fieberhafter, sodaß Olieslagers eine Katastrophe befürchtete. Er bot ihm an, bei ihm zu schlafen – was ohne Zögern angenommen wurde. Olieslagers verbrachte ein paar unruhige Nächte auf dem Sofa, oft geweckt von dem Oberst, der nie länger als eine Viertelstunde schlief, aufstand, mit ihm sprach, wieder zubettging, um nach kurzem Schlaf ihn von neuem zu wecken. Es war richtig, daß er die Gegenwart seiner Schwester nicht spürte, solange er mit dem Freunde sprach, erst wenn dieser eingeschlafen war, schien das Phantom Gestalt anzunehmen. Jan Olieslagers hatte bald genug davon, zumal der Oberst, wenn er glücklich ein wenig schlief, laut stöhnte und schluchzte, in den frühen Morgenstunden aber, die ihm endlich Ruhe brachten, sich eines prächtigen Schnarchens erfreute. So gab er ihm denn, ohne daß der Oberst das merkte, entbittertes Veronal in seinen High-Ball.

Der Erfolg war eine durchaus ungestörte Nachtruhe für beide. Natürlich wendete Olieslagers an den

nächsten Abenden dasselbe Mittel an, baß erfreut,
auf so kindliche Weise den Oberst wenigstens zeitweise von seiner Besessenheit heilen zu können. Dann
mußte Sir Norman für längere Zeit nach Washington – da er telephonisch dringend hingerufen wurde,
konnte Olieslagers ihm nicht einmal von der ausgezeichneten Wirkung der Paranovaltabletten im Whisky Mitteilung machen. Zu seinem Erstaunen erhielt
Olieslagers nach vierzehn Tagen einen Brief, daß
der Oberst stille, durchaus ruhige Nächte gehabt
habe; nur ganz verschwommen, durchaus nicht beunruhigend, auch nur sehr gelegentlich in langen
Zwischenräumen scheine sich das Phänomen noch
zu zeigen. »Es scheint«, fügte er hinzu, »als ob dieses Fremde, Seltsame, Phantomhafte doch nicht die
letzte Kraft hat, sich in lebendige Wirklichkeit um-
zusetzen.«

Jan Olieslagers nahm es weniger romantisch. Das
Paranoval, schloß er, gab ihm ruhigen Schlaf. Da
der Oberst nicht wußte, daß er dies Mittel nahm, so
mußte er annehmen, daß von selbst die Sinnestäuschungen aufgehört hatten und diese Annahme wirkte so suggestiv auf ihn, daß er von nun an auch ohne
Schlafmittel ruhig zu schlafen vermochte.

Im Sommer und frühen Herbste sahen die beiden
einander wenig. Olieslagers hatte im Mittelwesten zu
tun, war dann an der See in Kalifornien; während
der Provost-Marshal meist in Washington war und
nur zuweilen in seiner NeuYorker Wohnung auf-
tauchte. In diesen Monaten schrieb er einige Male
seinem Freunde. Während in Morton-Jeffries seine
Schwester nach wie vor in aufregendster Weise allnächtlich gequält wurde, schien ihn das Schicksal

94

verschonen zu wollen. Nie freilich schlief die Erscheinung ganz ein. Alle paar Nächte glaubte er,
aber nur auf kurze Minuten oder Sekunden, das
Phantom bei sich zu fühlen, das ihm gelegentlich
auch eine Woche und länger fern blieb. Unruhiger
wurden seine Nächte dann wieder im August, um
ihm im September umgekehrt einen tiefen, nur selten gestörten Schlaf zu schenken. Im Oktober schien
die Welle zu steigen; als die beiden einander in Neu
York wiedertrafen, klagte der Oberst, daß es nun
wieder nicht viel anders um ihn stehe als im Frühjahr. Wieder versuchte es Olieslagers mit Paranoval
— diesmal freilich ohne den geringsten Erfolg. Der
Oberst wurde in den ersten Stunden dieser Nacht
von seinen Einbildungen schlimmer als je gefoltert;
als er endlich in Schweiß gebadet einschlief, lag er
wie ein Sack bis in den späten Nachmittag hinein.
Olieslagers fürchtete, daß der Oberst ihn bitten würde, wieder bei ihm zu schlafen — doch ließ der kein
Wort verlauten. Wie früher trafen sie sich ein paar
Mal in der Woche im Plaza; wie früher erzählte
ihm der Oberst von seinen Nächten.

★   ★   ★

Es war im Dezember, als der Fernsprecher eines
Abends Jan Olieslagers aufrief; Oberst Baites lasse
ihn bitten, doch sofort in seine Wohnung zu kommen. Er fand Sir Norman auf einem Stuhle sitzend
im Schlafzimmer, den Kopf in beide Hände gestützt, ungewaschen und noch im Schlafanzuge. Er
sprang sofort auf, schnitt aber jede Frage ab. »Später«, rief er, »später! Ich werde Ihnen alles später
erzählen.« Er schellte seinem Diener, ließ das Bad
bereiten. »Vor einer halben Stunde erst bin ich auf-

gewacht«, erklärte er. »Ich muß baden, mich rasieren, ankleiden. Damit Ihnen die Zeit nicht zu lang wird, lesen Sie!« Er nahm vom Nachtkastel ein halbes Dutzend Briefe Lady Charlots und reichte sie ihm. Dann ging er ins Badezimmer.

Es waren ihre letzten Schreiben; das jüngste war erst gestern eingetroffen. Die Briefe enthielten, in langen Seiten, nichts als die immer wiederholte Versicherung eines wilden Glaubens, daß nun sicher sich ihrer beiden Schicksal erfüllen würde. Daß es nur eine Frage von Wochen, von Tagen noch sei. Daß über alle menschliche Einsicht hinaus, über Zeit und Raum und alle Möglichkeit hin sie dennoch ganz und gar gewiß einander nun angehören würden. »Ich weiß nicht, was sein wird und wie es sein wird«, schrieb sie, »aber *daß* es sein wird, das weiß ich!«

Endlich kam der Oberst zurück. »Wo wollen wir speisen?« fragte er.

»Brevoort«, antwortete Olieslagers, »wenn's Ihnen recht ist.«

Sir Norman nickte. Nahm das Hörrohr vom Fernsprecher, rief seine Kanzlei an. »Wer hat Nachtdienst?« fragte er. »Sheldon? Gut! Ich erwarte ein Kabel; wenn es kommt, soll mir's sogleich zum Brevoort gebracht werden.«

Denselben Befehl gab er seinem Diener.

Sie sprachen im Taxicab über gleichgiltige Dinge; nichts anderes beim Nachtmahl. Sehr ruhig war der Oberst, und offensichtlich nicht nur äußerlich. Es lag über ihm wie eine Erlösung nach langen Qualen.

Schließlich sagte ihm das Jan Olieslagers. Der

Oberst nickte, lächelte. »Sie haben recht. Es ist so, wie Sie sagen.«

»Und warum ließen Sie mich rufen?« fragte Olieslagers. »Sie wollten mir etwas mitteilen?«

»Bitte gedulden Sie sich noch, Doktor«, antwortete Sir Norman. »Dies Kabel aus Morton-Jeffries muß kommen. Ich erwarte von dort die Bestätigung für alles, was geschah.«

»Kabelten Sie an Lady Charlot?« fragte der andere.

»Nein«, erwiderte der Provost-Marshal. »Ich wachte erst um acht Uhr heute abend auf – ich würde also auf ein Kabel von mir noch keine Antwort erwarten können. Aber es ist ganz sicher, daß sie eine Depesche sandte, nach dem, was in dieser Nacht geschah.«

Der Oberst winkte dem Kellner, ließ den Geschäftsführer kommen, sprach leise mit ihm. Dann wandte er sich wieder zu Olieslagers.

»Hier gibt's noch was im Keller«, lachte er, »trotz des gottsverdammten Trinkverbots, das die Esel in Washington mittlerweile eingeführt haben. Es ist gut, daß wir in dieser geschützten Ecke sitzen, da können wir ungestört und unbeneidet einen Tropfen trinken.«

Georges-Goulet brachte der Kellner, schob den Sektkübel, rings in Tücher gehüllt, tief in die Ecke. Vorne auf den Tisch stellte er zwei Blumentöpfe, die vor den Augen der wenigen Gäste schützen sollten; die spanische Wand, die den Tisch halb deckte, zog er noch ein wenig hinaus.

Und vorsichtig füllte er die Champagnerkelche.

Sir Norman hob sein Glas. »Ich trinke auf –«

Er unterbrach sich, setzte sein Glas zurück auf den Tisch.

»Colonel Baites!« schallte es durch den Saal, »Colonel Baites!«

Sir Norman winkte dem Pagen, nahm ihm die Depesche ab.

Er machte Anstalt, sie aufzureißen, doch unterließ er es; reichte sie über den Tisch. Seine Hand zitterte plötzlich, mühsam rang er nach Worten. »Da ist das Kabel«, schluckte er, »ich wußte es ja. Sie mögen es lesen. Aber warten Sie – warten Sie noch, erst will ich Ihnen erzählen, was in letzter Nacht vor sich ging. Sie werden sehn, Doktor, da in der Depesche, daß drüben in Herefordshire dasselbe geschah.«

Er hob sein Glas, zitterte so stark, daß er es kaum an die Lippen zu heben vermochte. Leerte es, bat Olieslagers, es von neuem zu füllen. Trank ein zweites Glas, ein drittes und viertes.

»Nun wird es gehn«, flüsterte er.

Er hatte die Nacht zuvor in seiner Kanzlei durchgearbeitet. Alle die hastigen Eilberichte, die er während der Kriegsjahre an Downing-Street gesandt hatte, wurden nun an der Hand der Akten in allen Einzelheiten aufgearbeitet, um als Belege in die Londoner Archive zu kommen. Tagsüber hatte er eine Menge Besprechungen, war erst gegen fünf Uhr nachmittags nachhause gekommen. Dort fand er den letzten Brief seiner Schwester; ließ den Diener Feuer auflegen und Tee bereiten. Er saß vor dem Kamin, trank seinen Tee, las den Brief Lady Charlots.

Es war sechs Uhr abends vorbei, als er, völlig übermüdet, sich zur Ruhe begab.

Er entkleidete sich im Badezimmer, wusch sich
— als er plötzlich das sichere Gefühl hatte, daß Lady
Charlot drinnen auf ihn warte. Als er ins Schlafzimmer trat, glaubte er, die Türe noch in der Hand hal-
tend, ihren Schritt zu hören — immerhin erblickte
er nichts. Er knipste die Lampe des Nachttisches
an, die Deckenbeleuchtung aus, setzte sich aufs Bett,
wartete; fest überzeugt, daß sie mit ihm im Zimmer
sei. Er hörte nicht seinen Namen rufen, er hatte
nur das Empfinden, als ob etwas ihn rufen *wolle*.
Schließlich ließ er die Schuhe fallen, legte sich
nieder.

Kalt genug war's im Zimmer und der Wind pfiff.
Kraftwagen ratterten unten durch die Straße, Lärm
genug von der fünften Avenue her. Dann war's ihm,
als ob eine Stimme — ihre Stimme — ins Ohr ihm
sänge:

»Schließ das Fenster! Schließ das Fenster!«

Sir Norman betonte, daß sein Vater den Kindern
beigebracht habe, immer, auch im strengsten Winter, mit weit offnem Fenster zu schlafen; das war
ihm so sehr zur Gewohnheit geworden, daß er sich
nicht erinnerte, auch nur einmal eine Nacht anders
zugebracht zu haben. Dennoch — jetzt stand er auf,
ging zum Fenster, schloß es. Da hörte er hinter sich
einen tiefen Seufzer der Befriedigung.

Er wandte sich, sah nichts; glaubte doch, daß ein
Schatten über den Boden glitte. Er ging ein paar
Mal auf und nieder im Zimmer. Wie er sich aufs
Bett setzte, fühlte er ihre Hand leicht auf sei-
ner Schulter. Langsam wandte er den Kopf, sie zu
sehn — da schwand der leichte Druck.

Wieder legte er sich nieder, lauschte angestrengt,

blickte suchend von einer Ecke des Raumes in die andere. Geräusche — ein Gehn bald, ein Flüstern, das er nicht verstand. Dann ein huschender Schatten — dichter doch als ein Schatten.

Er setzte sich aufrecht, starrte zur Seite, wo er neben dem Armstuhl dieses Unwesenhaft-wesenhafte gesehen hatte. Da klang ein leichter Schrei bei seinem Ohr — im Bette kniete dicht neben ihm seine Schwester. Einer Sekunde Bruchteil nur sah er sie: die Haare zu zwei Zöpfen geflochten, nackte Arme, dünnes, violettes Seidenhemd.

Sie rief seinen Namen, beugte sich über ihn, fiel in seine Arme. Sie küßte seine Augen, drängte ihre Lippen an die seinen. Die Decken fielen, seine Hände fieberten an ihren jungen Brüsten. Und sie griffen einander, hielten einander, drängten sich glühheiß eines ins andere.

— — Langsam sank ihre Wange neben die seine. ‚Nun bin ich dein!‘ flüsterte sie.

★   ★   ★

Sir Norman zog sein Seidentuch heraus, wischte die Schweißtropfen von der Stirne.

»Weiter?« fragte Jan Olieslagers.

Der Oberst schüttelte den Kopf. »Nichts weiter. Das mag sieben Uhr gewesen sein. Wie ein Toter schlief ich dann über vierundzwanzig Stunden. Acht Uhr abends schlug es, als ich aufwachte.« Er schob ihm sein Glas zu. »Gießen Sie ein, trinken Sie mit mir.«

Sie tranken beide. »Was halten Sie davon?« fragte Sir Norman.

Jan Olieslagers spielte mit dem Kelche. »Succubus,« sagte er leise.

Der Oberst sah hinüber: »Suc – cubus? Was ist das?«

Langsam, suchend, sprach der andere. »So würde man's vor einigen hundert Jahren genannt haben. Succubus. Wie man's heute nennt, weiß ich nicht – heute glaubt man auch nicht mehr daran. Aber man hat daran geglaubt – durch manche tausend Jahre. Was es ist – weiß ich auch nicht. Aber gewiß nicht Ihre Schwester: ein Fremdes ist es.«

Sir Norman fuhr auf. »Nicht Lady Charlot? Sie nicht? Doch – sie war es! Und dann – war sie's auch nicht! Das weiß ich seit vielen Monaten nun, daß es – ein anderes gibt, etwas, das nicht ist – das werden will. Etwas – das wurde in dieser Nacht. Ein Seltsames – Fremdes – nicht meine Schwester – und dennoch sie allein und nur sie – Charlot!«

Olieslagers griff rasch in die Tasche, zog eine Zeitung heraus, suchte das Datum.

»Der erste November ist heute!« rief er. »Also war gestern der letzte Oktober. Und dazwischen: die Nacht vor Allerheiligen: Hallowe'en! Die Nacht der Hexen und Geister!«

Er stutzte; unterbrach sich, schwieg.

»Reden Sie doch!« drängte der Provost-Marshal.

Zögernd kam es: »Hallowe'en – da werden die Geister lebendig. Heutzutage feiert man's in England und in diesem Land brav mit einem Balle – als Hexen und Zauberer kommen die Herrn und Damen, was sie durch spitze Hüte und lange Laubbesen dartun. Leider – reiten können sie nicht drauf. Früher aber flogen in dieser Nacht auf Besen die

Hexen durch die Luft, manch anderes Gesindel tat's ihnen gleich.«

Sir Norman trommelte ungeduldig mit der Hand auf dem Tisch. »Was soll das alles?« rief er.

»Nichts, nichts!« rief der andere und zuckte die Achseln. »Das ist dummes Zeug für Sie und unsere Zeit und war doch bitterer Ernst für tausend Millionen Menschen. Die glaubten an Hexen, an Feen und Irrwischmädchen und alle wilden Geister. Damals hätte jedes alte Weib so gut wie jeder weise Doktor und jeder fromme Priester Ihren Fall leicht erklären können: *Succubus!*«

»Also was ist ein Succubus?« verlangte der Oberst.

Jan Olieslagers zog die Lippen hoch. »Succubus, wenn Sie's durchaus wissen wollen, das ist auch so ein Geist. Ein Dämon, ein Teufel, eine Fee, ein halbes Wesen aus anderer Welt. Ein Wesen, das alle Gestalt anzunehmen vermag. Eines, dem es Freude macht, sich, wie ein Kleid, den Leib einer geliebten Frau überzuhängen. Und in dieser Gestalt zum Liebenden zu kommen, ihm beizuliegen zur Nacht, ihm alle Freuden heißester Liebe zu bringen. Das ist ein Succubus! Wären Sie, Oberst, nicht englischer Provost-Marshal im zwanzigsten, sondern, wie Ihr Urahn, angelsächsischer Baron auf Ihrem Schloß im elften Jahrhundert, so würden nach dieser Nacht Ihr Schloßkaplan und Ihr Arzt zu Ihnen sprechen: ‚Sir Norman, in Gestalt Ihrer Schwester umarmte Sie ein Dämon!‘«

Der Oberst fragte: »Und wie würden diese beiden Gelehrten meiner Schwester Fall erklären?«

Jan Olieslagers hob das Telegramm. »Sie glauben wirklich, Oberst, daß Lady Charlot in der letzten

Nacht dasselbe Erlebnis hatte? Wenn es so wäre —
die Beiden hätten sofort ihre Erklärung zur Hand.
Ein *Incubus* besuchte Lady Charlot, ein Incubus,
der sich Ihre Gestalt borgte, Sir Norman! Denn
solch ein Dämon — unfruchtbar in sich selbst, ist
nicht Mann und nicht Frau — nach dem Glauben des
Mittelalters. Aber beider Gestalt vermag er anzunehmen nach Belieben. So kam er — oder sie oder es
— kam dieses Fremde zu Ihnen als Ihre Schwester,
bebte in Ihrer Umarmung — empfing Ihren Samen.
Flog über Meere und Länder, kam zu Lady Charlot
— kam zu ihr als Mann, als Sir Norman Baites kam
es. Küßte sie, umschlang sie — befruchtete sie —
mit dem Samen, den es von Ihnen empfangen. *Succubus erst — nun Incubus —*«

Der Oberst starrte ihn an. „»Was sagen Sie da?«
flüsterte er. »Empfangen? Befruchten? Das ist
furchtbar!«

Olieslagers lachte auf. »Nehmen Sie's doch nicht
so tragisch, Oberst! Wer glaubt heute noch daran?
Mittelalterlicher Schnickschnack!«

Sir Norman sah ihn scharf an. »Sie?! Nehmen
Sie's auch für Aberglauben?«

Jan Olieslagers wurde ernst. »Ich? Was kommt
auf mich an? Ich bin ein phantastischer Narr,
Oberst, das wissen Sie ja! Hätte ich mich sonst jemals in diesen hoffnungslosen, lächerlichen Kampf
mit Ihnen in den Kriegsjahren eingelassen? Ich
glaube alles und nichts. Aberglauben? Ich meine,
daß es nie einen gegeben hat, in dem nicht irgendwo eine Wahrheit verborgen war. Geister? Dämo-
nen? Schemenhafte Wesen, die nicht sind — und dennoch manchmal sein können? Wenn Sie es durchaus

wissen wollen: ich glaube, daß zwischen Sein, und Nichtsein durchaus nicht solch haarscharfe Messerschneide steht. Uebergänge gibt es da – glaube ich. Lasen Sie einmal etwas von dem seltsamen Bakteriophagen, den jüngst der Pariser Professor d'Hérelle entdeckte? Er schrieb ein Buch über dieses Wesen, das Bakterien frißt. Aber nun kommen die Prager und Frankfurter Gelehrten, überprüfen seine Ergebnisse und sagen: ‚*Da* ist er schon, der Bakterienfresser – aber ein *Wesen* ist er nicht.' Man züchtet solche Bakteriophagen – aus Hundekot: durch die Jahrtausende ist es immer der Kot, der bei allen Zaubereien benutzt wird. Und sie fressen nach Herzenslust. Lebende Wesen aber sind es nicht – meinen die deutschen Professoren – ob sie gleich wie lebende Wesen sich benehmen. Was sind sie also? Bah – ein fermentartiges Etwas. Ein – Etwas zwischen Sein und Nichtsein. Waren die Geister des Mittelalters etwas anderes? Irgend ein Fremdes: zwischen Sein und Nichtsein ein seltsames Etwas!«

»Lesen Sie das Kabelgramm,« drängte der Oberst, »bitte lesen Sie!«

Olieslagers riß die Depesche auf. »Da steht,« sagte er, »da steht: ‚Um Mitternacht kamst du. Nun bin ich dein'.«

Er reichte das blaue Papier hinüber. Sir Norman starrte hinein. »,Nun bin ich dein'«, wiederholte er. »Das sprach sie, als sie in meinen Armen lag – hier, hier in NeuYork, in meinem Bette, in der achtundfünfzigsten Straße.«

Er ließ die Depesche sinken – nahm sie gleich wieder auf. »Um Mitternacht, sagt sie? Mitternacht in England — das ist sieben Uhr abends hier in

NeuYork! Sagen Sie, Doktor, wie schnell reisen Ihre Geister der Sonne entgegen?«

Jan Olieslagers lächelte. »Schnell, schnell, Sir Norman! Als das Flickwesen in Lady Charlots Gestalt Sie — Ihr Bett — verließ, war es im Handumdrehn schon als Sir Norman in Ihrer Schwester Bett!« Er deklamierte:

> »Rings um die Erde schlag ich einen Reif
> In viermal zehn Sekunden!«

»Hübsch,« nickte der Oberst. »Wer schrieb das?«

»Ihr Landsmann,« antwortete der andere, »einer, der sich auskannte in Feen und Hexen und Geistern. Shakespeare schrieb es. Den Puck läßt er es sprechen. Das war auch so ein Zwischenwesen, eines, das zwischen der Menschenwelt und der Natur hin und herlief — ein fermentartiges Etwas, das Form und Gestalt annehmen konnte in der richtigen Sommernacht.«

Sir Norman lachte. »Wenn Sie Homer zitiert hätten, Theokrit, Vergil — oder irgendeinen der Griechen und Römer, ich hätte Bescheid gewußt. Nicht umsonst war ich in Oxford. Ueber Shakespeare aber muß ich von Deutschen mich belehren lassen!«

Er winkte dem Kellner, bestellte noch eine Flasche.

»Sie sind sehr ruhig, Oberst,« sagte Olieslagers, »fast harmonisch ausgeglichen, möchte ich sagen.«

Der Oberst nickte. »Das bin ich — es ist mir, als ob nun für immer diese furchtbaren Qualen zu Ende seien. Als ob das hinter mir läge, viele Meilen weit, als ob dieser lange Schlaf mich befreit habe von allen Seelenfoltern. Lassen wir das nun — lassen wir das alles. Ich möchte gerne noch mit Ihnen plaudern, wenn's Ihnen nicht zu spät ist. Sagen Sie mir doch — lasen Sie je Sallust?«

★   ★   ★

Einige Tage später besuchte ihn der Oberst.

»Ich komme, um Abschied zu nehmen,« begann er. »Ich habe seit langem eine Einladung meines Freundes Elmer S. Washburne — des Sohnes des Oelmannes aus Kansas, wissen Sie. Der hat eine großzügige Forschungsreise vorbereitet von Amazonas aus den San Francisco hinauf. Ich schwankte — nun habe ich mich im letzten Augenblicke doch entschlossen, mitzukommen. Ich habe bereits Urlaub genommen, heute Abend steigen wir auf Elmers Fahrzeug. Die ganze Sache ist auf sechs Monate geplant, mag aber wohl etwas länger dauern.«

»Sie tun recht,« nickte Olieslagers.

»Ich weiß es nicht,« sagte der Oberst, »doch will ich's versuchen. Der nächtliche Spuk — diese Marter meiner Besessenheit, wie Sie's einmal nannten — ist vorbei. Nicht nur für kurze Frist, sondern für immer — das fühle ich mit fester Gewißheit. Mehr noch: ich glaube, daß auch von Lady Charlot seit jener Nacht dieser Alb gewichen ist. Nun will ich einen letzten Versuch machen, ganz von diesem Verhängnis loszukommen. Ihre Briefe, wenn sie doch schreiben sollte, werden mich nicht erreichen, ich selbst werde nicht schreiben. Mein Empfinden für sie, meine Zärtlichkeit ist unvermindert — doch habe ich in diesen Tagen kein kleinstes Begehren mehr, sie in meine Arme zu schließen, keine leise Sehnsucht, ihre Lippen zu küssen. So, meine ich, könnte — zurzeit wenigstens — von einer körperlichen Liebe keine Rede sein. Und ich hoffe, daß diese – diese Entfremdung – diese, wie soll ich's nennen? – Erkältung eine dauernde sein wird. Darum reise ich. Das alles habe ich ihr heute, mit denselben Worten etwa, mitgeteilt.

Nun noch etwas: an Ihr verrücktes mittelalterliches Zeug glaube ich natürlich nicht.«

»Natürlich nicht!« bekräftigte Olieslagers.

Der Oberst sah auf. »Sie sagen das – etwas spöttisch?« fragte er unsicher.

»Nein, Sir Norman,« antwortete Olieslagers. »Nicht gerade spöttisch. Mehr – bedauernd. Ich hätte es gern gesehn, wenn Sie, so halb und halb, so ein klein wenig nur, dennoch daran geglaubt hätten. Wenn Sie nur – so zwischen allen Zweifeln – diesem Gedanken das kleinste Bruchteil einer Möglichkeit ließen.«

»Und warum möchten Sie das?« forschte der Oberst.

Das leise Lächeln schwand von Jan Olieslagers Lippen. Irgendwo in der Weite, verträumt, suchte sein Blick. Er sagte: »Weil es schön ist, auch dem Wunderbarsten, Undenkbarsten, auch dem Allerunmöglichsten dennoch eine Möglichkeit zu geben.«

Der Oberst reichte ihm die Hand. »Wir Engländer stehn auf realerem Boden. – Werden Sie noch hier sein, wenn ich zurückkomme nach NeuYork?«

»Vermutlich,« erwiderte der andere.

»So werden wir im Sommer weiter plaudern,« schloß Oberst Baites.

⋆   ⋆   ⋆

Aber der Sommer kam und ging, kein Wort hörte er von dem Oberst. Erst im September las er in

den Blättern, daß Elmer S. Washburne und seine
Gefährten mit reichsten Ergebnissen in Manaos angekommen seien. Nicht einmal war der Name des
Obersten erwähnt. Dagegen war ein englischer Oberst
Roger Kent Cosgrave genannt – da er diesen Namen
in der Rangliste nicht finden konnte, schloß Olieslagers, daß sich Sir Norman dahinter verberge, um
nach besten Kräften während seiner freiwilligen
Verbannung jede Verbindung zu Lady Charlot abzuschneiden. Ende Oktober brachte dann die Presse
sehr aufgemachte Berichte über den großen Empfang der glorreichen Reisenden durch die brasilia-
nische Regierung und die amerikanische Gesandt-
schaft in Rio de Janeiro und Petropolis, Berichte,
die dann Anfang Dezember die halben Frontsei-
ten einnahmen, als die »Junebug«, Herrn Wash-
burnes Yacht, im Hafen von NeuYork einlief.

★   ★   ★

Jan Olieslagers erwartete nun täglich den Besuch
des Obersten – der nichts von sich hören ließ. Da
auch die Blätter mit keinem Wort weder von ihm
noch von dem erfundenen Oberst Cosgrave redeten,
fürchtete Olieslagers, daß ihm vielleicht noch zu
Ende der Fahrt etwas zugestoßen sein könnte. Als
er daher eines Mittags unten in der Stadt am Equi-
tablehause vorbeikam, das die Kanzlei des englischen
Dienstes hielt, fuhr er hinauf, sich zu erkundigen.
Er war erstaunt, als man ihm meldete, der Oberst
lasse bitten.

Er fand ihn von seinem Sekretär und drei Schreib-
fräulein umgeben, denen er zu gleicher Zeit dik-
tierte. Der Oberst kam ihm entgegen, drückte ihm
die Hand, schob ihm einen Stuhl hin.

»Ein paar Minuten noch,« rief er. »Ich ließ Sie hineinführen, damit Sie mir nicht etwa wieder fortlaufen. Gleich bin ich fertig.«

Er fuhr fort zu diktieren. Einen nach dem andern schickte er hinaus — in einer Viertelstunde waren die beiden allein.

»Ich bin sehr froh, daß Sie kommen,« begann er. »Ich hätte Sie längst aufgesucht. Nur habe ich soviel zu arbeiten — Tag und Nacht bin ich in der Kanzlei. Nämlich — nächste Woche fahre ich nach England.«

»Dienstlich?« fragte Olieslagers. »Oder — zu Lady Charlot?«

»Lady Charlot ist tot,« sagte der Oberst langsam. Er schloß den Schreibtisch auf; nahm aus einer Kassette Schriftstücke, reichte sie hinüber. »Lesen Sie das,« fuhr er fort, »es ist nicht viel. Ich werde inzwischen diesen Bericht durchlesen, der sehr eilig ist.« Er setzte sich, beugte sich über seine Akten.

Olieslagers nahm die Papiere. Ein Kabel aus Morton-Jeffries, gestern erst angekommen, augenscheinlich die Antwort auf eine Anfrage. Das Kind sei völlig gesund, gut gepflegt von ausgezeichneter Amme. Dr. Clarke stand darunter. Dann zwei Briefe dieses Arztes. Sie berichteten mit vielen sachlichen Einzelheiten, daß die Geburt sehr schwer gewesen sei; daß Lady Charlot fünf Tage später trotz aller Hilfe gestorben sei; daß man sie in der Familiengruft beigesetzt habe.

Ein versiegelter Brief Lady Charlots, offensichtlich kurz vor ihrem Tode mit Bleistift geschrieben. Er enthielt nur die Worte: ‚Liebster Bruder. Nun muß ich sterben. Sorge für dein Kind. Love. Charlot.‘

Dann noch ein paar Briefe seiner Schwester. Der erste, fieberhaft, wie im Traume geschrieben, am frühen Morgen nach jener Nacht — er schilderte, was geschah um Hallowe'enmittnacht. Oder: was sie glaubte, das da vor sich ging. In allen Einzelheiten. Um zehn Uhr schon ging sie hinauf. Zu zwei langen Zöpfen flocht ihr die Zofe das Haar. Reichte ihr das Hemd, ärmellos, violette Seide. Sie schlief zunächst. Dann, um Mitternacht —

Der zweite Brief: eine Antwort auf Sir Normans Schreiben vor seiner Abreise zum Amazonas. Verzweifelt, außer sich: der Brief einer verlassenen Geliebten, die gegen alle Hoffnungen dennoch hofft.

Der dritte — der mitteilte, daß sie schwanger sei. Sie habe es nicht glauben wollen, habe Dr. Clarke kommen lassen, ihren alten Hausarzt. Der habe sie untersucht, habe es bestätigt. Sie sei nach London gefahren, habe zwei der berühmtesten Frauenärzte aufgesucht — es sei gar kein Zweifel an ihrem Zustande. Sie sei schwanger — genau so wie andere Frauen.

Sie würde nun Mutter werden —

Aufgeregt dieser Brief — von einer Frau geschrieben, deren Seele in allen Tiefen erschüttert war. Die sich vor einem unabänderlichen Fatum sieht — und nichts davon versteht. Die in sich ein unmögliches Wunder erlebt, das *sie* nicht — und die ganze Welt nicht — begreifen mag.

Dann ein paar stillere Briefe — träumerisch, weich, sehnsüchtig. Nun nähe sie Kinderwäsche. Nun würde sie bald ihr Kindlein an die Brust legen. Oh, ein Bub würde es sein und sie würde ihn Norman nennen —

Jan Olieslagers wartete geduldig, bis der Oberst

fertig war mit seinen Akten. Ueberlegte, grübelte —
was war das alles?

Endlich schob Sir Norman die Papiere zurück,
wandte sich um.

»Nun?« fragte er.

»Nun?« gab Olieslagers zurück. »Das scheint Sie
recht kühl zu lassen, Oberst! Verzeihn Sie, aber es
macht fast den Eindruck, als ob Sie der Ansicht
wären, daß diese Entwicklung einen dritten, mich
etwa, weit mehr anginge, als Sie selbst.«

»Sie mögen recht haben,« gab Sir Norman zurück.
»Aber es ist schon so, daß nichts, verstehn Sie, garnichts in dieser Welt mich noch irgendwie berührt
— seit jener Nacht. Wir haben da unten manch ge-
fährliches erlebt, es regte mich nicht mehr auf, als
ob ich mir die Nase putzte. Etwas arbeitet nicht
mehr so recht in mir — das, was man so das Herz
nennt. Nicht den Muskel meine ich: der ist prächtig imstande, kräftig und gesund, wie mein ganzer
Körper. Aber es ist, als ob ich nichts mehr fühlen,
nichts mehr empfinden könne — nachdem ich doch
zehn Jahre lang nur in Empfindungen lebte. Nur
mein Hirn arbeitet; nur mit dem Verstand vermag
ich mit den Dingen — und auch diesen Dingen —
mich noch zu beschäftigen. Darf ich eine Frage an
Sie richten?«

»Ich glaube, Oberst,« antwortete Olieslagers, »daß
der Verstand — Ihrer und meiner — hier herzlich
wenig helfen wird. Fragen Sie immerhin.«

»Es gibt nur zwei Möglichkeiten,« begann der
Oberst. »Entweder hat sich Lady Charlot mit irgend
einem Manne eingelassen — das Kind würde dann
auf sehr natürliche Weise zur Welt gekommen sein.

Geboren wurde es in der Nacht vom ersten Juli zum ersten August, genau neun Monate nach Hallowe'en – also muß es in dieser Nacht empfangen worden sein. Nun kannte kein Mensch Lady Charlot besser als ich. Wenn mir vor Jahresfrist jemand gesagt hätte, sie würde ein uneheliches Kind von irgendeinem Unbekannten bekommen – ich hätte ihn nicht einmal niedergeschlagen, sondern als einen völlig Verrückten einfach ausgelacht. Und dasselbe würden der Arzt, der Geistliche, der Bürgermeister von Morton-Jeffries getan haben, alle Gutsnachbarn, jeder einzelne Mensch, der sie kannte. Dennoch – dies Kind ist da und hat keinen bekannten Vater. Nehmen wir an, meine Schwester habe sich mit vollem Bewußtsein mit einem Manne eingelassen – glauben Sie, daß diese Frau noch imstande gewesen wäre, eine solche Komödie aufzuführen? Sie kennen ja alle ihre Briefe durch die Jahre hindurch – Sie müssen mir zugeben, daß eine solche Annahme völlig ausgeschlossen ist. So bliebe noch eines. Ihr Empfinden, ihr Seelenzustand, ihre wahnsinnige Liebe zu mir hatten sich mit der Zeit in eine weißglühende Hitze hineingesteigert – wie sehr, weiß ich ja von mir selbst. Und diese Siedeglut erreichte ihren Höhepunkt bei ihr, wie bei mir, in der Hallowe'ennacht. Es wäre nun denkbar, daß sich grade diesen Augenblick jemand zunutze machte, in ihr Zimmer schlich, zu ihr ins Bett stieg. Und daß sie, in ihrer Besessenheit, in der rasenden Verblendung ihrer Sinne diesen Fremden für mich nahm, in ihm mich zu umarmen glaubte.

So möglich das aber auch ist, so wenig wahrscheinlich ist es. Das Hausgesinde: der alte Butler

und seine Frau, beide über siebzig Jahre alt. Dann
die Köchin und drei Mädchen, eines davon mit dem
Gärtner verheiratet. Aber dieser selbst, vierzig Jahre
alt, war in jener Zeit auf mehrwöchentlichem Urlaub bei seiner Mutter in Plymouth. Endlich der Reitknecht, ein Bursch von einigen zwanzig Jahren und
hübsch dazu, einer, der jedem Mädel gefallen muß.
Dennoch aber nie recht gefallen kann, da ihm im
Kriege ein höchst gemeiner Granatsplitter seiner besten Eigenschaften beraubte. Kurz — er ist Eunuch.

Bliebe: ein Fremder. Nun aber liegt das Schlafzimmer meiner Schwester im zweiten Stock. Kein
Balkon; eine glatte Mauer, die keine Möglichkeit
eines Aufstieges bietet. Mehr noch: meine Schwester
schlief nie allein, ihre Zofe schlief stets im Vor-
zimmer bei offner Tür. Sie lasen ja soeben den
Brief, in dem sie von der verhängnisvollen Nacht
schrieb — Sie erinnern sich dazu, was ich Ihnen vor
Jahresfrist erzählte. Wie ich, schlief Lady Charlot
stets bei weit offnem Fenster. Sie hatte plötzlich
das Empfinden, als ob eine Stimme — meine Stimme — ihr sage: ‚Schließ das Fenster!' Ich hörte —
von ihr — dasselbe; ich stand auf und schloß es.
Lady Charlot aber schloß es nicht selbst — sie rief
ihrer Zofe, ließ diese kommen und das Fenster schließen. Das heißt also, daß wenige Augenblicke, vor
dem das Unbegreifliche geschah, ihre Zofe noch bei
ihr im Zimmer war. Zu ihr ans Bett trat, ihr die
Kissen zurecht schob, fragte, ob ihre Herrin noch
weitere Befehle habe.

Das alles, meine ich, macht den nächtlichen Besuch eines Fremden schon an und für sich recht un-
wahrscheinlich. Dann aber sind da meine Erlebnisse

hier in NeuYork um dieselbe Zeit, die mit den Erlebnissen meiner Schwester in Morton-Jeffries zeitlich wie inhaltlich völlig gleich laufen. Wenn wir das, was in Lady Charlots Schlafzimmer geschah, auf natürliche Weise erklären wollen, also durch das unbemerkte Eindringen eines Fremden, der auf ihre überreizte Phantasie den Eindruck des geliebten Bruders machte — so müssen wir das, was ioh in der achtundfünfzigsten Straße erlebte, ebenso natürlich deuten. Kein Mensch aber wird mir einreden können, daß damals eine fremde Frau zu mir kam und wieder verschwand, eine Frau aus Menschengeschlecht, die meine verwirrten Sinne für meine Schwester nahmen.

Dennoch: meine Schwester gebar neun Monate darauf einen Sohn. Wenn dieses Kind nicht auf die gewöhnliche, bei Mensch und Tier übliche Weise gezeugt wurde — und das halte ich nach eingehender Würdigung aller Tatumstände für vollständig ausgeschlossen — so muß es auf eine andere Weise erschaffen worden sein. Und nun kommt meine Frage an Sie, Doktor, haben Sie jemals etwas von der Parthenogenese, der sogenannten Jungfernzeugung gehört? Was halten Sie davon?«

Jan Olieslagers zuckte die Achseln, wiegte den Kopf hin und her. »Ich weiß, was alle so einigermaßen Gebildeten davon wissen,« antwortete er, »nicht viel mehr. Sie, als strenger Presbyterianer glauben ja nicht daran — dennoch ist es eins der wichtigsten Dogmen der römischen Kirche, daß die Jungfrau Maria von einer jungfräulichen Mutter geboren wurde: wo Katholiken wohnen, feiert man alljährlich am achten Dezember ‚Mariae Empfängnis‘, das große Fest dieses Glaubensgeheimnisses. Die katholische Kirche ist durchaus nicht die einzige, die eine Jungfernzeugung kennt, vielmehr spielt diese fast in allen Religionen eine sehr wichtige Rolle. Nun wird kein Mensch heute leugnen, daß sehr viele scheinbar absurde Dinge, die uns in uralten Sagen erzählt, in Religionen gelehrt wurden, Dinge, die die Wissenschaft durch Jahrhunderte als lächerliche, alberne Unmöglichkeiten höhnisch abtat, später, nach tieferschürfendem Erkennen, von derselben Wissenschaft als durchaus richtig anerkannt und erklärt wurden. So ist es auch mit der Jungfernzeugung. Wir wissen längst, daß sich eine Menge Insekten durch viele Geschlechter hindurch nur durch Jungfernzeugung fortpflanzen. Wenn ein Ei, sagen wir das einer Ameise, die Fähigkeit besitzt, sich sowohl befruchtet wie auch ohne Befruchtung, also jungfräulich, weiter zu entwickeln, so muß es etwas geben, das zu dieser Entwicklung den Anstoß gibt. Ist das Ei befruchtet, so gibt eben das Eindringen der Samenzelle diesen Anstoß. Ist es nicht befruchtet, ist keine Samenzelle eingedrungen, so muß dieses anregende Etwas, das die gleiche entwicklungtreibende Wirkung hat, etwas anderes sein. Was ist dieses *Andere?* Wir kennen heute bereits nicht eine, sondern verschiedene solcher *anderen* treibenden Kräfte, die künstlich das Ei zur Weiterentwicklung anregen. Es sind Lösungen von Stoffen, also chemische Reize, die eine jungfräuliche Entwicklung hervorrufen; so kann heute jeder Biologe aus unbefruchteten Froscheiern junge Kaulquappen züchten, die sich zu vollkommen normalen Fröschen auswachsen. Aber neben diesen einfachen chemischen Reizmitteln kennen wir heute schon andere, mit denen in manchen Laboratorien Versuche gemacht werden. Daß man bisher wohl Frösche, aber noch keine Meerschweinchen, Affen oder gar Menschen auf künstlichem Wege unbefruchtet züchten konnte, hat seinen Grund nur darin, daß bei ihnen die Eier nicht bequem im Wasser schwimmen, sondern tief im Leibe sind und also die Herren Gelehrten nicht gut herankönnen. Theoretisch aber ist es heute eine unbestreitbare und unbestrittene wissenschaftliche Tatsache, daß auch bei den höchsten Tieren und bei den Menschen die Entwicklung eines unbefruchteten Eies durchaus *möglich* ist. Wir kennen einige der Reize, die die Wirkung, die bei gewöhnlichem Verlaufe das Eindringen der Samenzelle auslöst, bei dem jungfräulichen Ei hervorbringen – kennen solche Reize für Eier von Seeigeln, Fröschen und andern Tieren. Wir kennen sie nicht beim Menschen – vielleicht sind sie dort ähnlicher, vielleicht ganz anderer Natur. Aber wir wissen, daß es solche Reize geben *muß*. So gänzlich unnatürlich, Sir Norman, ist also die Möglichkeit, daß Ihre Schwester auf jungfräuliche Weise zu ihrem Kinde kam, keineswegs!«

Der Oberst schwieg, schloß die Augen, schien nachzudenken. Langsam nahm er eine Zigarette, brannte sie an.

»Jungfräuliche Geburt,« sagte er zögernd. »Sie die Mutter – niemand der Vater!«

Olieslagers nahm den Gedanken auf. »*Niemand?*« wiederholte er. »Wer weiß das? Kann nicht der junge, jungfräulich erzeugte Frosch sagen: ‚Eine Fröschin war meine Mutter, mein Vater war – ein

chemischer Reiz! Oder aber: der, der diesen Reiz
ausübte: der Herr Professor! *Der* wollte mich zeugen – der mischte die Lösungen: der zeugte mich
also!' Wer will leugnen, Sir Norman, daß durch
lange Jahre hindurch Reiz um Reiz – anderer Art,
o gewiß ganz anderer Art! – ausging von Ihnen zu
Ihrer Schwester? Und daß in jener Nacht – in der
Hallowe'ennacht – Ihre Seelen so eng verbunden
waren, daß über allen Raum hinweg selbst Ihre Leiber sich zu umschlingen träumten? *Succubus,* Sir
Norman, *Incubus!*«

Der Oberst sah ihn fest an. Stand dann auf. Sprach:
»Ich fahre in drei Tagen nach England. Ich werde
in Morton-Jeffries dies Kind, das Norman heißt,
wie ich, adoptieren, legitimieren, oder wie man das
nennt. Es ist, so oder so – mein Kind.«

V

TUN UND TREIBEN

Es ist wunderbar, wie sie in unterirdischen Bauten Vorhöfe, Wohnräume, Eßzimmer, gewundene Gänge und Vorratskammern anlegen, die sie für den Winter mit Körnern füllen.
Alkazuinius *(chaldaeischer Schriftsteller um 200 A. Chr. N.).*

Körperpflege.

Was Reinlichkeit betrifft, so ist die Ameise auch dem reinlichsten Menschen des reinlichsten Volkes bei weitem über. Die Amerikanerin der gebildeten Klasse ist gewiß, in bezug auf ihren Körper, von peinlicher Sauberkeit; sie denkt sich aber garnichts dabei, den Straßenkot an ihren Stiefeln ins Haus zu schleppen — eine Schmutzerei, die wieder jedem Japaner, der es als selbstverständlich betrachtet, daß man die Schuhe an der Haustüre mit Sandalen vertauscht, einen Schüttelfrost geben könnte. Ich kenne Holländerinnen, deren Haus blitzt und blinkt und die einen Wutanfall bekommen, wenn oben auf einem Schrank ein wenig Staub liegen sollte — persönlich aber haben sie einen wahren Abscheu vor dem Wasser in Badewannen. Alle Reinlichkeit aber, sei sie japanisch verstanden, holländisch, amerikanisch oder wie immer, vereinigt in sich jede einzelne Ameise.

Zum Reinemachen ist ein geeignetes Handwerkszeug nötig — das trägt in höchster Vollkommenheit die Ameise stets bei sich; es ist die an den Vorderbeinen befindliche Kammbürste, mit der namentlich die Fühler, aber auch, was sonst damit zu erreichen ist, geputzt wird. Diese Kammbürsten werden ihrerseits wieder gereinigt, indem sie durch die Oberkiefer gezogen werden. Die komischsten Stellungen nimmt die Ameise ein, um sich nur ja recht sauber zu machen, jedes einzelne Fleckchen ihres Leibes muß blitzblank werden. Reichen die Kammbürsten nicht aus, so versucht die Ameise zunächst den Schmutz abzuscheuern, rutscht auf dem Bauch oder wirft sich auf den Rücken. Dem Bürsten folgt das Lecken, ein richtiges Waschen nach Katzenart; der Speichel ist ein wenig ölhaltig, sodaß sich die Ameise regelrecht salbt.

Wie in allen Stücken, so helfen die Ameisen einander auch bei der Reinigung, die den größten Teil ihrer freien Zeit in Anspruch nimmt und ihnen ein großes Vergnügen zu bereiten scheint. Besonders liebevoll werden die Königin und die junge Brut geputzt und gewaschen, fast ohne jede Pause.

Ist so die körperliche Reinigung in der Ameisenheit zur äußersten Vollkommenheit gebracht, so ist der Drang, ihr Haus reinzuhalten, nicht weniger ausgebildet. Man betrachte ein schmutzstarrendes Raupennest und daneben ein Ameisennest: welch ein Unterschied! Jeder Abfall muß sofort entfernt werden; sie haben bestimmte Kehrichtplätze, manchmal in einem entfernteren Teil des Nestes, meist aber außerhalb. Ist irgendetwas ins Nest hineingeraten, das nicht gut hinausgeschafft werden kann, so wird es an Ort und Stelle eingegraben.

Begräbnisse.

Mehr noch: die Ameisen begraben ihre Toten. Es ist köstlich, wie angesichts dieser Tatsache, die sie doch nicht gut wegleugnen können, die Vertreter der exakten Wissenschaft sich anstellen. Die Ameisen begraben zwar ihre Toten, erklären sie, aber sie tun das nicht – um ihre Toten zu begraben, sondern nur aus Reinlichkeitsgründen. Als ob die menschliche Gemeinschaft einen andern Grund dazu hätte! Die Leiche verpestet die Wohnung der Menschen wie die der Ameisen, *darum* muß sie fortgeschafft werden. Wäre das nicht der Fall, die Menschen würden wahrscheinlich die ihnen lieben Verstorbenen bei sich aufbewahren – vielleicht würden die Ameisen dasselbe tun. Viele Tiere fressen jeden toten Stammesgenossen sofort auf – warum tun das die Ameisen nicht, die doch alle andern Insekten und auch Ameisen eines fremden Volkes verzehren? Es ist garnicht zu leugnen, daß die Ameise auch über den Tod hinaus ihrer Volksgenossin ein gewisses Gefühl bewahrt. Manche Arten schleppen ihre Toten einfach aus dem Neste, andere aber graben sie regelrecht ein. Die Annahme, daß die Ameisen für ihre Toten keinen Funken von Gefühl hätten, ist freilich ebensowenig zu beweisen, wie die gegenteilige, daß sie ja ein trauerndes Mitempfinden haben: wahrscheinlicher aber scheint mir das letzte.

Krankenpflege.

Denn warum sollen die Ameisen *hier* nicht ein mitempfindendes Gefühl haben, wenn sie doch ihren Kranken ein solches zeigen? Es ist freilich richtig, daß eine kranke Ameise auf einer Ameisenstraße von Dutzenden ihrer Schwestern aufs schmählichste im Stiche gelassen wird. Diese tun so, als ob sie die Kranke nicht sehn, weichen ihr weit aus. Ist das bei den Menschen anders? Wozu gilt dann die Geschichte von der »Barmherzigen Samariterin« noch heute als Schulbeispiel? Wieviele Menschen helfen einem armen Kerl aus Not und Krankheit? Einer von tausenden. Die andern machen's genau wie die meisten Ameisen, sie tun, als ob sie nichts davon sähen, laufen vorbei, den Kopf voll mit ihren eigenen Geschäften und Sorgen. *Einer* aber hilft gelegentlich – und so hilft, gelegentlich, *eine* barmherzige Ameisensamariterin – und diese eine ist meist erfahren im Krankenpflegen. Fälle, wo verletzte und erkrankte Emsen von ihren Schwestern gesund gepflegt werden, sind von mir oft beobachtet worden. Durch Monate hindurch mag sich solch rührende Pflege erstrecken.

Freilich: sehr schwer verletzte Tiere werden kaum gepflegt; solche, deren Tod sicher zu erwarten ist, werden sogar aus dem Nest herausgeschafft. Genau wie die Spartaner kränkliche oder verkrüppelte Kinder auf dem Taygetos aussetzten. Nun, es ist für mein Empfinden *menschlicher*, sicher dem Tode verfallene Kranke oder unheilbar Geisteskranke einem schnellen Tode zu übergeben, als die Qual ihres Lebens über möglichst lange Zeit zu verlängern, wie wir Menschen das tun; es zeigt dazu sehr viel mehr gesundes Empfinden für das Gesamtwohl des Volkes.

Zur Gesundheitspflege ist eines dringend erforderlich: frische Luft. Die Ameisen haben diese Weisheit durchaus erfaßt, besser als alle anderen Tiere, ja als viele Menschen. Luftschächte durchziehn überall ihre Nester, stets ist für Ventilation gesorgt.

Spiele.

Ist die Reinlichkeit des Körpers die Grundbedingung für Gesundheit, so spielt die Ertüchtigung des Leibes kaum eine geringere Rolle. Die Ameisen, von Jugend auf an regelmäßige körperliche Arbeit gewöhnt, haben sicher ihren Körper voll in ihrer Gewalt, vermögen das Höchstmaß an Kraft aus ihm herauszuholen — das dazu, an der Größe gemessen, das der Menschen um's unendlichfache übertrifft. Neben der Arbeit aber treiben die Ameisen, genau wie wir, Sport und Spiele. Sie spielen sehr vergnügt, wie Kätzchen, mit einem Samenkorn, nehmen es einander ab, lassen es wegrollen, holen es wieder. Oder sie führen Ringkämpfe auf, packen sich, werfen sich, fassen sich mit den Oberkiefern, versuchen jede Art von Griffen — es ist ein regelrechtes Catch-As-Catch-Can. Dabei ist leicht zu beobachten, daß diese Kämpfe nicht ernsthaft sind: vorher und hinterher betrillern und streicheln sich die Gegner gegenseitig mit Fühlern und Vorderbeinen. Auch bringen sie einander keine Verletzungen bei, machen in keinem Falle von ihren Giftwaffen Gebrauch: das heißt doch nichts anders, als daß sie genau wie wir Regeln befolgen und ‚verbotene Griffe' kennen. Sehr selten nur artet bei ihnen solch ein Freundschaftskampf aus – bei jeder Bauernkirchweih mag man sehn, wie auch bei Menschen aus harmlosem Scherz plötzlich blutiger Ernst wird. Diese Kraftspiele scheinen, meinen eigenen Beobachtungen nach, besonders von solchen Ameisen ausgeführt zu werden, die ,Hausdienst' haben, der wohl leichter und weniger anstrengend ist, als die Jagd und Arbeit außerhalb des Nestes; die hauptsächlich unter Tag arbeitenden Emsen würden dann also die Gelegenheit, Licht und Luft zu genießen, mit der andern verbinden, ihre überschüssigen Kräfte in Spiel und Sport auszutoben. Auch die außerhalb des Nestes zur Arbeit ausziehenden Emsen belustigen sich zuweilen mit kleinen Scherzen; so beobachtete ich bei texanischen Ernteameisen, daß eine Emse das Hinterende der vor ihr marschierenden mit den Oberkiefern griff und festhielt; manchmal ergriff eine dritte dann ebenso deren Hinterteil, sodaß sie in dieser Weise, drei Fräulein hoch und sich sanft ins Hinterteil zwickend, fortmarschierten.

Umzug.

Nicht nur kranke und leichtverletzte Emsen werden von ihren Schwestern getragen, nicht nur die Eier, Larven und Puppen, sondern oft auch ganz erwachsene und völlig gesunde. Das kann man beobachten, wenn die Ameisen *umziehen*, was häufig genug vorkommt. Manche Arten haben besondere Winternester und Sommernester und ziehn also jedesmal um, manche beziehn eine andere Wohnung, weil die bisherige ihnen nicht mehr paßt, sei es, daß sie zu feucht oder zu trocken ist, zu weit von guten Futterplätzen, oder zu nahe bei einem feindlichen Volke gelegen ist. Dann gibt es immer eine Anzahl von Emsen, die nicht mitwollen. Zuerst wird diesen gütlich zugeredet, man streichelt sie und betrillert sie, schließlich aber werden sie einfach aufgenommen und fortgetragen; sie merken dann, daß kein Widerspruch mehr hilft, und lassen sich geduldig aufpacken. Nicht immer ist das freilich der Fall, manchmal hängen viele Bürgerinnen am alten Heim und wollen es nicht aufgeben, kehren dahin wieder zurück, ja tragen auch ihre Brut heim: mit unendlicher Geduld werden sie dann von den entschlossenen Auswanderern wieder zur neuen Heimat gebracht, bis schließlich alle sich mit dieser ausgesöhnt haben. Ein solcher Umzug mit Hindernissen mag einige Wochen Zeit in Anspruch nehmen. Die Art, wie die Ameisen einander und ihre Brut tragen, ist ebenso mannigfach bei den einzelnen Arten, wie bei den Menschen: die Indianerin trägt ihr Kind auf den Rücken hängend, die Europäerin in den Armen, die Malayin läßt es auf den Schultern reiten.

Kriege und Kämpfe.

Sport ist Krieg im Frieden und erkräftigt den Körper zu dem ernsten Spiele, dem Kriege. Den Krieg aber hat kein anderes Geschöpf auf Erden zu solcher Vollkommenheit gebracht, wie Mensch und Ameise. Krieg ist in der menschlichen Natur ebenso begründet, wie in der Ameisennatur — jede kleinste Emse weiß das. Sie tut darum alles, was in ihrer Macht steht, um bei Verteidigung wie bei Angriff für den Krieg gerüstet zu sein.

So verschieden die Nester bei den einzelnen Arten gebaut sein mögen, alle zeigen bald in der, bald in jener Richtung Schutzmaßregeln gegen Feinde: das Ameisennest ist immer Festung. Große Aufmerksamkeit wird stets den Eingängen zugewandt; sie werden sorgfältig bewacht, meist von eigens dazu ausgewählten Tieren. Die Zimmermannsameise Colobopsis hat gar eine besondere Art von Soldatin, die sich durch einen unförmig großen Kopf auszeichnet: sie dient als Torwächterin und Tor zu gleicher Zeit. Der Eingang des Holznestes dieser ausgezeichneten Schreinerin ist grade so groß, daß die Soldatin ihn mit ihrem dicken Kopf verschließen kann, man kann den Kopf von dem umgebenden Holz kaum unterscheiden. Will nun eine Arbeiterin ins Nest hinein, so klopft sie an: betrillert den Tür-Kopf mit ihren Fühlern. Die Lebende Tür erkennt die Freundin und läßt sie ein, um gleich darauf ihren Platz wieder einzunehmen.

Ist die Arbeitszeit vorbei, so werden bei vielen Arten sämtliche Eingänge zum Neste eng verschlossen.

Wird die Festung angegriffen, so sind es zuerst die Schildwachen, die eingreifen. Einige von ihnen nehmen sogleich die Verteidigung auf, während andere ins Nest eilen und Mitteilung von dem Ueberfall machen. Sie tun das, indem sie die Schwestern mit ihren Fühlern betrillern — dies *Betrillern* mag als die Ameisensprache gelten. Einzelne Arten haben noch besondere Verständigungsmittel: sie schlagen, manche mit dem Kopfe, andere mit dem Hinterleibe sehr heftig einigemal auf — der Ton pflanzt sich im Neste fort und gilt den im Innern befindlichen Schwestern als Alarmsignal. Andere wieder vermögen selbst Laute hervorzubringen; sie haben, am Hinterleibe, ein besonderes Organ, das

durch Reibung von Plättchen schrille Töne hervor-
ruft. Solche Ameisen geben also das Alarmsignal
mit ihrer *Stimme:* sie *rufen.*

Verschieden, wie bei den Menschen, ist das Verhalten des angegriffenen Volkes, nicht nur bei den
einzelnen Arten, sondern auch innerhalb eines Volkes
bei den einzelnen Individuen. Schwache Völker blasen meist sofort Chamade, suchen ihr Heil in
schleunigster Flucht – bei dieser Flucht aber zeigen
sich die Emsen sehr viel ritterlicher als die Menschen. Jeder, der einmal eine Panik – in einem
brennenden Theater, bei einem untergehenden Schiff
– mitgemacht hat, weiß, wie jämmerlich, wie erbärmlich sich das stärkere Geschlecht, die Männer
– mit Ausnahmen natürlich – zu benehmen pflegt.
Bei den Ameisen aber gilt stets und für jede das
Wort jedes anständigen Schiffskapitäns: »Kinder
und Frauen zuerst!« Sie retten also die Mutter-Königin, retten die Brut, retten auch die schwachen
Männchen, wenn solche im Neste sind. Freilich: das
starke Geschlecht in der Ameisenheit sind – verkümmerte Weibchen, die dennoch die vollkräftigen
Männchen der Menschheit in Schatten stellen.

Volkreiche Staaten, oft auch schwache, doch besonders kriegerische Stämme nehmen sofort den Kampf
mit dem Gegner auf. Dabei ist das Benehmen der
einzelnen Tiere ein völlig verschiedenes. Während
einige Emsen ungeheuer mutig sind und diesen
Mut zu einer wahren Berserkerwut steigern können, sind manche ihrer Schwestern, dicht neben ihnen,
ausgesprochene Feiglinge. Diese fliehn, stellen sich
auch wohl tot – eine ja bei manchen Käfern sehr
beliebte und bequeme Verteidigungsregel. Andere wie-

der spielen den ‚wilden Mann‘, benehmen sich wie Wahnsinnige, um dadurch dem Feinde einen Schreck einzujagen, was ihnen nicht selten gelingt. Man mag sagen, daß auch der Gott der Ameisen gewöhnlich den stärksten Bataillonen beisteht; zuweilen aber gelingt es auch einer kleinen entschlossenen Schar den vielfach überlegenen Gegner in die Flucht zu schlagen. Gefangene werden stets gemacht; ihr Los ist nicht rosig: sie werden unweigerlich in Stücke gerissen. Es sieht aus, als ob die gefangenen Emsen das wüßten: sie wehren sich nicht mehr, sondern lassen alles mit sich geschehn.

Die Waffen der Ameisen sind zunächst die Oberkiefer, dann der Giftstachel. Ameisen, die keinen Stachel haben, besitzen doch eine Giftdrüse, aus der sie in die dem Feinde mit dem Oberkiefer beigebrachte Wunde Gift spritzen. Der Kampf wird gewöhnlich von den kleinern Tieren eröffnet, die überhaupt mehr Tatkraft zu haben scheinen, als die großen eigentlichen ‚Soldatinnen‘, die erst ein bißchen in Wut kommen müssen, bis sie richtig am Kampfe teilnehmen — dann allerdings liegt bei ihnen die Entscheidung.

Die Kämpfe — und auch die Kriege, die oft monatelang dauern — haben mannigfache Anlässe. Oft sind es Besitzstreitigkeiten um ein Stück Land, das zwei Staaten für sich beanspruchen, häufig auch die Gier eines Volkes, das andere auszurauben. Man raubt die Brut des Feindes, um sie zu verzehren oder auch zu Sklavinnen aufzuziehn, man raubt dessen Kornvorräte und seinen Viehstand, oder man nimmt von der eroberten feindlichen Stadt Besitz.

Nach dem Kriege der Frieden — auch den Friedensschluß kennen die Ameisen in wechselnder Form. Bald ist der Feind völlig vernichtet worden, was ihm gehört und was nur begehrenswert erscheint, wurde ihm abgenommen. In anderen Fällen hat kein Volk einen vollen Sieg erfochten – dennoch, gegenseitig erschöpft, einigt man sich. Ein Stück Landes zwischen den Völkern wird neutral erklärt und von keinem der streitenden Stämme betreten. Ja, es werden zwischen den früheren Feinden zuweilen Bündnisse geschlossen, die in seltenen Fällen – bei schwachen Völkern – zu einer Verschmelzung führen.

Zählebigkeit.

Daß ein durch Sport und Spiel, durch nie rastende Arbeit und steten Kampf so ertüchtigtes Geschlecht über eine hervorragende Lebenshärte verfügt, ist nicht weiter verwunderlich. In der Tat übertrifft denn auch die Widerstandskraft und Zählebigkeit der Ameise die jeden anderen Geschöpfes. Wir haben gesehn, welche Strapazen die junge Königin durch lange Monate durchzumachen hat, um ihre Brut aufzuziehn; ein Tag, beobachtend an einem Ameisenneste zugebracht, genügt, um die verblüffende Arbeitsfähigkeit jeder einzelnen Emse neidisch begreifen zu lernen. Gradezu verblüfft aber ist man, wenn man von den Versuchen liest, die gemacht wurden, um die Zählebigkeit der Ameisen festzustellen. Es berührt wohltuend, daß es keinem der großen Ameisenforscher eingefallen ist, diese einfachen Versuche zu machen, die doch einmal gemacht werden mußten. Es war vielmehr eine Dame, eine amerikanische Forscherin, die diese Quälereien durchführte. Sie ließ Ameisen – Königin, Emsen und

die junge Brut – einfrieren und hielt sie vierundzwanzig Stunden lang bei einer Temperatur von fünf
Zentigrad unter Null. Wieder aufgetaut, überlebten
alle; auch die junge Brut entwickelte sich später
völlig normal. Sie ließ Ameisen verhungern: bis zu
fünfviertel Jahren blieben junge Königinnen ohne
jede Nahrung am Leben und vermochten dabei noch
ihre Brut aufzuziehn. Unter Wasser hielt sie Ameisen bis zu acht Tagen: herausgenommen erholten
sie sich wieder. Eine Ameise, der sie den Kopf abgeschnitten hatte, lebte noch einundzwanzig Tage, herumlaufen konnte sie noch bis zwei Tage vor ihrem
Tode. Nicht geringer ist die erstaunliche Widerstandskraft der Ameisen gegen alle möglichen Gifte.

Winterschlaf.

Wenn die Sittenprediger aller Zeiten immer wieder
dem Menschen die Ameisen als leuchtendes Beispiel
für Fleiß und Arbeitsamkeit vorhielten, so hatten
sie damit doch nur halb Recht. Denn es gibt, wie
in der Menschheit, auch bei den Ameisen regelrechte
Faulenzer. Wir werden ganze Völker kennen lernen,
die es fertig gebracht haben, überhaupt nichts zu
tun, sondern alle Arbeit andern Ameisen, ihren Sklavinnen, zu überlassen. Aber auch die fleißigsten
Ameisen arbeiten – wenigstens in den nördlicheren
Ländern – durch Monate hindurch garnichts. Zu
holen ist im Winter nichts mehr in der freien Natur: Jagd, Viehzucht, Körnersammeln – alles hat
aufgehört. So bleiben die Tiere still in ihrem Nest.
Sie essen nur sehr wenig von ihren Vorräten, verrichten nur die allernotwendigsten Arbeiten. Sie
schlafen nicht eigentlich; drängen sich nur eng

aneinander und dösen so vor sich hin. Sie machen's also, wie rings Wald und Flur und manche Tiere — erst wenn die Frühlingsstürme durchs Land brausen, erwachen sie zu neuem Leben.

Versammlungen.

Ich habe in vielen Landen der Erde Massenversammlungen mitgemacht, in Sälen, Hallen, Kirchen oder unter freiem Himmel. Sie zeichnen sich dadurch aus, daß sie Geruch und Gehör beleidigen: Menschenmassen stinken und schreien. Manchmal wird man dazu noch gedrängt und gequetscht, sodaß auch das Gefühl leidet.

Eins aber habe ich bei Menschenversammlungen immer gewußt: es war mir stets klar, *warum eigentlich* diese Massen zusammenströmten.

Nun hab ich mir oft große Mühe gegeben, mich in die Ameisenseele hineinzudenken, was einem Dichter immerhin leichter sein mag als einem Gelehrten. Ich glaube auch, daß mir das gelungen ist -- nie doch habe ich begreifen können, wozu die Ameisenvölker *Massenversammlungen* abhalten.

Denn sie tun es; tun es draußen in der Natur, wie auch im künstlichen Neste. Sie kommen plötzlich alle zusammen heraus, setzen sich still und ruhig hin, viele Stunden lang. Sie sprechen nicht miteinander, betrillern sich nicht mit Fühlerschlägen. Sie bewegen ein wenig den Hinterleib, so wie etwa ein Hund mit dem Schwanze wedelt; auch die Fühler bewegen sie ganz langsam hin und her.

Es ist das sehr auffallend, wenn man bedenkt, daß kein Geschöpf auf Erden so an rastlose, nur

durch Schlaf oder gelegentliche kleine Spiele unter-
brochene Arbeitstätigkeit gewohnt ist, wie die Ameise.

Was treiben die Emsen nun – welchen Zweck haben diese Versammlungen des ganzen Volkes?

Beraten sie gemeinsam über irgendetwas dem
Staatswohle wichtiges?

Beten sie, wie Menschen in der Kirche, danken
sie dem Schöpfer dafür, daß er sie zur Krone der
Insektenschöpfung gemacht hat?

Singen sie ein stilles ,Te Deum Laudamus' zur
Erinnerung an ihren letzten Sieg über ein feindliches Volk?

Oder halten sie nur einen Ruhetag ab, einen Tag
der Sammlung, einen stillen, beschaulichen Festtag
nach soviel Arbeitstagen?

Vielleicht nichts von dem allen, vielleicht überhaupt nichts, was Menschengeist heute zu begreifen
imstande ist.

Doch mag es sein, daß wir auch dies Rätsel noch
einmal lösen. Und ich glaube fast, daß wir dann
wissen werden, daß diese Zusammenkünfte der stillen Ameisen einen sehr viel vernünftigeren Zweck
haben, als alle Massenversammlungen der Menschen!

Ernährung.

Jedes menschliche Volk hat seine eigenen Sitten,
Gebräuche und Lebensgewohnheiten – nicht anders
ist es bei den Ameisen. Ueberall Trennendes, überall Besonderes – dennoch aber in großen Zügen sehr
viel Gemeinschaftliches. Ist das Besondere auch stets
das mehr fesselnde, so ist es doch nicht verständlich, wenn wir nicht erst das Gemeinsame kennen.

Der Mensch und jedes andere lebende Wesen hat

das Bestreben, sich und seine Art am Leben zu erhalten und fortzupflanzen – diesem Bestreben entspringen alle Lebensgewohnheiten.

Da ist nun die wichtigste Sorge jedes Tages die
Ernährung.

Wir haben Tierarten, die reine Fleischfresser sind,
andere, die sich nur von pflanzlicher Nahrung ernähren. Wir haben Arten, die Allesfresser sind und
wieder solche, die sich an eine ganz bestimmte Nahrung gewöhnt haben. Bei den Menschen aber – und
bei den Ameisen – finden wir das alles zu gleicher
Zeit. Es gibt nördliche Stämme, die, wie die Eskimos,
nur Fleischnahrung zu sich nehmen, indische, die
sich nur von Reis nähren, arabische, die sich auf
Datteln beschränken. Ich kenne einen mexikanischen
Indianerstamm, der ausschließlich von den Gaben
des Meeres lebt, von Fischen und Muscheln, während
der Europäer im allgemeinen alles verzehrt, was nur
einigermaßen schmeckt und bekömmlich ist. Genau
dasselbe Bild zeigt die Ameisenheit. Wie die Menschheit war sie ursprünglich auf Fleischnahrung aus:
Jägervölker. Auch heute noch haben wir solche Arten, die Stachelameisen und die Wanderameisen. Im
allgemeinen aber sind die Ameisen heute, wie die
Menschen, Allesfresser; manche Arten sind dann zur
Pflanzenkost übergegangen und einige wenige haben sich gar auf eine ganz bestimmte Nahrung eingestellt. Alle aber mögen, wenn dies nottut, von der
einen auf die andere Nahrungsweise übergehn.

Die fleischfressenden Ameisen nehmen tote wie lebende Nahrung. Tot, ist ihnen kein Tier zu groß,
um nicht schließlich damit fertig zu werden.

Allgemein beliebt als Nahrung ist fremde Brut;

aber auch die eigene wird nicht verschmäht. Ja, eine Art hat gar das Fressen erwachsener Schwestern zum Gesetz erhoben: die Völker der soldatenfressenden Sparameise schlachten jeden Winter regelmäßig eine Anzahl ihrer größten Soldatinnen.

Alles Süße mundet den meisten Ameisen trefflich, alles was übel riecht, rühren sie nicht an – genau wie die Menschen. Sie hassen also die Exkremente aller Fleischfresser, dagegen lieben sie Honig, süße Harze und alle möglichen süßen pflanzlichen Ausscheidungen; sie nehmen solch süße Ausscheidungen auch von andern Tieren, wie von Blattläusen, Zirpen und Raupen. Im Grunde ist diese Nahrung ja auch eine pflanzliche, die freilich durch einen fremden Tierkörper erst durchgegangen ist.

An rein pflanzlicher Nahrung werden Samen bevorzugt, auch Früchte. Ganz einseitig in ihrer Nahrung sind neben den Termitenjägerinnen einige Arten des tropischen Amerika, die Pilze züchten und sich ausschließlich davon ernähren. Auch die Honigameisen. Diese Arten, wie auch manche Jägervölker, sammeln in Vorratskammern große Mengen von Nahrungsmitteln an, die ihnen ermöglichen, magere Zeiten zu überstehn. Eine solche Vorratskammer im kleinen trägt freilich stets jede Emse bei sich: ihren Kropfmagen. Wenn eine Ameise Nahrung zu sich nimmt, so nährt sie damit doch noch nicht sich selbst; das ist erst dann der Fall, wenn sie den Verschluß ihres Kropfmagens öffnet und von ihm ein wenig Nahrung in ihren eigentlichen, den Privatmagen übertreten läßt. Der Kropfmagen ist nichts anders, als ein Marktkorb, ein Lebensmittelsack, vergleichbar den Backentaschen der Affen.

Mit dem Unterschied jedoch, daß der Aff in seinen Taschen die Speisen aufbewahrt, welche er nicht rasch genug kauen kann – die er aber gewiß sich selbst einverleibt, sowie er nur Zeit dazu hat. Der Kropfmagen der Ameise aber dient nur zum geringsten Teile der eigenen Ernährung: er gehört dem ganzen Volke. Es ist ein sozialer Magen, oder besser ein nationaler Magen, denn nur in seltenen Fällen – und dann zum Schaden des Volkes – werden aus ihm andere Geschöpfe, als Volksgenossen, gefüttert. Die Ameise nimmt sehr viel Nahrung zu sich, gebraucht davon aber für sich nur das allernotwendigste, so wenig, daß sie eigentlich immer hungrig ist. Ihr nationales Bewußtsein ist so stark, daß sie sich selbst stets hinter das Wohl des Volkes zurücksetzt.

Nur ein Teil des Volkes zieht aus auf Nahrungserwerb, während der andere, in strenger Arbeitsteilung, die Arbeiten im Haus verrichtet. Kehrt nun eine Emse zurück, so kommt zugleich eine andere zu ihr hin, betrillert sie mit den Fühlern, streichelt sie mit den Vorderbeinen, beleckt sie –

– Ich werde nie die Entrüstung einer älteren Dame über eine Stelle in einem meiner Bücher vergessen. Sie war eine Freundin meiner Mutter und eine richtige alte Jungfer. Sie war Malerin, zeichnete und aquarellierte recht hübsch; sie empfand sich ein bißchen als Künstlerin und tat, was sie nur konnte, sich aus dem Dunstkreise des alten Hamburger Patrizierhauses, dem sie entstammte, herauszuentwickeln. Sie reiste viel und konnte nicht genug zusammenlesen – in meiner Mutter Hause fand sie reiche Schätze, die in Hamburg in keiner guten Familie je geduldet worden wären. Mit Begeisterung verschlang sie Rabelais, Boccaccio, Grimmelshausen, Balzac's Contes Drolatiques. Als ich ihr Zola's Nana gab, um sie endlich einmal zu entrüsten, fand sie auch dies Buch höchst vergnüglich, meinte: das seien alles so ‚klein nüdliche Leute‘. Mit äußerstem Widerwillen aber legte sie einmal eine meiner Geschichten aus der Hand, erklärte tief verletzt, daß sie so etwas nicht weiterlesen könne. Was war es? Ein junges Mädchen reicht ihrem Geliebten einen Schluck Wein aus ihrem Munde. Darüber stolperte ihr Hamburger Empfinden; sie empfand das so unsagbar unnatürlich, so widerlich pervers, daß sie nichts mehr von mir wissen wollte.

Nun, wenn des guten Fräulein Ebba Empfinden das natürlich menschliche war, so muß ich bekennen, daß mein Empfinden mehr ameisenhaft als menschlich, daß es geradezu myrmekomorph ist. Denn diese, so ‚widerlich perverse‘ Art, einander Speise und Trank zu reichen, gilt bei den Ameisen als die ganz natürliche. Sie füttern einander in einem Kuß, legen Zunge an Zunge und begleiten diese freundliche Handlung mit zärtlichsten Fühler- und Flügelschlägen.

Die Fütternde, die mit gefülltem Kropfe nachhause zurückkehrt, begnügt sich nicht mit einer Genossin; sie spielt weiter das Mädchen aus der Fremde, geht von einer zur andern und teilt jeder von ihrer Gabe. Aber auch die andern, die so zärtlich gespeist werden, behalten diese Gaben keineswegs allein für sich: sie laufen ihrerseits nun zu anderen hungernden Schwestern und spenden im Kusse von ihrem Ueberfluß. Natürlich geht neben dieser Ernährungsweise von Mund zu Mund die andere von Hand zu Hand nebenher. Manche größere Beutestücke, pflanzliche wie tierische, werden von den furagierenden Emsen nicht erst eingekropft, sondern wie sie sind, ins Nest geschafft und gleich den Schwestern gegeben. Außer diesen werden auch die Männchen und geflügelten Weibchen, wenn solche im Nest sind, die Jungen und besonders auch die Königin-Mutter reichlich gefüttert.

Hausbau.

Wenn man Ameisennester mit solchen von Bienen vergleicht, so fällt einem sofort die Regelmäßigkeit der Immenstöcke gegenüber der scheinbar gleichgiltigen und willkürlichen Unregelmäßigkeit der Emsenbauten auf. Man möchte urteilen, daß — während die Bienen längst die für sie und ihre Brut geeignetste Nestform gefunden haben — die Ameisen noch im Dunkeln tappen und nicht entfernt solch hohe Stufe zweckbewußten Bauens erreicht hätten.

Ein solcher Schluß wäre völlig falsch: in der Tat sind die Ameisen, wie in allen anderen Dingen, so auch beim Nestbau den Immen bei weitem überlegen. Das Erstaunliche ist nun nicht etwa, daß manche Arten so, die andern so bauen, daß einige unter, andere über der Erde, einige in hohlen Bäumen und Aesten, wieder andere oben auf den Bäumen ihre Festungsstadt anlegen. Das Verblüffendste ist vielmehr, daß ein und dieselbe Art es versteht, ihr Nest so zu bauen, wie es unter den örtlich gegebenen Umständen am zweckmäßigsten erscheint. Die große Unregelmäßigkeit im Nestbau der Ameisen ist also, gegenüber der starren Weise der Bienen, ein außerordentlicher Vorteil. In einem Waldgebiet, beispiels-

weise, das gelegentlichen Ueberschwemmungen ausgesetzt ist, baut dieselbe Art hoch auf den Bäumen,
die sonst am Fuß im Wurzelwerk sich einnistet;
eine andere Art wird hoch auf den Bergen unter
sonnbeschienenen Steinen ihr Nest bauen, auf der
Wiese im Tale aber wärmende Erdhaufen über das
Nest häufen, im Walde wieder in Baumstümpfen
sich niederlassen: ganz genau wissen diese kleinen
Tiere, was in jedem Falle das richtige ist.

Die Ameisenheit kennt *jede* Art der Siedlung —
von der einfachsten Höhlenwohnung bis zum großen
bewohnten Landstrich mit manchen Städtesiedlun-
gen. Auch das Wohnen zur Miete ist beliebt, sowohl im Heime anderer Ameisen, als in dem fremder Tiere — und zwar gibt es neben einer Miete nach
gütlicher Uebereinkunft auch eine Zwangseinquar-
tierung. Vorgezogen wird im allgemeinen der Städte-
staat: ein Volk wohnt in einer befestigten Stadt und
betrachtet das ringsum gelegene Land als sein Eigentum. Die Entwicklung darüber hinaus ist jedoch
längst beschritten: volkreiche Städte gründen Ko-
lonialstädte, mit denen sie durch feste Straßen in
Verbindung stehn. Den Gegensatz zu diesen Auswan-
derungen übervölkerter Städte bilden die Wanderungen der Nomadenameisen, die überhaupt keine
feste Siedlung kennen, sondern von einem Jagd-
grunde zum andern ziehn.

Manche Ameisen, wie die blutroten Sklavenjägerinnen, haben Winterstädte und Sommerstädte,
wechseln also regelmäßig ihr Heim. Gefällt einem
Volke die bisher bewohnte Stadt nicht mehr, so
baut man an geeigneter Stelle eine bessere und zieht
um, häufig unter starken Auseinandersetzungen mit

den Volksgenossen, die doch lieber bleiben möchten. Das verlassene Nest wird dann häufig von einem andern Volke eingenommen, das es sofort nach seinem eigenen Geschmack und Bedürfnis umbaut — es mag wieder verlassen, wieder von einer dritten Art bezogen und von neuem umgebaut werden, sodaß es schließlich einen merkwürdigen Mischbaustil zeigt. So mag ein verlassenes Nest neu bezogen werden — aber auch ein bewohntes wird eingenommen, nachdem es im heißen Kampfe erobert und durch Töten oder Vertreiben der Bewohner geleert wurde.

Das typische Nest besteht aus einer Anzahl von Hohlräumen, die alle miteinander in Verbindung stehn. Es hat Ausgänge ins Freie, mehrere oder wenigstens einen — auch das nicht einmal immer, denn rein unterirdisch lebende Arten schließen sich völlig ab und öffnen das Stadttor nur zur großen Vermählungzeit. Bezeichnend ist die Unregelmäßigkeit dieser Hohlräume — die gewiß ebenso beabsichtigt ist, wie ihre Regelmäßigkeit im Immenstock. Wir Menschen ziehn beim Hausbau wie beim Städtebau die unregelmäßige Bauweise der Ameisen vor — die den Bienen wohl *Wahnsinn* scheinen mag, dennoch ihre *Methode* hat.

Wenn Menschen Häuser und Städte bauen, so tun sie zweierlei: sie graben aus und sie bauen auf, meist beides zusammen, manchmal auch nur das eine oder nur das andere. Wir graben ein Loch in der Erde, errichten darin die Grundmauern, und auf diesen das Haus. Wir können auch auf den Oberbau verzichten, vorhandene Höhlen benutzen oder neue graben und uns darin häuslich niederlassen. Umgekehrt können wir auch auf das Graben verzichten und nur bauen; gleich auf Felsboden, hoch in der Krone starker Bäume, auf dem Wasser in Hausbooten, im Sumpfe auf Pfählen unsere Wohnungen errichten.

Genau so machen es die Ameisen: sie graben oder sie bauen — meist verbinden sie beides. Und sie haben in ihrer Bauweise dieselbe Unregelmäßigkeit, dasselbe Brechen mit der starren Gewohnheit anderer Geschöpfe, dieselbe Anpassungsfähigkeit an Boden und Klima, an ihre Lebensweise und jeweiligen Bedürfnisse, dieselbe Fähigkeit, von der Natur in besonderem Falle gegebene Vorteile auf das geschickteste auszunutzen.

Sie zeigen, mit andern Worten, eine Intelligenz, die die der Menschheit wohl nicht erreicht, ihr aber zum mindesten sehr ähnlich sieht.

Mannigfaltig wie die Lage, wie die Form der Nester, ist auch der Rohstoff, aus dem sie gebaut sind. Es wird Erde benutzt, Holz und Steine, Gras oder Dung, es wird Pappe, Papier, Seide eigens hergestellt — nie aber erfordert auch der scheinbar schwierigste und großartig angelegteste Bau auch nur entfernt solche Vergeudung an Arbeitskraft wie bei den Bienen oder Wespen. Stets kann, nötigenfalls, das Heim verlassen und an anderer Stelle in erstaunlich kurzer Zeit neu errichtet werden.

Nach alledem ist es nicht leicht, die Nestformen in ein einfaches System zu bringen; ein solches wird notwendigerweise stets Fehler oder Lücken enthalten müssen. Um einen raschen Ueberblick zu geben, will ich unterscheiden: Grundnester, mit oder ohne Kuppel. Holznester, eigen gefertigt oder mit Benutzung von Hohlräumen in Stämmen, Aesten,

Dornen, Galläpfeln. Hängende Nester, aus Erde, Pappe, Papier, Seide. Doch darf nicht vergessen werden, daß öfter auch Mischungen von zwei Bauarten vorkommen, daß also eine Form in die andere und wieder in eine dritte übergehn mag; dazu giebt es Ausnahmenester und in allen möglichen Lagen.

Die Grundnester stellen Irrgarten dar, bestehn also aus einer Fülle von Höhlen, welche durch Gänge miteinander verbunden sind. Die Hohlräume von wechselnder Größe haben flachen Boden, dagegen mehr oder minder gewölbte Decke. Diese Kammern dienen teils als Kinderzimmer für die junge Brut, teils als Vorratsräume, teils als Abfallhallen; bei den pilzzüchtenden Ameisen auch als Treibhäuser, bei den Pflasterameisen als Steinplätze. Die beim Ausgraben an die Oberfläche gebrachte Erde wird von einigen Arten sorgfältig von der Oeffnung weggeschafft — der Grund ist ersichtlich der, daß die Anwesenheit der Stadt nicht sogleich auffallen soll; solche Nester sind also rein unterirdisch. Die meisten Arten sind jedoch nicht so vorsichtig und furchtsam; sie häufen die ausgeworfene Erde über dem Neste auf, wobei die Oeffnung freibleibt; auf diese Weise entstehn Krater, Haufen und Hügel, in welchen nun auch wieder Kammern und Gänge ausgegraben werden. An diesem neuen über dem Boden liegenden Teile der Stadt wird von innen wie von außen weitergearbeitet; es wird dabei nicht nur der aus der Erde hervorgeholte Baustoff verwandt, sondern auch solcher aus der Umgebung: Erde, Sand, Steinchen, Strohhalme, Kiefernadeln, Holzstückchen. Eine amerikanische Ernteameise pflastert gar die Kuppel ihres Hauses mit Steinchen, die sie, fast mosaikartig geordnet, zusammensetzt.

Dieser obere Teil, der bei einigen volkreichen Arten Mannshöhe erreichen kann — der größte in Deutschland beobachtete Haufen war 1,89 Meter hoch und hatte einen Umfang von sechsundzwanzig Metern — dient in seinen höher gelegenen Kammern vorzüglich zum Großziehn der jungen Brut, da die Wärme in ihm, wie in einem Komposthaufen, eine bedeutend höhere ist, als die seiner Umgebung. Meist ist solch eine Burg innerlich ziemlich fest; manchmal, wie bei der Lumpenameise, besteht sie auch nur aus einer ziemlich dünnen Erdkuppel, durch welche die Grashalme, ihr als tragende Säulen dienend, hindurchwachsen.

Wir Europäer blicken voller Bewunderung auf amerikanische Wolkenkratzer, zeigen voller Stolz auf die hohen Türme unserer Dome. Was sind sie, verglichen mit einem Ameisenhaus, das unter und über der Erde eine Höhe von über drei Metern erreichen mag! Der Kubikraum eines solchen Ameisenbaus kann millionenmal mehr seiner Bewohner fassen als der des größten Menschenbaues. Dabei hat man Siedlungen eines einzigen Emsenvolkes gefunden, die über siebzehnhundert mächtiger Häuser auf ihrem Grunde hatte!

Es ist sehr unterhaltend, die Ameisen bei ihrem Bau zu beobachten. Ihre Oberkiefer dienen ihnen als Hände und Werkzeuge zugleich, mit ihnen graben sie, mauern sie, pflastern sie; daneben werden auch die Vorderbeine benutzt, um die Erde aufzukratzen, Sandkügelchen zu formen und festzutreten. Zum Mauern ist Mörtel nötig, Kitt oder Zement, um die einzelnen Teile zusammenzuhalten: darum bauen die Ameisen bei feuchtem Wetter. Doch holen einige Arten auch aus der Entfernung Wasser heran, wie die Ernteameisen. Neben dem Wasser verwenden sie als Bindungsmittel reichlich Speichel.

Statt der Kuppel benutzen viele Ameisen größere, ziemlich flache, nicht zu tief im Boden ruhende Steine, unter die sie ihr Nest bauen; sie ersparen hierdurch viel Arbeit und erreichen denselben Zweck, da der Stein die Sonnenhitze schnell aufnimmt und nach unten ausstrahlt, zugleich als sicheres Regendach und guter Schutz dient. Sind keine geeigneten Steine zu finden, so werden zuweilen auch Holzstücke oder Dungfladen als Nestdächer benutzt. Besonders junge, schwache Völker fast aller Arten bauen unter Steinen, um dann später ein anderes Heim zu erbauen; manche bleiben auch unter ihrem Stein, ja einige bauen ihre oberirdische Wohnung später gleich über dem Steindache auf, diesen hügelartig überwölbend.

Sind die Grundnester am beliebtesten in der Ameisenheit, so spielen die Holznester doch auch eine nicht unwichtige Rolle. Die besten Holznester machen die Zimmermannsameisen; sie nisten in totem, wie in lebendem Holze. Besonders beliebt sind die weicheren Holzteile der Rinde oder der Baumstümpfe – häufig wird dann der Bau nach unten in die Erde hinein fortgesetzt. Die ‚Lebende-Tür-Ameise‘ schreckt freilich vor dem härtesten Holz nicht zurück, wählt selbst Eiche und Hickory zu ihrem Wohnsitze. Statt des Holzes höhlen andere Ameisen das Mark aus; wieder andere wählen verholzte Galläpfel, deren Höhlung sie dann ausbauen. Auch hohle

Dornen, Nüsse, Tannzapfen und andere hartgewordene Früchte, auch hohle Grasstengel werden von kleinen Völkern als Nester eingerichtet.

Während bei Grundnestern und Holznestern das Aushöhlen die hauptsächliche Arbeit bildet — wobei freilich jeder schon vorhandene Hohlraum sofort zweckentsprechend benutzt wird — fällt bei den hängenden Nestern diese Tätigkeit des Grabens fort. Sie sind nur gebaut; der Baustoff besteht aus Erde, Pappe oder Seide.

Aus Erde bauen die brasilianischen Gärtnerameisen. Sie tragen Erdklümpchen, eines um das andere, die Stämme hinauf, dann in die Aeste und Zweige, umkleben damit eine Gabel. Aus der Nestkugel wachsen nach allen Seiten Pflanzen hervor, so macht das Nest den Eindruck eines hängenden Gartens.

Wirken die Pappnester und Seidennester auch gewiß nicht so schön, wie solche Gärten, so sind sie doch nicht weniger kunstreich gearbeitet. Es gibt einige europäische Papparbeiterinnen, die meisten Papiermacherinnen aber — wie alle Seidenspinnerinnen — sind Tropenbewohner. Die deutsche Papparbeiterin baut ihr Nest, wo sie nur einen Hohlraum findet, sie durchzieht diesen mit einem unregelmäßigen, schwammartigen Durcheinander von Pappwänden. Die Pappe stellt die Ameise aus fein gemahlenem Holzmehl her, als Verbindungsmittel benutzt sie ihren Speichel. Zudem tapeziert sie die Pappwände noch mit einem besonderen Pilze, sodaß die Wände einen weichen Ueberzug erhalten. Dieser Pilz, der bisher nur in solchen Nestern gefunden wurde, wird von den Ameisen selbst gezüchtet; seine Wurzeln verleihen den Pappwänden besondere Festigkeit. Vielleicht werden die Fäden des Pilzes auch von den Ameisen zur Nahrung gebraucht. Einige nordamerikanische Pappmacherinnen bauen ganz ähnliche Nester unter Steinen.

Doch sind diese Papparbeiterinnen jämmerliche Stümper im Vergleich zu den tropischen Arten. Während die nordischen Papiermacherinnen nur recht dicke, brüchige Pappe herstellen können, die sehr holzhaltig oder gar erdhaltig ist, verstehn es ihre tropischen Basen ein Papier zu verfertigen, das bis zu der Dünne des feinsten Seidenpapiers geht. Dazu erreichen ihre Papierstädte ganz erstaunliche Größen, sind bisweilen über zwei Meter lang und haben einen Meter im Durchmesser, sodaß ein erwachsener Mann bequem darin Raum finden würde. Manche dieser Nester haben recht groteske Formen; einige sehen aus wie riesige Bärte, andere wie mächtige Tropfsteine, die von den Bäumen herabhängen. Als Rohstoff benutzen die tropischen Papiermacherinnen Holzmehl — sie nehmen aber weniger Holz und dafür umso mehr Leim, d. h. Speichel: das ist das Geheimnis des feinen Papiers. Nur ganz ausnahmsweise wird auch Dung von Kühen und Pferden oder gar Erde benutzt; eine Art bedient sich der Samenhaare der Frucht des Seiden-Baumwollbaumes.

Die größte Künstlerin, was den Nestbau betrifft, ist die Seidenspinnerin, eine tropische Ameise, wie die Gärtnerinnen und die meisten Papiermacherinnen. Sie stellt ein Seidengespinst her, das noch zarter und noch dichter ist, als das feinste Seidenpapier.

Neben all diesen Nestformen finden wir nun eine

ganze Reihe anderer, die nicht regelmäßig sind, sondern einer zufällig gefundenen Möglichkeit ihre Entstehung verdanken. In dieser Beziehung zeichnen sich besonders die Hausameisen aus, unter denen die Pharaoameise die bekannteste ist. Aus Aegypten stammend, hat sie sich über die ganze Erde verbreitet und lebt vielfach als recht ungebetener Gast in den Häusern der Menschen. Es gibt schlechterdings keine Ritze, keine Spalte, keinen hohlen Raum im Hause, in dem man nicht schon ihre Nester gefunden hat — dabei kann man gewiß sein, daß sie stets besonders geschickt den Platz aussucht, sodaß man oft sehr, sehr lange suchen muß, ehe man ihn findet. Man liest hie und da in den Zeitungen von merkwürdigen Stellen, die Ameisen sich als Wohnort wählten — so unglaublich diese Berichte auch klingen, man mag überzeugt sein, daß sie der Wahrheit entsprechen. Aufsehn erregte ein Fall, der sich vor zwei Jahrzehnten in Breslau ereignete: man fand in einem Grabgewölbe das Skelett, aber nichts mehr von den Kleidern und dem Sarge — diese hat ein starkes Emsenvolk als Baustoff zu seinem Neste benutzt. Ich selbst fand in einem Pampasstädtchen Argentiniens einmal ein Ameisenvolk, das sich in der Kirche im Kopfe des Heiligen Joseph angesiedelt hatte. Es war dies eine Holzfigur, die übrigens mit modernen Kleidern angezogen war, mit Frack, Kragen und Binde. Der Kopf war wohl hohl; durch das linke Nasloch liefen die Ameisen aus und ein: es sah aus, als ob der Heilige Joseph ein Tabakschnupfer sei.

Außerhalb der eigentlichen Stadt errichten manche

Ameisen, wie die Menschen das tun, noch besondere Anlagen.

Rund herum um das Grundnest findet man häufig den ganzen Boden freigelegt, in einem Umkreise, der bis zu zehn Metern betragen kann. Ebenso freigelegt sind die Straßen, die gewiß jeder Mensch einmal betrachtet hat, um das rege Treiben auf ihnen zu beobachten. Sie sind sehr sorgfältig angelegt; Steine, Erdklümpchen sind beiseite geschafft, Grashalme und andere Pflanzen abgeschnitten; der Boden ist glattgemacht, zuweilen auch in der Mitte ein wenig ausgehöhlt. Ich sah in Mexiko solche Straßen, die bis zu zwanzig Zentimetern breit waren und eine Länge von über siebzig Meter erreichten; in Afrika wurden Heerstraßen, die über vierhundert Meter lang waren, beobachtet – großartige Leistungen, wenn man die Kleinheit der Tiere bedenkt und berücksichtigt, daß fortwährend an den Straßen ausgebessert werden muß. Die Straßen führen von der Stadt entweder ins Freie, zu Jagdgründen, Ernteplätzen, Viehweiden, oder aber sie verbinden die Mutterstadt mit kleineren Siedlungsstädten; von mancher großen Stadt gehn nicht nur eine, sondern strahlenförmig ein halbes Dutzend und mehr Straßen aus. Sind die Straßen sehr lang, so findet man manchmal am Wege Rasthäuser – kleine Nesthöhlen, in denen die Emsen sich ausruhn oder auch im Falle von Gefahr oder bei Regen und allzugroßer Sonnenhitze sich retten können.

Meist sind die Straßen offen, wie unsere Landstraßen. Einige Arten ziehn gedeckte Straßen vor, sie überwölben sie entweder mit Erde oder mit Pflanzenteilen; solche überwölbten Straßen sind besonders beliebt als Verbindungen der Mutterstadt mit den Tochterstädten. Oefters findet man auch einen Teil offen gebaut, die Fortsetzung aber gedeckt; ja, eine offene Heerstraße kann an einer Stelle in die Erde führen, als unterirdischer Gang weiterlaufen und an anderer Stelle wieder zur Oberfläche zurückkehren. Man mag gewiß sein, daß in jedem einzelnen Falle die scheinbare Willkür einem ganz besondern Zwecke entspricht.

Aehnliche Straßen führen auch tief unten vom Nest aus in die Erde hinein. In diesen Kanälen, die wieder sehr verzweigte Seitengänge haben, jagen die Emsen untertag auf lebende Beutetiere. Manchmal auch führen sie – wie viele oberirdische Straßen – zum Viehbestand: zu den Läusen, die die Ameisen auf Würzelchen weiden lassen.

Die Baumameisen haben ganz ähnliche Straßen, offene und gedeckte, die die einzelnen Schwesterstädte mit einander verbinden, auch wohl zu den Viehherden führen.

Für solche Viehherden aber bauen die Ameisen oft Ställe. Als Baustoff benutzt dazu jede der blattlausmelkenden Arten denselben Stoff, den sie zum Bau der eigenen Wohnung verwendet, also Erde, Dung, Papier, Seide. Diese Ställe haben den Zweck, das *Vieh* vor Wind und Wetter sowohl, wie vor Feinden zu schützen, dann aber auch, zu verhindern, daß die Herden ausreißen. Daneben schützen solche Ställe – und die zu ihnen führenden gedeckten Gänge – die Ameisen selbst vor dem allzu scharfen Sonnenlicht, das grade die viehzüchtenden Arten nicht sehr lieben.

★   ★   ★

Eigentümliche Nester entstehn, wenn in einer Stadt mehrere Arten zusammen hausen, sei es laut friedlicher Uebereinkunft, sei es als erzwungene Einquartierung der einen Art, sei es endlich in dem Falle, daß eine Art eine andere als Sklavenvolk hält. Wir werden uns mit solchen Mischstädten noch eingehender beschäftigen — hier mag die Feststellung genügen, daß jede Art dann in ihrer eigenen Weise baut, sodaß ein gemischter Stil entsteht.

MAN HAT'S NICHT LEICHT MIT AMEISEN

Sophie, das Stubenmädel bringt mir eine Karte. „John Giovanni Jean Hans Hinterberger' steht drauf. Ich lasse also den Herrn Hoteldirektor bitten.

»I woaß scho,« ruft der Meraner, »i woaß scho, Hearr Doktor! Dös finden's g'spaßig! Aber wann ma an ünternationoaler Hodöldirekter is! Schaun's, wann ma die Koart'n dena Gäst' zeigt, nacha woaß glei ei jeder, daß ma alle Sprachen spricht und ünternationoal gebültet ist.«

Dann kam er zur Sache. Es seien Klagen über mich eingelaufen, wegen meiner Ameisennester, die ich im Arbeitszimmer herumstehn habe — ausgebrochen seien die Bestien. Und die englische Dame, die neben mir wohne, habe eine im Bett gefunden und habe geschrien; er habe ihr ein andres Zimmer geben müssen.

»Keine ist ausgebrochen«, sagte ich. »Nur, sehn Sie, die kleinen Schwarzen da am Fenster, haben freien Ausgang; sie laufen hinaus und kommen wieder zurück.«

Er meinte: das sei es ja grade! Ich müsse unbedingt die Ameisen abschaffen; das ginge nicht in einem ersten Hause.

»Geht nicht?« sagte ich. »Aber ihre Pferde dürfen die Gäste nach Herzenslust mitbringen, was? Und die Zichy-Komteß hat ein Paperl und der Schenkerbub ein Mausichen — und die Sängerin im drit-

ten Stock hat gar ihre alte schwarze Katz mitge-
bracht! Von den Pipihündchen garnicht zu reden,
die laufen ja zu dutzenden rum!«

Der Herr Hoteldirektor meinte, daß das doch ganz
etwas anders sei. Ich möge soviel Hunde und Katzen und Papageien und Pferde mitbringen, wie ich
wolle, nur kein − Ungeziefer!

»Ungeziefer?« fauchte ich. »Meine Ameisen wagen Sie Ungeziefer zu nennen? Nun will ich Ihnen
mal was sagen, Herr Direktor. Ich habe noch lange
nicht genug Ameisen! Heute noch werde ich mir
ein paar neue Nester bauen und morgen ein paar
Völker einfangen und hineingeben. So gut wie all
das vierbeinige und zweibeinige Ungeziefer, ist mein
sechsbeiniges auch!«

Da wurde er ganz böse. Das wolle er doch mal
sehn, meinte er. Die Ameisen auf der Insel gehörten mir nicht, und ich dürfe sie nicht wegfangen.
Da könnte ich ja gradsogut die Hasen und Rehe fangen. Er verbiete mir, nur eine einzige −

Und meine letzte Rechnung habe ich auch noch
nicht bezahlt!

Das war eine Trumpfkarte; ich sah wohl ein: ich
mußte einlenken.

Ich bot ihm einen Stuhl an und gab ihm einen
Schnaps. Dann zeigte ich ihm meine Ameisen, redete
recht sanft mit ihm. Gab ihm noch einen Schnaps.

Schließlich meinte er, daß er's noch gehn lassen
wolle für diesmal. Wenn nur keine Klagen mehr
kämen! Und mit der Rechnung − das habe gar
keine Eile.

Man kann sich halt immer verständigen mit Leuten, die ünternationoal gebildet sind.

VI

JAGDVÖLKER

Ac si quis comparet onera corporibus formicarum,
fateatur nullis portione vires esse majores.

C. Plinius secundus, *Naturalis Historia, XI.*

Die Bösartigen.

Die Wissenschaft hat die gesamte Ameisenheit natürlich in ein System gebracht — wie die Menschheit auch. Diese Systeme sind freilich fehlerhaft wie alle Systeme.

Das heute einigermaßen anerkannte Schema für die Ameisenheit kennt fünf Familien: die *Stachelameisen* oder *Bösartigen,* die *Wanderameisen, Knotenameisen, Langhalsameisen* und die *Buckelameisen* oder *Schuppenameisen.*

Man nimmt an, daß die Ameisen von einer wespenartigen Insektenform abstammen — in der Tat zeigen die ältesten Ameisen in mancher Beziehung Aehnlichkeiten mit den einzellebenden Wespen. Es sind dies die *bösartigen* Stachelameisen. Aus ihnen haben sich allmählich alle andern Arten entwickelt.

Die Bösartigen leben zwar überall auf der Erde, doch sind sie ziemlich selten und da, wo sie in etwas größerer Zahl auftreten, wie in den Tropen, in kaum zugänglichen Landstrichen. Sie bilden dazu

– von wenigen Arten abgesehn – nur kleine Völker. Manche Stämme sind sehr furchtsam, leben ausschließlich unter der Erde, haben infolgedessen den Gebrauch der Augen fast eingebüßt. Eigentümliche Eigenschaften haben andere, wie die Springerinnen und Zeckenameisen, erworben, die mit Hilfe ihrer Oberkiefer fußlange Sprünge ausführen können.

Weibchen, Männchen und Arbeiterinnen haben bei den Bösartigen etwa die gleiche Größe; auch sonst sind alle drei Kasten einander sehr ähnlich. Ich schreibe absichtlich: Weibchen und nicht: Königinnen – denn von einer Königin kann man bei den Stachelameisen noch kaum sprechen. Das Weibchen ist eine sehr faule Eierlegerin, es legt nur alle vier Wochen ein paar Eier. Daneben legen auch oft Arbeiterinnen Eier. Die Folge ist, daß das Weibchen durchaus nicht als »Königin-Mutter« betrachtet wird; es arbeitet mit, wie alle Arbeiterinnen, und findet nicht mehr Aufmerksamkeit als diese auch. Die Arbeiterinnen ihrerseits kennen nur *eine* Form: Soldatinnen gibt es nicht. Die Nester sind kunstlos und roh.

Die Bösartigen sind Jägervölker; sie machen Jagd auf alle möglichen Insekten, leben nur von Fleischnahrung. Ihre Brut wird nicht, wie bei andern Ameisen, aus dem Kropfe gefüttert, sondern bekommt rohe Fleischnahrung zum Fressen. Das Beutetier wird zerschnitten und die einzelnen Stücke den Larven gereicht. Auch sonst wird der Pflege der Jungen nicht entfernt solche Aufmerksamkeit geschenkt, wie bei andern Ameisen. Die Larven spinnen sich stets in einen Kokon ein; wenn die jungen Tiere ausschlüpfen wollen, so hilft ihnen dabei keine freundliche Amme. Sie müssen sich selbst anstrengen, aus dem Gespinst sich herauszuarbeiten; gelingt ihnen das nicht, so sterben sie eben und werden dann auf den Kehrichthaufen geworfen.

Die Stachelameisen jagen meist einzeln oder in kleinen Trupps; einige Stämme aber haben schon eine regelrechte Kriegstaktik ausgebildet und ziehn in Heeren gegen die Termiten zu Raubzügen aus.

Es nimmt Wunder, warum man gerade diese Gattung von Ameisen, harmlos, schwach, furchtsam und dazu recht selten, die *Bösartigen* benannte. Aber es gibt ein Land, wo sie diesem Namen alle Ehre machen: das ist Australien. Und die besondere Art der Bösartigen, die diesem Lande das Gepräge gibt, führt einen ihre Gemütsart noch schärfer bezeichnenden Namen; sie heißt:

Die Bulldoggameisen.

Ich war einmal in Kalkutta im Tiergarten — es war so feuchtheiß an dem Tage, daß man sich nur höchst ungern zu jedem einzelnen Schritte entschloß. Da war ein Zwinger, rund, so wie ein Bärenzwinger gebaut, in den man von oben über die Zementmauer hinunterguckte. Unten lag etwas Atmendes, ein weißgraufelliger Klumpen. Es war ein Tier — aber man konnte weder Kopf noch Beine sehen, nur diesen dicken Haufen Fell, in dem was atmete. Auf der Tafel stand: Wombat, Phascolomys fossor, Australien.

Ich warf ihm Obst, Brot und Zucker hin, das Geschöpf ließ alles liegen und rührte sich nicht. Dann suchte ich mir Steinchen und Holzstückchen zusammen und warf sie hinunter — aber dem Fellklumpen da unten war das völlig gleichgiltig. Das regte und ruckte sich nicht, blieb was es war: ein fellüberzogenes dickes, rundes Stück Fleisch, das schnaufte.

Dieses Biest, der Wombat, ärgerte mich. Dreimal ging ich noch in den Tierpark – aber mehr sah ich nie, als den Fellklumpen. Der ging mir nicht mehr aus dem Kopf; ich träumte von diesem blöden Vieh, das ohne Kopf und Beine immer nur da lag und nichts anders tat, als schnaufen. Obendrein noch Wombat und Phascolomys hieß!

Später, unten in Kolombo, traf ich die ,Derfflinger' vom Bremer Lloyd, die fuhr nach Australien. Da stammte ja der Wombat her – da konnte ich richtig einen sehn. Vielleicht hatte er doch vier Beine und einen ordentlichen Kopf.

So kam ich nach Australien – das war nicht grade sehr erhebend nach so langer Zeit in Indien.

Dennoch: den Phascolomys sah ich – er ist ein äußerst langweiliges und dummes Vieh! – und manches andere noch.

Australien – das ist das Land, wo die ganze Natur auf dem Kopf steht.

Die Farnkräuter sind da mächtige Bäume; das Gras wächst auf den Bäumen und die Kohlköpfe auch. Da gibt's ein Tier, das genau wie ein Tiger ausschaut, gelb und schwarz gestreift – doch ist es so klein wie eine Maus. Aber die Ratten werden dafür mächtig groß und heißen dann Känguruhs. Papageien gibt's, die schwarz sind und Fleisch fressen, blöde Igel mit spitzen Schnäbeln, die Eier legen, andere Säugetiere, die nicht saugen, aber einen Entenschnabel haben und auch Eier legen, Hornechsen, die lebendige Fossilien sind – kurzum, es tut sich was in der Flora und Fauna Australiens.

Da dürfen die Ameisen nicht zurückbleiben. Nirgends spielen die Stachelameisen eine Rolle – nur in Australien sind sie tonangebend in der Ameisenheit. Innige Feindschaft schloß ich mit der Bulldoggameise, einem sehr unliebenswürdigen Geschöpf, das zweieinhalb Zentimeter groß wird.

Freundliche Ueberredung nutzt garnichts bei diesem Viech; es hat nun mal ein Vorurteil gegen wissenschaftliche Forschung und versteht es, seinem Widerwillen einen vortrefflichen Ausdruck zu geben.

Es gibt rote, schwarze, braune und bunte Bulldoggameisen – aber alle sind gleich wüste Gesellen. Sie graben ihr Nest in den Boden vier Fuß tief und bauen übertag noch einige Fuß dazu; die Völker mögen bis zu tausend Seelen betragen. Einige sind treffliche Springer, die Sätze über einen Fuß machen. Ich weiß noch, daß sie gerne baden und ausgezeichnete Schwimmer sind. Und ich weiß endlich sehr gut, wie sie beißen und stechen können; ich habe da einige Erfahrungen gesammelt.

Einmal wollte ich so eine Bulldoggemsenstadt erobern. Ich hatte gute Belagerungswaffen, Hacke, Schaufel und Spaten – höchst notwendiges Handwerkszeug in dem steinharten Lehm. Das Festungstor war oben auf dem Hügel, da begann ich zunächst meinen Angriff – die Ameisen nahmen sofort den Kampf auf. Aber –

‚Zu Reutlingen am Zwinger, da ist ein altes Tor,
Längst wob mit dichten Ranken der Efeu sich davor,

Man hat es schier vergessen, nun kracht's mit einmal auf
Und aus dem Zwinger stürzet gedrängt ein Bürgerhauf.

Den Rittern in den Rücken fällt er mit grauser Wut,
Heut will der Städter baden in heißem Ritterblut –'

Das alte Tor war unten an der Festung, grad bei
meinem linken Fuße.

Der Sturm ging die Hosenbeine hinauf – innen
und außen; gleich bis zum Knie sprang der
Bürgerhauf. Ich, der Ritter, ließ meine Waffe, die
prächtige Streitaxt, fallen und begab mich schleunigst auf die Flucht.

Zwanzig Schritt weit verfolgte mich die Bande.

In sicherer Entfernung von Reutlingen nahm ich
dann den Kampf mit den Bestien auf, die an mir
saßen. Das ging einigermaßen bei denen, die außen
raufgesprungen waren – mit der Hundertschaft jedoch, die die Hosenröhren hinauf ihren Weg gefunden hatte, war nicht so leicht fertig zu werden.
Es erwies sich als nötig, mich der Zierde des Mannes zu entledigen: für einen Ritter, der grade eine
feste Stadt zu erobern versucht hat, eine recht
schmähliche Angelegenheit.

Es war ein voller Sieg für die Bürgerschaft – nette
Bürger übrigens, deren Stadt eine Raubburg ist und
die nur von Mord und Totschlag leben.

Noch kläglicher aber war meine Niederlage, als ich
es einmal nicht mit Emsen, sondern nur mit Männchen und Weibchen der Bulldoggameisen zu tun
hatte.

Das war einige Wochen später – ich geriet in einen

Hochzeitflug. Die Luft war voll von den lieben Tieren; viele hunderte, tausende vielleicht, schwirrten um mich herum. Ich bildete mir ein, daß sie an solchem Festtage vielleicht ein wenig sanftmütiger sein möchten, daß sie sich nur um die Liebe bekümmern würden und um nichts anders. Das taten sie freilich auch im reichsten Maße: überall flogen und saßen die Pärchen. Aber darum wurde ich keineswegs vergessen — ich glaube, sie wollten mir beweisen, daß bei den Bulldoggvölkern die Männlein und Weiblein genau so gut kämpfen können, wie die Arbeiterinnen — und besser noch, da sie ja fliegen können. Von allen Seiten wurde ich angegriffen und bekam die Giftstachel, die bis zu dreiviertel Zentimeter lang sind, gründlich zu kosten.

So schnell bin ich nie wieder ausgerissen.

Seither ist mein Lerneifer, was die Bulldoggameisen betrifft, gründlich abgekühlt.

Ich weiß es wohl: Ich war kein Held. Ich war ein Feigling. Aber ich fühle mich nicht berufen, ein Opfer der Wissenschaft zu werden.

Mögen's andere mal versuchen mit diesen reizenden Geschöpfen, die noch fast garnicht erforscht sind. Da ist noch ein weites Feld für jeden strebsamen Myrmekologen. Nur rate ich ihm, jedes einzelne Fleckchen seines Leibes sorgfältig vorher zu bepanzern.

Völkerwanderungen.

Vor allen Ameisen kann sich der Mensch leicht schützen; selbst die wildesten und bösartigsten tun ihm keinen Schaden, wenn er sie nicht selbst angreift. Nur die *Wanderameisen* mögen über ihn kommen, wie ein Unwetter; sie können zum Naturereignis werden, wie ein Hagelschlag, wie ein Sturm, wie ein Heuschreckenschwarm, wie die Beulenpest.

Man kann viele Jahre in den Tropen zugebracht haben, ohne einem Löwen, Tiger oder Jaguar, einem Elefanten, Nashorn oder Tapir zu begegnen – mit den Wanderameisen jedoch macht man ganz sicher Bekanntschaft, ob man mag oder nicht.

Alle Wanderameisen sind blind – die altweltlichen haben überhaupt keine Augen, die neuweltlichen haben solche, aber keinen Sehnerv dazu. Dies gilt nur für Weibchen und Arbeiterinnen: die Männchen können ausgezeichnet sehn. Die Arbeiterinnen zeigen jede Größe, von ganz kleinen Knirpsen bis zu mächtigen Burschen; sie sind dazu sowohl in der Farbe, wie im Körperbau voneinander verschieden. Die Männchen, stets geflügelt, sind wenigstens drei bis viermal so groß als die größte Arbeiterin, während die flügellosen Weibchen, mit ihrem unförmlichen Hinterleibe gar die achtfache Größe erreichen. Beide sind von den Arbeiterinnen so außerordentlich verschieden, daß die Wissenschaft ein über das andere Mal den Fehler beging, sie als besondere Tiere anzusprechen. Die Folge war ein wildes Durcheinander in der Benennung der einzelnen Arten, das auch heute noch nicht geklärt ist, da von manchen Arten die Weibchen bisher überhaupt noch nicht gefunden wurden.

Wie die Wanderameisen ihre Brut aufziehn oder wie die Geschlechter zueinander in Verbindung treten, darüber weiß man schlechterdings garnichts, wenn es auch klar ist, daß von einem eigentlichen Hochzeitflug keine Rede sein kann, da ja die Weibchen flügellos sind. Die Männchen schwärmen allerdings aus, und zwar zur Nachtzeit, wie denn überhaupt die Wanderameisen meist nächtliche, lichtscheue Tiere sind.

In Mexiko sammelte ich meine ersten Erfahrungen mit den Wanderameisen, zu denen viele andere im tropischen Südamerika, sowie in den Tropen der Alten Welt hinzukamen. Leichter zu beobachten sind die neutropischen Wanderameisen, von denen einige Arten bei hellem Sonnenschein wandern, während andere, sowie alle alttropischen, nur zur Nachtzeit oder an sehr bewölkten Tagen ausziehn. Wenn ich heute meine Notizen durchlese, so finde ich soviel des Gleichen, so wenig des Abweichenden, daß ich vorziehe, hier ein Gesamtbild zu geben.

Zunächst: ich halte die Annahme der meisten Ameisenforscher, daß die Wanderameisen keine festen Nester haben, daß sie nur ein gelegentliches Biwak an einem geeigneten Platze für ganz kurze Zeit aufschlagen, für falsch. Ich habe mich überzeugt – wenn ich auch ebensowenig wie irgendein anderer je ein solches Nest regelrecht untersuchen konnte – daß sie dennoch ein Heim haben, das man als ‚Dauernest‘ ansprechen kann, insofern sie längere Zeit, oft viele Monate lang, darin verweilen. Das erscheint notwendig, um die Brut aufzubringen. Die Wanderameisen verlassen dieses Nest mit dem Wechsel der Jahreszeiten, wenn die Regenzeit einsetzt oder aber die trockene Zeit beginnt; auch wohl, wenn in der Umgebung nichts mehr für das außerordentlich zahlreiche Volk zu holen ist: sie treten dann weite Wanderungen an, während deren sie Lagerplätze beziehn. Aber sie machen auch, solange sie in ihrem Dauernest bleiben, häufig große Plünderungszüge, von denen sie wieder in ihr Nest zurückkehren. Sie sind regelrechte Nomaden, die solange an einem Platze bleiben, als ihnen dieser eine Lebensmöglichkeit bietet, sind Hunnen oder Zigeuner, die von Ort zu Ort ziehn.

Die Raubnester der Hunnenameisen liegen sehr versteckt, meist im dichtesten Urwald oder undurchdringlichen Dschungel im Wurzelwerk alter Bäume; sie werden bei jedem Angriff von vielen Hunderttausenden von Kriegerinnen aufs Tapferste verteidigt. Es ist nicht minder schwer, auch nur ungefähr die Kopfzahl eines solchen Nomadenvolkes festzustellen, jede Schätzung ist da völlig aus der Luft gegriffen. Ich gestehe, daß ich meine eigenen Schätzungen bei sehr großen Völkern stets als hoffnungslos aufgeben mußte, weil die Heerhaufen so dicht, in solcher Breite oder so erstaunlicher Länge marschierten, daß ich immer wieder irre wurde. Viele Reisende geben die Zahl auf manche Millionen an — ich kann das weder bestätigen noch auch bestreiten. Jedenfalls sah ich Heere von über hundert Meter Länge, andere wollen solche bis zu vierhundert Meter beobachtet haben.

Einige Arten ziehn auch die breite Schlachtreihe vor; ihre Front ist bis zu vier Metern breit; wieder andere marschieren in getrennten Kolonnen. Aber immer sind die einzelnen Kriegerinnen so eng aneinandergedrängt, daß kein Stäubchen zwischen ihnen zur Erde fallen könnte; völlig schwarz wirkt der kribbelnde Boden.

Die Wanderungen und Raubzüge finden meistens nachts statt oder doch an bewölkten, dunklen Tagen.

Werden sie bei solchen Zügen von zu hellem Lichte überrascht, so marschieren die Heere unter dem den Boden bedeckenden Laube; ist das nicht möglich, so bauen sie gedeckte Laufgänge aller Art. Ausgezeichnete Pioniere, errichten sie — während der Zug weiter marschiert — diese Laufgänge aus Erde, die zuweilen mit Speichel gebunden wird, manchmal aber auch ohne jedes Bindemittel. Gelegentlich bilden auch die größeren Kriegerinnen mit ihrem eigenen Leibe einen solchen Laufgang, unter dem die kleinern dann herziehn.

Rechts und links vom Zuge marschieren stets eine Reihe einzelner und meist anders gefärbter Kriegerinnen, die man nur als Ordnerinnen, als Offiziere ansprechen kann. Sie laufen hin und zurück, jede scheint ihren Teil des Heeres zu überwachen. Diese Offiziere sind von den anderen Emsen sehr unterschieden, sie haben einen viel größeren Kopf und sehr starke Oberkiefer; bei jedem Angriff sind sie an der Spitze der Kämpfenden.

In der Mitte der Heeressäule ziehn die kleinern Kriegerinnen; sie tragen die Brut, die Eier und Larven, während die größern die Beutestücke schleppen. Ganz große Kriegerinnen sind überall als Wachen aufgestellt, auf beiden Seiten der Heerstraße; sie beschützen den Zug vor unvermutetem Angriff.

Einen merkwürdigen Eindruck macht es, wenn man gelegentlich die so sehr viel größern und mit Seitenaugen und Stirnaugen versehnen Männchen mitten im Zuge mitmarschieren sieht, und zwar — entflügelte Männchen! Doch scheint das nur bei einer Art der Alten Welt der Fall zu sein; wenigstens habe ich in Amerika nie diese Beobachtung machen können. Die Königin findet man selten genug; dennoch scheint sie auf allen Zügen — von den Beutezügen abgesehn — mitgenommen zu werden. Dieses Mitzerren der riesigen, unbeholfenen Stammesmutter ist gewiß eine rechte Schinderei: die Bauchseite aller der Weibchen, die man bisher gefangen hat, ist denn auch in einem wenig königlichen, meist recht bedauernswerten Zustande.

Dem gewaltigen Heere folgt stets eine ganze Schar der verschiedensten Tiere. Einige von diesen, Vögel aller Art, picken ein und das andere Opfer aus der Schlachtreihe. Der große Troß aber besteht aus Insekten, Gästen der Ameisen, die mit ihnen Freud und Leid teilen; besonders auffällig sind manchmal die kleinen Fliegen, die über den Heerhaufen herfliegen.

Wohin immer das Hunnenheer kommt, da verbreitet sich Schrecken in der Insektenwelt — sichern Tod bedeutet seine Nähe. Käfer, Raupen, Kakerlaken, Asseln, Tausendfüßer werden sofort ergriffen und in Stücke gerissen. Man sollte glauben, daß wenigstens Heuhupfer sich mit einem mächtigen Satze retten könnten, doch gelingt ihnen das nur selten. Es scheint, als ob der Schrecken sie lähme; sie werden gefaßt, die Hinterbeine werden ihnen sofort abgeschnitten — kurz darauf sind sie in Fetzen gerissen. Sowie ein Strauch, ein Ameisennest, ein Blätterhaufe, oder sonst ein reichere Beute versprechender Ort sich zeigt, sondert sich unter der Anführung einiger Offiziere sofort ein Haufe zur Erstürmung ab. Die verfolgten Insekten retten sich in die Zweige, auf Steine und Wurzeln — überall hin folgen ihnen die Hunninnen. Verzweifelt springen die Verfolgten schließlich hinunter – mitten in das wimmelnde schwarze Heer hinein. Nur den Spinnen gelingt öfter die Rettung, indem sie sich an einem Faden hinablassen und in der Luft schaukeln.

Das Nest eines fremden Ameisenvolkes wird sofort angegriffen; die Nomadinnen sind ebenso große Liebhaber von Ameiseneiern und Larven, wie alle andern Emsen. Das fremde Volk setzt sich natürlich zur Wehr, aber nur selten gelingt es, den wilden Angriff des übermächtigen Feindes abzuschlagen. In den meisten Fällen wird der feindliche Stamm bis auf die letzte Kämpferin niedergemacht und alle Brut geraubt.

Nächtlicher Besuch.

Jeder Mensch, der einmal in den Tropen lebte, kann hübsche Geschichten erzählen von Ameisenheeren, die ihm zur Nachtzeit einen Besuch abstatteten. Nur vor den größeren Menschenstädten haben die Zigeunerameisen einigermaßen Achtung, sonst halten sie es für ihre Pflicht, von Zeit zu Zeit einmal nachzuprüfen, was in den Nestern der Menschen zu holen sei. Man stellt daher die Bettpfosten stets in kleine Gefäße, die mit Essig oder Petroleum gefüllt sind; wenn man nicht in allzu warmen Nächten die Leintücher abwirft, sodaß sie auf den Boden herabhängen, ist man so wenigstens im Bett einigermaßen sicher vor den wimmelnden Gästen. Ich habe öfter solchen Besuch gehabt und mich immer mit Anstand aus der Lage gezogen – man lernt ja auch allgemach, wie man sich als Gastgeber zu benehmen hat. Nur meine erste Nacht mit den schwarzen Jungfrauen war übel genug: ich werde sie meinlebtag nicht vergessen.

Wir hatten Pulque getrunken. Pulque – das ist Agavenschnaps, den die mexikanischen Indianer über alles lieben. Er schmeckt abscheulich und man bekommt einen greulichen Brummschädel davon. Dennoch: man muß alles kennenlernen, wenn man so als Schreiber durch die Welt zieht; ich habe noch viel übleres Zeug' durch die Kehle gegossen. Außerdem – man gewöhnt sich an Pulque. Man wird erst sehr lustig und dann sehr rührselig davon.

Lange hatten wir aufgesessen, ziemlich viel Pulque getrunken.

Dann ging ich nach Hause – ich wohnte vor dem Landstädtchen in einem einstöckigen Bungalow, das der Besitzer großartig ‚Chalet' nannte. Eine alte Indianerin betreute mich da, während mein Mozo im Stall bei den Pferden hauste.

Ich ging noch nicht zu Bett; setzte mich an den Schreibtisch. Ich hatte das ununterdrückbare Bedürfnis, ein Sonett zu schreiben. Ein Sonett dazu für ein Singsonggirl, das ich in Hankow mal getroffen hatte und das bestimmt nicht die geringste Verwendung dafür haben würde. Wenn sie je davon gehört hätte, hätte sie mit sicherem Instinkt seine Entstehung auf Alkohol zurückgeführt; nur hätte sie vermutlich auf Saki geschlossen und nicht auf Pulque – auf Reisschnaps, nicht auf Agavenschnaps.

Ihre lange, schmale Hand hatte es mir angetan und die noch längern, noch schmalern Finger, diese sehr sündigen Finger eines opiumrauchenden Singsonggirls.

Ich träumte davon. Und ich schrieb vier Zeilen

über die Sünden ihrer Hand. Und noch vier Zeilen und drei Zeilen —

Die letzten drei Zeilen hab' ich nie geschrieben. Damenbesuch kam — der hieß mich die schmalen Finger vergessen und das Singsonggirl und Pulque und Sonett.

Es piepste was. Piepste lauter und lauter, piepste im himmelschreienden Diskant. Ich fuhr auf, blickte herum; sah den Boden mit einem schwarzen Teppich belegt.

Aber der Teppich lebte. Wibbelte, kribbelte — viele tausende schwarzer Ameisen. Der halbe Boden meines Zimmers war mit ihnen bedeckt und immer noch kamen mehr und mehr — wie Wellen schob sich die schwarze Masse vor. Unwillkürlich sprang ich auf meinen Stuhl.

Das Piepsen hörte nicht auf. Ganz feines, dünnes, vielstimmiges. Daneben ein stärkeres, scharfes — ein klägliches, jämmerliches, verzweifeltes Piepsen.

Ich horchte — hinter dem Schranke kam es her. Ja, ja, da hinter dem Schranke war ein Mauseloch und ein Mausenest, da wohnte eine Mausemama mit ihren Mausekindern. Ich hatte sie oft piepsen hören und die Mäuschen auch. Die piepsten der Mutter zu: ‚Bring uns was Gutes zu essen!' Und die Mausemama piepste mich an: ‚Haben Sie nichts für mich?' Jeden Tag teilte ich mein Frühstück mit ihr, gab ihr Brot, Käserinden, Wurstschalen.

Ich nannte sie Ignaz. Sie war eine nette, liebe Mausemama. Nun wurde sie lebendig aufgefressen — sie und ihre nackten Mausekinder. Da gibt's kein Entfliehn, wenn die schwarzen Sechsbeiner kommen.

Meinen Stuhl kletterten sie hinauf — zehn, zwanzig — hunderte. Wollten sie auf mich auch Jagd machen? Was wissen die Blinden, wie groß ich bin? Maus oder Mensch — das ist gleich für sie.

Auf den Tisch stieg ich. Der Kopf dröhnte mir — aber es war kaum vom Pulque. Ein widerlicher Fäulnisgeruch ging von den Schwarzen aus, ein Aasgeruch, der durch die Poren drang, sich einfraß durch Kleider und Haut.

Sie kamen mir nach, den Tisch hinauf. An allen vier Tischbeinen stiegen sie hoch — auch den Stuhl hinauf über Sitz und Lehne. Aber die Lehne war einige Zoll vom Tische entfernt: *diese* Tiere wenigstens konnten nicht an mich herankommen. Ich zog mein Taschentuch — was auf den Tisch kam, würde ich hinunterfegen.

Und sie kamen über die Kanten hinauf, wenige erst, immer mehr dann. Ich warf sie hinab, drehte mich, paßte gut auf: wo sie nur sich zeigten, fegte ich hinunter in das schwarze, wogende Meer.

Wenn nur die Mäuse schon tot wären, dachte ich. Aber die piepsten, piepsten, immer unseliger, immer wilder, immer verzweifelter.

Dann fiel mein Blick auf den Stuhl. Völlig bedeckt waren nun Beine, Sitz, Lehne. Aber oben, wo die gebogene Lehne etwas überhing über den Tisch, sah ich ein seltsames Schauspiel. Daumendicke Girlanden hingen da hinab, Girlanden von Ameisen! Und ich sah, wie diese Ranken wuchsen, wie eine Emse sich immer an die andere hing.

Faszinierend war es — unbeweglich stand ich und starrte die Tiere an. Ich wußte: blind sind sie. Können nichts, garnichts sehn. Und dennoch kommen sie von der Lehne zum Tische, bilden lebendige Leitern —

Nun waren die ersten auf dem Tische, hielten sich fest an einer Streichholzschachtel. Und sofort kamen die schwarzen Scharen über die Leiter hinab, ergossen sich über den Tisch. Zugleich stiegen sie von allen vier Tischbeinen hoch, über alle Kanten schwoll die schwarze Flut.

Eine zweite Kette wurde fertig vom Stuhl her. Ich brauchte ihm nur einen Tritt zu geben, ihn hineinzuschmettern in das Gewimmel da unten — der Gedanke kam mir nicht einmal.

Aber ich mußte fort — immer widerlicher wurde der Kadavergeruch. Im nächsten Augenblicke mußten sie an mir sein — ein Brechreiz faßte mich, wenn ich daran dachte.

Kaum zwei Fuß von meinem Tische stand mein Waschtisch — und mitten darauf das große wassergefüllte Becken. Da war ich sicher —

Ein Schritt — ich stand auf dem Waschtisch — dann mit beiden Füßen in der großen Schüssel. Ich bemerkte gleich: auch der Waschtisch war bedeckt mit Ameisen. Wollten sie vielleicht versuchen, wie Seife schmeckt?

Mit dem linken Fuße hatte ich in die Schwarzen getreten — auch ein halbes Dutzend mit hineingenommen in das Becken. Sorgfältig fischte ich sie heraus.

Es war ein abscheuliches Blechbecken, in dem ich stand, über das ich mich schon seit vierzehn Tagen geärgert hatte. Nun war ich heilfroh, daß es kein irdenes war, das gewiß zerbrochen wäre. Kerzengrade stand ich, Fuß an Fuß. Ich kann nicht be-

haupten, daß es sehr bequem war: ich mußte mühsam versuchen, das Gleichgewicht zu halten, um
nicht umzukippen. Mal hob ich das rechte, dann
wieder das linke Bein, um ein wenig auszuruhn.

Immer noch strömten, unter der Tür her, die
Heere herein. Alles bedeckten sie nun, krochen in
meinen Schrank, erkletterten das Sofa, stiegen hier
und dort die Wände hinauf. Immer mehr wurden
ihrer und immer mehr; es kam mir vor, als ob sie
schon in Schichten übereinander liefen, als ob das
schwarze Gewoge da unten immer höher an-
schwölle. Sicher ist, daß sie schon das Blechbecken
erstiegen hatten, am Rande rund herum liefen.

Ich konnte die steife Stellung mit geschlossenen
Füßen kaum mehr ertragen. Wenn ich hinunter-
spränge, zur Tür liefe? Die Treppe hinunter – aus
dem Hause!

Aber ich hatte das Empfinden, daß ich bis in die
Knie in die schwarzen Wogen eintauchen würde. Ich
wußte, daß das unsinnig war, wußte genau, daß
die Ameisen nur wenige Millimeter hoch den Boden
bedeckten. Dennoch wurde ich das Gefühl nicht los:
bis an die Knie springe ich hinein. Strauchle dann,
gleite aus in den zerquetschten Massen, falle mitten hinein: über mir zusammen schlägt das schwarze, lebende Meer.

Jetzt erst, langsam, kam eine Angst in das Miß-
behagen. Ich mochte die Ameisen nicht mehr sehn,
schloß beide Augen.

Aber das Piepsen, das Piepsen der Mäuse, die sie
lebendig fraßen –

Und dieser grauenhafte Duft nach Jauche und Ab-
deckerei. Es war mir, als hätte er sich schon in

mir selbst festgesetzt, als ob mein Leib, mein eigener Atem diesen widerlichen Aasgeruch aushauche.

Mir schwindelte. Ich schwankte – riß die Augen wieder auf, hielt mich aufrecht mit letzter Willenskraft.

Da sah ich, wie die Schwarzen ins Wasser gingen. Wie vom Rande des Beckens aus eine sich an die andere hing; wie sie eine Brücke bauten zu mir hinüber – genau so, wie sie von der Lehne des Stuhles zum Tische hin eine Leiter gebaut hatten.

Eine Minute war ich ganz ruhig und klar, schaute zu, wie sie arbeiteten, wie ihre lebende Brücke länger wurde, sich immer näher heranschob an mein Bein. Ich hätte ausrechnen können, wann sie es erreichen würden –

Dann aber faßte mich wieder der Schwindel. Das qualvolle Todespiepsen der Mäuse zermarterte meine Ohren, der ekle Aasgeruch drang stickig in meine Nase. Die Augen schmerzten von dem Anblick der schwarzwimmelnden Wogen; auf dem ganzen Körper schon glaubte ich ein Kribbeln und Beißen der Ameisen zu spüren. Ja, es war mir, als ob mein Mund dicht angefüllt sei mit den Schwarzen – meine Zunge bog sich, rollte sich in verzweifeltem Kampf.

Angst – Angst – und ein kalter Schweiß –

Und ein lauter Schrei des Entsetzens –

Dann sprang ich.

Ich weiß nicht, warum ich das nicht früher tat. Ich weiß nicht, warum ich's grade jetzt tat. Mein Bett stand ganz nahe, kaum einen Meter vom Waschtisch – längst hätte ich mich retten können.

Einen Schlußsprung machte ich mitten ins Bett. Ohne Besinnen kroch ich sofort unter die Leintücher, wickelte mich rings eng ein. Atmete, atmete — aller Gefahr entronnen. Ich wußte, daß ich hier sicher war; die vier Pfosten standen in kerosingefüllten Blechdosen — da traut sich keine Schwarze heran.

Ich schloß die Augen wieder, hielt mir die Nase zu.

Immer noch das Piepsen, schwächer doch — langsam schwächer. Dazwischen andere Geräusche, die ich mir nicht erklären konnte — ah, von Tieren, denen es erging, wie den Mäusen.

Und dann der helle Schrei eines Vogels.

Heiß wurde mir plötzlich: das war der schwarze Vogel meiner alten Indianerin. In seinem Käfig würden sie ihn fressen —

Ich steckte den Kopf unter die Tücher — nur nichts mehr hören, nichts mehr sehn, nichts mehr riechen —

★   ★   ★

Am andern Morgen brachte mir die Alte mein Frühstück ans Bett. Sie hatte große Mühe mich zu wecken — das tat sie stets sehr ungern, nur meinen strengsten Befehlen gehorchend. Mir fiel die Nacht wieder ein und die Ameisen; ich blickte umher: nichts sah ich.

Hatte ich nur geträumt? Ich fragte die Alte, ob sie nichts bemerkt habe diese Nacht?

Sie nickte gemütlich — gewiß doch, die ‚Tepeguas‘ seien dagewesen. Sie hätte es gleich gemerkt — immer, wenn nachts ihr Vogel schreie, machten Tepeguas ihre Aufwartung. Sehr zufrieden schien sie mit diesem Besuch: kein Ungeziefer mehr im Hause, keine Ratten und Mäuse, keine Eidechsen, keine

Spinnen, Tausendfüßer, Wanzen, Kakerlaken. Schön reingefressen das ganze Bungalow. Gute Kammerjäger — die Tepeguas!

Aber ihr Vogel, ihr schwarzer Vogel? Sie lachte. Der? Was sollten sie dem wohl tun? Von der Decke herab hing sein Käfig, an dünnem Draht. Nein, der fräße selbst die Tepeguas — darum freue er sich auch und rufe laut, wenn sie kämen. Sie habe ihm noch ein paar Handvoll zusammengekehrt und gebracht, zurückgebliebene, die sie bei der Schlange gefunden habe — von der freilich sei wenig mehr als das Skelett übriggeblieben.

Arme Schlange, dachte ich. Solch ein schönes Tier war sie, blauschillernd, mit Goldaugen. Ich hatte sie vor ein paar Tagen im Walde gefangen und in einen Holzkasten gesetzt, der unter der Treppe stand, die ins Haus führte.

Nun aber solle ich aufstehn, mahnte die Alte. Unten warte schon mein Mozo mit den Pferden. Wenn ich zum Abend zurückkäme, hätte sie alles aufgewaschen; starkduftende Blumen würden überall stehn — da würde man nichts mehr merken von dem bösen Geruch der Tepeguas.

*　　*　　*

Ich habe seither noch manchen nächtlichen Besuch von Wanderheeren gehabt. Angenehm war er nie — aber doch viel erträglicher, als wenn man zuvor Pulque getrunken und Sonette gemacht hat!

Uebrigens müssen die Mitbewohner des Hauses — Insekten aller Art, Ratten, Mäuse, Reptilien — den Geruch der anrückenden Wanderameisen vorher bemerken; jedenfalls geraten sie schon in Aufregung, ehe der Mensch noch etwas sieht oder riecht. Sie versuchen zu entkommen, was nicht so leicht ist, da die Hunninnen das Haus regelrecht umstellen und von vielen Seiten zugleich eindringen.

Die Wanderameisen nehmen auch, sehr gelegentlich, pflanzliche Nahrung; Oel scheinen sie besonders gern zu haben. Dagegen lassen sie Zucker und alles Süße – das doch allen andern Ameisen als Leckerbissen gilt – stets unberührt. Fleischnahrung jeder Art ist ihnen lieb; dabei scheint es, daß sie lebendes Wild vorziehn – wenigstens haben sie mir Schmetterlinge und andere tote Insekten, die ich auf dem Tisch stehn hatte, nie angerührt.

Man hört in den Tropen oft erstaunliche Geschichten über die großen Tiere, Hunde, Pferde, Esel, Leoparden, Affen, die sie angriffen und lebendig auffraßen; aus eigener Erfahrung weiß ich nur von Hühnern und einem mittelgroßen Schwein, das sie verzehrten. Doch halte ich solche Erzählungen für wahrscheinlich, vorausgesetzt, daß das große Tier eingeschlossen oder sonst unfähig war, sich zu bewegen. So scheint mir die oft erzählte Geschichte, daß die Wanderameisen selbst die Boa angriffen und lebendig verzehrten, immerhin möglich: dieses riesige Reptil liegt, wenn es ein starkes Beutetier heruntergewürgt hat, unförmig angeschwollen und vollkommen hilflos im Walde. Die sehr harte Haut der Bestie ist dann bis zum Platzen angespannt und ausgedehnt; es ist also wohl denkbar, daß die Ameisen sich da durcharbeiten können.

Die fast reine Fleischnahrung erklärt auch den widerlichen, Brechreiz erregenden Jauche- und Aasgeruch dieser Ameisen. Ein weiteres Rätsel aber – und eines dazu, wofür mir jede Möglichkeit einer Lösung fehlt – ist es, daß die Männchen und Königinnen der Wanderameisen keineswegs so grauenvoll stinken, vielmehr einen süßen, angenehmen Geruch haben. Dabei ist es doch fraglos, daß sie, ebenso wie die Emsen, sich fast ausschließlich von Fleisch ernähren.

Manche andern Rätsel im Leben der Wanderameisen sind noch zu lösen. Ueber die Weibchen wissen wir fast garnichts; über die Männchen ist das, was wir wissen, zweifelhaft und sich oft widersprechend. Man hat Männchen auf den Raubzügen der Emsen mitmarschieren sehn; man sieht auch häufig nachts Männchen zum Lichte hinfliegen, woraus man schloß, daß sie – wie manche anderen Insekten – nächtlich das Nest verlassen, um zu schwärmen.

So schwer die Dauernester der Wanderameisen zu finden sind, so leicht findet man ihre nur für kurze Zeit benutzten Lagerplätze, die sich in hohlen Bäumen, unter Baumstümpfen, Erdhöhlen befinden. Das eigentliche ‚Nest‘ – wenn man von einem solchen sprechen kann – besteht dann nicht selten aus den Ameisen selbst. Ihre Fertigkeit zu bauen und dabei sich selbst als Bausteine zu benutzen, ist fabelhaft. Sie spannen beim Marsche einen Bogengang, unter dem die anderen, nun vor dem allzu grellen Lichte geschützt, einherziehn. Sie bauen Leitern, indem eine Emse sich an die andere anhängt, regelrechte lebende Ranken, oft einen Meter lang, die etwa von den untern Zweigen eines Baumes, auf dem sie grade lagern, zum Boden hinabgehn: auf diesen Leitern klettern dann die andern auf und nieder. Sie bauen, auf dieselbe Weise, lebende Brücken, um Wasser zu überspannen.

Nicht viel anders ist das Lagernest gebaut, nur daß sie hier, statt zu langen Ketten, zu riesigen Klumpen sich zusammenballen. In der Mitte halten sie ihre eigene Brut, gewiß auch die Königin, sowie die geraubten Vorräte; ringsherum ballen sich, einander fest fassend, die Emsen. Ein solch Klumpennest mag einen Raummeter Ameisen fassen, ungezählte und unzählbare Tiere. Das verblüffende dabei ist, daß in diesen lebenden Bau Kanäle hineinführen, durch die hinein und heraus genau solch lebhafter Verkehr stattfindet, wie in den Gängen eines Erdnestes oder auf Ameisenstraßen; immer andere Jägerinnen schleppen emsig Beute in die lebenden Gänge hinein. Sie verstehn es also, aus sich selbst nicht nur Brücken und Leitern, sondern auch Röhren zu bauen.

Aber noch weiter geht die Möglichkeit dieses scheinbar einfachen Klumpennestes: es kann sich, wie es da ist, fortbewegen. Bei Ueberschwemmungen wird ihr Nest zur lebenden Arche: die Brut und die Königin in der Mitte, schwimmt der mächtige runde Ball im Wasser, läßt sich, wie Noah, treiben, bis er einen rettenden Berg Ararat findet.

AMEISENSEUCHE

Solange die Brionischen Inseln in der blauen Adria liegen, hat sich gewiß nie ein Mensch um die Ameisen gekümmert, die hier rumkrabbeln. Heuer ist das anders geworden: mein böses Beispiel hat die guten Sitten verdorben; alles fühlt sich verpflichtet, die Sechsbeiner zu beobachten. Es ist eine regelrechte Seuche ausgebrochen.

Die wichtigsten Fragen bleiben unerörtert. Wen kümmert's noch, daß die Hex, der freche Köter, heut morgen die Anneli ins Bein biß? Daß gestern die Pussy die Christel im Tennis schlug? Daß der Papa dem Herbert einen Mordskrach machte, weil er mit der blonden Eintänzerin anbändelte? Daß der Hans seiner Schwester Susi die Kleider stahl und als Mädel im Tanzsaal herumhopste?

Das alles ist unwichtig geworden. Kaum zählt man mehr der Gräfin van der Straaten die Zigarren nach, die sie zum Abendessen raucht. Es ist ein greulicher Zustand.

Und daran sind nur die Ameisen schuld. Bald kommt jemand an, mir zu melden, er habe eine Ameisenstraße gefunden, die dreißig Meter lang sei. Ein Herr bringt mir alle paar Tage neue Photos und ist sehr stolz, daß man auf einigen ein paar Ameisen wirklich erkennen kann. Ein Fräulein bringt eine leere Schneckenschale: die habe sie einer

Ameise abgenommen, die sie ins Nest tragen wollte. Was sie damit eigentlich vorhabe? — ‚Die werden drinnen als Potdechamberls benutzt!‘ hab ich geantwortet.

Und um meine künstlichen Nester ist ein Geriß! Von morgen an werde ich Eintrittsgeld erheben.

VII

BAUERNVÖLKER

Wie wenn ein Schwarm Ameisen den
mächtigen Haufen des Speltes
Gierig errafft, für den Winter besorgt
und verwahret im Obdach.
Dunkel geht im Felde der Zug, und
den Raub durch die Kräuter
Führen auf schmalem Pfad sie daher.

Vergil, *Aeneis, IV.*

Fromme Wünsche.

In einigen Stücken bin ich etwas anderer Ansicht
als meine lieben Mitmenschen. Die schwärmen für
Phonographen, verehren und bewundern den Herrn
Thomas Alva Edison, der die Dinger erfunden hat —
ganz gewiß werden sie ihm mal ein Denkmal setzen.
Von *dem* Menschen aber, Mann oder Frau, der die
Salzgurken erfunden hat, kennen wir nicht einmal
den Namen. Ich nun möchte *diesem* großen Wohl-
täter der Menschheit ein schönes Denkmal setzen —
dem greulichen Kerl aber, der das Grammophon auf
mich gehetzt hat, dem möchte ich gern etwas
recht Abscheuliches antun. Ich hab mir's überlegt,
welche Strafe für diesen abgefeimten Verbrecher,
den Herrn Edison, die einzig gerechte sein könnte.

Ich würde ihm erst den Kopf glattrasieren lassen. Dann ihn ausziehn und ihm starke Angelhaken durch beide großen Zehen schlagen: an diesen müßte er an einem Baum aufgehängt werden. Der rasierte Kopf aber sollte in einem Ameisenhaufen hängen, und zwar müßte es ein Nest von Ernteameisen sein, wobei ich der Feuerameise oder der texanischen Bartameise den Vorzug geben würde. Drum herum ließ ich ihm ein Dutzend Phonographen aufstellen, die müßten ihm vorspielen: ‚Nearer, my Lord to thee!‘

Es tut mir leid um Herrn Edison; er hat ja so manches Nette erfunden – und noch mehr von andern sich erfinden lassen, das nun unter seinem Namen läuft. Wirklich, er verdient mildernde Umstände. Vielleicht würde ich ihn nach einem kleinen Viertelstündchen wieder runternehmen lassen.

Welch scheußlicher Gedanke, wird Herr Edison sagen! Das ist eine rechte Ausgeburt deutschen Geistes, eine echte *German atrocity*. Aber er irrt sich. Nur die Angelhaken, als kleinen Vorgeschmack, habe ich hinzugetan – und dann die mildernden Umstände, die mein überzartes deutsches Gemüt beweisen. Der Gedanke aber ist hundert–Prozent–amerikanisch.

Dann auch: bei mir steht's – leider! – nur auf dem Papier. In Herrn Edisons Lande aber – da in Texas, Kalifornien, Neumexiko, Arizona – kannte man solche Strafe wirklich: Störer des Volkswohles und der öffentlichen Ruhe wurden so hingerichtet. (Und da hätte Herr Edison nichts verdient?)

Dabei ist das garnicht einmal so sehr lange her –, kaum vierhundert Jährchen. Die Indianer, die ihre

Verbrecher von Ameisen hinrichten ließen, waren
Anhänger der Abschreckungslehre — genau wie es
heute noch die Amerikaner der Südstaaten sind,
wenn sie jahrein und jahraus mit großem Trara ihre
Lynchjustiz üben: je grotesker die Hinrichtung ist,
umso tieferen Eindruck macht sie auf die Nigger.

Für ein Viertelstündchen nur Herrn Edison in der
Behandlung der Feuerameise — und ich will meinen
Kopf verwetten, daß auf Jahrzehnte hinaus kein
Mensch mehr sich an grammophonähnliche Erfin-
findungen herantraut!

Schnitterinnen.

Es ist sehr zuwider, mit Bulldoggameisen in nä-
here Berührung zu kommen und die Wanderameisen sind auch nicht zu verachten — dennoch sind
beide harmlose Geschöpfe mit den Feueremsen oder
gar den Bärtigen verglichen. Der Schmerz eines einzigen Stiches ist für Stunden zu spüren, ein paar
Stiche genügen, einen Menschen für einige Zeit außer Gefecht zu setzen. Der Schmerz verbreitet sich
durch Arme und Beine; er ist lähmend, schafft
Schwindel und Ohnmachtsfälle. Der Stich ruft zweifellos eine starke Vergiftung hervor: die Art des
Giftes ist bisher nicht erkannt, doch ist es gewiß
nicht Ameisensäure. Von Todesfällen habe ich nie
erzählen hören; auch scheint das Gift keinerlei üble
Nachwirkungen zu haben, nach einigen Stunden
fühlte ich mich wieder ganz wohl. Doch mag eine
Menge von Stichen wohl zum Tode führen — jedenfalls ist die Todesstrafe im Aztekenreiche, bei der die
Bärtigen als Henker dienten, durchaus beglaubigt.
Doch ist zu sagen, daß diese Ameisen keineswegs,

wie die Wanderameisen, dem Menschen tags oder nachts Besuche abstatten – es müßte denn sein, daß er gerade in der Nähe ihrer Städte Kornspeicher errichtet. Sie machen nur von ihrem Giftstachel Gebrauch, wenn man sie selbst oder ihre Stadt angreift – in solchen Fällen freilich beweisen sie aufs schlagendste, daß die von neuzeitigen Strafrechtslehrern so arg verachtete Abschreckungslehre doch auch sehr vorzügliche Erfolge zeitigen kann. Gebranntes Kind scheut das Feuer – und ein von der Feuerameise gebranntes Kind geht sicher in großem Bogen um ihr Nest herum. Man muß schon ein aufopferungsbegeisterter Priester der myrmekologischen Wissenschaft sein oder wenigstens ein solch neugieriger Trottel, wie ich, wenn man trotzdem immer wieder die Nase ins Loch hineinsteckt, um zu sehn, wie's drinnen ausschaut.

In früheren Zeiten freilich waren die Dichter und Weisen nicht ganz so neugierig. Bei griechischen, orientalischen, römischen Dichtern finden wir sehr viele kluge Bemerkungen über Ameisen; meist waren es die Ernteameisen, mit denen sie sich beschäftigten. Aber alle beobachteten die Tiere fast nur außerhalb ihres Nestes, der Gedanke, auch drinnen einmal nachzuschaun, scheint ihnen nur selten gekommen zu sein. So kommt es, daß König Salomon ausruft:

‚Gehe hin zur Ameise, du Fauler, siehe ihre Weise an und lerne! Ob sie wohl keine Fürsten, noch Hauptmann noch Herrn hat, bereitet sie doch ihr Brot im Sommer und sammelt ihre Speise in der Ernte.‘

Hätte der König von seinen Sklaven ein Nest aus-

graben lassen, so hätte er gefunden, daß das Ameisenvolk allerdings weder Hauptmann noch Herrn
noch Fürsten hatte, wohl aber eine Königin, so edel
wie die ihm befreundete von Sabah. Trotzdem traf
der königliche Weise das Rechte: denn diese Königin von Emsenland gibt keine Befehle, schickt nie-
manden aus, Körner zu sammeln zur Erntezeit. Die
Mutter-Königin ist nur das lebende Symbol für den
Staatsgedanken des Ameisenvolkes: in jeder einzelnen Bürgerin lebt der Geist, für die Gemeinschaft
zu arbeiten, keine benötigt dazu einen Befehl von
Herren und Hauptleuten.

*   *   *

Alle Ernteameisen gehören der dritten großen
Gruppe der Ameisenheit an: den Knotenameisen.
Während die Stachelameisen und Wanderameisen
fast ausschließlich Fleischfresser sind, also von der
Jagd sich ernähren, sind die Ernteameisen zur
Pflanzenkost übergegangen, ohne darum übrigens
einen guten Braten zu verschmähn, den sie gerne
mitnehmen, wo sie ihn nur erwischen können. Dieser Uebergang zeigt eine höhere Entwicklung, bedingt durch den Kampf ums Dasein: es ist keine
Frage, daß sich die großen Emsenvölker leichter erhalten können, wenn sie nicht auf Fleischnahrung
allein angewiesen sind, sondern zugleich auch pflanzliche Kost nehmen. Von Natur aus brachten sie ja
die dazu notwendigen Werkzeuge mit: ihre kräftigen Oberkiefer, die sich ebensogut dazu eignen, die
Jagdbeute zu töten und zu zerlegen, wie dazu, Körner
aufzuknacken und die Samen selbst zu zerkleinern.
Die Völker der meisten Körnersammlerinnen sind
zahlreich; die Folge sind sehr große Städte. Man hat

solche gefunden, die einen Umfang von über zehn Metern im Durchmesser, eine Tiefe von über zwei Metern hatten, dazu noch einen halben Meter sich über dem Erdboden erhoben. Die tiefliegenden Kornkammern im Neste erreichen eine Größe bis zu fünfzehn Zentimetern im Durchmesser.

Die Ernteameisen sind Bewohnerinnen aller fünf Weltteile; sie sind überall in Einzelheiten voneinander verschieden, aber sehr ähnlich in großen Zügen. Sie sind die besten Landstraßenbauer; *sie* sind es auch, die zuweilen ihr Nest regelrecht bepflastern. In langen Zügen ziehn sie auf ihren stets offnen Heerstraßen, auf denen hin und zurück der regste Verkehr herrscht. Einige Arten benutzen auch die *eine* Straße, um zu den Ernteplätzen zu gelangen und eine *andere,* um von diesen zur Stadt zurückzukehren. Sie sammeln nicht nur die Samenkörner, die am Boden liegen; sie sind auch regelrechte Schnitterinnen, die auf die Halme steigen und die reifen Samen, oft ganze Aehren, abschneiden. Fast jeder Samen ist ihnen lieb — wie sie auch jedes Insekt, das ihnen auf ihren Landstraßen oder bei den Erntefeldern begegnet, töten und als willkommene Beute mitnehmen.

Außerordentlich ausgebildet ist die Arbeitsteilung — so sind die Arbeiterinnen in manchen Formen da: jede übernimmt *die* Arbeit, die sich für sie am besten schickt. Sowohl das Sammeln wie das Aufbewahren der Samenkörner erfordert eine vielseitige Tätigkeit. Da sind Tiere, die nur die Samen von den Halmen abschneiden: Schnitterinnen. Andere wieder tragen die Samenkörner nach Hause: Lastträgerinnen. Sie geben ihre Last gleich hinter dem Stadttore ab, dort wird sie von anderen Emsen in Empfang genommen, die die Körner von ihrer Umhüllung befreien — die Hülsen werden sofort wieder aus dem Neste hinausgetragen und auf den, manchmal sehr großen, Abfallhaufen in der Nähe des Nestes geworfen. Stets kann man beobachten, daß die Lastemsen auch manchmal Dinge heranbringen, die in keiner Weise weder zum Essen noch zu einem anderen Zwecke geeignet sind — diese werden am Tore abgegeben, nach kürzester Frist aber wieder von andern hinausgeschafft. Das erweckt bei jedem Laien den Eindruck, als ob da drinnen eine weise Aufpaßtante säße, die bestimmt, was man gebrauchen kann und was nicht. Nun, sehr viel anders ist es auch nicht. Die Emsen, die am Stadttore alles in Empfang nehmen, wissen ganz genau, was dienlich ist; sie sind zweifellos gescheiter als die Lastträgerinnen. Ich gab diesen oft die unmöglichsten Dinge, Streichhölzer, Glasperlen, leere Schneckenhäuschen: die Gescheitern ließen sie liegen oder schafften sie von der Straße fort, die Dummchen schleppten sie ins Nest. Dort freilich wurden sie stets zurückgewiesen. Uebrigens tragen die Emsen auch häufig noch grüne Samen, kleine Blüten, Blätter von Rosen und andern Blumen in ihr Nest, die sie nach einigen Tagen wieder hinauswerfen. Zum Futter dienen diese also nicht — erfüllen aber bestimmt einen besondern Zweck, der uns freilich noch unbekannt ist. Wieder andere Emsen schälen die Samenkörner aus ihren Hülsen, noch andere tragen die leeren Hülsen auf den Kehrichthaufen. Kleinere Tiere tragen die Körner in die Speicher, ganz kleine ordnen sie ein. Daß außerdem noch andere als Ammen, Kinderfrauen und Die-

nerinnen die Brut und die Königin füttern und pflegen und waschen und reinigen, kurz alle Hausarbeit
übernehmen, ist selbstverständlich.

Die Kornkammern — oft hundert und mehr — sind
tief unten an möglichst trockenen Stellen angelegt;
dennoch kommt es oft vor, daß die Samen feucht
werden und zu keimen beginnen. Die Emsen beißen
dann die jungen Keime ab, bringen die Körner hinaus und legen sie zum Trocknen in die Sonne. Wenn
sie aber von ihren Vorräten essen wollen, so be-
feuchten sie selbst die Samenkörner, um sie künstlich zum Keimen zu bringen, nagen die Keime ab
und trocknen die Samen wieder: dann erst werden
diese verzehrt. Sicherlich werden die Ameisen nicht
wissen, daß sich beim Keimungsprozeß der ,Stärke-
gehalt der Samen in Zucker verwandelt' und daß
,das Austrocknen genau dem Darrprozeß bei der
Malzbereitung entspricht' — aber sie wissen gut, daß
die so behandelten Körner süßer schmecken, und
daß sie sich viel leichter schälen lassen.

Bäckerinnen.

Brioni, die Insel, auf der ich dies schreibe, ist voll
von Ernteameisen; wenn ich vom Schreibtisch auf-
stehe, habe ich nur wenige Minuten zu ihren Städten. Durch den Tierpark — da werfe ich den Affen
und Bären ein paar Apfelsinen zu. Aber den großen
weißen Kakadu nehm ich heraus aus seinem Käfig;
der freut sich, wenn er mitdarf, sitzt auf meiner
Schulter und erzählt mir Geschichten. Zu dem großen Springgarten gehn wir; wenn nicht grade ein
paar Reiter über die Wälle und Gräben setzen, ist
er voll von Hasen und Rehen, von Fasanen und den

hübschen kleinen Axishirschen. Meine Tiere freilich, die Ameisen, scheeren sich nicht um ein paar springende Pferde, flüchten nicht in den Wald, gehn ruhig ihrer gewohnten Arbeit nach.

Der Herzog von Civitella hat unter sich die Ställe und die Pferde der Insel. Erst hat er mich für verrückt gehalten, wenn er mich da, stundenlang auf der Wiese hockend, die häßlichen Sechsbeiner betrachten sah, während er mit hübschen Frauen über die Hürden flitzte. Nun aber steigt er herab von seinem Gaul, wenn er mich sieht. Ueber die Steinmauer springt er auch nicht mehr und läßt keinen drüber springen — denn grade da wohnt ein großes Emsenvolk, dem ich Weizen und Reis bringe.

»Don Peppino,« sag ich zu ihm, »nun will ich Ihnen was Neues zeigen. Diese lieben Tierchen können nicht nur Getreide ernten, sie können auch daraus Brötchen backen.«

Der lange Herzog läßt seinen Gaul grasen, legt sich hin und starrt auf den Boden. »Sehn Sie den Trokkenplatz, Don Peppino?« zeig ich. »Und nun passen Sie auf, wie sie ihre Brötchen holen, die die Sonne knusprig gebacken hat.«

Civitella nimmt eines, kostet es. »Ein klein wenig bitter«, meint er.

Ich nicke. »Da haben Sie recht, Herzog! Aber vermutlich sind sie noch nicht fertig, die Brötchen! Werden im Neste selbst wieder versüßt.«

Nie im Leben hat Don Peppino etwas anders getan, als sich mit Pferden beschäftigt — höchstens, so zwischendurch, auch mit kleinen Mädchen. Er schüttelt den Kopf, seufzt: »Daß *ich* mich um

Ameisen bekümmre! Das ist mir auch nicht an der Wiege gesungen worden.«

Die Samenkörner haben gekeimt, sind dann geschält worden. Nun aber werden sie zerkleinert, wird mit Hilfe von Speichel ein Teig daraus geknetet. Rosabraune Brötchen werden daraus geformt, wie ein Pfefferkorn so groß; diese werden auf den Trokkenplatz in der Sonne gebracht: das ist der Backofen der kleinen Bäckerinnen.

★   ★   ★

Daß die Körnersammlerinnen auch gerne da ernten, wo die Ernte schon einem andern gehört, ist nicht verwunderlich. Die Ameisenheit hat straffe Gebote und befolgt sie viel genauer, als die Christenheit die zehn Gebote Mosis. Freilich ist das Emsengesetz nicht geschrieben – aber eine jede einzelne Bürgerin jedes Volkes fühlt und lebt dieses Gesetz in jedem Augenblick ihres Lebens. Es lautet: *»Tue alles, was du tust, für das Wohl deines Volkes – tue nichts gegen deines Volkes Wohl.«* Wenn also ein Ernteameisenvolk die Vorratskammern eines andern Volkes mit Gewalt plündert oder aus den Kornspeichern der Menschen Körner stiehlt, so ist das im ameislichen Sinne nicht Raub und nicht Diebstahl – es ist kein Verbrechen, sondern eine gute Tat. Wir Menschen sehn das ja nicht anders an, wenn wir's ebenso machen, wenn wir den Bienen ihren Honig, den Ameisen ihre Körner *rauben*.

Denn auch das tun wir – ja wir haben gar die knifflige Frage, wem eigentlich das Getreide in den Ameisennestern *gehört*, gesetzlich geregelt. Daß es den Eigentümern, den Emsen, n i c h t gehört, ist uns ja von vornherein klar – betrachten wir Menschen doch alles, was auf der Erde ist, als *unser* ausschließliches Eigentum. Streiten können wir also nur darum, ob diesem oder jenem Menschen die Kornvorräte der Emsen *gehören*.

So entscheidet das jüdische Gesetz diese Frage: »Die Körner in den Ameisennestern, die sich innerhalb des stehenden Getreides vorfinden, gehören dem Eigentümer (des Feldes). Befinden sie (die Ameisennester) sich aber hinter den Schnittern, so gehört das *Obere* (d. h. das oben am Eingang des Nestes liegende Korn) den Armen; das *Untere* (in den Kammern befindliche Getreide) dem Eigentümer. Rabbi Meir dagegen sagt: ‚Alles gehört den Armen, denn zweifelhafte Nachlese gilt als Nachlese.‘«

(Mischna Peah, Perek IV, Minbnah 11.)

Um das verstehn zu können, muß man wissen, daß das mosaische Gesetz gebietet, daß drei Dinge bei jeder Ernte nicht dem Feldbesitzer, sondern den Armen gehören: die Nachlese (also das, was die Schnitter fallen lassen), das Vergessene (das sind die Garben, die versehentlich liegenbleiben) und eine Ecke des Feldes, die man ungeschnitten für die Armen stehnlassen mußte. Die Körner nun, die *oben* beim Eingang des Ameisennestes liegen, haben die Schnitter bei dem Einbringen der Garben fallen lassen — das ist also regelrechte *Nachlese*, die stets den Armen gehört. Das Getreide aber, das sich in den Kornkammern unten im Neste befindet, kann schon vor der Schnitterarbeit von den Emsen eingebracht worden sein. Ist also das Getreide noch nicht geschnitten, so gehört dies Korn dem Eigentümer, da ja bis dahin von einer Nachlese noch nicht die Rede sein kann. Ist aber das Feld gemäht (sind die Nester ‚hinter der Reihe der Schnitter‘), so gehöre das *Obere* zweifellos den Armen, das *Untere* dem Eigentümer. Dies letztere wird nun von einigen Gesetzesauslegern bestritten; so sagt Rabbi Meir (der die Ansicht vertritt, daß ‚zweifelhafte‘ Nachlese zugunsten der Armen stets als regelrechte Nachlese betrachtet werden soll), daß auch das Untere den Armen gehöre, weil es möglich sei, daß einige Körner in den Kornkammern erst nach dem Schneiden des Getreides von den Ameisen eingebracht worden seien.

Na, allzuviel Freude werden weder die Armen noch der Eigentümer des Feldes von dieser Gesetzbestimmung gehabt und sich höchstens theoretisch darüber gestritten haben. Es ist garnicht so leicht, so ein Nest auszugraben, um die Kornkammern zu finden; die paar Handvoll Weizenkörner lohnen dazu die Mühe nicht. Die Ernteemsen werden also, trotz allen höchst juristisch-gescheiten Menschenwitzes, wem ihr Schatz *wirklich* gehöre, sich stets ruhig ihres Besitzes erfreut haben.

Bartjungfrauen.

Immerhin ist es interessant, bis zu welchem Grade die Ernteameisen grade die Weisen der Mittelmeerländer beschäftigt haben. Es ist daher auffallend, daß den jüdischen, christlichen, arabischen Propheten ein äußerliches Merkmal entging, das für die am Rande der Wüsten hausenden Ameisen ebenso bezeichnend ist, wie für diese Propheten selber. ‚Beim Barte des Propheten‘ schwören heute noch die frommen Muselmanen — wenn die Ernteameisen die Gewohnheit des Schwörens hätten, möchten sie

wohl dieselbe Formel gebrauchen. Denn sie haben —
richtige Bärte.

Dem Mann ist der Bart vielleicht eine schöne Zierde — von irgendeinem Nutzen ist er ihm sicherlich
nicht. Anders bei den Wüstentöchtern vom Ameisenstamme: ihr Borstenbart ist ihnen von ganz ent-
schiedenem Vorteil. Von ihren Erntezügen heimkeh-
rend, sind die Arbeiterinnen bedeckt mit Sand und
Staub; ihre erste Sorge ist also, sich selbst und die
Gefährtinnen zu reinigen. Sie tun das mit der Bürste, die sie an den Vorderbeinen haben; aber nun
läßt es sich nicht vermeiden, daß schließlich die
Bürste selbst sich voll von Schmutz und Staub setzt
und ihrerseits einer Reinigung bedarf. Sie ziehn diese
dann — ganz ähnlich wie wir unsere Kämme reinigen — durch den Bart. Damit aber ist die Nützlichkeit dieses borstigen Bartes nicht erschöpft. Die
Städte der Ernteameisen sind im Sand gebaut, jedes
einzelne Körnchen Sandes muß also aus der Erde
herausgeschafft werden. Mit dem Munde könnten
sie nur wenige Körnchen tragen — ein Sack, in den
sie gleich eine Menge Sandes werfen könnten, würde
ihnen also treffliche Dienste leisten. Nun, zu solchem Sacke dienen die Borsten ihres Bartes. Sie
schließen sich unten zusammen, halten dicht genug
fest: so trägt jede Emse eine Tasche bei sich, die
sie bei der Bauarbeit mit Sand füllen kann und die
ihr manch langen Weg erspart.

Säerinnen.

Die Ameisen, ohne Unterschied, sind undankbare
Geschöpfe. Ich habe einmal einen Klumpen Feuerameisen aus dem Wasser geholt — die machen es

nämlich grade wie die Nomadenemsen bei Ueberschwemmungen, sie ballen sich in mächtigen Klumpen zusammen und lassen sich treiben. Zum Danke
für die Rettung haben sie mich elend zerstochen.
Und meine warme Liebe zu den mexikanischen und
texanischen Bartameisen haben mir die auch nur mit
wilden Stichen gelohnt. Dennoch will ich Böses mit
Gutem vergelten und die Ameisen gegen die Gelehrten unserer Tage in Schutz nehmen, die ihre Be-
schreibungen dadurch zu würzen glauben, daß sie
die Sechsbeiner so schlecht wie nur möglich machen
und sie, wo sich nur eine Gelegenheit dazu gibt, als
äußerst dumm und blöd hinstellen.

Eine solche Gelegenheit finden sie nun bei der
texanischen Bartameise. Von ihr hat, in den sechzi-
ger Jahren des vergangenen Jahrhunderts, ein Forscher behauptet, daß sie nicht nur ernte, sondern
auch säe, und zwar rings um ihr Nest herum, das
sogenannte Ameisengras (Aristida), dessen Samenkörner sie besonders schätze. Er schloß dies daraus,
daß in der Tat auf den Höfen ihrer Nester, die
allgemein von den Ernteameisen völlig kahl gescho-
ren werden, häufig dies Gras — und nur dieses —
wächst. Seine Beobachtung bekam dadurch Bedeutung, daß kein geringerer als Darwin sie aufnahm
und veröffentlichte.

Das ist nun, meint die exakte Naturwissenschaft
von heute, weiter nichts als ein frommes Märchen,
ein fauler Witz, über den jeder texanische Schuljunge lache. Die Sache erklärt sich so, sagt die Exakte, daß Aristidasamen im Nest feucht werden und
nun keimen, und daß dies Keimen schon zu weit
gegangen sei, um eine Trockenlegung zu lohnen.

Die so im Neste unbrauchbar gewordenen Samenkörner würfen die Emsen auf den Abfallhaufen –
dort schlügen sie eben Wurzel. Als weitere Gründe
gegen die Annahme, daß die Ameisen selbst den Samen säen, wird noch mit großem Scharfsinn folgendes angeführt: erstens, daß manche Nester der
Bärtigen *kein* Aristidabeet zeigen. Zweitens, daß auch
fern von allen Ameisennestern Aristida zuweilen in
dichten Massen wächst. Drittens, daß die Emsen zuweilen bis zu dreißig Meter weit von jedem Felde
ab, auf Landstraßen usw., ihr Nest bauen. Viertens,
daß der Aristidagarten um das Nest durchaus nicht
genügen würde, um das zahlreiche Volk der Bärtigen mit Nahrung zu versorgen – sie müßten also
dennoch lange Straßen bauen: das Vorhandensein
solcher Straßen allein genüge, um das Märchen von
der ,säenden' Ameise ad absurdum zu führen.

Diese schlagende Beweisführung wird nun von
einem Professor stets dem andern nachgeschrieben,
jeder ist froh, daß wieder einmal das Anzeichen
einer besonderen Intelligenz der Ameisen zerstört ist.

Gemach, meine Herren Professoren, wir wollen
uns diese *Gründe* einmal etwas näher ansehen. Zunächst: die ,Exakte Wissenschaft' hat von jeher und
in jeder Beziehung es sich angelegentlich sein lassen, *Märchen* und *Legenden*, die von Laienbeobach-
tern erzählt wurden, zu zerstören. Sehr häufig hat
sich dann später herausgestellt, daß die Laien, die
Reisenden, Dichter, Naturliebhaber, doch recht hatten! Das ist ganz besonders in der Ameisenforschung
der Fall gewesen – und hier wieder grade bei den
Ernteameisen. Seitdem es eine wissenschaftliche
Ameisenforschung gibt, also etwa seit 1750, haben

die Gelehrten sich über alles lustig gemacht, was die alten Dichter, die Hesiod, Aesop, Plutarch, die Aelian, Plautus, Horaz, die Vergil, Ovid, Plinius und viele andere über die Gewohnheiten der Emsen erzählten. Alles sei eitel Schwindel und Humbug, sei nur dichterische Phantasie! Ganz besonders sei es ein blühendes Märchen, daß Ameisen zur Ernte auszögen und das Getreide in Kornspeichern aufbewahrten, es vor dem Keimen schützten und in der Sonne trockneten. Nun: die Forschung der letzten Jahrzehnte hat dann klipp und klar bewiesen, daß jede einzelne Beobachtung der alten *Märchenerzähler* durchaus richtig war!

Doch zurück zu den bärtigen Texanerinnen! Glauben Sie, meine Herren Professoren, denn gar soviel gegen die Intelligenz der Ameisen gesagt zu haben, wenn Sie grade d i e s e r Art die Voraussicht, daß ‚wer sät auch ernten kann‘, absprechen, während Sie doch an andern Stellen selbst erzählen, daß andere Arten eine ähnliche Voraussicht sehr wohl haben?! Wenn Sie wenige Seiten vorher berichten, daß die Gärtnerameisen in ihren hängenden Ampeln Pflanzen *säen*, deren Wurzelwerk den runden, erdenen Hängegärten erst die nötige Festigkeit verleihe? Wenn Sie einige Seiten später erzählen, daß eine ganze Reihe von Ameisen Pilze züchte, um sich von ihnen zu ernähren? Das alles leugnen Sie nicht — nun, warum denn nicht ehrlich zugeben, daß ein solches Handeln genau soviel bewußte oder unbewußte Voraussicht verlangt, wie das ‚Säen, *um* zu ernten‘ der Aristidazüchterinnen?!

Was nun aber die vier Gründe anbetrifft, die gegen das *Säen* unserer Ackerbäuerinnen sprechen sol-

len, so muß ich gestehn, daß ich eine fadenschei-
nigere Beweisführung selten gesehn habe. Zugegeben, daß manche Samen des Ameisengrases rings
um das Nest herum von selber keimen – kein Mensch
würde es anders erwartet haben und grade dieser
Vorgang mag zu dem Säen der Ameisen die erste
Veranlassung gegeben haben. Warum aber schneiden dann die Emsen *diese* Gräser nicht ab – während sie doch sonst in weitem Umkreise um das Nest
alles Wachstum vernichten? Zugegeben, daß Aristidagras auch sonst gelegentlich dicht wächst – warum soll es nicht? Zugegeben, daß die Ameisen manchmal auch auf Landstraßen weitab vom Felde bauen
– besonders, wenn eine Farm in der Nähe ist, wo sie
leicht Körner finden können – was soll das? Zugegeben, daß manche Städte der Bärtigen *keine* Ari-
stidabestände zeigen – es ist eine in der Ameisenheit sich hundertmal wiederholende Tatsache, daß
ein Volk eine Gewohnheit hat, die ein anderes Volk
derselben Art nicht mehr hat oder noch nicht erworben hat. Zugegeben endlich, daß der Vorrat, den
die beim Nest befindlichen Ameisengrasbestände liefern, nicht entfernt hinreichen würde, das Volk zu
speisen – reichen etwa die in der Nähe unserer
menschlichen Großstädte befindlichen Getreidefelder hin, um die Bevölkerung zu ernähren? Bauen
nicht auch wir Menschen nach allen Seiten Straßen
hin zu den Gegenden, woher wir das Korn beziehen?
Holen wir nicht über Land und Wasser aus den ent-
ferntesten Gegenden der Erde unsere Nahrung zusammen? Und ist das nun etwa ein Beweis dafür,
daß die Getreidefelder in der Nähe der großen Städte
lediglich dem *Zufall* ihr Dasein verdanken? Und

wie ist zu erklären, daß bei den Nestern der Bartjungfrauen *nur* Aristidagras, nie aber eine andere
Pflanze wächst?

Nein, meine Herren Professoren, so zerstören Sie
keine ‚Legenden'! Damit mögen Sie bei Schuljungen
Erfolg haben — ich muß gestehn, daß ich auf die
Autorität von Schuljungen (und gar texanischen!)
herzlich wenig Gewicht lege. Die *Schwindelgeschich-*
ten der Aesop, Salomon, Vergil erwiesen sich als
lautere Wahrheiten, selbst der vertrotteltste Gelehrte
wagt es heute nicht mehr, das Märchen der Ernteameise zu leugnen.

Wenn die Wissenschaft all das, was Laien, was
Reisende, Künstler, Dichter der Natur ablauschten
und absahen, mit fast gehässiger Skepsis aufnimmt
— mag sie: es ist ihr gutes Recht. Aber sie darf uns
Künstlern dann auch nicht verübeln, wenn wir un-
sererseits das, was uns die Gelehrten erzählen, auch
nur als das nehmen, was es ist: stümperhafte Men-
schenarbeit, der dabei die Gabe des Künstlers, etwas
intuitiv zu erfassen — von ganz seltenen Fällen abgesehn — völlig fehlt. Sie sollte wirklich einmal anfangen, ein wenig bescheidener zu werden, die Dame
Wissenschaft.

Ich aber will an das schöne *Märchen* von der säen-
den Ameise glauben. Und ich bin überzeugt, daß die
zukünftige Forschung seine Wahrheit genau so bestätigen wird, wie die *Ameisenlegenden* der alten
Dichter.

GROSSER HEILERFOLG, ERZIELT DURCH WEISEN RAT

Nun stehe ich auf dieser Insel in starkem Geruch der Weisheit.

So kam das. Vor einiger Zeit kam eine alte holländische Dame zu mir, die um meinen Rat bat. Der Kurarzt hatte mich schon gewarnt; sie lief zu jedem, von dem sie annahm, daß er etwas mit Gelehrsamkeit zu tun habe; klagte ihr Leid und schwatzte stundenlang.

Also die alte recht kurzsichtige Dame kam; sagte, wie sehr sie seit vielen Jahren unter der bösen Migräne litte. Tag und Nacht, und ohne Unterbrechung – und ob ich denn garnichts wisse?

Also, um sie recht bald los zu werden, sagte ich, daß ich ein sicheres Mittel kenne. Sie brauche nur hinauszugehn in den Wald, dreimal am Tage, sich einen recht schönen Ameisenhaufen zu suchen und davor niederzuknien. Dann müsse sie mit geöffneten Handflächen leise dagegen schlagen und nun die mit Ameisensäure geschwängerte Luft tief in Mund und Nase einatmen: dieser erfrischende Duft würde ihr im Augenblick Erleichterung verschaffen, dann aber auf die Dauer ihre Migräne vollends vertreiben.

Die alte Dame sah mich etwas zweifelhaft an, bedankte sich und ging.

Das war vor etwa drei Wochen. Gestern nun kam sie wieder in mein Arbeitszimmer, mit einem mächtigen Busch von weißen Rosen bewaffnet, den sie mir als Zeichen ihrer Dankbarkeit überreichte. Mein Rat habe Wunder getan: der herrlich frische Geruch habe ihr gleich das erstemal Linderung gebracht; dann sei es von Tag zu Tag besser geworden. Nun empfinde sie nicht den geringsten Kopfschmerz mehr und sei überzeugt, daß sie ein für alle mal ihre Migräneanfälle los sei.

Ich starrte sie an – was in aller Welt hatte die Frau nur gemacht? Denn auf dieser Insel gibt es zwar viele tausend Ameisennester – aber keinen einzigen Ameisen*haufen*. Alle Ameisen hier sind Schnitterinnen, die in glatten Boden ihre Löcher graben und ringsherum alle Pflanzen und Gräser abschneiden. Ich fragte sie also, wo sie denn ihren Heilhaufen gefunden habe? Sie habe lange suchen müssen, sagte sie, dann aber habe sie doch einen schönen Haufen gefunden. Sie beschrieb mir die Stelle genau; ich machte mich sogleich auf, um mir diesen sonderbaren Haufen anzusehn.

Ich fand ihn auch; es war ein richtiger Bau deutscher Waldameisen, die durch einen Zufall hierher verschlagen sein mochten. Ich kniete gleich nieder, um einen Teil des Volkes mit nach Hause zu nehmen, das ich grade gut gebrauchen konnte.

Aber – ich fand nicht eine einzige. Ich untersuchte den Bau näher – es war gewiß, daß er schon seit über einem Jahre verlassen war. Allerdings roch er, sehr stark sogar. Freilich nicht nach erfrischen-

der Ameisensäure. Wohl aber nach einer toten, halb-
verwesten Ratte, die neben ihm lag.

Was machte es? Ameisensäureduft oder Rattenaas-
gestank — wenn's nur half!

Ich aber gelte auf dieser Insel sowie in Alkmaar
in Holland als der beste Migränedoktor der Welt.

VIII

HANDWERK

Hic nos frugilegas aspeximus agmine longo
Grande onus exiguo formicas ore gerentes
Rugosoque suum servantes cortice callem.

Ovid, *Met. VII, 627.*

Ameisenberufe.

Bei manchen Erdengeschöpfen finden wir eine
Kunst, ein Handwerk, einen Beruf oft bis zur Voll-
endung entwickelt. Aber allein bei den Ameisen und
den Menschen finden wir nicht eines oder das andere, sondern gleich eine ganze Anzahl.

So gibt es in der Ameisenheit: Spinnerinnen, Holz-
schnitzerinnen, Papierarbeiterinnen, Dachdeckerinnen, Jägerinnen, Ackerbäurinnen, Bäckerinnen, Berg-
arbeiterinnen, Viehzüchterinnen, Küferinnen, Stein-
pflasterinnen, Pilzzüchterinnen, Tapeziererinnen,
Gärtnerinnen, Schnitterinnen, Ammen, Kinderfrauen,
Krankenschwestern, Soldatinnen, Kundschafterinnen,
Wächterinnen — es gibt berufsmäßige Sklavenhalterinnen, Diebinnen, Räuberinnen, Schmarotzerinnen.

Gewiß kennt die Menschheit manches andere noch;
aber auch bei den Ameisen gibt es Berufe, die wieder
der Mensch nicht hat: der Beruf als Lebendige Tür,
wie ihn die Zimmermannsameise, oder der als Le-

bendiges Faß, wie ihn die Honigameise kennt, ist ihm ebenso völlig fremd, wie der der zwangsläufigen Königsmörderin.

Gärtnerinnen und hängende Gärten.

Wenn in den Urwäldern des Amazonenstroms die Pilzzüchterinnen — Blattschneiderinnen vom Attastamme — ganze Bäume entlauben, um das nötige Dungmus für ihre Treibhäuser heranzuschaffen, wenn die majestätische Schönheit der Dickichte oft empfindlich genug durch diese Ameisen leidet, so sind es doch auch wieder Ameisen, die dem Urwalde eine phantastische Schönheit verleihen, die man sonst nirgends in der Welt finden mag. Der üppige Urwald hat auf dem Boden keinen Platz für bunte Pracht, nur schattenliebende Pflanzen mögen da gedeihen. Was aber die Sonne liebt, muß hinauf in die Kronen der Bäume. So hängen die Orchideen von den alten Stämmen herab, so ranken sich Lianen hoch hinauf.

Da sieht man nun, oft und wieder, dichte Ballen von Blumen und Pflanzen hoch auf den Bäumen. Sie wirken wie mächtige Kronleuchter oder auch wie Ampeln, über und über mit Blumen gefüllt. Aber diese Pflanzen sind nicht Schmarotzer wie die Orchideen sind, wachsen nicht auf den Bäumen selbst. Sie wurzeln vielmehr in starken Erdklumpen zwischen und rundherum um die Aeste der Bäume.

Wie künstlich wirkt diese seltsame Pracht — und künstlich ist sie auch. Nur ist es nicht der Menschen Kunst, die die Blumenampeln in den Urwald hängte, sondern die der Ameisen.

Verschiedene Emsenarten kennen wir, die solche

schwebenden Blumengärten anlegen, darunter die geschenkelte Buckelameise und mehrere vom Geschlechte Azteka. ‚Olithrix' wird eine Art dieser Aztekenameisen benannt: das heißt die Haarzerstörerin. Haar des Waldes — also das Laub. Nur: ich sehe nicht recht ein, was sie zerstören soll — wunderbare Locken flicht sie vielmehr auf die Häupter der Urwaldriesen!

Jede der Arten baut andere Gärten. Bei einiger Uebung erkennt man sie leicht auseinander, im großen Bilde des Urwaldes aber wirken ihre hängenden Gärten gleich phantastisch. Sie finden sich überall, bald sehr hoch in den Kronen der Bäume, bald unten in den Sträuchern, nicht allzu weit vom Boden entfernt. Jedes Körnchen Erde tragen die Emsen einzeln hinauf, befestigen es in der Gabelung von Zweigen oder auch zwischen der Rinde. Ein Körnchen klebt sich an das andere, immer mehr wächst der Erdklumpen. Bald ist er so groß wie eine Kinderfaust, bald wie ein Kopf so groß. Und nun schleppen die Ameisen Samen hinauf, den sie in die Erde säen. Mit dem Erdballen wachsen auch die Pflanzen. Ananasgewächse mit gelben und weißen Blüten, andere Pflanzen, unseren Gloxinien verwandt, mit weißvioletten, glockenförmigen Blumen. Dann Arumgewächse, Philodendren, die lange Luftwurzeln schlagen zur Erde hinab, Pfefferpflanzen, eine Kaktusart dazwischen und eine wilde Feige. Auch diese Feige schickt, wie die Philodendren, Luftwurzeln von ihren Aesten aus, die den Baum, der den Garten trägt, eng umklammern. Zu den Klammerwurzeln tragen dann die Ameisen wieder Erde hin — neue Ameisengärten entstehn an solchen Stellen.

Die Gärtnerinnen säen die Samen; freilich säen sie nicht, um zu ernten. Sie bauen oben in der Luft ihre Nester, um gegen Ueberschwemmungen geschützt zu sein. Aber der Erdbau ist zerbrechlich genug; ein starker Wind oder gar eines der orkanartigen mit Wolkenbrüchen geeinten tropischen Gewitter würde ihre luftige Stadt im Nu herunterfegen. Da helfen ihnen nun die Pflanzen, die mit ihren Wurzeln den Erdballen überall durchdringen und ihm so Stütze und Halt geben. Innerhalb des Gartens, zwischen dem engverzweigten Wurzelwerk ist das Nest, das aus Gängen und Kammern besteht und in seiner scheinbaren Kunstlosigkeit sich nach den Wurzeln richten muß.

Es nimmt nicht weiter wunder, daß der Wissenschaft diese hängenden Ampeln ein böser Dorn im Auge sind. Wegleugnen kann man sie nicht gut; wer sie nicht selbst im Urwald sehn konnte, kann sie leicht auf photographischen Abbildungen betrachten — sie gehören zu dem Schönsten an tropischem Wachstum, was das Auge überhaupt erblicken kann. Also da sind sie, ich selbst habe Dutzende gesehn. Auch läßt sich leicht nachweisen, daß die Ameisen jedes einzelne Körnchen Erde auf die Bäume tragen, um ihren Ballen dort oben zu formen, ebenso, daß sie den Beerensamen, wo sie ihn finden, aufnehmen und zu ihrem Neste hinauftragen. Das alles muß jeder Wissenschaftler zugeben, mag er nun wollen oder nicht.

Aber, aber: das *Säen!*

Gibt man das zu, so würde man ja — vielleicht — den Ameisen Intelligenz zusprechen müssen und eine gewisse Voraussicht. Und das darf um Himmelswillen nicht sein; sonst könnte man ja in den Geruch kommen, anthropomorph zu arbeiten, wie der alte Brehm, dieser Pfuscher!

Was tun also die Herrn Gelehrten? Sie retten die Intelligenzlosigkeit der Ameisen, indem sie fröhlich drauflos behaupten, die Ameisengärten verdankten ihre Entstehung — dem reinen Zufall! Die Ameisen, sagen sie, wollen da oben nur ihr Erdnest bauen. Sie tragen nur zu Nahrungszwecken Samen ein. Daß dann aus dem Nest sich die wundervolle Blumenampel entwickelt, erklärt sich ganz einfach so, daß eben die eingetragenen Samenkörner keimen und Wurzeln schlagen. Oder aber: der liebe Wind weht die Samenkörner in das hängende Nest hinauf.

Trefflich! Nur: allen Tatsachen ins Gesicht schlagend. Das ist ja grade die große Kunst aller körnersammelnden Emsen, daß sie es verstehn, ihre Samen am Keimen zu verhindern. Und der liebe Wind sucht sich die Samenkörner nicht erst besonders aus, die er in der Luft herumwirbelt. In der Tat wachsen aber in den hängenden Gärten der Ameisen nur ganz bestimmte Pflanzen; so sehr bestimmt, daß einmal die meisten dieser Pflanzen außerhalb der Ameisengärten völlig unbekannt sind und daß zweitens eine jede der Gärtnerinnenarten ihre besondern Pflanzen bevorzugt. Nur eine der Philodendrenarten findet sich sowohl in den Ampeln der Aztekengärten, wie in denen der Buckelameise.

Kann da noch von Zufall, vom Spiele des Windes die Rede sein? Eine voraussehende Intelligenz muß es schon sein, die die herrlichen Blumenampeln in den Urwald hängt. Und, bei aller Hochachtung vor dem Winde, entscheide ich mich, trotz

der herrschenden Meinung der Wissenschaft, nicht
für ihn, sondern für die Ameisen!

Spinnerinnen und Spinnrocken.

Die Tatsache, daß Emsen spinnen können und daß
sie dazu Spinnrocken und Webschiffchen benutzen,
just wie die Menschen das tun, ist ein anderer
Greuel in den Augen der Gelehrten. Als vor ein paar
Jahrzehnten diese Kunde von Reisenden heimgebracht
wurde, weigerten sie sich, sie zu glauben, erklärten
sie für ein freches und frommes Märchen. Stets darauf aus, die Ameisen als Wesen darzustellen, denen
Voraussicht völlig mangelt, mußte ihnen eine Nachricht höchst unwillkommen sein, die eine solche zu
bekräftigen schien. Leider: die seltsame Kunde bestätigte sich. Freilich veranlaßte sie nicht einen der
dreimal Weisen, von seiner Ansicht abzugehn —
zwang ihn höchstens, um seine *herrschende Meinung*
dennoch unentwegt hochhalten zu können, wieder
einmal die possierlichsten Purzelbäume zu schlagen.
Die Spinnerinnen, der Familie der Buckelameisen
angehörig, sind Tropenbewohner; wir kennen australische, afrikanische, asiatische und amerikanische
Arten. Eine Art baut ihr Nest in der Erde, während
die meisten auf Bäumen hausen; jede aber hat ihre
eigentümliche Weise des Nestbaus. So baut eine Art
der ‚Langgewirbelten‘ auf Ceylon das Nest für ihr
kleines Volk auf einem Baumblatte — sie benutzt dazu Pflanzenteilchen und Steinchen, die mit einem
feinen Gespinst von Seidenfäden zusammengesponn-
en sind. Ein anderes Geschlecht der Langwirbligen
gebraucht die Seidenfäden nicht nur zum Zusam-
menhalten, sondern baut zwischen Blättern ein Nest,

das innen völlig mit Seidengewebe austapeziert ist. Eine dritte Langwirblige geht noch weiter; sie verzichtet auf alle Zwischenstücke und spinnt aus Fäden das ganze Nest frei zusammen, das in einem in die Erde gegrabenen Loche, wie ein sich unten erweiternder Schlauch hängt. Die Spinnerinnen der Arten der Blatthausameisen in Afrika und Australien und der brasilianischen Buckelameise, reine Baumbewohner mit zahlreichen Völkern, bauen sehr große Seidennester unter Benutzung von lebenden Blättern und ganzen Zweigen, die auf kunstvolle Weise zusammengebogen und zusammengesponnen werden.

Uebrigens: nette Namen, die die Wissenschaft diesen armen Tieren gegeben hat! Freilich: Camponotus senex, Oekophylla smaragdina, Polyrhachis spinigera — das klingt und läutet! Nur kann sich, außer den Fachgelehrten, kein Mensch was darunter vorstellen.

Als die ersten gesponnenen Nester den Weisen vorgezeigt wurden, erklärten diese ihr Zustandekommen als etwas sehr natürliches und einfaches. Die Ameisen, erklärten sie, haben eben Drüsen wie die Spinnen; und zwar ist es bei ihnen die Oberkieferdrüse, die die Seide liefert. Diese Speicheldrüse dient ja den Emsen auf die mannigfaltigste Weise; sie benutzen sie, um beim Bauen ihrem Rohstoff den nötigen Kitt zu geben, auch um aus Holz und Speichel Pappe und Papier für ihr Nest zu machen. Das Fadenziehn beim Seidespinnen ist also nichts anders als eine weitere Entwicklung der Papierherstellung: eine rein instinktive Angelegenheit.

In der Tat aber entnehmen die Ameisen den Stoff

zum Spinnen keineswegs ihrem eigenen Körper. Faden ziehn können sie nicht, wenn sie einmal erwachsen sind; das können nur ihre Larven. *Diese* also benutzen sie beim Spinnen. Die Natur hat den Larven die Spinndrüsen gegeben, damit sie sich während der Zeit der Verpuppung mit einer schützenden Hülle umhüllen können – die Emsen also handeln, wenn sie ihre Larven zum Nestspinnen benutzen, *gegen die Natur, gehn über das von dieser gewollte und bestimmte hinaus.*

Es läßt sich kaum etwas Reizvolleres denken, als den Nestbau der Spinnerinnen zu beobachten, etwa der grasgrünen Blatthausemsen.

Wie stets, ist die Arbeitsteilung streng durchgeführt. Zunächst handelt es sich darum, Blätter, die miteinander verbunden werden sollen, nahe aneinander heranzuziehn. Zu diesem Zwecke bilden die Emsen lebende Brücken und Leitern von einem Blatt zum andern, indem jede einzelne den Vordermann – nein das Vorderfräulein! – mit den Kiefern fest um die Taille faßt. Ist das andere Blatt erreicht, so beginnt ein Zerren und Ziehn von beiden Seiten, um den Abstand möglichst zu verkleinern. Wie auf Kommando ziehn sie ruckweise – das ganze erinnert an Tauziehn – immer näher und näher rücken die Blattränder aneinander. Plötzlich kommt eine Schar anderer Emsen heran; jede hat eine Larve um den Leib gefaßt. Sie drückt auf den Blattrand den Mund der Larve auf, zwingt sie durch kräftigen Druck, den fadenziehenden Speichel von sich zu geben. Kaum ist dies geschehn, so eilt sie mit ihrer Last über die lebende Brücke und drückt am andern Blatte den Mund der Larve wieder auf: ein Faden ist gesponnen. Und so geht es unaufhörlich hin und zurück, ein Faden nach dem andern zieht sich von Blatt zu Blatt, immer dichter wird das Gewebe. Die Larve wird nicht viel gefragt, ob sie mag oder nicht — früh genug muß sie lernen, daß in ihrem Volk nichts dem einzelnen Geschöpf, alles nur dem Staatswohl gehört. Ueber die erste Lage von Fäden wird eine zweite gelegt, eine dritte und vierte, bis allmählich das Gewebe Festigkeit bekommt. Es löst sich nun eine der Ketten, die stets von der Außenseite der Blätter die Verbindung halten, während die Spinnerinnen selbst an der Innenseite ihre lebenden Spinnrocken hin und herführen.

Blatt um Blatt wird so zusammengesponnen, das Ganze innen mit Gewebe austapeziert. Die Fadenmenge, die die einzelne Larve hergeben muß, ist eine ungeheure; in der Tat sind denn auch ihre Spinndrüsen außerordentlich entwickelt. Diese Drüsen ziehn sich, am Munde sich öffnend, in sehr breiten Schläuchen durch den ganzen Körper. Allerdings muß die Larve all ihr Spinnvermögen für den Bau und für Ausbesserungen des Nests hergeben, für sie selbst bleibt garnichts mehr übrig. Sie muß darauf verzichten, sich in eine warme Hülle einzuspinnen, muß sich vielmehr nackt verpuppen. Das ist wohl der Grund, warum die Emsen zum Spinnen nur mittlere Larven nehmen — die größern, der Verpuppungszeit sich nähernden, haben schon all ihren Vorrat zum Fädenziehn längst hergeben müssen.

Die Spinneremsen bedienen sich also — und das steht einzig da in der Tierwelt — eines Handwerkzeuges. Dies Handwerkzeug aber sind — die Kinder des Volkes: wir haben es also mit einer regelrechten Kinderarbeit zu tun. Freilich, in der Menschheit wird die Kinderarbeit von gewissenlosen Eltern oder Unternehmern ausgebeutet, in der Ameisenheit dient sie nur einem Zweck, der allein sie entschuldigen kann: dem Gesamtwohl des Volkes.

Bei Ausbesserungen des Nestes verfahren die Spinnerinnen auf ganz ähnliche Weise. Sehr vorsichtig wird das alte Gewebe fortgeschnitten und in den Wind geworfen, die getrennten Blätter werden aufs neue zusammengezogen und durch frisches Gespinst miteinander verbunden.

Leicht freilich ist es nicht, das Nestspinnen zu beobachten. Der einzelne Faden ist für das unbewaffnete Auge ganz unsichtbar. Außerdem ist es auch nicht ungefährlich, die Nase allzunahe in das Nest hineinzustecken. Die Grasgrünen — übrigens sind nur die Königinnen und Arbeiterinnen smaragdgrün, während die Männchen schwarz sind — sind wie ihre Stammesgenossen ein sehr wehrhaftes, zahlreiches und angriffslustiges Volk, das für menschliche Augen und Nasen äußerst unangenehm werden kann.

Die Spinnerinnen beschäftigen sich, wie die meisten Baumameisen, mit der Viehzucht und bauen, wie sie für sich selbst eine Seidenstadt errichten, so auch seidene Ställe für ihr Vieh. Auf den von ihnen bewohnten Bäumen pflegen sie eine ganze Anzahl, oft Dutzende solcher Ställe anzulegen, die meist aus einigen mit Seide zusammengesponnenen Blättern bestehen, welche zugleich dem Vieh als Weidegrund dienen.

Küferinnen und Weinfässer.

Bei einigen Maurenstämmen Nordafrikas gilt die allerdickste Frau für die allerschönste. Wenn also ein junges Mädchen aus guter Familie erwachsen ist und heiraten soll — so mit zwölf Jahren — so wird sie während der Brautzeit so *schön* wie möglich gemacht. Zu dem Zweck sperrt man sie in einen engen Raum, der auch tagsüber ziemlich dunkel gehalten wird — da wird sie durch einige Monate tüchtig angenudelt. Der Erfolg stellt sich unfehlbar ein; die Mastkur und die Bewegungslosigkeit machen aus dem gertenschlanken Mädel ein wahres Wunder an maurischer Mastschönheit, das mit großem Stolz bei der Hochzeit sich bewundern läßt.

Auch manche Ameisenstämme haben solche rundgenudelte Jungfrauen — nur werden diese nicht aus Schönheitsrücksichten so gemästet, sondern aus dem einzigen Grunde, der bei allen Ameisenvölkern allein maßgebend ist — um dem Staatswohl zu dienen.

Man kann seinem Staate auf sehr verschiedene Weise nützen; wir Menschen betrachten es als höchste Tat, wenn einer für sein Volk sein Leben gibt: den Opfertod stirbt. Aber was ist diese Aufopferung, wenn ich sie mit einer andern vergleiche, die die Ameisen kennen: der nämlich, sich sein ganzes Leben lang in einem dunkeln Keller an die Decke zu hängen, um als lebendiges Methfaß für die Volksgenossen zu dienen?!

Solch aufoperndes Märtyrertum verlangen die Völker der Honigameisen von vielen ihrer Bürgerinnen als eine einfache Selbstverständlichkeit.

Die *Honigameisen* gehören — mit Ausnahme einer

Art aus der Familie der Langhalsigen — alle den Buckelameisen an; wir finden sie in Australien, Südafrika, Nordamerika, und zwar stets in sehr trockenen Landstrichen. Solche Dürre zwingt die großen Völker dieser Ameisen, ihre Lebenshaltung entsprechend anzupassen, das heißt, in der ziemlich kurzen Jahreszeit, in der reichlich Nahrung vorhanden ist, genügenden Vorrat für die magern Monate anzusammeln.

Wir haben gesehn, daß die Ammenemsen von Luzon, Borneo, Sumatra es gelernt haben, in mächtig aufgeschwollenen Brustdrüsen Honigtau aufzubewahren. Nicht viel anders machen es die Honigameisen; doch nehmen sie den Honigsaft nicht in Brustdrüsen auf, sondern bewahren ihn in ihrem Kropfmagen, dem sozialen Magen, auf.

Fast alle Ameisen füttern, Mund an Mund, aus diesem Kropf ihre Schwestern, die sie durch leichte, trillernde Fühlerschläge um Nahrung angehn. Solche Emsen nun, die Honigtau, Nektar und andere süße Pflanzenexsudate sammeln, haben naturgemäß das Bestreben, soviel davon zu nehmen, wie nur möglich; sie füllen also in ihren Kropf, was nur hineingehen mag. Der Kropfmagen läßt infolgedessen den Leib stark anschwellen: je größer die Fähigkeit der Ausdehnung des sozialen Magens ist, um so mehr des süßen Stoffes kann die einzelne Emse davon nachhause tragen. Alle anderen Organe werden dabei auf den engsten Raum zusammengedrängt; der Kropfmagen nimmt fast den ganzen Hinterleib ein.

So können wir denn bei manchen Ameisenarten die Beobachtung machen, daß einzelne Tiere, die gute Futterplätze fanden, bis zum Platzen sich voll-

stopfen, so sehr, daß diese wandelnden Honig-
schläuche sich nur hin und her wackelnd mühsam
weiterbewegen können. Zuhause angekommen, verfüttern sie freilich alles und sind bald wieder so
schlank und so lebhaft, wie sie zuvor waren.

Von diesen Honigschläuchen auf kurze Zeit führt
der Weg der Entwicklung, über einige Zwischenstufen, zu den im Keller hängenden Honigtonnen
auf Lebensdauer.

Die Arbeitsteilung, die ja überall in der Ameisenheit so große Rolle spielt, weist zunächst unter gleichen Tieren dem einen diese, dem andern jene Tätigkeit zu und bringt schließlich besondere, für jede
einzelne Arbeit hervorragend geeignete Formen der
Arbeiterinnen innerhalb eines Volkes hervor. Bei den
Honigschläuchen *auf Zeit* hat jede einzelne Emse
die Fähigkeit, ihren Kropfmagen anschwellen zu
lassen; einzelne Arbeiterinnen, die stets zur Nah-
rungssuche ausziehn, werden diese Fähigkeit dann
in höherm Grade besitzen, als andere, die nur die
häuslichen Arbeiten zu besorgen haben. Je mehr
sich nun einerseits die Aufnahmefähigkeit des Krop-
fes entwickelt, je mehr andererseits diese Entwicklung sich auf bestimmte Tiere beschränkt, umso
mehr nähert sich das Geschlecht dem Zeitpunkte,
wo es von vornherein ganz bestimmte Arbeiterfor-
men hat, die überhaupt nicht mehr ausgehn, nie
das Nest verlassen, sondern in diesem von den
Futterholerinnen angefüllt und immer wieder neu
aufgefüllt werden, um ihrerseits aus ihren Bauch-
fässern die Volksgenossen zwischendurch zu speisen.

Mittlere Stufen kennen wir aus Natal und aus Neu
Guinea. Der Leib der Honigfässer dieser Emsen ist

schon sehr stark angeschwollen, doch vermögen sie immerhin noch im Neste hin und her zu krabbeln. Völlig ausgeschlossen aber ist jede größere Bewegung bei den riesigen Ballonbäuchen der eigentlichen Honigameisen Nordamerikas und Australiens.

Die Larven der Honigtopfameisen sind, außer in der Größe, nicht voneinander unterschieden; auch zeigen die jungen, eben ausgekrochenen Emsen nur einen Größenunterschied. Nun ist es zwar richtig, daß die meisten der Honigtöpfe zu der großen Sorte der Arbeiterinnen gehören, doch finden wir stets auch mittlere und ganz kleine unter ihnen; die Größe kann also allein nicht bestimmend sein. Wie in den einzelnen Emsen sich plötzlich ihr Beruf zum Honigfaß äußert, wissen wir nicht, doch steht fest, daß die Wahl dieses aufopfernden Berufs schon in frühester Jugend getroffen wird. Eine Reihe der eben ausgeschlüpften Emsen zeigen durch übergroße Nahrungsaufnahme die Neigung, sich dem Schlauchberuf zu widmen, sie werden sogleich mehr und mehr gefüttert, werden gemästet wie maurische Bräute. Eine nach der andern werden sie dann in den Honigkeller geführt, an dessen Decke sie sich – neben die vielen, die dort schon hängen – anhaken.

Von Stund an sind sie, für die Dauer ihres Lebens, Honigfässer und nichts anders. Aus dem Kropfmagen lassen sie von Zeit zu Zeit Nahrung in ihren kleinen Privatmagen treten, gerade soviel, als genügt, sie selbst am Leben zu erhalten. Das Oeffnen und Schließen zwischen beiden Mägen besorgen sie selbst, wie auch das Oeffnen und Schließen des Spundloches, denn anders kann man ihren Mund nicht mehr nennen. Eine weitere Beschäftigung haben sie nicht mehr, außer der immerwährenden und ununterbrochenen Tätigkeit, sich mit ihren Beinen – die zu Haken geworden sind – an der Decke festzuhalten und das eigene, unendlich schwere Faßgewicht zu tragen: eine ungeheuerliche Muskelanstrengung, die für uns Menschen schièr unfaßlich ist. Während der mageren Monate des Jahres geht jede Emse, die essen will, in den Keller zum nächsten Fasse. Das Faß öffnet sein Spundloch – die Emse trinkt, was sie mag – das Spundloch schließt sich wieder. Während der kurzen Zeit der Fülle aber ist es umgekehrt: die Honigsammlerinnen bringen die süße Flüssigkeit in ihren Kröpfen heim und füllen sie durch das willig geöffnete Spundloch in die lebenden Tonnen.

Jeder Küfer weiß, daß man seine Fässer pflegen und reinhalten muß – lebende Fässer aber bedürfen besonders guter Pflege. Die gewölbten Keller liegen meist ein Drittel bis zu einem ganzen Meter tief unter der Erde, an besonders trockenen Stellen; sie sind an der höchsten Stelle etwa vier Zentimeter hoch, bis zu zehn breit und bis zu fünfzehn lang. Die Decke ist rauh, um den lebenden Fässern das Anhaken zu erleichtern.

Diese Keller – wie die Fässer – müssen stets trokken gehalten werden, weil sich sonst leicht an den Wänden – des Kellers wie der lebenden Tonnen – Schimmelpilze ansetzen könnten. Kleine Emsen dienen als Kellermeister, sie haben darauf zu achten, daß überall peinlichste Sauberkeit herrscht. Es ist gewiß auch die durchaus notwendige Reinheit des Kellergefängnisses, welche die lebenden Fässer zwingt, sich an der Decke aufhängen zu müssen, anstatt, wie alle andern Fässer in der Welt das tun, bequem auf dem Boden auf dem Bauche zu liegen. Die Ameisentonnen müssen sich ja ernähren und also auch Dreck absondern. Angenommen nun, sie würden nebeneinander enggedrängt auf dem Boden liegen, so würde es außerordentlich schwer, ja unmöglich sein, die so lebensnötige Reinhaltung zu besorgen. Selbst völlig hilflos, ist es ausgeschlossen, daß sie den riesigen Ballonleib heben könnten, um den reinmachenden Emsen Gelegenheit zu geben, die Unterseite ihrer Tonnenbäuche und den Boden darunter zu putzen: Schimmelbildung und daraus entstehende Krankheiten würden die Folge des sich anhäufenden Schmutzes sein. So verlangt das Staatswohl, daß die Faßemsen nicht nur – lebenslänglich Gefangene – als lebendige Honigtonnen dienen, sondern dazu noch sich an die Decke hängen, um mit ungeheurer Kraftanstrengung ein Gewicht, das vielmals schwerer ist, als sie selbst, Stunde um Stunde, Woche um Woche, ja Jahr um Jahr unbeweglich zu tragen.

Kann man mehr tun, seinem Volke zu dienen, als diese Emsen tun?

Es kommt vor, daß gelegentlich ein Faß von der Decke fällt, wenn die überanstrengten Haken es nicht mehr halten können. Es ist dann unfähig, sich selbst wieder an die alte Stelle zurückzubegeben: die Küferinnen tragen und schleppen es hinauf – es schlägt seine Haken in die rauhe Decke und hängt da weiter, Monat um Monat.

Freilich geht's nicht immer gut ab, wenn so ein Honigfaß von der Decke runterfällt. Zuweilen platzt es, ja es kommt vor, daß so ein Ballonbauch zu stark angefüllt ist und platzt, während er noch an der Decke hängt. Dann läuft die ganze Emsenschar zusammen und leckt den süßen Trank auf, wie er aus dem breiten Bauchriß des Faßtieres herausläuft. Das sieht gefühlsroher aus, als es in der Tat ist. Ein mir befreundeter Herr in Colorado-Springs, der Honigameisen aus dem ‚Göttergarten‘ in künstlichem Nest hielt, teilte mir mit, daß geplatzte Honigtonnen unter der Pflege ihrer Schwestern wieder vollkommen gesund wurden, ‘allerdings ihre frühere Tätigkeit nicht mehr aufnehmen konnten.

Anders ist das Verhalten des Honigvolkes, wenn eins ihrer Tierfässer stirbt. Es hängt noch immer fest an der Decke; die Küferinnen müssen es dann sorgsam ablösen. Aber keine denkt daran, nun das Faß zu öffnen und den Honig herauszunehmen, obwohl dieser durchaus gut und genießbar ist. Da es schwierig ist, das ganze Tier aus dem Nest zu schaffen, so trennen die Emsen zunächst den Hinterleib, die Tonne also, von dem übrigen Körper. Dieser läßt sich leicht genug hinaustragen; das Faß aber muß mit großer Mühe zu dem weiten Tor geschleppt werden; von dort läßt man es hinunterrollen. Schleppt es dann zum Begräbnisplatz, wo öfter eine ganze Reihe solcher Fässer herumliegen.

Den Honig, mit dem die lebenden Töpfe gefüllt werden, sammeln ihre Schwestern während der kurzen Zeit des Ueberflusses. Es sind nächtliche Tiere, die die magere Zeit des Jahres über nur im Neste zubringen. Sie besuchen mit Vorliebe Zwergeichen, auf denen kleine Galläpfel einige Tropfen süßen Saftes ausschwitzen; aber sie nehmen auch eigentlichen Honigtau von den Blättern oder melken ihn von den Blattläusen. Wer also eine Honigameise verzehrt, ißt süßen Pflanzensaft, der, ohne von seiner Frische und Süßigkeit zu verlieren, in zwei Tierleibern gewesen ist: in einer Blattlaus und in einer Ameise.

Als großer Leckerbissen gilt das Honigfaß sowohl den Indianern der mexikanischen Hochebene als auch den Australnegern; beide graben sicher nach, sowie sie nur ein Nest finden. Sie verzehren eine nach der andern – und größere Nester haben über sechshundert Honigtonnen – mit dem Ausdruck höchsten Entzückens. Ich habe in beiden Ländern sie versucht – ich gebe gern zu, daß das im Interesse der Wissenschaft ganz überflüssig war und nur aus Neugierde geschah, um zu versuchen, wie eigentlich Märtyrer schmecken. Wenn vielleicht jemand, der dies liest, auch so neugierig sein sollte wie ich, so will ich ihm verraten, daß die australische ein wenig süßer schmeckt als die mexikanische, die dafür aber ein fetterer Bissen ist. Im übrigen – *mir* ist Kaviar lieber! Immerhin: was den Geschmack angeht, verdienen die Honigtöpfe unter den Ameisen den höchsten Preis. Man versuche nur einmal eine kleine Hausameise – die naschen gern von unserm Zucker und es kommt leicht vor, daß man mal eine mit in den Mund bekommt – viele Stunden lang wird man den widerlichen Geschmack nicht von der Zunge los.

Die mexikanischen Indianer, die aus allem Schnaps machen, was sich nicht wehren kann, brauen natürlich auch aus den Honigtöpfen einen Schnaps, den sie hoch in Ehren halten. Mit Pulque, dem Suff, den sie aus Agaven machen, hält er schon den Vergleich aus und ist gewiß viel besser als ‚Bay-Rum‘, ‚Witch-Hazel‘, ‚Westphals Auxiliator‘ und andere Toilettenwasser und Haarwuchsmittel, die uns im amerikanischen Gefangenenlager als Grundlage zur Silvesterbowle dienten — sonst aber läßt er doch manches zu wünschen übrig. Dagegen scheint der Honig aus den lebenden Fässern, ärztlich angewendet, sehr gut zu sein. Einer meiner Mozos, der sich den Arm gequetscht hatte, rieb sich die stark geschwollene Stelle damit ein, mit dem Erfolge, daß die Geschwulst in kurzer Zeit völlig verschwand.

IX

GEMÜSEBAU

*Bei den Ameisen finden wir Freund-
schaft, Geselligkeit, Mut, Arbeits-
liebe, Enthaltsamkeit und Klugheit.*
Plutarch, *Ueber die Sitten, XI.*

Ein Tag bei Henri Fabre.

Wenn man den Büchern unserer Naturwissenschaftler Glauben schenken will, so sind die Ameisen
und, was das anbetrifft, alle Tiere, äußerst blöde
und langweilige Geschöpfe. Die heiße Wißbegier,
die uns als Kinder der prächtige Brehm für die
Tierwelt einpflanzte, würde uns von der Wissenschaft längst gründlich verekelt sein, wenn nicht gelegentlich ein paar nicht fachwissenschaftlich ver-
bildete Autodidakten uns erzählen wollten, wie *sie*
die Natur sahen. Der alte J. Henri Fabre war so
einer.

Nie will ich den Tag vergessen, da ich ihn aufsuchte in seinem Gartenheim in Sérignan in der
Vaucluse. Von Orange fuhr ich hin, mit Marie Lau-
rencin, der Malerin — glühheiß war der Augusttag.
Ein gelbes Kätzchen lag in den Hecken, kaum eine
Woche alt, weggeworfen, hungernd — kaum zu wim-
mern vermochte es. Marie nahm's in den Wagen,

trug es im Taschentuche. Und ihre erste Frage bei dem Alten war um ein wenig Milch für das Kätzchen.

Im Fahrstuhl saß der Achtzigjährige. Ganz in Schwarz, nur der lange Hemdkragen fiel schneeweiß über die Schultern. Frisch rasiert war er — uns zu Ehren vermutlich — noch deckte der Puder sein Gesicht. Wie ein alter, sterbender Pierrot sah er aus.

Sehr schwarz die Augen und sehr groß. Unendlich gütige Augen, unendlich kluge Augen — Augen, die ein langes Menschenleben lang tief in alle Natur sahen. Ein wenig lustig — und ein wenig traurig zugleich.

Dieser Mann wußte: nun muß ich bald gehn. Monate noch und vielleicht ein Jahr. Ein Jahr im Rollstuhl — da kann man nicht viel mehr arbeiten. Nun muß ich bald gehn — und es gibt noch soviel zu sehn überall in Gottesnatur — so unendlich viel zu sehn gibt es noch.

Der alte Zauberer nahm unser Kätzchen auf die Knie. Milch ließ er kommen, lauwarm mußte sie sein und mit Wasser gemischt. Der kannte sich aus mit allen Tieren ringsum — und mit kleinen, verhungerten Kätzchen auch.

Ein ganz großer Weiser war er, der alte Fabre. Die Exakte Wissenschaft lehnte ihn ab. Nie hat ihm die Akademie der Wissenschaften in Paris einen ihrer großen Vierzigtausendfrankenpreise verliehen; ja, als sie 1913 sechs neue Sitze zu vergeben hatte, zog sie es vor, statt dieses Mannes, der den Ruhm französischer Wissenschaft über die Erde trug, sechs Nullen zu wählen. Warum? Weil Fabre's Gedanken nicht

mit denen der ‚Exakten‘ übereinstimmten und weil
er — zu *literarisch* sei. Das heißt: weil er *schreiben,*
sich verständlich machen konnte, was die Wissenschaft eben nicht kann. Daß die Weinbäurinnen
der Vaucluse den Weisen für einen armen Narren
hielten, weil er tagsüber in irgendeinem Graben auf
dem Bauch lag, um Ungeziefer anzustarren — das
ist begreiflich. Daß die Feldhüter ihn hie und da
für einen Strolch nahmen und verhafteten — ist nicht
weniger verständlich. Aber daß die Pariser Akademie sich weigerte, den größten Weisen ihres Landes
zum Mitgliede zu machen, weil er ein ‚Künstler‘ sei
und kein Gelehrter — das mag verstehn, wer will.
Ein halbes Jahrhundert arbeitete er für die Wissenschaft; kein geringerer als Darwin begrüßte mit Begeisterung seine ersten Arbeiten. Heute hat man ihm
schon drei Denkmäler gesetzt; heute ist die ganze
Welt von seinem Ruhme voll. Doch vor zehn Jahren
noch lehnte Paris ihn ab, weil er nur ein — ‚Künstler‘ sei!

Und genau so lehnt die ‚Exakte‘ in Deutschland
den prächtigen alten Brehm ab. Brehm schrieb ein
reines, mustergiltiges Deutsch — schon darum haßte
ihn die Wissenschaft, die nur ein widerlich verquol-
lenes Kauderwälsch zu stammeln fähig ist. Dann
aber: anthropomorph sah er die Tiere! Da rümpft
die ‚Exakte‘ ihre verschnupfte Nase und sagt verächtlich: ‚Dilettantische Popularisatoren!‘ Sie hat
nicht eher Ruhe gegeben, bis sie — in der letzten
Auflage — den prächtigen Brehm ‚entpopularisierte‘
und damit dem »Tierleben« all seinen Reiz nahm. Nur
keine *Geschichten*, nur keine *Märchen* in der Natur-
geschichte!

Nun sind freilich nicht alle Naturwissenschaftler vom Fach so durchaus nur für das *Exakte*. Wenn einmal einer von ihnen von einem Gedanken besessen ist, dann beweist er ihn drauflos durch Kraut und Rüben, macht Schule natürlich und findet eine Schar von Anhängern, die noch viel gründlicher drauflos beweisen. Geschichten und Märchen entstehn dann, viel toller, als die aller ,dilettantischen Popularisatoren‘, aller Künstler und Dichter.

Gelehrte solchen Schlages sind die Zoologen, die uns in dicken Büchern von den Wundern der ,Mimikry‘ vorgefabelt haben, sind die Botaniker, die an den wechselseitigen Beziehungen von Pflanzen und Ameisen sich begeisterten. Es ist das recht fesselnd zu lesen, und ich möchte schon, daß es alles wirklich so wäre. Leider braucht man nur ein wenig in der Welt herumzufahren und seine zwei Augen aufzumachen, um zu sehn, daß es reine Einbildung ist.

Daß Ameisen einigen Pflanzen von Nutzen sein können, ist richtig. Daß Ameisen sich ihrerseits sehr viele Pflanzen zunutze machen, ist auch richtig. Daß sie aber zum Danke dafür auch den Pflanzen Dienste leisten, ja, daß die Pflanzen die Emsen anlocken, daß sie gewisse den Ameisen besonders angenehme Dinge eigens an sich entwickeln, daß also eine enge Wechselbeziehung zu gegenseitigem Nutz und Frommen zwischen Ameisen und solchen Pflanzen bestände — das alles ist ein barer Schwindel.

Im allgemeinen mag man sagen, daß die Ameisen den Pflanzen mehr nützlich als schädlich sind wie umgekehrt die Ameisen aus der Pflanzenwelt großen Nutzen ziehn. Zunächst finden sie reichlich ihre Nahrung: Samenkörner aller Art, Honig und Früchte. Sie finden ferner vielfach gute Gelegenheit zum Nestbau, in Baumstämmen, unter der Rinde, in allen möglichen Hohlräumen, in Zweigen und Aesten, Dornen und Gallen. Auch in Grasstengeln, in Wurzelstücken, Zwiebeln, Knollen, Fruchthülsen. Die Blätter dienen ihnen nicht nur zum Nestbau, sie errichten auf ihnen auch ihre Viehweiden; sie benutzen sie endlich in ganz großem Stile als Düngmittel für ihre Pilzgärten.

In allen diesen Fällen zieht das Volk der Ameisen Vorteil aus der Pflanzenwelt, wie gelegentlich die Pflanzenwelt nicht unerheblichen Nutzen durch die Emse findet. Ueberall aber ist dieser Vorteil nur einseitig: von *gegenseitigen* Beziehungen, von einer ,Do ut des-Politik' kann nirgends die Rede sein. Hier aber setzen die phantasiebegabten Botaniker ein, die die tausendundeine Geschichte von den ,ameisenliebenden' Pflanzen geschrieben haben.

Es gibt Pflanzen, so lehren sie, welche die Ameisen durch ganz besondere Reizmittel an sich locken. Sie, die Pflanzen, bezwecken dadurch, daß sich Ameisen möglichst dauernd auf ihnen aufhalten und sie dann vor allen ihren Feinden schützen. Einige Pflanzen, sagen die Botaniker, gehn sogar so weit, solche die Ameisen besonders anreizenden und ihnen zugleich Vorteile gewährenden Eigenschaften, die sie früher nicht hatten, eigens an sich zu entwickeln.

Es würde nun für Pflanzen, die Wert darauf legen, von sie schützenden Ameisen bewohnt zu werden, dreifache Möglichkeit der Anpassung bestehn: entweder den Ameisen eine gute Wohngelegenheit oder aber ihnen gute Nahrung zu schaffen oder endlich sie auf solche Vorteile durch besonders entwickelte Lockmittel noch besonders hinzuweisen.

Was zunächst die letzte Möglichkeit betrifft, so wird uns erzählt, daß manche Pflanzen die Stellen, an denen sie süße Säfte ausschwitzen, recht auffallend gefärbt hätten, schneeweiß oder purpurrot. Dabei weiß aber jeder Forscher, daß die Emsen sich weniger vom Gesicht, als vielmehr vom Geruch und Gefühl leiten lassen. Persönlich habe ich in vielen Versuchen festgestellt, daß alle Farbenunterschiede den Emsen völlig gleichgiltig sind; ob ihr Honigtropfen auf gelber, roter, grüner oder schwarzer Unterlage liegt, schiert sie nicht einen Pfifferling. Mit den ‚Lockmitteln‘ ist es also nichts.

Nun zu den andern Möglichkeiten. Es gibt in der Tat eine ganze Anzahl von Bäumen, fast ausnahmslos in den Tropen, die einmal in den Hohlräumen ihrer Stämme, ihrer Zweige und Dornen hervorragend gute Nesträume bieten, dann auch an vielen Stellen Drüsen haben, welche süße, honigähnliche Stoffe ausschwitzen. Neben solchen Nektarien, die bei den Ameisen — und bei andern Insekten — genau so beliebt sind, wie die Blumen bei den Bienen, haben einige Bäume an den Blattspitzen oder den Blattstengeln noch eigentümliche Leckerbissen, die sogenannten ‚Müllerschen‘ und ‚Beltschen Körperchen‘ und die ‚Perldrüsen‘, die von den Baumameisen eingesammelt, von den Bäumen aber stets wieder in großen Massen neu hervorgebracht werden. Kein Wunder, daß solche Bäume, die Wohnung und Nahrung zugleich bieten, von Baumameisen gern bewohnt werden; in der Tat sind sie denn auch bei den Aztekenarten in hervorragendem Maße beliebt. Die Aztekenameisen nun sind sehr kampflustig, sehr mutig und gut bewehrt; sie greifen jeden Feind sofort an, der sich an dem gütlich tun will, was sie als ihr Eigentum betrachten. Da hätten wir also die berühmte Anpassung der ameisenliebenden Pflanze: »der Imbaubabaum liefert den Azteken vorzüglich Wohnung und zugleich herrliche Speise und er hat beides eigens entwickelt, um so den Schutz der Ameise zu genießen!«

Azteka und Imbauba.

Ueberall in den Wäldern Brasiliens ist die Imbauba, der Trompetenbaum, zu finden. Ueberall auch die Blattschneiderameise, die ganze Bäume entlaubt, die Imbauba jedoch, die von den kriegerischen Azteken bewohnt ist, verschont. Der Trompetenbaum ist hohl im Stamm wie in den Zweigen, doch ist es nicht *ein* großer Hohlraum, es sind vielmehr manche, durch dünne Zwischenwände an den Knoten voneinander getrennte Hohlräume. Von jedem Knoten geht ein Blatt aus; wo der Blattstengel sitzt, befindet sich eine Art haarigen Kissens, auf welchem die gelblichen Müllerschen Körperchen wachsen. Der Stamm, sowie die Aeste zeigen unterhalb eines solchen Knotens eine etwas eingedrückte Stelle, die ziemlich dünn ist und fast einem kleinen Loche gleicht – sie *wird* auch zum Loche, das hier die vom Hochzeitflug kommende junge Königin sich bohrt. Während andere junge Königinnen sich tief in die Erde einen Gang und an dessen Ende eine kleine Höhle graben müssen, um, nachdem sie dies einfache Nest fest verschlossen haben, nun hungernd durch viele Monate Eier zu legen und ihre erste Brut aufzuziehn, braucht die glückliche Aztekakönigin nichts zu tun, als diese dünne Stelle an einem Zweige des Trompetenbaumes durchzubeißen und hineinzuschlüpfen. In dem Zwischenraum zwischen zwei Knoten findet sie ein hübsches Nest fertig vor. Sie braucht nicht einmal die Oeffnung zu verschließen, auch das tut die Imbauba für sie, die an dieser Stelle wieder zuwächst; ja, die junge Königin findet sogar in dem wachsenden Stoff eine ihr zusagende Nahrung. Der brave Baum bewahrt sie also vor allen Fährnissen ihrer jungen Mutterschaft.

Wenn die junge Brut heranwächst, so macht sie Türen in die Zwischenwände von einem Hohlraum zum andern, öffnet zugleich auch nach außen hin wieder die zugewachsenen Stellen. Allmählich sind alle Zwischenwände geöffnet, alle Hohlräume verbunden: eine große Verbindung ist hergestellt bis hinunter zur Erde. Das großgewordene Volk baut nun unten im Stamme ein Papiernest und öffnet es nach außen hin durch den Stamm: von hier aus und durch die kleinen Türchen in den Zweigen können die Emsen jetzt überall leicht aus und einschlüpfen. Sie sammeln nun die Müllerschen Körperchen und legen sich davon große Vorratskammern in ihrer Pappstadt an. So sehr haben sie sich an diese leckere Nahrung gewöhnt, daß sie kaum mehr von einer andern Speise etwas wissen wollen.

Noch mehr Vorteile jeder Art vermag eine Pflanze den Ameisen schlechterdings nicht zu geben; es wäre daher begreiflich, daß ein Aztekenvolk die von ihm bewohnte Imbauba, die es als sein Eigentum betrachtet, gegen alle Angriffe verteidigt. In der Tat finden häufig heftige Kämpfe auf dem Baume statt. Nicht eine nämlich, sondern ein halbes Dutzend junger Aztekaköniginnen mögen sich denselben Baum als Heim für ihr zukünftiges Volk erkoren haben — jede einzelne hat sich an einem oder einem anderen Zweige durch die dünne Stelle hindurchgearbeitet und zwischen zwei Knoten ihr Nest begründet, so zwar, daß wir später nicht ein, sondern eine ganze Reihe von jungen Völkern auf dem Trompetenbaum finden. Jedes aber verlangt den Baum für sich; sofort setzt ein Kampf auf Tod und Leben aller Völker gegen alle ein: dieser Kampf endet mit der völligen Ausrottung aller andern Völker und Königinnen, sodaß schließlich nur ein einziges Volk, eine einzige Königin als unbeschränkte Beherrscher des Baumreiches übrig bleiben, die nun herrlich und in Freuden in reichstem Ueberfluß leben. Solange freilich nur, wie ihr Trompetenbaum steht; wird er gefällt, vom Sturm entwurzelt, vom Blitze getroffen, so stirbt mit ihm das Volk, das völlig auf ihn angewiesen ist.

Es ist also schon wahr: Wohl und Wehe von Azteka und Imbauba hängen aufs innigste zusammen, bis zu diesem Punkte stimmen die Beobachtungen der Forscher durchaus. Nur liegt bisher aller Vorteil auf Seiten der Ameisen. Zu dem schönen Gedanken des ‚ameisenliebenden' Baumes sind jedoch noch zwei Dinge notwendig. Einmal, daß der Trompetenbaum alle oder wenigstens einige der schönen Sachen, die den Ameisen so nützlich sind — also die Müllerschen Körperchen, die Hohlräume, die dünnen Stellen, durch welche die Königin hineindringen kann — eigens entwickelt habe, um die Ameisen zu seinem Schutze bei sich zu beherbergen und zweitens, daß die Azteken ihm diesen Schutz auch wirklich gewähren.

Was die erste Frage angeht, so ist die Anpassung des Baumes durch nichts zu beweisen und wird sich niemals beweisen lassen. Was die Forscher in dieser Beziehung vorbringen, sind nichts als hübsche Gedanken, phantastische, lockende, aber völlig in der Luft schwebende Vermutungen und Behauptungen. Sehr leicht dagegen ließe sich der zweite Punkt beweisen, daß die Emsen ihre Bäume gegen schädliche Eingriffe schützen — wenn er eben zutreffend wäre!

Nur: er trifft garnicht zu. Die Ameisen denken garnicht daran, dem Trompetenbaum irgendwelchen Schutz zukommen zu lassen. Allerdings vertreiben sie in wütendem Kampf jedes andere Aztekenvolk von ihrem Baum, aber das nützt doch nur ihnen selbst und garnicht der Imbauba, die ihre Hohlräume und ihre Leckerbissen für die einen sowohl wie für die andern wachsen läßt.

Die Behauptung der Gelehrten aber, daß die Azteka den Baum gegen die verheerenden Angriffe der Blattschneiderameisen schütze, die ihrerseits wieder die Blätter der Imbauba besonders schätzen, ist glatter Schwindel. Jeder ausgewachsene Trompetenbaum, heißt es, ist von einem Aztekavolke bewohnt; darum gehn die Blattschneiderinnen in großem Bogen um solche Bäume herum, da sie einen Mordsrespekt vor den Waffen der kriegerischen Basen haben. Falsch! Ich sah viele Imbaubas, auf denen kein Volk von Aztekas wohnte — dennoch besuchten die Blattschneiderinnen diese Bäume nicht, um die

Blätter abzuschneiden. Diese Ameisen mögen augenscheinlich die Trompetenblätter garnicht, sodaß ein ‚Schutz vor ihnen' auch nicht den allergeringsten Zweck hätte. Dazu kommt, daß, wenn auch die Azteka nicht nur Stammesgenossen, sondern auch eine Reihe fremder Insekten, die gelegentlich auf den Baum kommen, im Augenblicke auf das heftigste angreift, sie doch daneben andern Insekten, an die sie sich augenscheinlich gewöhnt hat, ruhig erlaubt, auf ihrem Baume zu leben. Dazu noch Insekten, die dem Baume bestimmt schaden, da sie sich von seinen Blättern ernähren, so dem Faulkäfer, der Blattkäferlarve und einigen Raupen. Besonders in Paraguay sah ich viele von Azteken bewohnte Trompetenbäume, deren Blätter von allen möglichen Insekten schlimm zerfressen waren — einerseits schien das den sehr gesunden Bäumen nicht allzu viel zu schaden und andererseits dachten die wilden Azteken garnicht daran, die Schädlinge wegzujagen. Sie verteidigten ihre Nester, verteidigten die haarigen Kissen auf den Blattstengeln, auf denen ihre Speise wächst, aber es fiel ihnen garnicht ein, die zerstörenden Insekten von den Blättern zu vertreiben, da sie selbst an diesen Blättern kein Interesse hatten. Wenn also die Imbauba überhaupt keine eigentlichen Feinde hat und wenn sie dazu von ihren Ameisen nicht geschützt wird — was nutzt ihr dann das auf ihr rumkrabbelnde Ameisenvolk?

Das einzige, was noch fehlen würde, um die Lehre der Wissenschaft von dem ameisenliebenden Trompetenbaum vollends lächerlich zu machen, wäre der Nachweis, daß die Azteka ihrem Hausbaum nicht nur nicht nützt, sondern ihm noch obendrein schadet. Nun – und grade das tut sie! Spechte, die sich von diesen Ameisen ernähren, schlagen so tiefe und zahlreiche Löcher in den Baum, daß seine Widerstandskraft gegenüber den sehr heftigen tropischen Stürmen sehr herabgesetzt ist.

Damit aber zerplatzt die schöne, schillernde Seifenblase von der ‚Ameisenliebe‘ des Trompetenbaumes.

Hängebäuche und Akazien.

Ich habe mich länger bei der Imbauba und der auf ihr hausenden Azteka aufgehalten, weil dieser beiden Geschichte seit langer Zeit als das klassische Beispiel der innigsten Wechselbeziehung zwischen Ameise und Pflanze gilt. Die vielen andern Beispiele der Forscher, die sich für die Ameisenliebe der Pflanzen begeistert haben, stehn auf noch viel schwächerem Grunde. So die Geschichte von den Flötenakazien und den ihre hohlen Dornen bewohnenden Hängebauchameisen. Einmal schwellen die Dornen keineswegs so mächtig auf infolge der Neigung der Akazien, Ameisen in ihnen zu beherbergen und zu füttern, sondern wahrscheinlich infolge einer Krankheit, die von Bakterien veranlaßt wurde. Denn stets sind nur einige Dornen so angeschwollen, während die meisten ihre normale Größe zeigen. Dann aber schützen die ‚Hängebäuche‘ ihre Akazien ebensowenig, wie die Azteken die Trompetenbäume: – die Dornen selbst sind gegen weidendes Vieh ein viel besserer Schutz. Freilich wehren sich die Hängebäuche, wenn sie angegriffen werden; wenigstens tun das die dreifarbigen Hängebäuche, die in Gallen der ostafrikanischen Flötenakazien

sich Papiernester bauen; sie haben zu ihrer Verteidigung sogar eine ganz eigentümliche Taktik
ausgebildet. Dicht gedrängt besetzen sie das Tor
ihrer kleinen Stadt, aber – mit den Hinterteilen
ins Freie! Und aus jedem Hängebauchhinterteilchen
tritt ein so übelriechendes weißes Tröpfchen aus, daß
die Feinde es vorziehn, diese unappetitliche Gesellschaft in Ruhe zu lassen. So schlagen sie selbst die
wilden Angriffe der Wanderameisen ab. Nur: diese
Feinde tun den Akazien nicht das geringste Leid;
diese haben also gar keinen Vorteil von den Künsten
ihrer Hängebäuche.

Doch birgt das Kapitel der Beziehungen der Ameisenheit zur Pflanzenwelt eine andere Geschichte, die
viel wunderbarer ist, als die von der Azteka und
ihrem Trompetenbaum, vom Hängebauch und seinen Flötenakazien, das ist die Geschichte von den

Pilzzüchterinnen.

Diese Ameisen, aus der Familie der Knotenameisen,
führen den Stammesnamen: Atta. Atta – das heißt
‚Alterchen‘; es war die freundliche Anrede des jungen Griechen für den alten Mann. Nun haben diese
Emsen wirklich etwas langsames, würdiges, gesetztes in ihren Bewegungen – freilich garnichts männliches, vielmehr etwas recht matronenhaftes, geruhiges. Besonders, wenn sie in langen Zügen, mit ihren
Sonnenschirmen bewaffnet, dahermarschieren.

Die Ameisen vom Stamme Atta sind Tropenbewohnerinnen Amerikas, die zum Teil auch in subtropische Lande sich ausgedehnt haben. Wohl gibt es
auch bei uns eine Ameise, die kleine rußhaarige Gartenameise, die sich auf Pilzzucht ver

steht. Sie baut ein Pappnest und tapeziert dessen Wände mit Pilzen aus: der Pilz dient als Mörtel, verleiht außerdem der Wand Festigkeit. Eigentümlich ist – eine merkwürdige Parallele zu den Pilzen der amerikanischen Pilzzüchterinnen großen Stils, mit denen unsere Gartenameise ja garnicht verwandt ist – daß dieser Pilz außerhalb des Nestes nicht vorkommt, also als ein reines Züchtungsprodukt dieser Ameisen betrachtet werden muß. Noch eine andere Aehnlichkeit hat unsere deutsche Pilzzüchterin mit den indianischen Ameisen – sie ist wie diese, dicht behaart. Ob diese Behaarung in irgendeiner Beziehung zum Pilzzüchten steht – wer weiß!

Die Attapilzzüchterinnen sind harmlose Geschöpfe; ihr Stachel ist wenig ausgebildet, wenn sie auch mit ihren scharfen Oberkieferscheren sich ganz gut wehren können. Manche Arten verzichten überhaupt auf jeden Kampf, sind recht furchtsam und stellen sich tot bei Gefahr. Die Arbeiterinnen haben die verschiedenste Größe, von ganz kleinen Schluckern bis hinauf zu mächtigen Soldaten; bei einzelnen Arten vermag man bis zu sechzehn Formen deutlich zu unterscheiden.

Groß ist auch die Anzahl der verschiedenen Arten, die in manchen Einzelheiten der Lebensführung voneinander abweichen, namentlich in der Art der Pilzzucht. Einige sammeln den Kot von Raupen, um auf solchem Dung ihre Pilze zu züchten, andere benutzen als Mistbeet kleine Pflanzenteile, Blumenblätter oder faulendes Holz, während die höchstentwickelten Blattschneiderinnen frische Blätter dazu verwenden. Einige leben in ganz kleinen Völkern von kaum einem Dutzend Seelen, andere wieder haben ungeheuer zahlreiche Völker. Dementsprechend finden wir kleinste Zwergnester bei den einen, riesengroße bei andern Arten. Manche bauen hängende Pilzgärten, andere errichten solche auf dem Boden ihrer Warmhäuser. Dabei sind auch die Pilze selbst bei den verschiedenen Stämmen stets andere, wenn auch die Ameisen die Pilzspeise fremder Arten durchaus nicht verschmähen.

Jeder Mensch, der einmal im amerikanischen Urwald gewesen ist, hat die Blattschneiderinnen gesehn — Sauba nennen sie die Indianer Brasiliens. In langen Zügen wandeln sie über den Boden, jede einzelne mit einem Schirm versehn, den sie aus einem Blatte herausgeschnitten hat, meist doppelt so groß als sie selber. Es sieht aus, als ob sie segelten oder als ob sie sich mit den großen grünen Schirmen vor den Strahlen der Sonne schützen wollten. Die Bäume und Sträucher hinauf ziehn sie, schneiden Stück um Stück jedes Blatt herunter, um es nachhause zu schleppen. Man kann bequem zusehn, während sie einen Busch entlauben, so scharf schneiden ihre Scheren, obwohl sie sich bei ihrer Arbeit nie zu beeilen scheinen.

Wenn eine junge Ameisenkönigin in die Welt hinausfliegt, um hochzeitliche Wonnen zu genießen und dann ein Volk zu gründen, so ist sie stark und gesund und recht wohl genährt — aber sie nimmt kein Gepäck mit und keine Reisevorräte. Grade das aber tut die Attakönigin. Der Pilz ist diesen Ameisen das ‚Heilige‘; er ist das Ding, um das sich ihr ganzes Leben dreht. Wie sie ihn fanden, wissen wir nicht — irgendeine Heldin des Volkes mag ihn vor undenklichen Zeiten gebracht haben, so wie den Menschen Prometheus das Feuer vom Himmel holte.

Die junge Königin nimmt also, in einer Tasche ihres Mundes, ein wenig Pilzmasse mit auf die Hochzeitreise. Sie findet ihre Geliebten, vermählt sich. Sowie sie sich Mutter fühlt, gräbt sie sich sofort in die Erde, schaufelt eine kleine Höhle und verschließt diese sicher vor der Außenwelt. Ihre Arbeit ist erheblicher, als die aller anderen Ameisenköniginnen und sehr viel größer, als die der ihr so benachbart hausenden Königin vom Aztekenstamme. Diese bekommt Wohnung und Nahrung vom Trompetenbaum geliefert, sie braucht sich also nur um Eierlegen und die Aufzucht der jungen Brut zu bekümmern. Die Königin der Blattschlepperinnen aber muß mühsam ihre eigene Wohnung bauen, wie sie für ihre eigene Nahrung sorgen muß — denn ihre angestrengte Tätigkeit erfordert eine gewisse Ernährung. Sie muß dazu ihre Jungen aufbringen und schließlich für ihr künftiges Volk den Pilzgarten anlegen, der dieses ernähren soll, von dem sie selbst jedoch nicht ein bißchen anrührt. Sie ist also nicht nur Mutter und Königin, sondern auch die Nährmutter ihres Volkes.

Kaum hat sie sich in ihr dunkles Heim, in die Erde zurückgezogen, so spuckt sie das Erbe ihrer Mütter aus — eben das winzige Pilzfetzchen. Nun folgen ein paar Tage der Ruhe, während der das Pilzflöckchen ziemlich schnell wächst. Am dritten Tage beginnt das Eierlegen, zugleich die dauernde Pflege des stets wachsenden Pilzgärtchens. Dieses muß gedüngt werden, und zwar so sorgfältig, daß die kleinste Dungmasse die möglichst größte Nährkraft abgibt.

Nun, den Dung hat die junge Königin auch mit-
gebracht – es ist ihr eigener Kot.

Die Chinesen der Riesenstädte sind große Blumen-
liebhaber, sie hegen und pflegen diese wie kein anderes Volk der Welt. Dung aber ist in den gewaltigen Städten eine seltene Ware; so ist ihr eigener
Kot – und der der guten Freunde und Nachbarn –
außerordentlich geschätzt. Sie tragen ihn sorgfältig
heim, verteilen ihn, düngen damit ihre Blumenerde.

Aber selbst ein Chinese kann nicht die Geduld und
Mühe bei seiner Pflanzenzucht aufbringen, wie die
Königin der Schleppameisen. Sorgfältig zupft sie
einen kleinen Fetzen aus ihrem Pilzgarten mit den
Oberkiefern, beugt den Kopf hinunter, dreht den
Hinterleib vor, drückt das Flöckchen an ihr Popo-
chen und benetzt es mit einem klaren, gelben Tröpfchen – eine echt königliche Bewegung: auch die
stolzeste Kaiserin und Königin der Menschenvölker
muß solche Arbeit ohne Hilfe verrichten.

Dann fügt sie das Pilzflöckchen wieder in den
kleinen Garten ein und preßt es mit den Vorderbeinen fest. Wenigstens zweimal stündlich düngt sie so
ihr Beet, das sie zwischendurch zurechtstreicht und
durch Belecken reinigt.

Nun aber muß, um guten Gartendung spenden zu
können, ein jedes Geschöpf Nahrung zu sich nehmen. Von ihrem Gärtchen darf die Königin nichts
nehmen – das muß wachsen und stark werden, um
einmal das große Volk ihrer Kinder ernähren zu
können. Sonst aber gibt es nichts zu essen in der
engen Höhle.

Die Königin weiß Rat: die Nahrung, die sie braucht,
stellt sie selber her. Vom dritten Tage ihrer Ein-

siedelei an legt sie täglich etwa zehn Eier – davon
ißt sie selbst die meisten: so erhält sie sich am
Leben und vermag zugleich die Kraft herzugeben,
die ihre Pilzzucht wachsen macht. Viel Schlaf hat
die Königin nicht, außer der Pflege des Gartens
muß sie ihre Höhle glattstreichen, sich selbst reinhalten, endlich der Aufzucht der jungen Brut sich
widmen, die sie mitten in den Pilzgarten bettet. Sowie die Larven aus den Eiern geschlüpft sind, füttert die Mutter sie wie sich selbst mit zerquetschten
Eiern – es dienen von je zehn Eiern neun zu Nahrungszwecken.

Wenn die ersten jungen Emsen aus ihren Puppen
schlüpfen – stets Arbeiterinnen der allerkleinsten
Sorte, wahre Zwerginnen – hat der Pilzgarten, der,
als die Königinmutter ihn pflanzte, kaum einen halben Millimeter Durchmesser hatte, bereits einen solchen von zweieinhalb Zentimeter. Sogleich beginnen
die Töchterlein, ihre Mutter in ihrer Arbeit zu un-
terstützen. Sie übernehmen die Reinhaltung und Ernährung der jungen Brut, die nach wie vor mit den
Eiern der Mutter gefüttert wird, während die kleinen Emsen sich selbst aus dem Pilzgarten ernähren.
Auch helfen sie der Mutter, den Garten zu düngen;
freilich benehmen sie sich dabei nicht so vornehm
und königlich wie die Mama. Sie besorgen einfach
ihr Geschäftchen in den Garten, pflanzen dann ein
an anderer Stelle ausgerissenes Flöckchen in den
frisch gedüngten Platz. Die Königin-Mutter beaufsichtigt befriedigt diese Arbeit und hilft gelegentlich dabei.

Eine Woche etwa, nachdem die kleinen Emsen aus
der Puppe krochen, beginnen sie zu graben – nach

wenigen Tagen haben sie dann eine Oeffnung zur Oberfläche geschaffen. Und nun fängt das eigentliche Leben des jungen Volkes an. Während die Königin allmählich alle Arbeit den Töchtern überläßt und sich nur noch mit Eierlegen beschäftigt, ziehn die jungen Emsen – mehr und mehr mit jedem Tage – auf Arbeit hinaus in die Welt. Sie erklettern Sträucher und Bäume, schneiden Stücke von Blättern ab, segeln mit ihnen zurück ins Nest. Die Blattstücke werden zerkleinert und zu Klümpchen geknetet; sie dienen von nun an als Düngemittel für den mächtig wachsenden Pilzgarten, während die Düngung mit Kot völlig aufhört. Zu gleicher Zeit hört auch der Kannibalismus auf; von nun an nähren sich nicht nur die erwachsenen Emsen aus dem Garten, auch die Larven erhalten jetzt nur Pilznahrung. Augenscheinlich ist solche Speise weit kräftigender, als die Eier, aus denen Schwestern hätten werden können, denn nun entstehn Arbeiterinnen, die größer sind als die zwerghaften Erstlinge, ja solche, die das sechsfache Maß erreichen – dazu Männchen und Weibchen, die noch viel größer sind.

Zu dem einen Pilzgarten treten neue hinzu, immer mehr unterirdische Treibhäuser werden angelegt. Mit der Zahl des Volkes wächst die Größe der Stadt, die ganz erstaunliche Maße erreichen kann. Ein einziges Treibhaus – also eine von Pilzen bewachsene Erdkammer – kann eine Länge bis zu anderthalb Metern erreichen, dabei eine Höhe und Breite von je einem Drittel Meter, ja, einzelne Forscher erzählen von Pilzgärten von einem Meter Höhe und sechs Metern im Durchmesser! Die Gänge führen bis zu fünf Metern in die Erde; die Toröffnungen des Nestes sind, um genügende Durchlüftung zu schaffen, wie bei den Städten der Honigameisen, sehr breit. Die vielen über der Stadt errichteten Krater haben Durchmesser bis zu einem Meter — das ganze Nest kann eine Fläche von über hundert Quadratmetern einnehmen. Jede einzelne der zahllosen Kammern aber trägt in der Form eines Badeschwammes einen Pilzgarten: Eier und Larven ruhn weich darin.

Die Arbeitsteilung ist nun streng durchgeführt. Zum Blattschneiden und Einschleppen sind die mittleren Arbeiterinnen bestimmt, während die ganz großen als Soldaten und Wachtposten die Tore der Stadt bewachen. Kleinere wieder kneten die Blattstücke zu Klümpchen und bauen die neuen Pilzgärten, sie fügen in die alten Gärten das frische Blattmus ein, zerren die schon verbrauchte Masse heraus und bringen sie auf die Schutthaufen. Noch kleinere Arbeiterinnen haben die Pflege der Brut und der Königin übernommen.

Den kleinsten Knirpsen aber liegt eine sehr wichtige Arbeit ob. Sie sind die eigentlichen Gemüsebäuerinnen, sie jäten alles Unkraut und besonders alle andern Pilze aus, die in den Treibhäusern wachsen. Auf der bald bräunlich werdenden Dungmasse der Blätter darf nur ihr eigener schneeweißer Pilz wachsen. Aber auch dieser Pilz darf nicht *so* wachsen, wie er möchte, sondern *nur so*, wie die Ameisen wollen. Der Pilz würde, allein gelassen, lange Fruchtträger treiben, richtige Schwammerln, bis zu fünfzehn Zentimeter hoch. Die aber wünschen die Ameisen garnicht. Die kleinen Emsen nun beißen täglich und stündlich diese keimenden Luftsprossen ab; sie bewirken dadurch, daß an ihre Stelle kleine runde oder ovale Anschwellungen treten: ‚Kohlrabi' hat der deutsche Forscher, der sie zuerst fand, sie benannt.

Es sind diese Kohlrabi, die wie klare Wassertröpfchen über den weißen Pilzgärten hängen, die dem gesamten Volke der Ameisen zur Nahrung dienen.

Der Pilz — oder vielmehr *die* Pilze, denn die verschiedenen Attaarten züchten ganz verschiedene Pilze — sind reine Züchtungsprodukte der Ameisen. Was wir in den Pilzgärten finden, gibt es außerhalb der Ameisenstädte überhaupt nicht — so wie die Menschen eine Reihe von Gemüsen und Blumen gezüchtet haben, die in der freien Natur nicht vorkommen.

*   *   *

Groß und mächtig werden die Völker der Pilzzüchterinnen; sie sind recht eigentlich die Herrscherinnen des amerikanischen Tropenwaldes. So zahlreich die Gefahren für die einzelne Emse sein mögen, so gering sind sie für das Gesamtvolk. Selbst der Mensch — dem sie empfindlich schaden, denn sie scheinen eine besondere Vorliebe für die Blätter seiner Zuchtbäume zu haben — vermag ihnen wenig anzuhaben. Ich habe öfters Nester ausräuchern sehn. Man gräbt ein Loch sieben Fuß tief in den Boden, wirft trockenes Reisig hinein und darauf Schwefel. Man schließt das Loch dann mit einer Eisenplatte und hält durch einen mächtigen Blasebalg das Feuer unten am Brennen. Viele Meter von dieser Stelle entfernt mag man die Schlepperinnen aus dem Neste herauskommen sehen, um sich und ihre Brut in Sicherheit zu bringen. Diese Art der Vertilgung ist mühsam, teuer und dabei keineswegs sicher: wenn die Königin, tief unten versteckt, den Schwefeldämpfen entgeht, so ist alle Arbeit umsonst. Darum ziehn es viele Farmer vor, im Neste zu graben, bis die Königin gefunden ist. Eine außerordentlich mühselige Arbeit — aber auch sie verbürgt in keiner Weise sichern Erfolg. Denn die Völker der Schleppameisen nehmen willig, wenn die alte Königin starb oder ihre Zeugungskraft verlor, junge befruchtete Königinnen auf: so lebt das Volk weiter.

Wie der Mensch, so sind auch Naturgewalten ziemlich machtlos gegen die Riesenvölker der Pilzzüchterinnen. Mag der Blitz die größten Bäume zerschlagen, die morschen Strunke anzünden, mag ein noch so gewaltiger Brand durch den Urwald toben — die Attaemsen tief unten in ihrem Nest sind ziemlich sicher davor. Und sie haben Vorrat genug in ihren Gärten, um die magere Zeit zu überstehn, bis die Blätter auf den Bäumen von neuem grünen; auch können sie inzwischen das nötige Dungmus aus anderen Pflanzenteilchen schaffen. Selbst große Ueberschwemmungen vernichten ihre Völker nicht. Mögen noch so viele Emsen dabei zugrundegehn, die Hauptmasse formt einen mächtigen Ball, Königin und junge Brut in der Mitte — die heilige Pilzspeise nicht zu vergessen. So schwimmt das Volk durch das Wasser: baut auf neuer Erde eine neue Stadt.

KINDERSPIEL

Die Kinder spielen Ameisenstadt; zu dem Zweck haben sie den verlassenen Tennisplatz ausgesucht, der tief in die Felsen eingehauen ist, hinter dem Alten Kastell.

Ameisenkönigin ist Jack Horner – das ist der dickste von allen. Der liegt da herum und alles putzt an ihm herum und bringt ihm zu fressen. Das kann er ausgezeichnet – nur Eierlegen kann er nicht.

Die andern sind Emsen. Die schwärmen aus und schleppen ins Nest, was nicht niet- und nagelfest ist. Alles stehlen sie, nichts ist ihnen heilig. Sie behaupten, daß man fast alles essen und noch mehr brauchen könne in einem Ameisenbau. Große Vorräte werden angehäuft für den Winter.

Auch feindliche Ameisen sind da; die wollen die Puppen stehlen. Die Puppen – nun das sind halt richtige Puppen.

Da setzt es schwere Kämpfe. Und Miß Gordon, die das Ganze beaufsichtigt, hat alle Hände voll zu tun.

Gestern aber gab's einen großen Krach. Als wieder das feindliche Volk anrückte auf Puppenraub, fiel plötzlich die kleine Lollo um; lag da, steif und starr, konnte kein Glied mehr rühren.

Abgebrochen wurde das Spiel; entsetzt schickte die Miß zum Kurarzt.

Na, nötig war es nicht grade. Als der Doktor kam, sprang die Lollo auf, lachte ihm mitten in's Gesicht.

Nur scheintot war sie.

Sie hatte sich *totgestellt* – weil das manchmal die Ameisen auch tun.

X
VIEHZUCHT

Where are you going, my pretty maid?
I'm going a milking, Sir! she said.

Nursery Rhyme.

Milchmädchen.

Als vor undenklich langen Zeiten die ersten Men-
schenstämme vom Waidwerk allmählich zur Viehzucht übergingen, geschah es, weil sie herausfanden,
daß ihnen manche Tiere lebendig viel nützlicher sein
konnten, als tot. Ein totes Tier kann man nur aufessen, ein lebendiges aber, das Milch gibt, kann man
täglich melken und schließlich immer noch verzehren. Genau dieselbe Erfahrung machten die Ameisen.

Die nur Fleisch fressenden Jägervölker kennen keine Viehzucht; das sind bei unseren Insekten die
Familien der Stachelameisen und der Wanderameisen. Bei allen übrigen Stämmen aber finden
wir die Viehzucht mehr oder weniger entwickelt
und zwar überall auf der Erde — genau wie
bei der Menschheit. Wir Menschen gewinnen die
süße Flüssigkeit von Kühen und Ziegen, von Scha-
fen und Eseln, von Rentieren und Kamelen —
die Ameisen kennen nicht weniger Geschöpfe, die
ihnen zum Melken geeignet erscheinen.

Wie bei uns die Kühe, so erfreun sich bei ihnen die Blattläuse der größten Beliebtheit; daneben werden Blattflöhe, Buckelzirpen, Schildläuse, die Raupen der Bläulinge, Leuchtzirpen gehalten und gemolken.

Was freilich die Emsen ihrem Vieh entmelken, ist nicht eben Milch. Es ist —

Wenn jemals Goethe etwas recht anfechtbares niederschrieb, so war es, als er behauptete: ‚Namen ist Schall und Rauch!'

Namen — das ist vielmehr alles; es ist das Wichtigste, was es gibt! Bei keinem Ding der Welt wird das klarer als bei dem Erzeugnis, das die Emsen von den Läusen gewinnen.

Man sehe sich nur so ein Wort an — und spreche es dazu noch berlinerisch aus: *Lausescheiße!*

Gräßlich! Widerlich! Ekelhaft! (Und ich hätt's ja auch garnicht hingeschrieben, wenn nicht der Goethe es auch mal getan hätte. Nur reimte der es — frankfurterisch — auf ‚Beweise'!)

Nennen wir aber dasselbe Ding mit anderm Namen: *Honigtau* — so wird im Handumdrehn etwas süßes, liebliches, poetisches daraus. Und bezeichnen wir es gar mit dem biblischen Namen: *Manna*, so gilt es allen frommen Seelen als die herrlichste, göttlichste Speise, die der Mensch sich denken kann, kaum mit Nektar und Ambrosia noch zu vergleichen.

Die Blattläuse — und die andern von den Ameisen als Vieh benutzten Tiere — saugen mit ihrem Rüssel den Saft aus den Pflanzen, oder fressen, wie die Bläulingsraupen, die jungen Blätter selbst. Sie fressen oder trinken sehr viel und verdauen wenig, der süße Saft wird beim Durchgang durch ihren Leib noch süßer. Sie stoßen ihn in kleinen farblosen Tropfen aus – diese Tropfen fallen auf Blätter und Pflanzen und trocknen an der Luft sehr schnell. Das ist, was die Alten ,Ros melleus‘, Honigtau, nannten; sie glaubten, wie Israel in der Wüste, daß es vom Himmel gefallen sei.

Wenige Wochen erst war Israel geflohen aus Aegypten; lagerte nun in der Wüste, zwischen Elim und Sinai. Aber die Vorräte waren knapp geworden; man sehnte sich zurück nach den ägyptischen Fleischtöpfen und murrte laut. Da schickte der Herrgott Wachteln und Manna. Dieses Manna sah aus: ,klein und rund wie Reif, weiß und wie Koriandersamen; es schmeckte wie Semmel mit Honig. Wenn aber die Sonne heiß schien, zerschmolz es.‘

Viel hinaus ins Freie werden die Juden in Aegypten nicht grade gekommen sein. Sonst wäre ihnen der Honigtau nicht so gar unbekannt geblieben, daß sie einander fragten: ,Man hu? – was ist das?‘ Und damit der süßen Speise ihren Namen gaben. Alle andern Völker kannten den Honigtau längst und schätzten ihn als Leckerbissen; wenn auch alle, wie die Juden, annahmen, daß er als Tau vom Himmel gefallen sei, und kein einziges sich – bis auf unsere Zeit – seinen Ursprung erklären konnte. Die mannaspendende Schildlaus von Sinai (mannifera), lebt auf den Tamarisken, sie wirft ihren Honigtau, genau so wie die Bibel es beschreibt, nicht nur auf die Blätter, sondern auch auf die Erde hin. Noch heute sammeln die Araber diese Speise, noch heute nennen sie sie wie zu Mosis Zeiten *Manna;* noch heute verkaufen die Mönche des Sinaiklosters ,biblisches' Manna, so wie man überall in Persien ‚gewöhnliches' Manna kaufen kann.

Der hübsche Traum, daß Manna vom Himmel falle, hat sich, sicherlich mehr gestützt auf die große Autorität der Bibel, als auf alle arabischen, griechischen, römischen Wundergeschichten, durch Jahrtausende erhalten. Erst Réaumur, der das Thermometer erfand, erkannte vor noch nicht zweihundert Jahren, wie der Himmel aussah, aus dem dieser köstliche Tau kam: eines grünen Läuschens rundliches Hinterteil.

Schmeckt nun Manna darum weniger gut, seitdem wir wissen, was es eigentlich ist? Nun: die Kinder, die überall hinter ihm her sind, haben ja wenig Ahnung davon, und die großen Leute, die wissen, wie Schnepfendreck auf Toast schmeckt, haben gewiß kein Vorurteil dagegen. Die Nahrung des Blattläuschens ist jedenfalls sehr viel reiner und appetitlicher, als die der Schnepfen.

Manche Bauminsekten bringen Manna in unglaublichen Mengen hervor. Wenn man sieht, welche Schaffensfreude sie auf der Libanonhalbinsel entfalten, ist man geneigt, die Angaben des sechzehnten Kapitels des zweiten Mosisbuches für durchaus richtig zu halten. Jeder, heißt es da, sollte soviel Manna am Tage sammeln, als er zu essen imstande wäre. Manche Juden nun sammelten mehr ein und verwahrten es über Nacht: da ‚ward das Manna stinkend und wuchsen Würmer darinnen'. Ganz richtig: Sporen von Schmarotzerpilzen hafteten sich oben auf dem Honigtau fest, entwickelten sich — Meltau entstand!

Die australischen Mannaspenderinnen, Blattflöhe, liefern den bei allen Eingeborenen ebenso wie bei den Kindern der Weißen äußerst beliebten ‚Sugar-Lerp' – drei Pfund kann ein Mensch bei einigem Fleiße täglich davon sammeln, gewiß mehr, als er zu essen vermag. Denn auch vom Manna kann man zuviel bekommen und deshalb war es gescheit, daß der Liebegott dem Volk Israel nebenher auch noch Wachteln sandte – eine Speise, die ich persönlich auch dem besten Manna bei weitem vorziehe.

Ich hoffe, daß die meisten meiner Leser Wielands prächtiges Märchen vom Prinzen Biribinker kennen – die, die es nicht kennen, beneide ich, da ihnen, wann sie nur wollen, ein köstliches Stündchen noch bevorsteht. Gütige Feen standen an des jungen Prinzen Wiege und die Gescheiteste unter ihnen säugte ihn mit Honig von Pomeranzenblüten. Da roch sein Atem so lieblich wie Jasmin, sein Speichel war süßer als Kanariensekt und seine Windeln –! Die Königin konnte das Konfekt für die Hoftafel sparen; der kleine Biribinker gab soviel Süßigkeiten von sich, daß sich alle Damen bei Hofe daran labten. Sowie diese Leckermäuler heraushatten, wie gut das schmeckte, was in dem prinzlichen Nachttöpfchen sich vorfand, vergaßen sie allen hofdamenhaften Abscheu vor diesem Möbelstück. Er war eben ein Mannaprinz, der Biribinker; er hatte in dieser Beziehung eine Kultur erreicht, die sonst nur den edelsten Blattläusen möglich ist.

Freilich ganz so gescheit wie die Emsen, benahmen sich die schleckerhaften alten Jungfern vom Hofe nicht; höchstens redeten sie dem Prinzlein hübsch zu, wenn es auf seinem Töpfchen saß und

streichelten ihm, unter devoten Hofknixen, ein wenig die Wangen.

Die alten Jungfern vom Ameisenstamme benehmen
sich viel klüger, wenn sie von ihren Biribinkerchen
Konfekt haben wollen!

Sehr naschhaft sind sie und sehr verschleckt, alles Süße zieht sie mächtig an. Ihren Ururahninnen
in frühesten Zeiten, wilden Jägerinnen, schmeckten
die süßen Blattläuse äußerst lecker, sie galten als
besonders beliebtes Wild. Dann aber fanden die
Ameisen den Honigtau – der noch viel besser mun-
dete, als alle Blattläuse. Sie begriffen – manche
Millionen Jahre, ehe die Menschheit das erkannte
– was eigentlich dieser Honigtau sei; sie begriffen
auch, daß es viel bequemer sei, den noch flüssigen
Tropfen aufzuschlecken, als die schon erhärtete
süße Speise abzuknabbern. So kamen sie auf den
Gedanken, sich Manna gleich von der Quelle, von
dem mannaspendenden Tiere selbst zu holen.

Dieser Gedanke aber war viel klüger, als der, den
die Menschheit hatte, als sie anfing, Kühe und Ziegen zu melken. Die Menschenfrau nährte ihre Jungen, wie alle Säugetiere das taten; tagtäglich sah
man dies Schauspiel. Was dem Menschenkinde, dem
Kälbchen und Zicklein schmeckte, was es stark und
kräftig heranwachsen ließ, daß mußte auch dem
erwachsenen Menschen heilsam genug sein: so begann man, Milch zu gewinnen, begann zu melken.
Gewiß zunächst mit dem Munde saugend, wie alle
Jungen – später erst lernte man den Gebrauch der
Hände und des Milcheimers. Der Mensch sah, was
in der Natur vorging und tat nichts anders, als das
nachzuahmen.

Die Ameisen aber sahen nichts dergleichen, ahmten nichts nach. Ihre Entdeckung, daß man Blattläuse melken könne, ist in ihrem eigenen Hirne gewachsen.

Die Blattläuse — wie alles andere Vieh der Ameisen — sind sanfte und dabei äußerst seßhafte Geschöpfe, von so stiller, freundlicher Gemütsart, wie man von dem lieben Rindvieh nur wünschen kann. Sie leben dazu herdenweise, sind starke Fresser, die darum ungeheure Massen des süßen Stoffes hervorbringen können — kurz, sie erfüllen alle Bedingungen, die die Emsen nur an sie stellen können. Ja, es macht den Eindruck, als ob die von den Ameisen ihnen geschenkte Aufmerksamkeit ihnen recht angenehm sei, genau so, wie es den Kühen eine Erleichterung ist, von der Last ihrer Milch befreit zu werden.

Wie die Ameisen es anstellen, ihr Vieh zu melken, davon kann sich jeder leicht überzeugen. Blattläuse gibt es überall — wo sie sind, da fehlen die Ameisen gewiß nicht. Die Blattlaus sitzt auf ihrem Blatt, recht fest, da sie ihren Saugrüssel tief eingegraben hat. Hinter sie stellt sich nun die Emse und beginnt den grünen Leib mit ihren Fühlern zu streicheln und zu kitzeln. Sofort senkt die Blattlaus demütig den Kopf, hebt das Hinterteil und streckt ihre beiden Hinterbeine hoch in die Luft, um dem Milchmädchen die Arbeit zu erleichtern; kurz darauf gibt sie ein klares Tröpfchen von sich, das die Emse sofort aufsaugt. Diese fährt fort mit ihren sanften Fühlerschlägen, bald rechts und bald links, bis das brave Tierchen ihr ein zweites und drittes Tröpfchen Manna beschert. Ist es ausgemolken, so geht die Ameise zur nächsten Blattlaus, melkt eine nach der andern, bis ihr Milcheimer zum Rande gefüllt ist. Der Milcheimer — das ist ihr sozialer Kropfmagen, den sie so auszudehnen gelernt hat, daß ihr Hinterleib mächtig anschwillt, sodaß sie manchmal nur mühsam wackelnd heimkehren kann.

Geizig sind die Ameisenkühe nicht, sie geben gern und reichlich von ihrer süßen Gabe. Ist eine leer gemolken und wird von einem andern Milchmädchen besucht, so muß dies eben eine kleine Weile warten. Dabei haben die Blattläuse gelernt, wie man den Emsen die süße Gabe fein artig verabreichen muß. Wenn sie nicht gemolken werden, spritzen sie ihre Tröpfchen weit von sich, schlagen dabei aus, wie ein störrischer Maulesel; gemolken aber lassen sie das Tröpfchen hübsch langsam austreten, sodaß die Emse es bequem aufsaugen kann. Sie haben ferner gelernt, brav zu warten, bis die Hirtin kommt, sodaß ihr erster Tropfen recht groß ist; noch mehr: sie fressen mehr und spenden infolgedessen mehr Manna, wenn sie von den Ameisen zum Melken besucht werden, als wenn sie als ‚freie‘ Viehlein leben. All das mögen sie von sich gelernt haben — wahrscheinlicher ist jedoch, daß ihre Herrinnen, die Ameisen, es ihnen irgendwie beigebracht haben. Jedenfalls ist sicher, daß unsere rußhaarigen Gartenameisen viel mehr Mannamilch aus ihrem Vieh erzielen als jede andere Ameise. Es ist das unschwer festzustellen: je mehr Manna die Läuschen spenden, um so mehr Saft müssen sie saugen, um so mehr müssen die Pflanzen darunter leiden. Keine Bohnenstaude aber leidet mehr, als die, auf denen das ausgezeichnete Hirtenmädchen vom Volke der

Rußhaarigen seine Herden hält. Das Melken muß eben gelernt werden, bei den Kühen der Menschen, wie bei denen der Ameisen. Darwin war ein schlechtes Milchmädchen: er versuchte als erster, den Ameisen das Blattlausmelken nachzuahmen — es mißglückte ihm. Seither hat es der Mensch gelernt, das Kitzeln der zarten Emsenfühler nachzuahmen: willig gibt dann das grüne Kühlein seine Milch.

Die Beziehungen zwischen den beiden Tieren beschränken sich durchaus nicht auf das Melken, wenn dies auch der einzige Grund für die Liebe der Ameise zur Blattlaus ist. Wenn man Vieh hält, muß man es auch zu schützen verstehn — und das tun die Ameisen.

Gewiß sind die Blattläuse nicht ganz schutzlos. Sie haben am Hinterleibe Drüsen, die in Oeffnungen enden; aus diesen spritzen sie eine Flüssigkeit. Noch Linné glaubte, daß aus diesen Drüsen der Honigtau käme. Erst später fand man, daß Honigtau nichts anders sei, als — des Prinzen Biribinker Konfekt. Aus diesen Drüsen spritzen die Blattläuse vielmehr einen klebrigen, wachsähnlichen Stoff aus — ihre einzige Waffe gegen ihre zahlreichen Feinde. Das klebrige Zeug wird dem angreifenden Feinde ins Gesicht gespritzt, wo es sofort trocknet; das feindliche Insekt hat dann eine Zeitlang zu tun, sich von dem Schmutz zu befreien. Viel nutzt das zwar der armen Blattlaus nicht; sie kann mit ihrem Rüssel im Blatte steckend, nicht so schnell fort, aber immerhin mag in der großen Mördergrube Natur, wo stets das Größere das Kleinere auffrißt, in der Zwischenzeit dem Feinde ein neuer Feind kommen, sich an ihm gütlich zu tun.

Den Ameisen gegenüber gebrauchen die Blattläuse ihre Spritzwaffen nicht, ein sicheres Zeichen dafür, daß sie diese nicht als Feinde ansehn, sondern sich durchaus an sie gewöhnt haben. Und in der Tat ist der Schutz, den ihnen die Emsen gewähren, ein sehr viel sicherer, als der ihrer eigenen Verteidigungsmittel. Wird die Blattlaus – für jeden Räuber eine leichte Beute, die dazu noch lecker schmeckt – angegriffen, so verwandeln sich die Ameisen im Augenblick: aus frommen Sennerinnen werden wilde Kriegerinnen, die ihre Herden verteidigen und sich sofort auf den Feind stürzen. Jede Emse kämpft mit den Waffen, die ihrem Volke eigen sind; die rote Waldameise spritzt Wolken von Ameisensäure gegen den Räuber, die blutrote Sklavenjägerin stürzt ohne Besinnen mit den geöffneten Säbelkiefern auf ihn los. Ist die Gefahr eine dauernde, so tragen die Emsen ihr Vieh fort, was garnicht so einfach ist, da die Blattläuse einen starken Saugrüssel haben, der oft dreimal so lang ist, als sie selbst – wo sie einmal sitzen, da haben sie den Rüssel tief eingeschlagen und saugen drauflos. Die Ameisen versuchen in solchen Fällen – auch in friedlichen Zeiten, wenn sie sie von ihrem Weideplatz zu einem andern, besseren bringen wollen – ihre grünen Kühlein durch Fühlerschläge zunächst sanft zu überreden, doch loszulassen und sich fortschaffen zu lassen. Meist nützt das, aber manchmal ist die Grüne auch recht störrisch und widerborstig, sodaß die Emse sie zerren und reißen muß, bis sie sie endlich aufpacken kann.

Auf den Weidegründen, oben auf der Alm, auf den fetten Wiesen des Marschlandes, den weiten

Pußten, Steppen und Pampas ist unser Vieh manchen Gefahren ausgesetzt. Heute ist das ja nicht mehr so schlimm; wenn mal ein Lämmergeier, ein Bär oder Wolf, oder gar ein verwilderter Hund, der sich zum Bauernschreck ausbildete, ein Stück Vieh reißt, gleich steht's in allen Zeitungen. Aber vor ein paar Jahrhunderten noch mußten der Hirt und seine Hunde überall scharf aufpassen, um die Herde vor Raubtieren zu schützen. Darum schuf die Menschheit die Ställe, in denen das Vieh vor Raubzeug wie vor Wind und Wetter sicher ist — die Ameisenheit machte es genau so. Nach dem Bilde seines eigenen Hauses errichtete der Mensch die Behausungen für sein Vieh. Wer Steinhäuser baute, gab ihnen steinerne Wohnung; wer in waldreicher Gegend sein Heim aus Baumstämmen zimmerte, tat ein gleiches für seine Kühe und Ziegen. Ebenso handelten die Ameisen, obwohl für sie die Baufrage viel schwieriger war. Denn ihr Vieh fraß keine ‚Stallnahrung', nahm nur, sehr verwöhnt, die süßen Säfte seines Weideblattes: so mußten die Emsen gleich über den ganzen Herden auf den Weidegründen selbst die Ställe errichten.

Diese zeigen große Mannigfaltigkeit. Die Maurerinnen mauern ihrem Vieh Ställe aus Erde und Mörtel, die Papierarbeiterinnen bauen Pappställe, die Spinnerinnen in den Tropen spinnen Blätter mit Seide zusammen: sie bauen Ställe, die bis zu einem halben Meter groß sein können. Ja, zu diesen Ställen hin führen bei einzelnen Arten noch geschützte Gänge, sodaß die Hirtenmädchen ungesehn und ungefährdet zu ihrem Vieh gelangen können. Natürlich dienen diese Ställe — genau wie bei uns — nicht nur dazu, das Vieh vor Raubtieren und Wetterunbill zu schützen; sie haben zugleich den Zweck, das Vieh vom Weglaufen abzuhalten. Auch: davor zu bewahren, gestohlen zu werden. Ein paar starke Viehherden sichern ja die Ernährung eines ganzen Volkes — es ist also nicht weiter verwunderlich, wenn ein Volk dem andern die Herden streitig macht: heiße Schlachten entbrennen um den Besitz des kostbaren Eigentums.

Am höchsten entwickelt ist die Viehzucht bei einigen Arten mehr unterirdisch lebender Ameisen. Wenn die Milchmädchen ausziehn, Blattläuse finden und melken, wenn sie über den Herden Ställe bauen, so ist das noch nicht eigentliche Viehzucht — diese setzt erst dann ein, wenn die Jungen regelrecht großgezogen werden. Auch hier war die Frage für den Menschen weit einfacher. Seine Kuh kalbt; das Kälbchen wächst auf, gibt Milch und kalbt wieder, so ziehn wir bequem Geschlecht um Geschlecht auf. Die Ameisen haben es weit schwieriger mit ihrem Vieh, das zu einer Zeit seines Lebens ja geflügelt in der Luft herumkutschiert. Aber sie verstehn es *dennoch*, richtige Zucht zu treiben.

Im Herbst werden die Eier der Blattläuse eingesammelt und in das Nest gebracht; dort werden sie genau so gepflegt wie die eigene Brut. Sowie die Jungen im Frühjahr ausgeschlüpft sind, tragen die Emsen sie an die jungen Graswurzeln — in kalten Nächten oder bei schlechtem Wetter schaffen sie die Tierchen vom Weidegrund in die wärmern Nestkammern zurück. Sowie andere Pflanzen wachsen, werden die Läuschen an deren zarte Wurzeln gelegt. Schon nach wenigen Tagen legen die Läuse —

die sämtlich Weibchen sind – in Jungfernzeugung Eier. Aus diesen kriechen nach sehr kurzer Zeit Junge heraus, wieder nur Weibchen, die nun ebenfalls an Würzelchen gelegt werden. Auch dies neue Geschlecht pflanzt sich durch Jungfernzeugung fort und das geht so weiter. Die Läuse können in einem Sommer anderthalb Dutzend Geschlechter hervorbringen, von denen zwei Drittel zu gleicher Zeit leben. Ist ein Würzelchen ausgesaugt, so wird das Vieh auf das nächste gesetzt, so von einer Pflanze zur andern.

All diese Geschlechter sind ungeflügelt. Im Spätsommer jedoch, wenn die Wurzeln hart und holzig werden, also nicht mehr genug Nahrung abgeben, erscheint plötzlich ein neues Geschlecht von Blattläusen, das zum Teil aus flügellosen, zum Teil aus geflügelten Tieren besteht. Die flügellosen, wieder nur Weibchen, setzen die Emsen, wie vorher, auf Wurzeln, die noch Nahrung geben, die geflügelten Tiere aber lassen sie ruhig ausschwärmen, ja schaffen ihnen Oeffnungen, daß sie bequem hinaus können in die frische Luft. Diese geflügelten Läuse nun sind teils männlichen, teils weiblichen Geschlechts. Eine dauernde Fortpflanzung durch jungfräuliche Geburt kennt die Natur nicht: diese letzte Sommergesellschaft also nimmt die normale Befruchtung wieder auf und sorgt so für die Erhaltung der Rasse.

Seit wann weiß die Menschheit von diesen Dingen? Seit kaum einem viertel Jahrhundert. Aber seit undenklichen Zeiten ist das Geheimnis der Ameisenheit bekannt. Sie weiß: die Geflügelten müssen hinaus, müssen draußen in der Luft einander befruchten —

wie das ja auch bei den Ameisenvölkern gang und gäbe ist. Das Vieh, das man eignet, stirbt zum Winter — will man neues haben zum Frühjahr, so muß man allem, was Flügel hat, die Freiheit geben: darum öffnet man ihnen weit alle Tore.

Nach kürzester Frist bedecken sich die Pflanzen wieder mit den Geflügelten. Die Männchen gehn zugrunde, fallen ihren vielen Feinden zum Opfer: um die Weibchen allein kümmern sich die klugen Viehzüchterinnen. Haben die Lauseweibchen schon Eier gelegt, so werden diese gesammelt und in die unterirdischen Kammern gebracht. Sind sie grade mit Eierlegen beschäftigt, so helfen ihnen dabei die Ameisen, wie die Stallmagd der Kuh beim Kalben hilft. Haben sie aber noch keine Eier gelegt, so werden die Weibchen selbst eingefangen. Zunächst schneiden ihnen die Emsen die Flügel ab, um ihnen jede Möglichkeit zu nehmen, noch schnell fortzufliegen, dann aber tragen sie sie hinunter in ihre Ställe. Dort mögen sie Eier legen und dann sterben: für die Viehherden des nächsten Sommers ist gesorgt. Die rußhaarigen Gartenameisen haben es eben nicht so einfach mit ihrer Viehzucht wie wir Menschen. Wir brauchen nur zu wissen: das Vieh, das einen Euter hat, ist weiblich und kann gemolken werden. Das, was keinen Euter hat, das ist männlich und ist nur nötig zur Fortpflanzung. Die Ameisen müssen viel mehr wissen. Zwar melken auch sie nur weibliches Vieh, wie wir das tun, denn alle Sommergeschlechter sind ja weiblich. Erst die letzte Generation hat beide Geschlechter — beide sind geflügelt. Was aber Flügel hat, muß man hinausfliegen lassen. Draußen, in der freien Natur, geschieht das große Wunder der Befruchtung – von dem die Emsen selbst, alles alte Jungfern, aus eigener Erfahrung ja nichts wissen; was dann zurückkehrt, wird Eier legen, aus denen im nächsten Jahre neue Mannaspenderinnen herausschlüpfen.

Auch in der Erde selbst jagen die Gartenameisen nach Wurzelläusen, graben nach allen Seiten von ihrem Neste aus Kanäle, in denen sie zur Jagd ausziehn. Die Gefangenen werden an Würzelchen gesetzt, die sorgsam freigelegt werden, rund herum wird ein Stall geschaffen, manchmal auch Galerien, die ganze Herden beherbergen – kann ihnen das Vieh doch grade so gut tief unten in der Erde geraubt werden, wie oben auf der Alm, auf den Blättern der Sträucher und Bäume.

Was für die Blattläuse gilt, gilt in großen Zügen auch für das andere Vieh der Ameisen, die Schildläuse, die Buckelzirpen und Blattflöhe; sie alle genießen den Schutz und die Pflege der Ameisen, lassen sich dafür melken und spenden den Milchmädchen ihr süßes Manna.

Ein wenig anders liegt der Fall bei den Leuchtzirpen und den Bläulingsraupen. Beide Tiere geben den Ameisen nicht ‚Manna‘, nicht ‚Backwerk‘, wie Prinz Biribinker den Damen des Hofes; sie spenden ihnen vielmehr rechte Milch, wie unsere Kühe das tun. Die Leuchtzirpen haben nicht weniger als zwölf Drüsen, aus deren Oeffnungen sie eine süße Flüssigkeit austreten lassen; sie tun das, wenn sie von den Fühlern der Hirtinnen, genau wie die Blattläuse, gekitzelt werden. Die Bläulingsraupe hat am hinteren Ende des Leibes zwei sackförmige borstenbesetzte Drüsen, die vorgestülpt werden können; aus diesen Eutern spendet sie den sie streichelnden Ameisen eine süße, farblose Milch. Diese Raupen werden sehr von Schlupfwespen und Fliegen verfolgt, die in sie ihre Eier ablegen; vor diesem Gesindel nun schützen sie die Ameisen. Einige Arten, wie die smaragdgrüne Blatthausspinnerin, bauen ihnen große seidengewebte Blattställe, andere Arten tragen sie in ihre Erdnester, um sie dort zu füttern und zu melken. Im letzten Fall also müssen die Ameisen ihnen auch Nahrung bringen — wie der Bauer seinen Kühen das Futter in den Stall schafft. Allerdings dauert das nicht allzu lange Zeit: die Emsen tragen nur solche Raupen ein, die nahe vor der Verpuppung stehn — als Puppen aber fressen die Tiere nichts. Die Ameisen haben also von diesen Raupen, von denen sich oft eine ganze Anzahl im Nest vorfindet, nur geringen Nutzen — ihre Handlung hat nur den Zweck, die nackten, wehrlosen Puppen vor Feinden zu schützen. Kriecht der Schmetterling aus der Puppe, so erleichtern ihm die Emsen das Ausschlüpfen — auch von ihm haben sie nicht den kleinsten eigentlichen Nutzen. Doch wissen sie gut: diese Schmetterlinge werden draußen Hochzeit feiern und Eier legen, und aus diesen Eiern entstehn wieder Raupen, die man melken kann. Kann man noch mehr von der Voraussicht der Ameisen verlangen?

XI

ZWISCHENSPIEL: VOM EMSIGEN EMIL UND DER VERHUHNTEN PAULA

Ich bin kein Weiser vom Fach; durch mich wird die exakte Wissenschaft nicht weiterkommen. Ich kann keine Bausteine schlagen für ihren großen Tempel, der doch nie fertig wird. Doch kann ich ein paar hübsche Rankrosen pflanzen, die an den Säulen hinaufwachsen mögen —

Ich kann nur sehn. Und erzählen, das was ich sah. Kann dazu lesen und schreiben. Wenig mehr.

Als ich die Ameisen sah und von den Ameisen las, da sah ich auch manche Weisen der Ameisenkunde und las vieler andern Weisheit. Und nun, da ich von Ameisen schreibe und erzähle, will mir der und jener durchaus nicht aus dem Sinn.

Ich glaube, jeder Mensch, der sich ausschließlich mit etwas bestimmtem beschäftigt, bekommt so allmählich, innerlich oder äußerlich, eine gewisse Aehnlichkeit damit. Niemand kann den Herrn Zirkusdirektor Schumann anschaun, ohne sofort zu sehn, daß er einen Pferdekopf hat — und solche Pferdeköpfe haben erstaunlich viele Menschen, die sich mit Gäulen beschäftigen. Der alte Maler Deiker, der immer nur wilde Schweine malte, sah schließlich selber aus, wie ein Eber. Eheleute gibt es, die mit den Jahren einander so ähnlich geworden sind, daß sie selbst kaum mehr wissen, wer von ihnen Männchen, wer Weibchen ist. Der große Gurkenzüchter Hiram Johnson in Kalifornien war als Sechzigjähriger völlig vergurkt; seine Knollennase hatte dank eines Rhinophymas ganz außerordentliche Ausmaße angenommen, ja es schien, als ob sie gradezu angegrünt wäre.

So kannte ich auch einen Professor der Myrmekologie, der verameist war. Er stand in Beziehungen zu einer jungfräulichen Dame aus St. Gallen, der es im Laufe der Jahre gelungen war, sich ebensosehr zu verhuhnen. Beide sind nun tot; ich kann ihre Geschichte also ruhig niederschreiben.

Denn schließlich: man ist ein Mensch und menschliches liegt einem am Ende doch näher als ameisliches. So macht es mir Spaß, diese Geschichte zu erzählen – sie zu lesen, wird, hoffe ich, meinen Lesern Spaß machen. Dann sind wir beide zufrieden.

*　　*　　*

Er hieß Emil Schmitz und drückte ein Jahr lang die Schulbank mit mir auf dem Gymnasium in Kleve – grade so lange, bis man mich dort wegjagte. Aber nie nannte ihn einer ‚Schmitz', weder Lehrer noch Schüler; stets rief man ihn den *emsigen Emil*. Emsig war er, ob er gleich damals noch nicht ausschließlich für Emsen schwärmte. Er war klein, schlank, blaß und trug eine starke Stahlbrille. Er hatte alle Taschen voll interessanter Dinge: Spiritusgläser mit Käfern, Pappschachteln mit aufgepickten Schmetterlingen, auch Heuschrecken, Libellen, Frösche, Eidechsen und Kröten, tot und leben-

dig. Trotzdem war Emil sehr reinlich, er wusch sich
mehr, als alle andern Jungen zusammen. In der linken Westentasche trug er stets, säuberlich in Papier
geschlagen, eine Bürste, ein Stückchen Seife und
einen Bimsstein; man konnte an dem Wasserhahn
auf dem Flur nicht vorbeigehn, ohne Emil dort her-
umplätschern zu sehn. Trotz aller Reinlichkeit aber
haftete ihm ein gewisser ihm eigentümlicher Geruch an, nicht scharf, auch nicht unangenehm, doch
sofort auffallend. Emil war ein guter Kerl; er teilte
mit allen, er half allen. Er war immer äußerst beschäftigt, war sehr fleißig; aber sein Fleiß machte
ihn selbst bei den faulsten Brüdern nicht verhaßt.
Mir baute er mein erstes künstliches Ameisennest.
   Ich traf ihn dann auf der Universität wieder; nur
so hie und da. Er war erheblich länger geworden,
aber bleich und schmalbrüstig, wie früher — Leptothorax nannten ihn seine Studiengenossen. Er studierte Naturwissenschaft und hatte sich auf die
Insekten geworfen. Es ging ihm schlecht genug;
sein Vater war gestorben, seine Mutter in beschränk-
testen Verhältnissen. Er wußte nicht recht, wie er
sein Studium zu Ende bringen sollte. Es kam damals ein Schulkamerad zu mir, der meinte, ich solle
ein Drittel eines Monatswechsels für den emsigen
Emil hergeben; er habe das auch an eine Reihe
anderer Schulfreunde geschrieben. Mir war's gleich,
ich hatte längst soviel Schulden, daß es garnicht
drauf ankam, ein bißchen mehr zu haben. Viel kam
nicht zusammen; aber Emil hatte doch Glück: der
Vater eines Freundes verschaffte ihm ein Stipen-
dium, das ihm ermöglichte, weiter zu studieren.
   Ich traf ihn zum dritten Male wieder, als ich beim

Amtsgericht Protokolle schreiben durfte – da war der emsige Emil Probekandidat. Wir waren beide mit unseren Berufen äußerst unzufrieden und bliesen Trübsal nach Herzenslust. Das brachte uns näher zusammen; wir saßen oft miteinander im Weinhaus und berieten, wie wir herauskommen könnten aus den Tretmühlen. Um diese Zeit trug er stets eine kleine Bürste in der Hosentasche, die er alle paar Minuten herauszog, um ein Stäubchen von dem schäbigen Anzug abzubürsten.

»Um dich ist mir garnicht bange,« meinte Emil. »Dich schmeißen sie über kurz oder lang beim Gericht doch heraus, wie sie dich aus allen Gymnasien auch immer rausgeworfen haben. Dann bist du frei.«

Ich versuchte ihm auseinanderzusetzen, daß mein Fall viel verzwickter läge; daß es freilich –

Aber Emil ließ mich reden, was ich nur mochte; er hörte kaum hin. Sein Fall allein interessierte ihn – und dieser Fall lag so einfach wie möglich: nur Geld benötigte er. Er besaß nicht einen Heller mehr und bezog auch einstweilen kein Gehalt – lebte von ein paar jämmerlich bezahlten Privatstunden.

Das würde ja nun wohl besser werden mit der Zeit; langsam mußte er Oberlehrer werden und schließlich gar Gymnasialprofessor. Nur: die Aussicht solcher Zukunft verdroß Emiln ungemein. Er war durchaus ein Gelehrter; in der Insektenwelt hatte er sich erst auf die Hautflügler eingestellt und war nun ganz zu den Ameisen übergegangen. Myrmekologe war er und nicht Probekandidat. Und wenn er nur ein wenig Geld hätte, könnte er sich auf einer

Universität als Privatdozent habilitieren, könnte der Wissenschaft leben und seinen Ameisen.

Ich stachelte seinen Ehrgeiz gründlich an. Die Universitätslaufbahn, erklärte ich, sei ja ganz gut — aber es sei nicht genug. Er müsse hinaus: das sei die Hauptsache! Sei je aus dem Darwin der Darwin geworden, wenn er nicht hinausgezogen wäre in die Welt? Die Ameisen da in unsern Kästen, die könne jeder Referendar und Schulamtskandidat genau so gut studieren! Ein echter Myrmekologe aber müsse die Sechsbeiner in freier Wildbahn beobachten, am Jangtsekiang, am Niger und am Orinoko.

Das begriff Emil şehr gut; bald blickte er verächtlich auf seine blutroten Ameisen. Träumte nur noch von Myrmecodia im Bismarckarchipel, von Pogonomyrmex in Arizona, von Carebara auf Borneo.

Wenn wir spazieren liefen im Walde, seine Waldameisen zu besuchen, fragte ich ihn: »Also, Emil, wie stehts mit den Chromosomen bei den Blutroten?«

»Achtundvierzig hat sie«, schnurrte er, »reduziert vierundzwanzig. Alles verläuft wie bei den Bienen. Die Männchen haben die reduzierte Chromosomenzahl und die eine Reifeteilung fällt aus, sodaß alle Samenzellen die reduzierte Zahl haben. Die Weibchen reduzieren in den Eiern von achtundvierzig auf vierundzwanzig; daher unbefruchtete Eier, vierundzwanzig: Männchen. Befruchtete Eier, achtundvierzig: Weibchen.«

»Danke!« sagte ich. Die Zahlen waren mir gleichgiltig; aber ich wußte wie gut es Emil tat, in diesem Saarbrücken mit einem Menschen zu sprechen, der wenigstens wußte, was ein Chromosom war.

Nur: ich ließ ihm nicht lange seine Freude. »Und wie ist's bei der Atta?« forschte ich. »Und bei Pleidole? Bei Azteka und Aphenogaster?«

Die schönen Namen kannte ich, weil Emil mir davon erzählt hatte. Ich hatte sie mir gut gemerkt und gebrauchte sie immer, wenn ich Emil ärgern wollte.

»Ich weiß ihre Chromosomenzahl nicht,« knurrte er. »Keiner weiß sie; die Arten sind daraufhin noch nicht untersucht.«

Ganz harmlos tat ich: »Warum untersuchst du sie denn nicht?«

Dann konnte er fuchtig werden. »Wo soll ich sie denn herbekommen, die Bestien?« brüllte er mich an. Wie um sich zu beruhigen, zog er sein Bürstchen heraus und bürstete seinen Aermel ab.

Ich blieb sehr kühl. »Wenn sie nicht zu dir kommen«, sagte ich, »mußt du eben zu ihnen reisen. Zum Amazonas, Emil, zum Irawaddy, zum Panuco!«

Um diese Zeit sah Emil schauderhaft aus. Sehr lang aufgeschossen, schmalbrüstig, affenarmig und schlürferschrittig. Er lief in meinen Anzügen herum, die um ihn schlotterten, obgleich die Hände und Füße weit herausragten. Grünbleich im Gesicht und immer noch mit der alten Stahlbrille geschmückt. Völlig verhungert dazu; warmes Essen bekam er nur, wenn er mit mir ausging. Ich hatte Pump in den Gasthäusern und man hätte ihm auch geborgt, wenn er nur gewollt hätte. Ich gab mir die größte Mühe, ihn dazu zu überreden; vergeblich.

»Wie soll ich's denn je bezahlen?« wandte er ein. Keinen Pfennig Schulden hatte dieser Mensch.

Einmal aber setzte er mich baß in Erstaunen. Ich sagte ihm: »Du mußt dich entschließen, Emil. Entweder bleibst du Oberlehrer zeitdeineslebens, oder aber du mußt einen großen Pump aufnehmen!«

Da antwortete er seelenruhig: »Für die Wissenschaft alles! Ich habe schon oft daran gedacht. Könntest du nicht, mit deinen Beziehungen —«

Ganz großartig sagte ich: »Ich mach's schon, Emil, verlaß dich drauf!«

Wie ich dazu kam, mag der Himmel wissen. Beziehungen hatte ich schon — aber es waren meist weibliche. Die männlichen aber waren fast nur feindseliger Natur. Von dem, was blieb, waren gewiß einige Leute, die reich genug waren — aber ebenso gewiß keiner, der Geld gegeben hätte, damit Emil in Brasilien Ameisen fangen könnte.

Von dem Augenblick an hatte ich keine Ruhe mehr. Wann ich Emil traf, fragte er: »Hast du schon was gehört?« Und wenn er schwieg, so war der ganze Emil nur ein langes Fragezeichen. Ich log, was ich konnte, machte ihm immer neue Hoffnungen, hoffte schließlich selber drauflos.

Damals bildete sich eine Geruchsmanie bei ihm aus. Dieser weiche Duft, der ihm schon als Schuljunge eigen war, war ihm geblieben; er schien, ganz entfernt, an Lavendel zu erinnern. Nun aber war es Emil, der bei allen Menschen einen besondern Geruch wahrzunehmen glaubte. Doch bestimmte er diesen Geruch nie; ihm rochen alle Leute nur entweder freundlich oder feindlich. Ich erinnere mich, daß er einmal abends in mein Zimmer trat, in dem ich den ganzen Nachmittag zigarettenrauchend gelesen hatte. Emil sog die Nüstern weit voll und erklärte: »Du bist mein Freund!«

Dabei rauchte er nicht und jeder Qualm war ihm

zuwider. Ich sagte ihm das. Da erwiderte er: »Das mein ich doch nicht! *Dich* meine ich!«

»Wie rieche ich denn?« forschte ich.

»Freundlich!« erklärte er.

Es war an diesem Abende, daß mir, ganz plötzlich, der große Gedanke zu Emils Rettung kam. Ich sagte ihm nichts davon; aber ich schrieb noch in derselben Nacht einen langen Brief. Adressierte ihn: Fräulein Paula Hahn, Basel. Die allein konnte ihm helfen – und sie tat es auch.

★   ★   ★

Paula Hahn aus St. Gallen war einmal Modistin gewesen. Dann erbte sie von einer Tante in Genf ein Haus und mit diesem Hause eine große Studentenpension. Sie zog also nach Genf und übernahm das Haus. Ich wohnte nicht bei ihr. Aber ich kam öfter hin, da Bekannte bei ihr hausten; trat bald auch zu ihr in Beziehungen, indem ich ihr meine Wäsche zum Waschen und Flicken überließ. Sie hatte ein hübsches Haus im Plainpalais, einen Garten dazu und in dem Garten einen Hühnerstall. Sie lebte nur für ihre Hühner und für ihre Studenten, wobei freilich die Hühner insofern vorgezogen wurden, als sie deren Behausung selber reinigte, während die Studentenbuden den Mägden überlassen wurden. Tagsüber war sie immer im Hühnerstall zu treffen, abends, wenn die Vögel sich zur Ruhe begaben, bekümmerte sie sich um die Studenten.

Dennoch kamen ihre Studenten nicht zu kurz. Sie war damals vielleicht siebenundzwanzig Jahre alt, nicht hübsch und nicht häßlich, aber angenehm rundlich und gewiß appetitlicher als manch anderes Wesen, das diese fleischhungrigen Studenten mit ihrer Liebe beglückten. Keinem von ihnen jedoch kam es je in den Sinn, sein Heil bei ihr zu versuchen. Sie tat jedem etwas gutes und bemutterte alle; trotz allen Bemutterns aber machte sie keineswegs den Eindruck einer Henne, sondern vielmehr den eines Huhns. So kam es denn, daß die Studenten ihren guten Namen Paula in ‚Poularde‘ wandelten; selbst der alte Pförtner der Universität verwies am Anfange jeden Semesters Studenten, die eine gute, billige, saubere Pension suchten, an Mlle ‚Poularde‘ in der ‚Basse-court‘.

Sie hatte hübsche Burschen in ihrem Hause und es ist schon möglich, daß sie den oder jenen heimlich anschmachtete. Nur – die merkten es nicht. Eine halbe Stunde bei einer der sehr gut angelernten Pensionärinnen der berühmten Mdme Adèle deuchte ihnen ein Eden, das man nicht hoch genug bezahlen konnte – aus St. Gallen aber, davon waren sie fest überzeugt, mochte alles mögliche schöne kommen, aber ganz gewiß nichts Heißblütiges. Nur: Poularden, Hühner und Buttermilch. Auch war es, wenn man die Hilfe der ‚Poularde‘ benötigte, garnicht nötig, ihr auch nur entfernt den Hof zu machen. Es genügte völlig, ihre Hühnerzucht anzuerkennen, ein gelbes Küchlein auf die Hand zu nehmen und ihm einen Kuß zu geben, oder zu behaupten, daß ihre Eier die besten in ganz Genf seien. Selbst wenn sie, was zuweilen vorkam, einen Studenten nicht besonders leiden mochte und dann ein wenig harthörig tat, selbst dann war dieser Widerstand sehr leicht zu brechen. Ein dicker Savoyarde, den sie eigentlich nicht ausstehn konnte, weil er's gar zu offen mit einer der Mägde trieb, übte sich ein paar Tage lang im Krähen; krähte ihr dann sehr heiser etwas vor und behauptete, daß er's dem großen Brahmaputrahahn abgelauscht habe, der ein Meisterkräher ersten Ranges sei: hundert Franken borgte sie ihm noch am selben Abend.

Am Ende dieses Semesters reiste ich ein bißchen herum; als ich nach Hause fuhr, traf ich die ‚Poularde' auf dem Oltener Bahnhof. Da muß man immer warten und dann einen Kaffee mit Kirsch trinken. Sie fand es sehr rührend, daß ich für sie zahlte; so etwas war sie von ihren Studenten nicht gewöhnt. Sie reiste nach Basel; darüber mußte ich auch — so fuhren wir zusammen. Wir plauderten und sie erzählte mir, was so zu erzählen war.

Eine Tante in Basel war gestorben; es war schon die vierte Tante, die sie beerbte. Sie wollte ihr Genfer Haus verkaufen, Pension, Hühnerstall und alles. Das Baseler Haus, das ihr nun gehöre, sei viel größer und schöner — und ein sehr großer Garten sei dabei. Sie lud mich gleich ein, sie zu besuchen.

Ob sie auch wieder Studenten aufnehmen wolle in Basel?

Nein, das wolle sie garnicht. Sie sei fertig mit den Studenten. Sechs Jahre habe sie das betrieben in Genf — nun habe sie genug davon.

Sie sprach ganz offen und ohne jede Empfindsamkeit. Nicht einmal einen Seufzer hatte sie.

Sie habe sich gedacht, daß einer von ihren Studenten sie doch einmal freien würde. Sie hätte ‚Ja' gesagt zu dem und zu jenem und zu manchem noch. Aber keiner habe sie je drum gefragt. Sie habe allen geholfen, habe die Kranken gepflegt und den Gesunden Geld geborgt. Und wenn sie auch sagen müsse, daß die Herrn Studenten im großen und ganzen ehrliche Leute seien, und daß sie manches schon zurückerhalten habe und von dem, was noch ausstände, auch das meiste gewiß noch bekommen würde – so sei es doch kein Geschäft, so eine Studentenpension. Und so auf die Jahre rege es auch auf – denn schließlich: man sei doch auch nur ein Mensch.

Sie schlug die Augen nieder und fügte hinzu: »Selbst – selbst wenn man aus St. Gallen ist.« Dabei lachte sie ein wenig und dies Lachen klang wie das sehnsüchtige Gackern eines einsamen Hühnchens. Es war wirklich rührend dies Gackern.

Aber sie faßte sich gleich wieder. Meinte, daß die Hühner viel dankbarer seien als Studenten: sie legten wenigstens Eier.

Ich hatte ein wenig Mitleid mit ihr und gab mir große Mühe, nett zu ihr zu sein. Sie empfand das dankbar. Als wir uns trennten, mußte ich ihr versprechen, sie zu besuchen, wenn ich einmal über Basel käme; oder ihr doch wenigstens zu schreiben.

Ich versprach's und hatte es vergessen eine halbe Stunde drauf.

Aber dann schrieb ich doch, ein Jahr später. Ich sah in einem Schaufenster eine Ansichtskarte – ein komisches Huhn war darauf, das mich im Augenblick an die ‚Poularde‘ erinnerte. Ich kaufte die Karte und schickte sie ihr; fragte, wie's mit der Hühnerzucht gehe?

Sie antwortete postwendend mit einem langen Briefe. Wie lieb von mir, mich ihrer zu erinnern. Und was die Hühner anginge, so – Und ob ich denn garnicht einmal über Basel käme?

Dann hatte ich sie wieder vergessen ein paar Jahre lang. Und nun kam der Gedanke: *sie* kann dem Emil helfen. Sie kann es – und sie tut's auch, wenn man's nur geschickt anfängt. So schrieb ich meinen Brief.

Die Antwort kam – und sie gab einige Hoffnung. Sie könne es gewiß tun, schrieb die Poularde, aber – ich möge verzeihen! – es sei doch eine eigentümliche Zumutung. Denn sie kenne diesen Herrn ja nicht einmal. Sie wolle ja gerne glauben, was ich sage, und sei auch gerne bereit, etwas zu tun für die Wissenschaft, wenn sie auch offen gestanden für Ameisen wenig übrig habe. Ob sich denn mein Freund nicht für Hühner interessieren könne – da gäbe es doch gewiß auch manche Fragen? Und dann hätten einige ihrer alten Studenten sie aufsitzen lassen – und mit Dankbarkeit könne man heutzutage ja überhaupt nicht mehr rechnen. Schließlich aber: schriftlich könne man zu so etwas sich doch wirklich nicht entschließen. Ich käme gewiß einmal über Basel; dann möge ich sie besuchen, und man könne darüber sprechen.

Ich überlegte: der Emil muß mit nach Basel. Gefällt er ihr, so ist's gewonnen. Verspielt ist's, wenn er nicht gefällt.

Nur: davon durfte ich kein Wort ihm sagen. Wenn sie so unschuldig war wie ein Huhn, so war er wie eine Emse so unschuldig. Dabei hatte die Poularde, wenn auch noch so sanktgallisch, doch irgendwo ein wenig Liebessehnsucht, während der emsige Emil nichts dergleichen kannte.

Ich begriff, daß ich Emiln möglichst vorteilhaft vorstellen müsse. Mein bester Anzug wurde für ihn zurechtgemacht; Aermel und Hosenbeine genügend verlängert. Hemden bekam er und Unterhosen, auch mit den Socken und Stiefeln ging es einigermaßen. Einen Hut mußte ich freilich kaufen und dabei mußten wir noch in einem halben Dutzend Läden nachfragen, bis wir endlich die passende Nummer für seinen mächtigen Schädelbau fanden. In der Eisenbahn gab ich ihm gute Lehren, wie er sich zu verhalten habe: keine Gelegenheit verabsäumen, ihr die Hand zu küssen und allmählich diese Hand ein wenig zu tätscheln. Ich hatte auch ein Buch über Hühnerzucht gekauft, das mußte er durchlesen, um möglichst sachverständig auftreten zu können.

Wir waren eine Woche in Basel und jeden Tag zweimal draußen in ihrem Hause. Jedesmal mußte Emil einen großen Blumenstrauß mitbringen. Ihre Aehnlichkeit mit den Hühnern fiel ihm gleich auf – und in der Tat hatte in diesen Jahren ihre Verhuhnung schon starke Fortschritte gemacht. Ihre Nase hatte etwas spitziges bekommen, machte den Eindruck, als ob sie damit picken wollte, ihr Lachen war vollständig zum Gackern geworden. Ganz eigentümlich aber war ihre Art zu trinken. Ich hatte die beiden zum Abendessen in die ‚Drei Könige‘ eingeladen; Emil, der garnichts vertragen konnte, war schon nach dem dritten Glase recht lustig. Wie sie ihm zutrank, starrte er sie an und fing dann plötzlich an zu singen:

»Keinen Tropfen Wasser trinkt das Huhn,
Ohne einen Blick zum Himmel aufzutun!«

Ich war wütend; gab ihm unter dem Tisch einen tüchtigen Tritt vor's Schienbein. Aber seine Taktlosigkeit hatte gar keine schlimmen Folgen — im Gegenteil. Die Poularde gackerte seelenvergnügt und als Emil, durch meinen Tritt aufgeschreckt mit der Rechten ihre Hand ergriff, um sie tüchtig abzuschlecken, während er mit der Linken sein Hosenbein abbürstete, meinte sie, daß er ein rechter Kavalier sei, der höfliche Manieren mit fröhlicher Laune zu verbinden wisse.

Ich sah es wohl: dieses arme St. Galler Huhn erträumte sich einen stolzen Hahn in Emil — ausgerechnet in Emil, der doch eine Ameise war!

Es ging alles nach Wunsch und über Erwarten gut. Ich erkundigte mich inzwischen und erfuhr zu meiner großen Befriedigung, daß die Poularde in ganz ausgezeichneten Vermögensverhältnissen war; sie hatte noch einmal geerbt und ihren Genfer Besitz sehr vorteilhaft verkauft. Das beruhigte mein Gewissen außerordentlich.

Emils Erfolg wuchs mit jedem Tage. Es war klar — am liebsten hätte sie ihn gleich als Gatten behalten; freilich merkte er von diesem unausgesprochenen Wunsche garnichts. Sie machte dann noch einen schwachen Versuch, ihn von der Ameisenforschung ab und zur Hühnerforschung hinzuziehn; bestand aber nicht weiter darauf, als ich ihr erklärte, daß Emil ja noch jung wäre, und daß er, wenn er nur erst die angefangenen Studien beendet habe, später einmal von der Myrmekologie zur Alektrionologie übergehn könne.

Am fünften Tage erklärte sie, daß sie bereit sei, Emil flottzumachen: daß sie aber über die Einzelheiten sich mit ihren Beratern besprechen müsse.

Mir fiel das Herz in die Hosen, als ich hörte, daß diese Berater ihr Notar und ihr Bankier seien.

Aber ich hatte mich sehr getäuscht, die beiden Herrn versuchten keinen Augenblick, sie von ihrem Vorhaben abzubringen. Dieses harmlose Huhn wußte ganz genau, was es wollte; und war gewiß geschäftlich unendlich viel tüchtiger als Emil und ich es waren.

Emil bildete sich ein, alles mit fünftausend Franken machen zu können. Ich meinte, daß es etwas mehr kosten würde und wollte versuchen, noch ein paar tausend mehr für ihn rauszuholen. Wir waren daher sehr erstaunt, als sie uns erklärte, daß wenigstens fünfzigtausend notwendig seien und daß sie also diese Summe zur Verfügung stelle. Doch setzte sie zur Bedingung, daß sich Emil an der Baseler Universität habilitieren müsse. Sie sah mich etwas scheu an, als sie das sagte.

Ich ließ ihn in Basel — er zog gleich hinaus zu ihr und machte sich an die Arbeit. Ich zog traurig zurück nach Saarbrücken, um meinen Rüffel einzustecken, weil ich wieder mal ohne Urlaub losgefahren war. Die Welt hatte gar kein Verständnis für meine Nächstenliebe: mir ging's noch schlechter als zuvor. Und dazu war ich den Emil und seine Ameisennester auch los, die in mein grauenhaftes Schicksal, Jurist zu sein, doch etwas Abwechslung gebracht hatten.

Der Emil schrieb seine Habilitationsschrift; der Emil wurde an der Universität als Privatdozent zugelassen. Der Emil traf seine Reisevorbereitungen; der Emil fuhr von Hamburg nach Brasilien. Vom

Dampfer schrieb er mir eine Postkarte mit den stolzen Worten: »Der ATTA entgegen!«

Dahin, in das Land der Blattschneiderinnen, der Schleppameisen, der Pilzzüchterinnen! Und derweil saß ich immer noch in Saarbrücken. War noch immer ein Jurist, dessen einzige innere Verbindung zu seinem Beruf die war, Aktenpapier zu stehlen, auf dessen hübsche freie Rückseiten man Gedichte kritzeln konnte und andern Kram.

*　　*　　*

Vier Jahre blieb Emil fort; als er zurückkam, war er ein berühmter Mann in dem engen Kreise der Wissenschaft. Er hatte inzwischen für eine ganze Reihe von fachwissenschaftlichen Blättern geschrieben und einiges aufsehnerregende Neue gefunden. Ich traf ihn in Wien wieder, wo er an einem großen myrmekologischen Werke arbeitete, in dem er alle seine Forschungen niederlegen wollte. Materiell ging's ihm gut; das Baseler Geld war zwar längst verbraucht, aber eine wissenschaftliche Gesellschaft hatte dem so anspruchslosen Gelehrten genug zur Verfügung gestellt, um leben zu können. Er war in den Tropen völlig braun gebrannt und behielt diese rotbraune Färbung sein Leben lang. Ich fand ihn völlig verameist.

Das Bürsten war ihm so zur Gewohnheit geworden, daß nun sein Putzapparat mehr in der Hand, als in der Tasche war. Dabei schnupperte er fortwährend; er war überzeugt, es soweit gebracht zu haben, den Nestgeruch der einzelnen Arten unterscheiden zu können.

»Mein Geruch dagegen«, behauptete er, »scheint

den Ponerinen feindlich, allen Camponotusarten aber freundlich zu sein.«

Um die Brillen nicht wechseln zu müssen, hatte er sich in seine alte Stahlbrille in der Mitte geteilte Gläser setzen lassen, sodaß er oben gewöhnlich sah, unten aber stark vergrößert. Dadurch, und durch den glänzenden Stahlrand hatten seine Augen etwas eigentümlich fazettenhaftes bekommen.

Sein Fleiß kannte keine Grenzen mehr; er war nicht zu bewegen, auch nur einmal mit auszugehn, selbst ein halbes Plauderstündchen mit mir schien ihm ein Raub an seiner Arbeit; höchstens fünf Stunden Schlaf gönnte er sich. Dutzende von künstlichen Ameisennestern hatte er in seinem Zimmer; es schien ihm ein Verbrechen, sich von ihnen zu trennen.

Ich fragte ihn, ob er schon in Basel gewesen sei?

Nein, meinte er. Erstens habe die dortige Universität doch keinen Lehrstuhl für Myrmekologie und dann fehle es ihm auch völlig an Zeit für irgendeine Lehrtätigkeit. Ein Gedanke an die Poularde kam ihm garnicht. Er war ganz erstaunt, als ich ihn daran erinnerte; er war überzeugt, seine Pflicht ihr gegenüber völlig erfüllt zu haben: alle seine Veröffentlichungen hatte er ihr ja zugesandt. Ganz verständnislos war er, als ich ihm vorhielt, daß sie wohl eigentlich damit gerechnet habe, daß er sie nach seiner Rückkehr heiraten würde.

»Wo soll ich dazu wohl die Zeit hernehmen?« war seine Antwort. Dann aber riß er ein Schubfach auf, wühlte in den Papieren und brachte schließlich einen Lichtdruck hervor, auf dem ein Dutzend verschiedene Ameisen abgebildet waren. Er hielt mir das Blatt unter die Nase.

»Da, die links oben!« rief er.

»Was ist mit der?« fragte ich.

»Glaube nicht, daß ich undankbar bin,« fuhr er fort. »All das sind von mir neugefundene Arten. Ich gab ihnen Namen nach den berühmtesten Forschern. Die aber, links oben die, die wird meinen Dank für Fräulein Hahn aussprechen; ich nannte sie: *Myrmecocystus Wesmael melliger Forel subspecies mimicus Wheeler varietas depilis Hahn.*«

»Ein hübscher Name«, sagte ich, »aber ist er nicht ein wenig lang?«

»Lang?« gab er zurück. »Bei der ungeheuren Anzahl der Arten und Rassen und Specien und Subspecien und Varietäten und Nüanzierungen hat man in der Myrmekologie längst das Quadrinominalsystem eingeführt; ich hoffe, daß wir bald, um größere Klarheit zu erzielen, zum Cinquenominalsystem übergehn werden.«

»Das hoffe ich auch«, nickte ich, »es ist dann ja auch soviel einfacher! Im übrigen wird Fräulein Hahn gewiß sehr froh sein, daß du der neuen Ameise, links oben, ihren Namen gegeben hast.«

Er sagte — aber garnicht stolz, ganz still und bescheiden vielmehr und wie selbstverständlich —: »Freilich wird sie. Ich habe ihren Namen unsterblich gemacht. Sie hat ès schließlich verdient um die Wissenschaft. Und siehst du,« fuhr er fort, »Myrmecocystus, das ist die Honigameise, die ihren Bauch zu einem Honigtopf macht, um von der köstlichen Speise allen mitzuteilen. Was meinst du — ob Fräulein Hahn die Anspielung versteht?«

»Aber gewiß«, nickte ich, »ohne Frage! Es ist ein feines Kompliment für sie, wie es nur Männer der Wissenschaft machen können!«

* * *

Einige Wochen später kam Emil zu mir.

»Umgotteswillen, was ist geschehn?« fragte ich. »Wenn du dich entschließt, aus deinem Nest herauszukommen, muß es wichtige Gründe haben.«

»Hat es auch!« rief er. Er rannte aufgeregt hin und her, vor jedem Hindernis kehrtmachend, sehr hastig in alle Ecken hineinriechend, ohne auch nur einen kleinen Augenblick anzuhalten. Es war schwer aus ihm herauszubekommen, was eigentlich geschehn war; alles kam ruck- und stoßweise, fast ohne Zusammenhang hervor.

So war es:

Er hatte nach unserem letzten Zusammensein nach Basel geschrieben, hatte' der Poularde mitgeteilt, daß er in Anerkenntnis ihrer Verdienste um die Myrmekologie eine neugefundene Ameise nach ihr benannt habe. Er hatte hinzugefügt, daß sein großes Werk beendet sei und sich im Drucke befände; er würde ihr das erste Exemplar senden. Da würde sie die Beschreibung der Hahn-Ameise lesen können.

»Und nun ist's unmöglich!« jammerte er.

»Wieso?« fragte ich. »Hat der Verlag bankerott gemacht? Ist die Druckerei abgebrannt?«

»Nein, nein!« rief er. »Das Buch ist ausgesetzt; gottseidank noch nicht gedruckt!« Er legte mir die Korrekturbogen auf den Schreibtisch. »Grade wollte ich alles abschicken mit meinem Imprimatur! Und da bekomme ich heute Morgen — das da!«

Wütend warf er mir ein Blatt auf den Tisch —

die jüngste Nummer der ‚Mitteilungen der Schweizer Entomologischen Gesellschaft'.

»Da lies!« rief er. »Ein anderer hat meinen Myrmecocystus auch gefunden! In Kalifornien! Vermutlich später als ich — aber es nutzt nichts! Er hat ihn eher beschrieben als ich, und ihm auch einen Namen gegeben! Den Forel's natürlich, als ob nicht schon fünfhundert andere Ameisen auch diesen Ehrennamen trügen; ich selbst habe drei nach ihm benannt! Und nun heißt das Tier nicht Myrmecocystus Wesmael melliger Forel subspecies mimicus Wheeler varietas depilis Hahn sondern Myrmecocystus Wesmael melliger Forel subspecies mimicus Wheeler varietas depilis Forel!«

»Entsetzlich!« rief ich, »gradezu grauenhaft! Was willst du machen?«

»Ich weiß nicht,« jammerte er. »Darum kam ich ja zu dir.«

»Also, Emil,« riet ich, »tu so, als ob du nichts davon wüßtest. Gib dein Buch ruhig heraus.«

»Unmöglich!« stöhnte er. »Jedes Kind liest die ‚Schweizer Mitteilungen'! Und übrigens schadt's nichts für das Buch; ich werde da nur auf ein paar Seiten den Namen ändern und in einer Anmerkung auf die Nummer des Blatts hinweisen! *Der Kerl nimmt mir nichts weg* — dazu ist seine Abhandlung ganz schlecht und durchaus lückenhaft — das werde ich ihm bei der Gelegenheit stecken!«

»Ja, dann ist ja alles gut,« meinte ich.

»Nichts ist gut!« schrie er. »Wie stehe ich vor Fräulein Hahn da? Sie erwartet mein Buch mit dem Namen des Tieres, das sie unsterblich macht! Soll ich's ihr etwa zuschicken — wenn dieses Tier nun einen anderen Namen trägt??« Er trat ganz dicht zu mir hin, hob die Arme rundgebogen in die Höhe, stand da wie eine Emse in Kampfstellung. »Du mußt jetzt helfen,« zischte er, »du hast mir die ganze Sache eingebrockt! Du allein hast mich zu der Dame gebracht: *du bist schuld an allem!* Also hilf mir!«

Seine Einstellung war so ungeheuerlich, wie seine Haltung drohend war; ich hatte das Empfinden, als müsse er im nächsten Moment aus irgend einer versteckten Drüse Gift auf mich spritzen.

»Wo hast du eigentlich deinen Stachel, Emil?« fragte ich. »Du hast doch gewiß so ein Ding?«

Er lachte nicht; ein heftiges Zittern faßte ihn.

»Na, laß nur«, fuhr ich fort, »wir werden schon einen Ausweg finden.«

»Find ihn!« stöhnte er.

»Ja, ja!« rief ich, »warte nur. Setz dich derweil.« Ich stand auf, drückte ihn auf meinen Sessel am Schreibtisch nieder und lief nun selber im Zimmer auf und ab. Bald genug fiel mir was ein.

»Hast du noch andere Korrekturbogen?« fragte ich.

».Gewiß«, antwortete er, »man schickt sie ja immer doppelt.«

»Gut!« bestimmte ich. »Dann wirst du in den Bogen, die du zuhause hast, die nötigen Umänderungen machen. Dies Exemplar aber läßt du hübsch binden, so wie es ist, und schickst es mit einer schönen Widmung versehn nach Basel.«

Emil starrte mich an; er gebrauchte wohl eine Minute, um zu begreifen. Dann nahm er einen weißen Bogen auf, griff meine Schere und beschnitt das

Papier nach der Größe der Druckseite. Nahm die Feder, schrieb eine lange Widmung darauf. Legte das Widmungsblatt oben auf die Korrekturbogen, schichtete sie sehr sorgfältig zusammen.

»So«, sagte er. »Das Buch binden lassen und nach Basel schicken — das kannst du tun! Du bist schuld an allem. Ich will nichts mehr damit zu tun haben.«

Kein Wort des Dankes, kein Gruß mehr. Draußen war er.

★   ★   ★

Ich habe Emil nicht wiedergesehn. Wohl schickte er mir regelmäßig seine neuen Bücher zu; auch alle Aufsätze in wissenschaftlichen Zeitschriften, doch hoffte ich vergebens, daß er einmal einer Ameise — und er fand noch manche unbekannte Arten — meinen Namen geben würde. Das tat er nicht.

Nun ist er tot. Als der Krieg ausbrach, war es für den Vierziger, der nie Soldat gewesen war, völlig selbstverständlich, daß er sich sofort als Freiwilliger meldete. Er empfand echt ameisenhaft: sein Volk war in Gefahr; da mußte er helfen, wie alle andern. Er wurde ausgebildet und kam an die Front — selbst in den Schützengraben nahm er ein paar künstliche Ameisennester mit. Ganz einfache freilich, nur in Flaschen. Er fiel vor dem Feind, starb für sein Volk, wie jede gute Emse.

Auch die Poularde ist nun tot. Ich habe nicht erfahren können, an welcher Krankheit sie litt. Aber ich bin ganz sicher, daß sie am Pips starb, die Arme!

XII

FREMDE GÄSTE IM EMSENSTAAT

Die schönste Jungfrau sitzet
Dort oben wunderbar.
Ihr goldnes Geschmeide blitzet,
Sie kämmt ihr goldenes Haar.

Heine, Lorelei.

Schmarotzer, Räuber, Diebe und Mitschmauser.

Die große Freude für so manchen Myrmekologen sind garnicht die Ameisen — beileibe nicht. Vielmehr ein halbes Dutzend Tausend meist recht unsympathischer Geschöpfe, die bei den Völkern der Ameisen willkommene oder — viel öfter noch — recht unwillkommene Gäste sind.

Solcher Gastinsekten kann man neue und immer neue entdecken, ihnen schöne Namen geben und sie hübsch einreihn. Da kann man sich nach Herzenslust interessieren, kann studieren, sezieren, experimentieren und identifizieren, dann exemplifizieren, numerieren, registrieren, rubrizieren, gruppieren, inkorporieren, klassifizieren, schematisieren, systematisieren, deployieren, modifizieren, spezifizieren, katalogisieren, emboitieren. Kann drauflos koordinieren und kombinieren, kann dozieren und philosophieren, kann problematisieren und die Problemata der Kollegen admirieren, referieren, eminieren, variieren, differenzieren, spezialisieren oder sich gegen sie emportieren, sich dann empressieren, sie zu adjustieren, zensieren, negieren, monieren, kritisieren, gegen sie protestieren, kontroversieren, polemisieren. Immer wieder neue Tierchen kann man kategorisieren und monographieren und seine Weisheit in manchen Fachblättern edieren, publizieren und emittieren. Kurz, man kann sich sehr emerieren und emergieren, dabei sein Lebenlang prächtig amüsieren — ist doch die Lehre von den Ameisengästen eine wahre Schatzgrube für gelehrte Maulwurfsarbeit. Und die ist jedem echten Herrn Professor die liebste, lebenfüllende Beschäftigung. Doch das allerschönste dabei: man kann eine Unmenge stubengriechischer, küchenlateinischer, schneiderenglischer und kellnerfranzösischer Worte erfinden, nicht nur für die Tiere selbst, sondern auch für all die oft recht verwickelten biologischen Verhältnisse, so zwar, daß auch dem gebildetsten Laien der Kopf brummt und er verzweifelt das Werk, von dem er keine Zeile mehr ohne die dicksten Wörterbücher verstehn kann, in die Ecke wirft. Das aber ist der wahre Triumph echter Wissenschaft. Hat man solch erhebende Arbeit geleistet, so mag man getrost sich ins Grab legen mit dem stolzen Bewußtsein, etwas *positives* für die exakte Wissenschaft geleistet zu haben.

★   ★   ★

Die Milchkühe der Ameisen, die Blattläuse und Schildläuse, die Blattflöhe und Bläulingsraupen gehören nicht zu den Gastinsekten. Sie sind Nutzvieh, meist außerhalb, zuweilen auch im Neste selbst gehalten, das wohl ohne Widerstreben, aber doch nicht aus eignem Antrieb den Wünschen der Ameisen sich geneigt zeigt. Die große Menge der Gäste aber kommt aus eignem Willen oder Instinkt ins Ameisennest.

Da ist zunächst das Heer der innerlichen und äußerlichen Schmarotzer. Es scheint, daß kein Tier klein genug ist, um nicht wieder eine Fülle von andern Tieren an sich und in sich zu beherbergen. Wir Menschen kennen Läuse und Milben und Bandwürmer und manch andere nichtswürdige Geschöpfe, gegen die wir uns wehren müssen; der Ameise geht es nicht besser, sie leidet schlimm genug unter solchem Gesindel und geht oft elend daran zugrunde. Während aber diese Schmarotzer das einzelne Tier quälen, fallen die andern Rassefremden im Ameisenstaate mehr oder weniger dem gesamten Volk zur Last; nur ganz wenige gibt es unter ihnen, die dem Ameisenvolke nicht schädlich wären oder ihm gar einen kleinen Nutzen verschafften. Das schädliche Treiben mancher räuberischen Gäste kennen die Ameisen recht gut. Sie stellen diesen offen nach, wo es nur eben geht, so wie wir Ratten und Mäuse, Wanzen und Kakerlaken bekämpfen. Ein ewiger Kampf, mit wechselndem Erfolge. Unter diesen frechen Räubern verdienen besondere Beachtung die Ameisenraubkäfer, die sich recht wie Wölfe und Schakale aufführen und die von den Ameisen gründlich verabscheut werden. Sie rauben die junge Brut, wo sie nur Gelegenheit dazu finden, aber sie wagen sich auch an die erwachsenen Tiere heran. Sie verstecken sich in kleinen Höhlen, fressen Tote und fallen die Kranken an. Zur Abendzeit halten sie sich gern am Nesteingang auf, lauern dort auf eine von der Tagesarbeit ermüdet und verspätet heimkehrende Bürgerin. Ein ganzes Rudel stürzt dann auf sie, reißt sie in Fetzen und rauft untereinander um die Bissen. Ja, des Nachts schleicht das Raubgesindel durch weniger besuchte Gänge und fällt die schlafenden und von der Kälte ein wenig erstarrten Emsen an. Wenn eine Ameise solche Hyäne erwischt, greift sie sie sofort an; aber der Käfer überschüttet sie mit einer übelriechenden Schmiersalve. Die Emse weicht zurück — oft rettet das den Räuber; manchmal auch erwischt ihn die Emse trotzdem, um ihn sofort zu töten.

Andere Gäste wieder verhalten sich neutral, werden infolgedessen von den Ameisen geduldet. Sie helfen auch wohl bei der Reinigung des Nestes, indem sie den Abfall auffressen, noch ehe die Emsen ihn fortgeschafft haben. Meist sind sie zu klein, um überhaupt Aufmerksamkeit zu erregen. Auch sie stehlen gelegentlich Eier und werden umgekehrt, ebenso gelegentlich, auch von den Ameisen verzehrt. Die meisten dieser geduldeten Gäste aber, besonders die größeren, haben besondere Formen entwickelt, die ihnen den Aufenthalt in der Ameisenstadt ermöglichen. Manche äffen in ihrer Gestalt und Farbe die Ameisen, bei denen sie hausen, in oft verblüffender Weise nach; andere wieder haben sich so dicke Panzer zugelegt, daß auch die kräftigste Ameise ihnen nichts anhaben kann. Besonders die Wanderameisen sind auf ihren Zügen stets von einer ganzen Schar solcher Troßgäste begleitet — wo die Hunnenheere hinkommen, da wird ja stets im Ueberfluß gemordet und geschlachtet, sodaß auch manch fetter Bissen für die leichenfleddernden Mitzügler abfällt.

Die Gäste, welche sich einen so dicken Panzer zugelegt haben, daß sie vor allen Angriffen der Ameisen sicher sind, gehören meist dem Käfergeschlechte an. Die Emsen wissen nicht recht, was sie mit diesen oft recht komischen Gesellen anfangen sollen; sie zerren an ihnen herum, rollen sie auch wohl, wie Fäßchen. Gelegentlich belecken sie sie oder spenden ihnen ein Speisetröpfchen aus ihrem Kropfe; dafür machen die Käfer sich dadurch nützlich, daß sie Unrat auffressen, auch wohl die Emsen von ihren Milben befreien. Der Nutzen, den sie den Ameisen bringen, ist gering; doch schaden sie auch nicht weiter. Es macht den Eindruck, als ob die Emsen sich an diese Gassenbuben gewöhnt hätten und nun so mit ihnen herumspielen. Wirklich nützlich ist wohl nur der reichlich milbenfressende Pfeilschwanzschwenker, während andere, wie der Hängelippekäfer oder der Genossenkäfer den Emsen scheinbar nur als Spielzeug dienen.

Andere dieser harmlosen Gäste verlassen sich auf ihre Fixigkeit. Unter ihnen verdient das Silberfischchen Erwähnung, da es die Frechheit und Geschicklichkeit so weit treibt, den Ameisen buchstäblich die Bissen vom Munde wegzustehlen. Wenn eine Ameise die andere füttert, ist flugs so ein Lausbub zurhand, hebt sich hoch und schleckt das Tröpfchen, das die Spenderin ihrer hungrigen Schwester geben will, zwischen Lippe und Lippe weg. Das Einandernahrungsreichen ist immer eine etwas feierlich-familiäre Handlung bei den Emsen; nicht nur die Fühler betrillern, auch die Vorderbeine bestreicheln der anderen Wangen. Ehe die Ameisen sich aus dieser zärtlichen Umarmung freigemacht haben, hat das Silberfischchen längst den süßen Tropfen verschluckt und sich selbst in Sicherheit gebracht — die beiden Emsen schauen ihm verdutzt nach, während der Frechling längst bei einem anderen Paare sein keckes Spiel wiederholt.

Noch andere Gäste versuchen es mit Glück mit dem Streicheln. Sie lecken nach Ameisenart an den Emsen herum, fressen auch wohl deren Milben weg. Da das den Emsen nicht unangenehm ist, lassen sie sie meist gewähren. So macht es die Ameisengrille, die zuweilen auch, wie das Silberfischchen, fütternden Ameisen den Tropfen vom Munde wegschnappt, dann ein kleiner Kakerlak, der bei den Pilzzüchterinnen haust, auf deren großen Soldatinnen er herumreitet, ja, sogar auf Männchen und Weibchen sitzend und durch die Lüfte kutschierend die Hochzeitreise mitmacht. Auch das Spitzleibkäferchen hält das ölige Zeug, mit dem der Leib der Ameisen gesalbt ist, für einen sehr bekömmlichen Leckerbissen, zu dem man nur durch Behendigkeit und mittels freundlichen Streichelns gelangen kann.

Goldlockige Hexen.

Einen wundervollen Ausspruch legt Sophokles seiner Antigone in den Mund: »οὔτοι συνέχθειν ἀλλὰ συμφιλεῖν ἔφυν.«

(Nicht mitzuhassen — mitzulieben bin ich da.)

Nach diesen beiden Worten hat die Wissenschaft die hauptsächlichsten Vertreter unter den Ameisengästen nicht grade sehr glücklich benannt. Wir haben gesehn, daß bei den Ameisen einmal eine

Fülle innerlicher und äußerlicher Schmarotzer hausen; daneben eine ganze Schar von Nestmitbewohnern, denen die Emsen ziemlich gleichgiltig gegenüberstehn, und die man daher am besten als neutrale Gäste bezeichnet. Auch die dritte Art der Gäste haben wir schon kennen gelernt; es ist das Raubzeug, das die Ameisen und ihre Brut verfolgt und von ihnen wieder verfolgt wird. Ein gegenseitiger Haß begründet dieses Verhältnis, das man daher ganz richtig Synechthrie (Mithaß, gegenseitigen Haß) nennt. Schief aber wird das Bild, wenn man diese Klasse der Raubgäste, wie die Wissenschaft das tut, ‚Synechthren' nennt, denn die Emsen sind den Käfern gegenüber geradesogut *Hasser*, wie diese das ihnen gegenüber sind.

Noch falscher aber wird die wissenschaftliche Bezeichnung für die letzte Art der Ameisengäste, die sie *Symphilen* nennt. Zu diesen Gästen hegen die Ameisen eine ganz seltsame Liebe, die oft die zu ihrer eigenen Brut noch übertrifft. ‚Symphilia' (gegenseitige Liebe) wäre also ein passender Ausdruck für dies Verhältnis, wenn diese Liebe von den Gästen auch nur einigermaßen erwidert würde. Das scheint nun aber garnicht der Fall zu sein – im Gegenteil sind fast alle diese *echten* Gäste dem Ameisenvolke äußerst schädlich. Symphilen *(Mitliebende)* also könnte man wohl die Ameisen bezeichnen, nicht aber die Gäste – die Wissenschaft hat's umgekehrt gemacht.

Fast alle diese Heißgeliebten gehören dem Käfergeschlecht an. Man kann sie Wölfe im Schafspelze nennen. Oder auch: Vampire.

‚There was a fool and he made his prayer
(Even as you and I!)
To a rag and a bone and a hank of hair.
(Even as you and I!)'

Mit dem Unterschiede nur, daß Kiplings Vampir
eine Frau und die Narren — du und ich — die Männer sind. Die Emsen aber, die so närrisch auf das
‚Hank of Hair' (das Haarbüschel) ihrer Geliebten
sind, sind alle ausgewachsene Jungfern. Das goldene
Haar ist ein altes Zaubermittel, womit schon manche
kluge Hexe Lorelei die blöden verliebten Schiffer
gefangen hat.

Die Symphilen sind die Loreleis der Insektenwelt:
schönes langes, goldenes Haar ist ihr Zaubermittel,
mit dem sie die sonst so vernünftigen Emsen verführen. Da hört's eben auf mit allem gesunden Men-
schenverstand und Ameiseninstinkt, wenn eine richtige, goldene Hexe sich blicken läßt!

Goldhaarige Hexen zeigen keine Scheu; sie sind
sich ihres Wertes und der Zaubermacht ihrer Lok-
ken durchaus bewußt. So ist das Benehmen der Kä-
ferhexen in der Ameisenstadt durchaus verschieden
von dem aller andern Gäste. Während diese sich
möglichst versteckt halten, nur gelegentlich sich den
Emsen nähern, um, stets auf der Hut, bei der kleinsten Bewegung wieder zu verschwinden, sich auf die
Schnelligkeit ihrer Beine oder auf die Feste ihres
Panzers verlassend, benehmen sich die Symphilen-
käfer genau so, als ob die ganze Ameisenstadt nur
ihnen gehöre, als ob alle Emsen eigens für sie geschaffen wären und nur zu ihrer Bedienung da wären. Sie sind stets von einer Schar von Bewunderin-

nen umgeben, die dem goldenen Loreleihaare zuliebe bereit sind, alles für sie zu tun.

Was für eine Bewandtnis hat es nun mit diesen geheimnisvollen Goldlocken, die ihre Besitzer zu den wahren Herrn des sonst so herrenstolzen Ameisenvolkes machen?

Die Käfer haben Drüsen an verschiedenen Körperstellen. Dort, wo diese Drüsen sich in Poren öffnen, befinden sich goldene Haarbüschel. Aus den Poren schwitzen sie eine dünne, fast ätherische Flüssigkeit aus, die das Goldhaar befeuchtet und für die Emsen wunderbar duften macht. Aber nicht der Duft allein ist es, der die Ameisen anzieht, mehr noch der seltsame Aethertropfen selbst. Denn er schmeckt wie Nektar und – das ist die Hauptsache – er berauscht dazu.

Faust sah, als ihm Mephisto in der Hexenbar den ,mixed-drink' reichen ließ, ,mit diesem Trunk im Leibe, bald Helena in jedem Weibe'. Nicht anders ergeht es den Ameisen. Ein Tröpfchen nur von dem Zauberäther der Goldhaare und sie erblicken in jedem der häßlichen Käfer einen Achill und Apoll der Insektenwelt.

Dieser süßduftende, berauschende Aether der Goldlocken also ist es, der die Emsen – um aus aller Hexenpoesie heraus und wieder in die nackte Wirklichkeit hineinzukommen – anlockt, wie Baldrian die Katzen. Jeder echte Schuljunge hat einmal, wenn er seinem verehrten Herrn Lehrer oder seiner geschätzten Tante ein echtes Katzenkonzert bescheren wollte, mit Baldrian Versuche gemacht und gewiß stets die schönsten Erfolge erzielt. Er weiß, daß die

Katzen sich dabei völlig berauscht benehmen — nicht anders ist es bei den Emsen.

Die Ameisen berauschen sich also — und dieser Rausch kann recht gefährliche Folgen haben, sowohl für die einzelne Emse, wie für ihr ganzes Volk. Die Lockenkäfer schaden freilich mit dem Zauber ihrer Goldhaare der einzelnen Ameise kaum, bringen ihr nur Wonne und Lust, nicht aber Krankheit noch gar Tod. Die Aufführung eines solchen Trauerspiels ist vielmehr einer auf Insulinde lebenden Wanze vorbehalten geblieben, welche die Loreleisage in der Insektenwelt mit gradezu verblüffender Treue zur Wahrheit macht.

Diese Wanze haust nicht im Ameisennest, sondern treibt sich frei im Walde herum. Aber sie hat — als einziges außerhalb von Ameisenstädten uns bekanntes Insekt — Rauschtrank spendende Poren unter goldenen Haaren. Ameisen aus dem Geschlechte der Langhälse sind ihre Opfer: sie steigen hinauf auf die Loreleifelsen — Bambusrohre — und trinken von dem Trank der Vampirhexe. Eine nach der andern schlürft den Wonnetrank, eine nach der andern fällt in schwerer Betäubung hinunter auf die Erde. Und langsam, bedächtig, kriecht endlich die Hexe hinab — nicht mehr, wie vorher, eine goldlockige Verführerin, sondern jetzt nur das, was sie wirklich ist: eine alte Wanze, die ihrem scheußlichen Vampirhandwerk nachgeht. Sie greift die erste der in tiefem Schlafe ruhenden Ameisen und saugt sie aus. Saugt die zweite aus, saugt die dritte aus — ruht nicht eher, bis auch die letzte nur noch als jämmerliches Chitinhäutchen daliegt.

Recht erbaulich ist diese Geschichte von der Hexenwanze und den Ameisen, die hinter goldenen Locken und süßem Trank her sind. Jeder Antialkoholapostel, Männlein oder Weiblein, sollte sie in seine Predigt einflechten, um den bösen Säufern einen großen Schreck einzujagen. Vielleicht hilft's!

Jedoch sind die Käfer im Neste selbst dem Ameisenstaate weitaus gefährlicher, als die Wanze auf ihrem Bambusrohr. *Sie* fordert nur einzelne Opfer, so zahlreich diese auch sein mögen, die geliebten Käfer aber vermögen, in einem sehr umständlichen Prozeß, ein ganzes Volk zugrunde zu richten.

Drei Arten sind es hauptsächlich, die sich in die Herzen der Ameisen eingeschlichen haben; das sind die Paussuskäfer, die Keulenkäfer und die eigentlichen Fransenkäfer. Sie haben, außer den duftenden Goldbüscheln, zum Teile noch andere Merkmale entwickelt, die sich bei nicht ausschließlich in Ameisennestern lebenden Insekten nicht vorfinden. So finden wir bei einigen eine merkwürdige Umbildung der Zunge: gewohnt, von den Emsen mit flüssiger Nahrung gefüttert zu werden, hat sich diese zu einem schwammartigen Gebilde umgestellt. Noch interessanter ist die Umbildung der Fühler, die auf die mannigfachste Art vor sich gegangen ist; besonders haben einige Paussusarten hierin erstaunliches geleistet. Viel größer als die Ameisen, viel zu schwer auch, um von ihnen getragen zu werden, haben sie ihre Fühler zu festen Handgriffen umgewandelt, an denen sie sich von diesen hin und her ziehn lassen können. Uebrigens haben einige Paussiden eine recht gefährliche Waffe, für den Fall, daß sie von einem Feinde angegriffen werden: sie vermögen aus Drüsen am Hinterleibe reines *Jod* auszuspritzen. Auch die Keulenkäfer, kleinerer Gestalt, sodaß sie von den Emsen getragen werden oder auch auf deren Rücken herumreiten, sind merkwürdige Gesellen. Sie haben zwar Augen, aber können damit nicht sehn, haben Flügel, aber können sie nicht lupfen. Dazu haben sie sich seltsame Fühler zugelegt. Einige Arten haben sie fest wie Griffe, andere wieder wie regelrechte Taktstöcke, die sie wie die Ameisen bewegen und gebrauchen können. Sie haben also die *Ameisensprache gelernt*, können sagen: ‚Gib mir mal rasch was zu futtern!‘ Und können das so nett sagen, daß sie auch gleich was bekommen.

All diese Käfer leben ein rechtes Schmarotzerleben in der Ameisenstadt. Sie werden von den Ameisen herumgetragen oder gezogen, werden gefüttert und gepflegt und lassen zum Dank die Emsen an ihren goldenen Haarbüscheln lecken. Der Rausch schadet diesen nicht weiter, gibt ihnen vielmehr ein reines Lustgefühl; jedenfalls sind sie so darauf versessen, wie nur die ausgepichteste Trinkerseele auf ihr Schnäpschen. Soweit wäre alles in bester Ordnung. Nur: die Käfer begnügen sich durchaus nicht mit der Nahrung, die ihnen die Ameisen reichen, sie fressen dazu noch tüchtig von der Brut.

Am weitesten hat es hierin das Geschlecht der Fransenkäfer gebracht, von dem bisher zwei eurasische Arten, der sorglose Büschelkäfer und der echte Fransenkäfer, sowie eine amerikanische Art, der Gastfreundkäfer, genau untersucht und beschrieben wurden. Ihre Eier und ihre Larven werden von den Ameisen mit mehr Liebe gefüttert und aufgezogen wie ihre eigene Brut, die Käfer selbst werden

in jeder Richtung verhätschelt. Wenn das Nest angegriffen wird, so retten die Emsen vor ihren eigenen Jungen die geliebten Käfer und deren Brut.
Büschelkäfer und Gastfreundkäfer haben es in der
Verständigung mit den Ameisen soweit gebracht,
daß sie nicht nur die verliebten Tanten mit den
Fühlern betrillern, sondern, wenn sie gefüttert werden, ihnen auch noch, nach Ameisenart, mit den Vor-
derfüßen die Wangen streicheln. Beide Arten zeichnen sich übrigens dadurch aus, daß sie die Völker,
die sie mit ihrer Anwesenheit beglücken, regelmäßig
wechseln. Sie wandern im Frühjahr von dem Volk,
bei dem sie überwintern, zu einem anderen, und
zwar dem einer ganz andern Art. Dort legen sie
ihre Eier, die sie nun in dem neuen Neste den Ameisen zur Aufzucht überlassen, während sie selbst im
Spätsommer zu ihren frühern Wirten — oder einem
Volke von deren Art — wieder zurückwandern.
 Der Grund, warum die Büschelkäfer und Gastfreundkäfer ihr Heim wechseln, liegt wohl darin,
daß sie herausgefunden haben, daß allzuzärtliche
Liebe schließlich auch von bösen Folgen sein kann.
Es sind kleine, zarte Kerlchen, die viel schwächer
sind, als die sie beherbergenden und betreuenden
Ameisen. Im Hochsommer pflegt es heiß zu werden
und wenn es heiß ist, hat auch der Mensch mehr
Durst als an kühlen Tagen; er sehnt sich dann nach
einem guten und großen Trunk. Nicht anders ist es
bei den Emsen: sie lecken in diesen heißen Tagen an
den Goldfransen ihrer Käfer so gründlich herum,
zerren, um ein letztes Bißchen des wunderbaren
Dufttrankes zu erlangen, so heftig an den Haaren,
daß die Käfer verwundet werden — ist das aber

erst einmal geschehn, so werden sie unfehlbar aufgefressen. Es ist eben eine ‚Liebe zum Fressen‘ geworden; man möchte fast an kannibalische Lustmorde denken, an denen ja die menschliche Kriminalistik auch nicht gerade arm ist. Ist ein Käfer erst einmal dem *Vorlauterliebeauffressen* zum Opfer gefallen, so gibt es in dem Ameisenstaate kein Halten mehr: in kürzester Frist werden alle Lieblinge verzehrt. Um dem zu entgehn, wandern die Käfer aus. Sie lassen ihre Brut zurück, die sorgfältig aufgezogen wird. Die Käferlarven rächen gründlich den Mord ihrer Eltern, indem sie nun ihrerseits ungeheure Mengen von Eiern und Larven der Ameisen vertilgen. Indessen wandern die Käfer zu einer andern Ameisenart; während der mehrwöchentlichen Reise hat sich ihr Vorrat des Zaubertrankes wieder erneut und sie werden mit offenen Herzen und Mäulern von ihren Winterwirten — einer meist kleinern Ameisenart, die darum auch nicht so zärtlich-kräftig küssen kann — aufgenommen. Im Frühjahr kehren sie zu ihren alten Freunden zurück, als ob nichts geschehn wäre — ja, sie werden häufig von diesen abgeholt und im Triumph nachhause geleitet.

Uebrigens sind die ausgewachsenen Büschelkäfer und Gastfreundkäfer nicht die einzigen, die sich in den schwülen Sommertagen vor der allzugroßen Emsenliebe hüten müssen: noch viel gefährlicher ist diese Liebe für die jungen, eben den Puppenwiegen entschlüpften Käfer. Die Käferlarven, die fürchterlich unter der Ameisenbrut gehaust haben, können sich selbständig eingraben und verpuppen — findet jedoch eine Ameise eine solche Puppe, so verzehrt sie diese sofort. Sobald die jungen Käfer aus den Puppenwiegen ausgekrochen sind, heißt es bei ihnen: ‚Rette sich, wer kann!‘ Sie fühlen instinktiv, daß ihr noch allzu weicher Chitinpanzer der stürmischen Leckzärtlichkeit der Emsen nicht gewachsen ist und fliehn Hals über Kopf aus dem Neste, verfolgt von den Ameisen, die sie, meist vergeblich, wieder einzufangen sich bemühen. Sie halten sich dann längere Zeit im Freien auf, um im Spätsommer das Wintergastvolk aufzusuchen.

Dagegen bleibt der europäische Fransenkäfer stets bei dem von ihm einmal erwählten Wirtsvolke aus dem Stamme der blutroten Sklavenjägerinnen.

Die Blutroten gehören zu den hochstehenden Ameisen — gerade sie aber leiden am meisten unter der Pest der Fransenkäfer. Diese, um des Zaubertrankes ihrer Goldlocken von den Emsen geliebt und gehätschelt, legen ihre Eier zwischen die der Ameisen. Die Brut wird von den Ameisen sorgsam, genau wie ihre eigene Brut, aufgezogen, aber die großen Käferlarven sind gefräßig, begnügen sich nicht mit der ihnen dargereichten Nahrung, sondern fressen daneben die Ameiseneier und Larven in größten Mengen auf. Trotzdem nimmt die liebende Fürsicht der Emsen für sie noch zu; ihre eigene Brut, ja sogar die Mutter-Königin wird darüber mehr und mehr vernachlässigt, sodaß nur noch wenige Männchen, fast gar keine Weibchen und nur kleine schwache Arbeiterinnen sich aus den Eiern entwickeln. Und nun zeigt sich in dem Neste eine eigentümliche Entartungserscheinung: es entwickeln sich nämlich eine Anzahl von Ameisen, die man ‚Falsche Weibchen‘ genannt hat und die sich als ein Mittelding zwischen

Arbeiterinnen und echten Weibchen darstellen. Sie haben zwar die weibliche Brust, gleichen aber sonst, an Leib und Kopf, den Arbeiterinnen. Dazu sind sie bleich, faul und feige — völlig aus der Art der sonst so außerordentlich tüchtigen Blutroten geschlagen. Solcher Parias, die im Ameisenstaate zu nichts nutze sind, werden in jedem Jahre mehr und mehr bei einem Volke, das Fransenkäfer als Gäste hält. Immer schwächer wird der einst blühende, nun dem sicheren Untergange geweihte Staat. Nur wenn Fransenkäfer im Neste sind, tritt diese seltsame Form der ‚Falschen Weibchen‘ auf; in einem Neste, das frei ist von den Gästen, werden sie niemals gefunden.

Um diese seltsame Erscheinung zu erklären, hat man sich weidlich die Köpfe zerbrochen. Es steht fest, daß sowohl die Mutter-Königin, als auch die von ihr gelegten Eier durchaus gesund sind, also muß der Grund zu der merkwürdigen Mißbildung der jungen Tiere erst während der Entwicklung zu suchen sein. Am einleuchtendsten und einfachsten scheint mir die Annahme zu sein, daß die ‚Falschen Weibchen‘ aus weiblichen Larven hervorgingen, die von den Emsen während der Larvenzeit nicht weiter gefüttert wurden und daher nun, völlig unterernährt, sich nicht zu vollen Weibchen entwickeln konnten. Ob aber dieses Nichtfüttern wieder seinen Grund darin hat, daß die Emsen alle Speise den von ihnen vorgezogenen großen und nimmersatten Käferlarven geben, sodaß für die eigene Brut nichts mehr übrig bleibt, oder ob sie die eigenen Larven mit vollem Vorbedacht nicht mehr füttern, um so den Versuch zu machen, aus den werdenden

Weibchen Arbeiterinnen zu erzielen, und dadurch den starken Ausfall der zukünftigen Arbeitskräfte wieder wettzumachen – das lasse ich dahingestellt. Möglich wäre es, daß die sonst so klugen Ameisen solchen Irrtum begehn, denn Irren ist emslich, wie es menschlich ist.

Und es ist grade einem Irrtum der Emsen zu verdanken, daß infolge der gefährlichen Liebe zu den goldgelockten Fransenkäfern nicht längst das ganze stolze Geschlecht der Blutroten ausgestorben ist. Dieser Irrtum besteht darin, daß die Emsen, die die Ammendienste im Neste versehn, die fremde Brut genau so pflegen und behandeln, wie ihre eigene. Solch sorgsame Pflege bekommt der Käferbrut ausgezeichnet – bis auf ein kleines. Die Ameisen helfen nämlich ihrer eignen Brut – und genau so der fremden – beim Verpuppen, indem sie die Larven in die Erde betten. Hat eine Larve sich dann verpuppt, so wird sie wieder ausgegraben; die Puppen werden herumgetragen, bald in diese, bald jene Kammer gebracht. Das ist für die Ameisenpuppen das beste Verfahren – aber es schickt sich durchaus nicht für die Käferpuppen. Diese verlangen in der Erde liegen zu bleiben und nicht weiter belästigt zu werden – sie gehn bei der weitern liebevollen Pflege, eine um die andere, ausnahmslos zugrunde. Nur einige wenige Puppen überleben, um sich zu Käfern zu entwickeln – es sind diejenigen, die die Ammen auszugraben vergessen haben. Dem kleinen Irrtum also, daß die Emsen die überaus geliebte fremde Brut, der sonst die herkömmliche Kinderpflege so trefflich bekommt, auch in diesem Punkte so behandeln, wie die eigne, daß sie nicht

begriffen haben, daß man Fransenkäferpuppen nicht
ausgraben darf, sondern ruhig in der Erde liegen
lassen muß, diesem Irrtum allein verdankt das Geschlecht der Blutroten sein Fortleben. Lernen sie
erst einmal diesen Irrtum als solchen erkennen, so
ist es um sie geschehn — es sei denn, daß sie vorher
einsehn, wie gefährlich ihre Liebe zu goldlockigen
Hexen und deren Zaubertrank ist.

DER MYRMEKOPHILE KELLNER

Sophie, das Stubenmädel, sagte mir, daß der Heinrich, der kleine, dicke Zimmerkellner auch Ameisennester in seinem Zimmer habe. Da war ich ganz stolz und nahm mir vor, ihm meine Gönnerschaft zukommen zu lassen. Wenn man so Jünger macht, fühlt man sich bald als Prophet.

Ich ging also in den zweiten Stock, um mir seine Völker anzusehn. Ein strohblonder Bursch ist der Heinrich — mit treuen blauen Augen — seine Ameisen haben's gut bei ihm. Nur: er ist durchaus nicht mein Jünger. Schon seit Jahren ist er hier im Hause und hat ebensolange seine Nester. Ein Buch hat er freilich nie gelesen und seine Ansichten sind ein bißchen komisch; fest überzeugt ist er, daß die Ameisen viel gescheiter seien, als Menschen.

Na, so ganz unrecht hat er nicht.

XIII

AMEISEN UND TERMITEN

Ein solches Volk kann manche Menschen lehren:
Das regt behend die flinken kleinen Glieder,
Das läuft und trägt und schleppt auch hin und
wieder —

Horaz, Sat. I.

Nicht nur zu Einzelwesen anderer Tierarten stehn die Ameisen in Beziehungen, sondern auch zu ganzen Völkern — solchen vom Termitenstamme.

Es ist kaum verwunderlich, daß die meisten Menschen von den Termiten nicht viel wissen, sind diese doch Tropenbewohner. Für ein Tier aber, das man nie zu Gesicht bekommt, kann man unmöglich größere Teilnahme haben; so geht denn die Unkenntnis soweit, daß die Termiten immer wieder mit den Ameisen verwechselt werden. Erstaunliches leisten hierin die Zeitungen, die zuweilen unterhaltende Schnurren über diese Geschöpfe bringen und sie dann mit rührender Ueberzeugungstreue stets als ,Ameisen' ausgeben. Ganz eingebürgert hat sich das in England und Amerika; man nennt die Termiten dort *white ants* und glaubt, daß es rechte Ameisen von weißer Farbe seien. Uebrigens ist der Name ,Termiten' noch viel blöder; er verdankt seinen Ursprung dem andern Irrtum, daß man den Holzkäfer für eine Termitenart hielt — dieser aber verkündet durch sein Klopfen im Holze nach altem Volks-. glauben dem Menschen sein Ende (Terma!) an.

Ameisen und Termiten, so große Aehnlichkeit sie in der Bildung ihrer Gesellschaftsstaaten miteinander haben mögen, sind doch so wenig verwandt wie Tiger mit Elephanten verwandt sind. Während die Ameisen zu den Hautflüglern gehören, gehören die Termiten zu den Gradflüglern, und zwar zu dem Stamme der Holzläuse von der Klasse der Nager. Oder, um das gleich jedermann verständlich zu machen: die Ameisen stehn etwa den Bienen und Wespen nahe, die Termiten den Heuschrecken.

Wenn ich hier ein kurzes Bild des Lebens der Termiten gebe, so geschieht es, um den Gegensatz zu den Ameisen zu zeigen, auf deren Leben dabei auch manches Licht fällt. Die Entwicklung der Ameisen ist ja durchaus nicht abgeschlossen — vielleicht liegen hier Möglichkeiten einer weitern Entwicklung auch für sie.

Die Termiten haben, wie die Ameisen, Männchen, Weibchen und Arbeiter. Männchen und Weibchen sind geflügelt, die Arbeiter nicht. Als Arbeiter sind aber nicht nur geschlechtlich verkümmerte Weibchen, sondern auch solche Männchen da — dementsprechend hat das Termitenvolk neben der Königin auch einen König. Die Termiten sind also, wie die Menschen, und im Gegensatz zu allen anderen gesellschaftlich lebenden Insekten nicht ein Weibervolk, in dem die gelegentlich vorhandenen Männchen nur eine sehr untergeordnete Rolle spielen, sie haben vielmehr eine völlige Gleichberechtigung beider Geschlechter.

Die Arbeitsteilung ist scharf durchgeführt; also finden wir verschiedene Formen der Arbeiter, die besondere Aufgaben haben. Darunter, wie bei den Ameisen, Soldaten: und auch diese wieder in verschiedener Form. Während die Obliegenheiten der sogenannten Offiziere bei einigen Ameisenarten noch durchaus nicht erkannt sind, sind sie bei den Termiten klar festgestellt. So werden die kleinen Soldaten nur zum Ordnungsdienst und zur Aufsicht innerhalb der Stadt verwandt, sie treiben die Arbeiter zur Arbeit an. Die größern Soldaten kämpfen und haben Wachdienst. Die Termiten kennen nicht nur die Fühlersprache der Ameisen, sondern gebrauchen daneben in viel ausgedehnterem Maße die Lautsprache. Die Wachen einiger Arten geben, indem sie mit ihren Köpfen heftig aufschlagen, bei drohender Gefahr ein Alarmsignal, das sofort vom Innern des Nestes aus *beantwortet* wird. Andere Arten wieder bringen Laute hervor, indem sie den Kopf gegen die Brust reiben; wieder andere tun das durch Aneinanderschlagen der Kiefer.

Die aus dem Ei schlüpfenden jungen Termiten – die weder eine eigentliche Larven- noch Puppenzeit durchmachen – sind einander völlig gleich; nach Belieben können aus ihnen Weibchen, Männchen oder Arbeiter erzogen werden. Die Termiten können also das Geschlecht bestimmen, je nach Bedarf *die* Formen großziehn, die der Staat grade benötigt. Wie das freilich geschieht, wissen wir nicht; die darüber bisher aufgestellten Lehren sind alle recht angreifbar. Werden von einer Kaste zuviel

Tiere aufgezogen, so greift der Staatsgedanke regelnd ein: die überflüssige Anzahl wird getötet und verzehrt.

Wenn die Regenzeit einsetzt, beginnt das Schwärmen der Termiten, das bei ihnen jedoch nicht einen Hochzeitflug, wie bei den Ameisen und Bienen, sondern vielmehr einen Brautflug darstellt. Das sonst fest verschlossene Nest wird geöffnet; die Geflügelten, Männchen und Weibchen, eilen hinaus und begeben sich alsbald auf die Reise: beide sind zu dieser Zeit noch nicht geschlechtsreif. Sie fliegen ein Weilchen herum, kommen dann zur Erde zurück – hier gesellt sich nun zu jedem Weibchen ein Männchen. Beide entledigen sich, wie die Ameisen, ihrer Flügel; dann wandert jedes Pärchen zusammen. Es wandelt wie ein chinesisches Brautpaar, eines dicht dem andern folgend – nur führt bei den Chinesen der Bräutigam, bei den Termiten die Braut. Beide gehören einander so lange an, bis der Tod die Gemeinschaft löst. Das junge Paar gräbt sich in die Erde oder in morsches Holz ein; baut ein kleines Gemach, in dem es friedlich vier bis fünf Monate lang als Braut und Bräutigam haust. Höchst eigentümlich ist die Tatsache – über deren Grund und Sinn wir bisher noch nichts wissen – daß die beiden während dieser Zeit einander Stückchen um Stückchen die Fühler abbeißen. Zugleich entwickeln sie sich geschlechtlich, wobei beider Hinterleib stark anschwillt. Haben dann die Liebenden nach Monaten zweisamen Beieinanderseins sich gründlich kennen gelernt, so findet die Hochzeitnacht statt; einige Wochen später beginnt das Weibchen Eier zu legen. Beide pflegen nun gemeinschaftlich die Eier und die aus ihnen schlüpfenden Jungen; die Arbeiter gebrauchen wohl ein Jahr, die Geflügelten jedoch doppelt so lange Zeit, um auszuwachsen. Also ein Jahr erst nach der Hochzeitnacht wird das Paar von dem von ihm gegründeten Volke unterstützt, dann erst ist es recht eigentlich ein Königspaar geworden.

Bei der Königin ist inzwischen der Leib mächtig angeschwollen. Sie entwickelt bei einigen Termitenarten eine ungeheure Fruchtbarkeit, sodaß wir Staaten von vielen Millionen Bürgern finden. Das Königspaar bleibt stets im Königsgemach. Da liegt die riesige Königin und legt Eier; diese Tätigkeit wird nur hin und wieder durch eine Umarmung des Gatten unterbrochen, wobei die Kinder helfen und auch zusehn würden — wenn sie nicht eben blind wären. Um und auf dem Leibe der Königin krabbeln hunderte von Arbeitern herum, die sie reinigen. Vorne wird sie gefüttert, am anderen Ende wird nicht weniger gearbeitet: der von der Königin gemachte Schmutz wird sofort aufgeleckt und das Ei, das die Königin alle zwei Sekunden legt, ihr aus dem Leibe geholt, um sogleich in eine der Kinderstuben gebracht zu werden. Der König, kleiner als die Gattin, aber immer noch viel größer als die Arbeiter, steht in der Nähe, auch er wird gefüttert und gereinigt, ohne freilich dieselbe Aufmerksamkeit zu finden. Die Arbeiter werden streng von einer Anzahl kleinerer Schutzleute beaufsichtigt, die sie fortwährend durch Schläge mit dem Kopfe zur Arbeit antreiben; ringsherum stehn noch einige große Soldaten als Wachmannschaft.

Dabei wächst die Königin, oder vielmehr ihr Hinterleib immer mehr. Sie kann, ebenso wie der König, ein Alter von über fünfzehn Jahren erreichen, kann über hundert Millionen Eier legen. Stirbt der König oder die Königin, so schaffen die Termiten Ersatz. Sie halten stets eine Anzahl von männlichen und weiblichen Tieren in Bereitschaft, die geschlechtsreif sind, jedoch nicht ihre völlige Körperausbildung erreichen. Sie unterscheiden sich von dem echten Königspaar dadurch, daß dies einmal Flügel besaß, die es später abwarf, während der Ersatz nur Flügelstummel hat, die Flügel selbst aber nicht entwickelt. Im allgemeinen hat jede Königin ihren Königsgemahl; so zwar, daß große Staaten auch zuweilen mehrere Königspaare haben. Doch kommt es, wenn die Königin stirbt, auch vor, daß man für den echten König eine Anzahl Kebsweiber heranzieht, sodaß dieser nun im Harem ein Sultanleben führt. Im Falle grade geflügelte Männchen und Weibchen beim Tode des Königspaars im Nest vorhanden sein sollten, behält man diese zurück; bekommt dann also wieder ein ‚echtes Königspaar‘. Auch ein auf der Brautreise begriffenes Pärchen wird zuweilen von einem verwaisten Volke aufgenommen.

Im Bau ihrer Riesenstädte tun die Termiten auch den bestbauenden Ameisen es zum mindesten gleich. Erstaunlich ist dabei, daß sie stets nach einem voraus bestimmten Plane bauen. Sie fangen nicht etwa an einer Stelle an und bauen von dortaus weiter, sondern sie beginnen an einer ganzen Reihe Stellen, um dennoch mit mathematischer Gewißheit zusammenzukommen. Das königliche Gemach ist natürlich die Hauptsache, es wird um das Königspaar herumgebaut. Soldaten stellen sich rings um das Königspaar in wohl einem Dutzend kleiner Kreise auf; sie bezeichnen so die Stellen, wo die Arbeit angefangen werden soll. Von ihnen angetrieben beginnen nun die Arbeiter zu bauen. Säulen entstehn — diese werden dann miteinander verbunden, sodaß Wände draus werden: in kürzester Frist ist die Königskammer vollendet.

Meine oberflächliche Beschreibung der Termiten soll nur ein allgemeines Bild dem geben, der garnichts von ihnen weiß. Wo man hineingreift ins volle Termitenleben, da ist es interessant — und *voll* ist es oft in dem Maße, daß ein wimmelnder Ameisenhaufen daneben als eine ausgestorbene Stadt gelten könnte. Ich muß hier verzichten auf alle Einzelheiten. Und nur, weil's so lustig ist, will ich noch die kleine Tatsache mitteilen, daß einige Termiten bei ihrer Arbeitsteilung es soweit gebracht haben, daß sie regelrechte — Abortfrauen haben.

Das sind freilich keine *Frauen* — auch keine Männer. Es sind, wie es sich in solch militärischem Staate von selbst versteht: Soldaten. Nicht, als ob abortfrauspielende Soldaten in der Menschheit nicht vorkämen — ich bin, zur vollkommenen Zufriedenheit, selbst von solchen bedient worden. Als ich, streng bewacht, mit anderen deutschen Schwerverbrechern aus dem Staatsgefängnis zu Trenton, Neu Jersey, nach Fort Oglethorpe, Georgia, überführt wurde, geleiteten mich im Zuge, wenn's grade nötig war, zwei Khakihelden zur Toilette, hielten gute Wacht mit geladenen Karabinern, Seitengewehren und Handgranaten im Gürtel. Die Tür mußte weit offen bleiben; Papier gaben mir die Tapfern, soviel ich haben wollte, Trinkgeld aber lehnten sie stolz ab. Bei den Termiten ist's nicht anders; sie haben längst herausgefunden, daß sie ihre geschlechtsneutralen Soldaten, genau wie die männlichen Soldaten der Menschen und die weiblichen der Ameisen recht gut als ,Mädchen für alles' verwenden können. Allerdings werden unsere Krieger nur gelegentlich zu Abortfrauen befohlen, während das im Termitenstaat als höchst ehrenvoller Lebensberuf gilt.

Die schwarzen Termiten Ceylons sind es, die diesen Soldatenberuf erfunden haben. Diese eigenartigen und dabei sehr komischen Geschöpfe, gradezu die Meerkatzen der Insektenwelt, bauen ihre Pappnester meist in hohlen Bäumen. An diesen Bäumen sieht man schon von weitem merkwürdige dunkle Massen hängen — es sind Kotstalaktiten, die oben eine Reihe von Oeffnungen haben. Fühlt ein Bürger des Staates ein Bedürfnis, so eilt er aus dem Neste hinaus zu einem der Aborte, setzt sich über eine Oeffnung und verrichtet sein Geschäftchen. Dafür aber, daß niemand ihn in dieser wichtigen Beschäftigung stört, haben die wachehaltenden Abortsoldaten zu sorgen, die stets um die Oeffnungen herumlaufen und die, so es nötig haben, zu den geeigneten Plätzen hingeleiten.

* * *

Mit den Termiten also stehn viele Ameisenarten in regen, wenn auch meist wenig freundschaftlichen Beziehungen.

Da sind zunächst die Diebsameisen zu erwähnen, die, in fremden Nestern wohnend, den Raub fremden Gutes zu ihrem Lebensinhalt gemacht haben. Doch hausen die Diebsameisen nicht nur in den Termitenstädten, sie treiben ihr Wesen auch bei andern Ameisen — wir wollen daher von ihnen erst sprechen, wenn wir von den gemeinsam hausenden Ameisen verschiedener Arten reden.

Auch andere Ameisenarten, die sich nicht aufs Stehlen verlegen, leben in Termitenstädten. Der Grund ist mannigfach; meist finden die Ameisen eine schön gebaute Stadt vor und nehmen soviel davon, wie sie gebrauchen, in Besitz; die Termiten, im allgemeinen schwächer und auch friedlicherer Natur als die Ameisen, bauen dann eben für die enteigneten Räume neue hinzu. So kommt es vor, daß häufig in einem einzigen Termitenhaufen fünf bis sechs Ameisenvölker verschiedener Stämme sich einquartiert haben. Die Tiere, die oft dieselben Oeffnungen und Gänge benutzen, üben dann eine Art gegenseitiger Duldung: sie fügen einander nicht allzu viel Uebles zu, beachten sich so wenig als möglich. Doch kommt es hie und da zu Einzelkämpfen, bei welchen bald die Ameise, bald der Termit Sieger bleibt.

Viel unangenehmer für die Termiten sind aber die meist dem Geschlechte der Stachelameisen angehörigen Völker, wie die springenden Zahnkämpferinnen und die Lappschildameisen, die sich in die Termitenstädte oder in deren Nähe einnisten, nicht um zu stehlen, sondern um zu morden und die Gemordeten aufzufressen. Die Springerin, obwohl eine sehr gefährliche stark bewehrte Gegnerin, hat dennoch einen gehörigen Respekt vor den Termitensoldaten und weicht ihnen aus, wo sie nur kann, um sich an die schwächeren Arbeiterinnen und an die Jugendformen zu halten. Die Lappschildameise aber, eine der wildesten Stachelameisen, nimmt den Kampf in hellen Heerhaufen auf, greift Soldaten wie Arbeiter an und richtet unter den Termiten ungeheure Blutbäder an. Sie betrachtet die Termiten lediglich als eine vom Himmel geschenkte gute Speise und ernährt sich fast ausschließlich von ihnen.

XIV

ZUSAMMENHAUSEN

Cosi per entro loro schiera bruna
S'amusa l'una con l'altra formica
Forse a spiar lor via e lor fortuna.
Dante, *Purgatorio, XXVI, 32.*

Zwei Völker in einer Stadt.

Wenn gesellschaftliche Gebilde mit vollstem Recht
national genannt werden können, so sind es die
Ameisenvölker. Jede Ameise arbeitet viel weniger
für sich selbst, als vielmehr für das ganze Volk.
Der Bau gehört allen gemeinsam, wie das Nutzvieh,
die Pilzgärten, die Kornkammern, ja die Nahrung,
die jede einzelne in ihrem Kropfe trägt, dem Ge-
samtvolke gehören. Gemeinsam ist die junge Brut,
gemeinsam die Königin-Mutter, die in sich den
Volksgedanken verkörpert. Alle Liebe jeder Ameise
gehört nur ihrem Volk; verfolgt wird alles, was
nicht zu ihrem Volk gehört — wobei es gleichgiltig
ist, ob das andere Insekten, Ameisen fremder Art
oder auch andere Völker des eigenen Stammes sind.

Nun haben wir bereits gesehn, daß es von dieser
Regel Ausnahmen gibt. So haben einige Ameisenarten eine, ihnen oft verderblich werdende Vorliebe
für fremde Gäste, wie die goldgelockten Fransen-

käfer. Auch zwischen den Ameisen untereinander kommt es zuweilen zu andern Beziehungen, als nur zu feindseligen; ja, es kommt sogar zu Zusammenschlüssen.

Hierzu finden wir bei der Menschheit schlagende Aehnlichkeiten. In vielen Menschenstaaten hausen neben dem ‚herrschenden' Volke ein oder mehrere andere Völker — die Beziehungen untereinander sind dabei von so weitgehender Verschiedenheit, daß man dicke Bände darüber geschrieben hat. Wir finden äußerst friedliche Beziehungen, wie in der Schweiz, wo seit langen Jahren Deutsche, Franzosen und Italiener einträchtig und gleichberechtigt als Schweizer Bürger miteinander hausen. Wir haben auch das Gegenteil, wie in der Türkei, wo Kurden und Armenier in ewigem Kampfe liegen. Und zwischen diesen beiden gibt es unzählige Abstufungen — wir nehmen keine Zeitung in die Hand, in der nicht die eine oder andere nationale Frage des Gastvolkes zu seinem Wirtsvolke besprochen wird. Bald ist es, in Nordamerika, die Frage der Neger in den Südstaaten, der Japaner in Kalifornien, der Indianer in den ihnen überlassenen Landstrichen, bald, in Großbritannien, die irische, bald, in Osteuropa, die jüdische Frage. Es gibt deutsche Fragen in allen Grenzländern, eine Lappenfrage in Schweden, eine Baskenfrage in Spanien, eine Zigeunerfrage überall — manche Staaten haben gleich zwei, drei, ein halbes Dutzend solcher ungelöster Nationalitätenfragen. Nun, wenn die Ameisen Zeitungen hätten, so würden diese tagtäglich dasselbe Lied singen!

Es ist leider nicht wahr, daß die Erde ‚Raum für

alle' habe. Sie hat entschieden viel zu wenig Raum für die stets wachsende Menschheit, wie für die nicht minder wachsende Ameisenheit.

Nicht jeder Platz scheint den Ameisen geeignet, eine Stadt anzulegen; der eine entspricht diesen, der andere jenen Anforderungen nicht. So kommt es, daß ein besonders guter Platz dem einen wie dem andern Volke gefällt, daß, etwa unter einem günstig liegenden Steine oder in morschen Baumstrünken mehrere junge Völker oft verschiedenster Art ihre Wohnung aufgeschlagen haben. Werden die Nester größer, so mögen sie ineinander wachsen, ja, eins mag das andere völlig umschließen. Kämpfe finden in solchen aneinandergrenzenden oder ineinandergebauten Nestern immer statt; doch werden öfter die Völker dieser ewigen Streitereien müde. Sie mögen einen stillschweigenden Waffenstillstand schließen und sich gegenseitig nach Möglichkeit unbeachtet lassen. Solche, häufig und überall vorkommenden, verbundenen Nester verdanken mehr dem Zufall ihre Entstehung. Wird dann ein Volk stärker und mächtiger, so kommt es vor, daß es das andere aus seiner Wohnung vertreibt. Die Nester selbst sind stets voneinander getrennt, sodaß eine Begegnung im Nest kaum vorkommt; der Waffenstillstand gilt also eigentlich nur für außerhalb. Zerstört man solche zusammengesetzten Nester, so greifen die Völker einander sofort heftig an: jedes in dem Glauben, daß die unliebsame Störung von dem anderen Volke herrühre.

Ein wenig weiter gehn einige Arten amerikanischer Ameisen, die ohne scheidende Nestwände beieinander hausen. Es sind friedliche, furchtsame Stämme. Sie bewohnen in dem Neste, etwa einem verlassenen Termitenbau, verschiedene Stellen, führen getrennten Haushalt, bekümmern sich nur um die eigene Brut. Aus der Oeffnung aber ziehn die artverschiedenen Völker gemeinsam aus, trennen sich erst draußen, um ihren Geschäften nachzugehn, die einen etwa, um ihre Viehherden zu melken, die andern um Körner zu sammeln. Auch diese Wohnungsgemeinschaft scheint zufällig, da all diese Arten in der Regel ihre eignen Nester für sich allein haben.

Eine Absichtlichkeit aber ist schon vorhanden, wenn einige Ameisenarten in oder dicht bei dem Neste eines fremden Volkes sich einmieten, um von diesem Vorteile für sich zu ziehn. Sie mögen Nutzen haben von der besseren Bauart der andern, oder auch nur einsehn, daß man sich alle Bauarbeit spart, wenn man fremde Räume einfach mit Beschlag belegt — wir Menschen haben ja von dieser liebenswürdigen Ameisengewohnheit in den letzten Jahren einiges gelernt. Die Hochachtung vor fremdem Eigentum hat in der Ameisenheit stets nur dann etwas gegolten, wenn der Eigentümer seinen Besitz auch zu schützen verstand — diesen Grundsatz macht sich die Menschheit mehr und mehr zu eigen. Solche Enteignungen sind in der Ameisenheit eine alltägliche Sache: eine Art wird von einer fremden aus ihrer Wohnung — oder einem Teile derselben — hinausgeworfen; die neuen Besitzer müssen vielleicht nach kurzer Zeit wieder einem dritten stärkern Volke platzmachen. Daß bei solchem Besitzwechsel den Vertriebenen auch nebenher die Brut fortgenommen wird, ist selbstverständlich: sind doch fremde Ameiseneier und Larven stets eine beliebte Kostzugabe.

In andern Fällen haben die Eindringlinge es weniger auf die Wohnung, als vielmehr auf eine dauernde gute Beutegelegenheit abgesehn.

Die Wegelagerinnen

Die Ernteameisen des nordamerikanischen Westens sind vortreffliche Baumeister, deren gewaltige Nester schon den Neid anderer Arten erregen können. Rings über dem Nest ist ein geebneter freier Raum, der sanft ansteigende flache Krater erhebt sich darin. Und diesen Krater haben die mächtigen Völker der Prärieameisen sorgfältig mit kleinen Steinen gepflastert, oder, besser gesagt, gedeckt, da mit den Steinen ja nicht der Boden, sondern das Dach der Ameisenstadt belegt ist. Innerhalb des Erdnestes befinden sich nur in besondern Kammern noch Steine, alle andern sind aus der Erde herausgeholt und zum Dachdecken benutzt. Zuweilen finden sich auch versteinerte Knochen und Muscheln als Dachziegel, ja, man hat gelegentlich Goldkörner gefunden, sodaß hier die sagenhafte Geschichte des Plinius von den indischen goldsammelnden Ameisen eine Art Bestätigung findet. Die Steinchen sind dicht nebeneinander gelegt und bilden einen ausgezeichneten Schutz gegen Regen. Kein Wunder also, daß ein Nest der Dachdeckerinnen allen möglichen Ameisenarten ein sehr begehrenswerter Aufenthalt scheint.

Die Ernteameisen der Prärien sind nun, im Gegensatz zu ihren texanischen Basen, recht geruhigen Gemütes; sie lassen sich fremde Einmietung im allgemeinen still gefallen. Kommt es freilich einmal zu einem Kampfe, so zeigen sie, was sie können, bleiben stets Siegerinnen. Unter den Einmieterinnen in der Prärieemsenstadt befinden sich nun stets Ameisen, die recht eigentlich vom Wegraub leben.

Diese Raubritterinnen bauen sich kleine Kegel auf dem hübsch gereinigten Hofraum, der die kunstvoll bedachte Präriestadt umgibt. Sie gehn zwar auch, wie jeder gute Raubritter, selbst auf die Jagd, aber sie haben daneben das Wegelagern in großem Stile eingeführt. Die Schnitterinnen ziehn in gewaltigen Scharen aus, um Aehren zu schneiden und die Samen heimzutragen.

Darauf nun haben die kleinen Räuberinnen es abgesehn. Sie lauern in Scharen beim Neste, warten ab, bis grade eine fleißige Bäuerin schwer beladen zurückkommt und stürzen sich auf sie, um sie von ihrer Last zu erleichtern. Der Angriff geschieht so plötzlich, daß die Ernteameise kaum Zeit zur Ueberlegung hat; dabei mag sie, im Gefühl des großen Reichtums ihres mächtigen Volkes auch denken, daß man den kleinen Frechlingen die Bröckchen schon überlassen könne. Jedenfalls kommt es im allgemeinen nicht zum Kampfe. Die Räuberinnen untersuchen auch die großen Abfallhaufen der Präriestadt, und finden da manches noch Eßbare; sie rauben ferner, wenn sie Gelegenheit haben, das ungesehn tun zu können, von der jungen Brut des Wirtsvolkes. Ihre Frechheit geht so weit, daß sie die großen Prärieemsen, wenn diese auf dem Heimwege über ihr kleines Nest laufen, als Störenfriede betrachten und sie voller Wut anfallen — dann freilich setzt sich die starke, schwerfällige Bäuerin zur Wehr. Recht komische Kämpfe entspinnen sich, bei denen doch wenig herauskommt — die behenden Davidlein vermögen der mächtigen, bärtigen Goliathin ebensowenig anzuhaben, wie diese ihnen. Eine faßt wütend ein Bein der Riesin, andere greifen die andern Beine und die Fühler – im Augenblicke ist die Große von einer ganzen Schar der Zwerge bedeckt und wälzt sich mit ihnen in einem wirren Knäul am Boden herum. Die starke Bäuerin ist froh, wenn sie die Kleinen abgeschüttelt hat; sie zieht sich zurück und kämmt sich den zerzausten Bart.

Das alles lassen sich die sehr gutmütigen Prärieemsen ruhig gefallen. Obendrein aber verderben die Wegelagerinnen durch ihre kleinen Nestkrater ihnen auch noch ihren schön geglätteten Hof und die ausgezeichnet angelegten Straßen, sodaß diese fortwährender Ausbesserung bedürfen. Allmählich hat ihre Gutmütigkeit doch ein Ende; sie beschließen, dem unerträglich gewordenen Zustand ein für allemal ein Ende zu machen. Und sie gehn genau so vor, wie die mittelalterlichen Städte gegen die Raubritter. Da hatte es wenig Zweck, den einen oder andern aufzuknüpfen – ganz abgesehn davon, daß die Nürnberger und alle andern Städter keinen hängen konnten, den sie nicht zuvor gefangen hätten, was durchaus keine einfache Sache war. Sie hielten es daher für zweckmäßiger, die Raubritterburgen zu brechen. Auf diesen schlauen Gedanken sind die reichen Bürgerinnen der Präriestädte auch gekommen. Nach echter Bürgerart schwärmen sie nicht für Sturm und Kampf. Wenn die Städter die Raubritternester ausräucherten, eine Ausgangsstelle freilassend, um den Rittern und ihrem Troß ungehinderten Abzug zu gewähren – so machen die Präriebürgerinnen es nicht viel anders. Feuer haben sie freilich nicht –

aber sie haben etwas, was das reichlich ersetzt. Unter ihren Abfallhaufen hausen viele Regenwürmer – so ist der Boden bedeckt mit den schwarzen Kügelchen, die diese Würmer machen. Solche Kügelchen sammeln die Ackerbäurinnen in großen Mengen und werfen sie in die Oeffnungen der Raubburgen. Ein Tor nach dem andern wird verrammelt; je mehr die belagerten Wegelagerinnen sich bemühn, einen Ausgang wieder freizumachen, um so dichter hageln die schwarzen Kugeln hinab. Schließlich bleibt den diesmal doch geschundenen Raubrittern nichts anders übrig, als mit Sack und Pack, mit Kind und Kegel die stolze Burg zu verlassen. Die Präriestädterinnen machen dann gleich gründliche Arbeit: nicht eine, sondern alle Raubburgen in ihrem Stadtbezirk werden verschüttet – für eine Weile sind sie die Plage der frechen Landstörzerinnen los.

Die texanische Ernteameise, die langbärtige, ist nicht so sanfter Natur wie die Präriestädterin des Westens; sie läßt sich daher von den Wegelagerinnen lange nicht so viel gefallen. Auch bei ihr sind die frechen Raubritterinnen stets die Angreifer, die keinen Funken von Achtung oder Furcht vor den doch so überaus wilden und starken Langbärtigen haben. Da bei solch frechem Gesindel alle Einzelkämpfe nichts nutzen, so greifen schließlich auch die Texanerinnen zu dem Mittel, die Raubburgen zu verschütten.

Bettlermücken und Straßenräuberfliegen.

Uebrigens sind die kleinen Raubritterameisen nicht die einzigen Insekten, die brave Bürgerinnen auf ihren Straßen anfallen und berauben. Auf Insulinde, wo die goldlockige Loreleiwanze zuhause ist, die die armen Emsen erst berauscht und dann aussaugt, lebt auch eine bettelnde Mücke und eine wegelagernde Fliege.

Diese Raubritterfliege setzt sich, dicht an der Ameisenstraße, auf einen Stein; sie wählt den Platz, wo sie weiteste Aussicht hat. Kommt eine Emsenjägerin, mit Wild beladen, daher, so fliegt sie flugs auf sie zu, entreißt ihr die Beute und ist weggeflogen, ehe die Ameise noch weiß, was ihr geschah.

Noch frecher treibt es die Bettlermücke. Auch sie lungert auf Ameisenstraßen herum und zwar bevorzugt sie solche, die eine Ammenameise, vom Hängebauchgeschlecht, anlegt. Sie bettelt diese an, nach Emsenart, streichelt und betrillert sie, sodaß die gutmütige vollbusige Hängebauchige, im Glauben, daß es eine hungrige Schwester sei, ihr gern aus dem Kröpfchen etwas abgibt. Nicht genug damit, die Bettlerin beginnt sie auch noch am Busen zu lecken. Alle Ammen, sagt man, sind ein wenig begriffsstutzig und die Ammenameise macht davon keine Ausnahme. Sie reicht also der Bettelmücke die strotzende Brust und läßt sie von der schönen Honigmilch saugen.

Freilich tut sie das garnicht aus besonderer Vorliebe zum Mückengeschlecht, sondern nur, weil sie die kleine Bettlerin für eine Schwesteremse hält. Wenn sie dieselbe Mücke ein wenig später über den Weg laufen sieht, hübsch sattgefressen, sodaß sie nicht nach schmeichlerischer Ameisenart bettelt — dann betrachtet sie sie als ein Stück Wild, wie jedes andere Insekt. Fängt sie, zerreißt sie, frißt sie auf.

Die Diebsameisen.

Stehlen ist *dem* Menschen, der's unbelästigt durch Gesetz und Gewissen tun kann, eine sehr liebe Beschäftigung, dem andern, der bestohlen wird, etwas sehr zuwideres. Gestohlen und geraubt wird tagtäglich überall in der Welt, meistens von Einzelnen, seltener von geschlossenen Banden. Daß aber ganze Völker sich drauf verlegen und *nur* von Bestehlen und Berauben anderer Völker leben, das ist der Ameisenheit vorbehalten.

Freilich sind die Diebsameisenvölker weder durch Gewissen noch durch Gesetz beschwert. Das einzige Gesetz der Ameisen ist, alles für das Wohl ihres Volkes zu tun – da nun durch Raub und Diebstahl dem eigenen Volke nur genützt wird, so begehn dabei die Ameisen nicht verbotene und verabscheuenswerte, sondern erlaubte und lobenswerte Handlungen. Es stiehlt und raubt gelegentlich jede Ameise, doch haben die Diebsameisen daraus ein ihre zahlreichen Völker gut ernährendes Handwerk gemacht.

Die Diebsameisen legen ihre Nester dicht bei oder in den Nestern anderer Ameisen an. Es sind sehr kleine Tiere, die kleinsten uns bekannten Ameisen überhaupt. Die Gänge ihrer Nester, die stets in die Nester der Großen einlaufen, sind so schmal, daß diese kaum ihre Fühler hineinstrecken können; sowie also die Diebsemse einen ihrer Gänge erreicht hat, ist sie sicher vor jeder Verfolgung. Doch finden sich in ihren Nestern auch viel größere Kammern, die notwendig sind für die Geschlechtstiere – denn Männchen und namentlich Weibchen sind bei ihnen sehr viel größer als die Arbeiterinnen. Die Königin – oder die Königinnen, denn die

Diebsvölker haben stets eine ganze Reihe befruchteter Königinnen – sind ihrem mächtigen Hinterleib entsprechend sehr fruchtbar; infolgedessen sind die Völker gewaltig groß, zählen in die hunderttausende, ja in die Millionen.

Diese gewaltigen Völker nähren sich auf Kosten ihrer Wirtsvölker. Und zwar ist es deren Brut, die Eier, Larven und Puppen, auf die sie es abgesehn haben. Insofern ist die wissenschaftliche Bezeichnung ‚Diebsameise‘ wie in so vielen andern Fällen, eine recht unglückliche. Wir Menschen würden ganz gewiß nicht andere Menschen, die unsere Kinder stehlen, um sie aufzufressen, als *Diebe* bezeichnen! Schließlich sind Namen und Bezeichnungen doch dazu da, daß man sich etwas darunter denken soll – und zwar etwas zutreffendes und nicht etwas falsches. Aber davon hält die Wissenschaft garnichts – im Gegenteil: je irreführender ein Name ist, um so schöner deucht er sie. So führt die europäische Diebsameise den Beinamen: ‚Fugax‘, die *Flüchtige* – vermutlich, weil sie garnicht ‚flüchtig‘, sondern sehr langsam in allen ihren Bewegungen ist. Ja, sagt dann die weise Tante Wissenschaft, dies *flüchtig* bezieht sich ja auch garnicht auf die Bewegungen, es bezieht sich darauf, daß diese Ameise das Licht flieht. Bloß: die kleine Ameise denkt garnicht daran, das Licht zu fliehn. Freilich haust sie fern vom Lichte, lebt unterirdisch, da nur unter der Erde die von ihr erstrebten leckeren Bissen zu finden sind; braucht also das Augenlicht nur sehr wenig und sieht fast nichts. Aber grade weil das Licht keine Einwirkung auf sie hat, ist sie durchaus nicht ‚lichtscheu‘, im Gegensatz zu den meisten andern

Ameisen. Man kann sich davon im künstlichen Neste leicht überzeugen: sie legt ihr Nest mit Vorliebe dicht an den dem Lichte am meisten ausgesetzten Glaswänden an. Das weiß die Wissenschaft natürlich so gut, wie ich, denn ich bin ja nicht der Einzige, der die Diebsameisen mal im künstlichen Neste beobachtet hat. Aber es ist ihr gleichgiltig, sie nennt die Ameise fröhlich drauf los: Fugax, die Flüchtige — die garnicht flüchtig ist! Fugax, die Lichtscheue — die das Licht kein bißchen scheut!

Mögen die Ammen der Wirtsvölker noch so gut auf ihre Brut aufpassen, sicher ist diese in ihren Wiegen nie vor der Kinderräuberin. Diese gräbt sich Kanäle durch die Erde; hat sie erst einmal Zugang zu einer Kinderstube gefunden, so steigt sie in gewaltigen Scharen hinein und richtet ein fürchterliches Blutbad an. Gewiß nehmen die Räuberinnen auch andere Nahrung, aber nur, weil auch die leckerste Speise gelegentlich Abwechslung erfordert. Sie verzehren tote oder lebende Insekten; sie halten auch manchmal Wurzelläuse, um sie zu melken. Vermutlich werden sie, falls ihre Wirtsvölker Nutzvieh halten, auch dieses melken oder auffressen — aber all das sind nur Zutaten zu ihrem Speisezettel: die Hauptsache bleibt die fremde Ameisenbrut.

Natürlich lassen sich die beraubten Ameisen das nicht gefallen, sie suchen sich zu wehren, so gut es geht. Aber es geht eben garnicht gut, selbst solch große, tapfere, starke, bissige Ameisen wie die Blutroten unterliegen ihnen. Unendlich viel größer und kräftiger, als die winzigen Zwerge, sind sie im Kampfe doch stark benachteiligt. Zunächst ist es sehr schwer, die Kleinen zu bemerken, die sofort mit Berserkerwut angreifen und sich an Beine und Fühler hängen. Dann aber hat die Räuberin einen Stachel, der ein starkes Gift ausspritzt; davon gestochen, sinkt die Riesin hin und wälzt sich in Zuckungen. Ihr Biß geht meist fehl; erwischt sie freilich eine der Räuberinnen, so ist diese sofort von den starken Oberkiefern in Stücke geschnitten.

Nicht nur bei fremden Ameisenarten, auch in den Termitenstädten hausen die Diebsameisen und benehmen sich dort ebenso, wenn nicht noch räuberischer. Wenn man, rein menschlich gesehn, die Eier Larven und Puppen der Ameisen, die sich ja garnicht oder nur sehr wenig bewegen, noch nicht als eigentliche Kindlein betrachten will, so fällt dieser mildernde Umstand im Termitenneste ganz weg. Die Termiten kennen keine eigentliche Larven- und Puppenzeit; aus den Eiern kriechen Junge heraus, die den Erwachsenen gleichen und nur mehrere Häutungen durchmachen. Die Räuberinnen der Termitenbrut also haben den Bethlehemitischen Kindermord mit anschließender Mahlzeit recht eigentlich zum Zweck und Inhalt ihres Lebens gemacht. Und dies Mörderleben bekommt ihnen so gut, daß sie es sich leisten können, ihre Geschlechtstiere zu wahren Ungetümen heranzuzüchten. Die Emsen selbst müssen ja sehr klein bleiben, um ihrem räuberischen Handwerk nachgehn zu können – so ist ihr ganzer Stolz die Mutter-Königin. Einige Arten, wie die Carebara, haben es gar fertig gebracht, Königinnen zu haben, die über achttausendmal – rauminhaltlich gerechnet – so groß sind, wie die gewöhnlichen Emsen, sodaß diese bei ihrem Reinigungsdienste auf ihr rumkrabbeln, wie Flöhe auf einem Fleischerhund.

Echte Diebsameisen.

Uebrigens findet man in Termitenstaaten auch eine wirkliche Diebsameise, eine solche, die in der Tat diesen Namen verdient und die nicht nur eine Räuberin und Brutmörderin ist. Diese, die einzige bisher bekannte *echte* Diebsameise lebt bei einer Art von pilzzüchtenden Termiten Ceylons; sie haust und nistet in den Pilzgärten. Sie raubt nicht die Brut, frißt nicht die Jungen, sondern stiehlt lediglich aus den Pilzgärten. Sie ist eine Verwandte der Pharaoameise, jener kleinen Hausameise, die sich im Laufe der Jahrhunderte über die ganze menschenbewohnte Erde verbreitet hat und die nun bei Menschen und nicht bei Termiten oder andern Ameisen ihr Diebshandwerk treibt. Sie kann uns unangenehm genug werden, wenn auch die Menschenbrut ein allzugroßer Bissen für sie ist, sodaß wir ihr in dieser Beziehung wenigstens nichts vorzuwerfen haben.

Die Gastameise.

Wenn ich jemanden zu Gast habe, so stelle ich — wenn ich ein feiner Mann bin und mir sowas leisten kann — ihm meine Räume zur Verfügung, daneben Essen und Trinken, auch Schlafanzug, Rasiergerät und was sonst noch nötig ist: nur das Zahnbürstel muß er sich selbst mitbringen. Die alten Griechen pflegten eine großzügige Gastfreundschaft, die höchstens von einigen Indianerstämmen und Negervölkern noch übertroffen wird, welche dem Gastfreu... noch obendrein ihre Frauen und Töchter zur ... Benutzung überlassen und beleidigt sind, ... man davon keinen Gebrauch macht.

Der Herr Professor aber, der der Gastameise ihren griechischen Namen gab und sie ,Formicoxenus', d. h. Ameisengastfreundin taufte, muß einen höchst merkwürdigen Begriff von Gastfreundschaft und besonders von der unter den Hellenen üblichen gehabt haben.

Denn die Gastameise genießt bei ihrem Wirtsvolke auch nicht die allergeringste Gastfreundschaft. Sie bekommt keine Wohnung, erhält garnichts zu essen, ja sie steht mit den ,sie bewirtenden' Ameisen nicht einmal auf Grußfuß. Allerdings baut sie ihre eigenen, winzigkleinen Nestchen mitten im großen Neste der andern, benutzt auch deren Neststraßen — sie hat sich eben in der fremden Stadt höchst bescheiden einquartiert und mag im besten Falle als eine Schutzbefohlene gelten.

Die Nester der Gastameise sind die einzigen in der Ameisenheit, die mit vollem Recht diesen Namen tragen: sie erinnern an Vogelnester. Sie sind so groß etwa wie eine halbe Haselnuß und haben die Form eines winzigen Näpfchens. Auch werden alte, verlassene Käferpuppen benutzt, besonders die des Goldkäfers, der seine Puppenzeit gern in Ameisennestern zubringt. Die Gastameisen sind größer als die Diebsameisen; aber ihre Geschlechtstiere sind viel kleiner als die dieser Art, ja nicht größer als ihre Arbeiterinnen. So sind auch ihre Völker sehr klein, betragen nur einige Hundert Seelen, unter denen unverhältnismäßig viele Männchen sind. Schon die Weibchen gleichen den Arbeiterinnen, doch sind sie meist geflügelt — die Männchen aber, die ungeflügelt sind, haben völlig die Form von Arbeiterinnen angenommen.

Die Gastameisen sind harmloser Natur; ihr größtes Vergnügen ist Huckepackereiten. Eins setzt sich auf das andere, umfaßt mit den Kiefern dessen Hals und hält sich daran fest; manchmal setzt sich oben drauf in gleicher Weise noch ein drittes. Oben sitzt stets ein Männchen, und als Reittier wird stets ein Weibchen benutzt: so scheinen diese komischen Reitereien vorbereitende Liebesspiele zu sein.

Da die Männchen ungeflügelt sind, so ist ein Hochzeitflug nicht denkbar; die Massenhochzeit findet daher auf der Oberfläche des Nestes der Wirtsameisen statt, die ihres Hauses Dach den kleinen Einmietern für diesen Zweck für ein Stündchen gern zur Verfügung stellen. Beobachtet man solche Massenhochzeit, so sieht man mit einigem Erstaunen, daß die Männchen nicht nur die geflügelten Weibchen, sondern auch – Arbeiterinnen besteigen. Doch tut man Unrecht, wenn man die Menschen für so dumm hält, daß sie nicht zwischen Weibchen und Arbeiterin unterscheiden könnten: diese umarmten vermeintlichen Arbeiterinnen sind in der Tat auch Weibchen, die freilich, ungeflügelt, den Arbeiterinnen völlig gleichen. Die Gastameise hat eben zwei verschiedene Weibchenformen.

Innerhalb der großen Stadt führen die bescheidenen Gastameisen ein abgeschlossenes Leben. Die Wirtsameisen haben erkannt, daß diese kleinen glänzenden Tierchen völlig harmlos sind und lassen sie gewähren; bekümmern sich aber auch weiter nicht um sie. Wenn eine der Waldameisen, bei denen sie hausen, einer von ihnen begegnet, läuft sie achtlos vorbei, wobei die Kleine gelegentlich einen unbeabsichtigten Fußtritt mitbekommt, der sie auf die Seite kullern läßt. Sie läßt sich das ruhig gefallen und denkt garnicht daran, nach echter Emsenart, sich zu rächen und die Große sogleich anzufallen. Ab und zu hält eine der Waldameisen die behende Kleine an, als ob sie erkunden wolle, was sie denn eigentlich in der Stadt treibe; befühlt sie, nimmt sie in die geöffneten Kiefer. Der glänzende Knirps hält sich dann mäuschenstill, stellt sich tot – und benutzt die erste Gelegenheit, die ihr die Große gibt, um schleunigst auszureißen. Dieselbe ängstliche Demut und furchtsame Geduld zeigt sie auch gegenüber im Neste hausenden Käfern; was immer über ihr Napfnestchen trampelt und es beschädigt, was immer ihr selbst unversehns einen Stoß oder Tritt versetzt, wird von der Kleinen als eine Schickung des Himmels betrachtet, gegen die man nichts machen kann. So bewirkt ihr friedfertiges Gemüt, daß man sie duldet: sie gilt in der großen Stadt eben als ein solch armseliger Nebbich, daß es sich nicht weiter lohnt, mit ihr anzubinden.

Die Waldameisen und Waldwiesenameisen, bei denen die kleine Fremde sich einmietet, haben gar keinen Vorteil von ihr, auf der andern Seite hat diese nur *den* Nutzen, einen gewissen Schutz zu genießen. Immerhin scheint ihr das etwas sehr erhebliches und notwendiges zu sein, denn sie nistet nie allein, sondern stets nur innerhalb fremder Städte. Ja, wenn die Beschützerinnen ihre Stadt verlassen, um anderswo eine neue zu gründen, so zieht die Kleine samt ihrer Brut mit aus, richtet ihr bescheidenes Plätzchen im neuen Neste neu her.

Die Bettlerin.

Im Nordosten der Ver. Staaten und in den angren-
zenden Landstrichen Kanadas lebt in fremden Em-
senstädten eine Ameise, die etwa der europäischen,
fälschlich so benannten Gastameise entspricht. Nur
kann diese kleine Ameise vom Geschlecht der
‚Schmalbrüstigen' sich mit mehr Recht eine Gastfreundin nennen. Sie baut in der fremden Stadt ihr
eigenes Nestchen, in dem sie selbständig haust und
ihre Brut aufbringt; es ist durch Wände vollkommen
abgetrennt, hat jedoch schmale Zugänge. Aus diesen
eilen die Kleinen in die Stadt hinaus, um sich ihre
Nahrung zu holen — und sie tun das durch regelrechten Bettel.

Dazu haben sie freilich ihr eigenes Verfahren erfunden. Sie klettern nämlich der nächsten Bürgerin,
die sie antreffen, auf den Rücken und beginnen
eifrig deren Kopf abzulecken. Zugleich betrillern
sie sie mit ihren Fühlern und bitten um eine milde
Gabe. Beleckt zu werden, ist jeder Ameise höchst
angenehm und versetzt sie stets in gnädige Laune.

Wo was zu holen ist, weiß die Bettlerin recht gut;
sie macht sich mit Vorliebe an diejenigen heran,
die grade nach Hause zurückkommen. Die Wirtsameisen sind reiche Viehzüchterinnen, die Heimkehrenden haben eben ihre Herden gemolken und tragen den Milcheimer, ihren Kropfmagen, zum Ueber-
laufen voll. So öffnet denn die Bürgerin ihren Mund
und gibt der Bettlerin, die so hübsch bitten kann,
gerne ein Tröpfchen Manna mit.

Nicht, als ob die Bettlerinnen die Kunst, selbständig zu essen, verlernt hätten und nun lebens-

notwendig darauf angewiesen wären, sich füttern zu lassen. Hält man sie allein im künstlichen Nest, so gehn sie, ein wenig furchtsam zuerst, zum Futternapf, um sich zu sättigen. Sowie man aber Emsen ihres Wirtsvolkes wieder zu ihnen setzt, fallen sie in die liebe Gewohnheit des Bettelns zurück, rühren den Futternapf nicht mehr an und lassen sich füttern.

Nun ist freilich im gewissen Sinne eine jede Ameise eine Bettlerin, jede spricht ihre Schwester um Nahrung an: es scheint, daß es ihnen besser schmeckt, wenn das Essen in einem Kuß gereicht wird. Nur: dieses Um-Nahrung-bitten, dieses Küssen und Füttern ist streng beschränkt auf das eigne Volk — — so geliebt der Mund der Schwestern ist, so verhaßt ist der jeder andern Ameise. Die schmalbrüstige Bettlerin ist die einzige in der Ameisenheit, die, diese starre Regel durchbrechend, von einer fremden Speise erbittet; ihre freundliche Wirtin die einzige, die einer Fremden, die ihr eigen Nest und ihre eigne Brut hat, Nahrung reicht.

Beide Völker also haben mit dem alten Ameisenherkommen gebrochen, in jeder Fremden einen Feind zu sehn. Sie leben friedlich und freundschaftlich miteinander; die Wirtsameise — vom Stamme der Knotenameise — empfindet die Bettelei der Kleinen durchaus nicht als Zudringlichkeit, sondern freut sich sichtlich, von ihr beleckt zu werden und ihr dafür von ihrem Ueberfluß abgeben zu können. Sie stattet sogar der Bettlerin selbst in ihrem Neste Besuche ab, wobei sie freilich, da sie durch die schmalen Gänge nicht durchkann, die Mauern einreißen muß. Die Bettlerinnen nehmen ihr das nicht weiter übel, sie beginnen sogleich die Fremde, die nun zu ihnen zu Gast gekommen ist, zu belecken und dafür um ein Futtertröpfchen zu bitten. Dennoch sehn sie den Besuch als solchen nicht grade gerne, sie betrachten ihre eigne kleine Wohnung als durchaus privat und versuchen daher, die Besucherinnen mit sanfter Gewalt an den Beinen zerrend, sie hinauszudrängen. Gelingt ihnen das, so bauen sie sogleich die zerstörten Scheidewände wieder auf.

Aber auch auf diesen letzten Ameisenehrgeiz, ein eigen Heim zu besitzen und darin die eigne Brut aufzuziehn, verzichten lernen sie, wenn das nötig ist. Gibt man ihnen in einem künstlichen Nest keine Erde, entzieht ihnen also die Möglichkeit, ein eignes Nest zu bauen, so geben sie völlig jede Volksselbständigkeit auf. Sie erlauben dann den Wirtsemsen, ihre Eier und Larven mit den andern zusammenzutun und gemeinsam zu pflegen: die beiden stammesfremden Völker leben nun völlig durcheinander in einem gemischten Staate, in dem nur noch die geschlechtlichen Beziehungen innerhalb der beiden Völker beschränkt sind.

Von gemischten Völkern.

Solches Verschmelzen zweier Ameisenvölker zu einem vermag man auch bei manchen anderen Arten im künstlichen Neste ohne allzugroße Mühe zustandezubringen. Von einer wirklichen Blutmischung kann allerdings niemals die Rede sein. Wenn bei den Menschen ein Volk sich mit einem anderen verschmolz, wenn etwa die erobernden Franken und Burgunden mit den bodensessigen gallisch-keltischen und romanischen Volksteilen sich verbanden, oder die Angeln, Sachsen und Normannen mit den Pikten, Gaelen, Skoten, so entstanden im Laufe der Jahrhunderte allgemeine Blutmischungen: Franzosen und Engländer. Die Voraussetzung dazu ist, daß in tausenden und millionen Fällen zwischen einzelnen Individuen Geschlechtsverbindungen stattfinden konnten, eine Voraussetzung, die wohl für die Menschheit, nicht aber für die Ameisenheit zutrifft. Denn bei der Menschheit ist jeder Einzelne Geschlechtstier, bei der Ameisenheit aber ist deren Anzahl eine sehr beschränkte. Zwar kann, während beim Menschen das einzelne Weibchen nur eine außerordentlich kleine Nachkommenschaft hat, das Ameisenweibchen ganze Riesenvölker aus seinem Leibe entstehn lassen, aber grade das weibliche Geschlechtstier der Ameisen ist die Trägerin des völkischen Bewußtseins und gibt sich *nur* Männchen seines eigenen Volkes hin oder auch, um Inzucht zu vermeiden, zurzeit des Hochzeitfluges solchen seiner eigenen oder einer nahverwandten Art. Wir Menschen züchten zwar seit langen Zeiten Maulesel, dem alten Hagenbeck gelang es gar, ein paar prächtige Löwentiger zu züchten und großzuziehn — aber keinem Ameisenweisen ist es bisher gelungen, Männlein und Weiblein fremder Ameisenrassen zu einer Umarmung zu bewegen. Blutsvermischt sind also gemischte Völker niemals; bei einem zusammenhausenden Mischvolk, etwa zwischen den ‚Blutroten‘ und der ‚Rotbärtigen‘, gehört stets das eine Tier zum einen, das andere zum andern Stamme.

Ueberhaupt kann man den Erfahrungen gegenüber, die man durch Versuche im künstlichen Nest gesammelt hat, nicht mißtrauisch genug sein. Jeder

Tierfreund weiß, daß in der Gefangenschaft alle Tiere zuweilen ihre ursprünglichen Instinkte abzulegen scheinen; die Ameisen machen davon keine Ausnahme. Alle Versuche im künstlichen Neste sind letzten Grundes nur Spielereien, interessante, gescheite Spielereien — aber dennoch niemals im vollen Maße ernst zu nehmen: das sollte man nie vergessen. Jeder Versuch in der freien Natur ist also dem im künstlichen Neste weit vorzuziehn, die aus ihm gesammelten Erfahrungen sind weit wichtiger.

Wir haben gesehn, wie in der Regel in der Ameisenheit die Gründung eines Volkes vor sich geht. Die junge, beim Hochzeitflug von mehreren Männchen befruchtete Königin entledigt sich ihrer Flügel, gräbt ein Loch in die Erde, legt Eier und zieht ihre erste Brut groß; ja, sie legt in einzelnen Fällen noch einen Pilzgarten an, der später dem großen Volke ihrer Kinder zur Nahrung dienen soll. Die junge Königin ist in der Tat ein äußerst unabhängiges Geschöpf, das durch lange Zeit, oft noch dazu ohne Nahrung zu sich zu nehmen, eine ungeheure Arbeit leistet. Sind dann ihre ersten Kinder, alles Arbeiterinnen, erwachsen, so wird von ihnen die Höhle nach außen geöffnet und Nahrung hineingeschafft. Von nun an beschränkt sich die Königin-Mutter auf das Eierlegegeschäft, das sie freilich aufs höchste entwickelt; sonst aber ist aus dem unabhängigen Tiere ein sehr abhängiges geworden, das von den Töchtern gefüttert, gereinigt, gepflegt wird und Nestbau, Brutpflege, Nahrungsbesorgung und alles andere von nun an den Arbeiterinnen überläßt.

Es leben also in der Königin-Mutter zwei Instinktgruppen: die eine hat das Bestreben, frei und unabhängig durch eigne und unermüdliche Tätigkeit ein Volk großzubringen, die andere verlangt, alle Kräfte nur auf das Eierlegen und damit auf die möglichst große Vermehrung des Volkes zusammenzufassen und, um das zu können, in jeder andern Beziehung sich, nun völlig abhängig, bedienen, pflegen und ernähren zu lassen. Wenn nun diese zweite instinktive Erkenntnis, daß es für ihre Tätigkeit als künftige Mutter eines starken Volkes ersprießlicher ist, von Anfang an fremde Hilfe in Anspruch zu nehmen, die erste und einfachere Instinktregung, selbst für alles zu sorgen, verdrängt, so wird das eben befruchtete Weibchen nach Wegen suchen, baldmöglichst solche fremde Hilfe für ihre Tätigkeit zu finden. Auf der andern Seite wird in den selbst geschlechtslosen Arbeiterinnen derselbe ererbte Instinkt wach sein: sie wissen, daß befruchtete Weibchen die Macht ihres Volkes durch Eierlegen vergrößern, und das umsoeher tun können, je mehr ihnen alle andere Arbeit abgenommen wird.

Aus diesem Instinkte heraus sind eine Anzahl gerade der höherstehenden Ameisenarten dazu übergegangen, neben ihrer Mutter, der echten Königin, noch andere Königinnen aufzunehmen. Sie nehmen dazu entweder Weibchen ihres eigenen Volkes, die den Hochzeitflug nicht erwarten konnten und schon vorher von ihren Brüdern befruchtet wurden oder auch Weibchen eines fremden Volkes — aber immer der eignen Art — die nach der Hochzeit ergriffen und nun ins Nest geschleppt werden. Sogleich werden diesen Nebenköniginnen die Flügel abgeschnitten; sie werden in eine Königinkammer geleitet, gefüttert und gepflegt, um durch ihr Eierlegen dem erstrebten Wachstum des Volkes zu helfen. Jede einzelne dieser Nebenköniginnen wäre, allein gelassen, vielleicht imstande gewesen, durch eigne schwere Arbeit ein neues Volk zu gründen — dennoch lassen sie sich die Aufnahme durch die Emsen gerne gefallen. Die zweite Instinktgruppe, sich nur auf das Eierlegen zu werfen und dafür alle Unabhängigkeit zu opfern, hat also den ursprünglichen Instinkt in dem Augenblick verdrängt, als sie die zweite Möglichkeit vor sich sahen.

Nun haben einige Ameisenarten in ihren weiblichen Geschlechtstieren völlig die erste Instinktregung zugunsten der andern aufgegeben, so sehr, daß sie *nur* mit fremder Hilfe ihre Völker begründen. Das befruchtete Weibchen hat hierzu verschiedene Möglichkeiten: es mag entweder von Emsen ihrer eignen oder von solchen einer fremden Art sich aufnehmen lassen, oder endlich sich einer fremden, jungen und dabei arbeitstüchtigen Königin anschließen, mit ihr gemeinschaftlich hausen und von ihr sich ihre Brut aufziehn lassen. Nur in letztem Falle sind die Völker wirklich gemischt und leben in einem dauernden Bündnis, da nur hier bei beiden Völkern nicht nur Arbeiterinnen, sondern auch Männchen und Weibchen vorkommen.

Wird das befruchtete Weibchen von seinem eigenen Volke oder von einem anderen Volke seiner Art als Nebenkönigin aufgenommen, so hilft es durch seine Nachkommenschaft dem es aufnehmenden Volke; wird es gar von einem Volke seiner Art aufgenommen, dem die Königin fehlt, so wird es nach dem allmählichen Absterben der Arbeiterinnen bald die alleinige Königin und Mutter ihres eignen Volkes. Dasselbe tritt ein, wenn es dem befruchteten Weibchen gelingt, sich von einem königinlosen Volke einer fremden Art aufnehmen zu lassen; der Staat zeigt dann nur eine Zeitlang ein gemischtes Bild. Bei der Aufnahme hat er nur Arbeiterinnen der einen, eine Königin der anderen Art: eine um die andere sterben diese Arbeiterinnen, alles was heranwächst, gehört aber der Art der Königin an, bis schließlich nur ein reines Volk ihrer Art vorhanden ist. Freilich ist es nicht so leicht, in kurzer Zeit ein königinloses Volk zu finden — da bliebe dann für das befruchtete Weibchen nur *ein* Mittel, um die Herrschaft über ein Volk fremder Art zu erlangen: die Königin zu beseitigen und sich selbst auf deren Thron zu setzen. In der Tat schrecken auch davor die werdenden Mütter nicht zurück.

Folgen die jungen Königinnen ihrem ursprünglichen Instinkt, selbst ihre Brut aufzuziehn, so haben sie eine lange Zeit schwerster Arbeit und Entbehrung vor sich; folgen sie dem andern, später erworbenen Instinkt, fremde Hilfe in Anspruch zu nehmen, so tun sie das auch nur mit großer Gefahr ihres Lebens. Dennoch ist diese Weise von manchen Arten angenommen worden, so von den blühenden und volkreichen Stämmen unserer roten Waldameisen und Waldwiesenameisen.

Waldameisen.

Die junge rotröckige Waldkönigin mag ein Sonntagskind sein: dann wird sie gleich nach der Hochzeit von ihren Volksgenossinnen aufgenommen.

Das Volk, dem sie entstammte, ist mächtig und zahlreich; die ursprüngliche Mutterstadt hat über den ganzen Waldabhang hin viele Tochterstädte gegründet – alle Bürgerinnen aber betrachten sich als Töchter *eines* großen Volkes. So mag die junge Prinzessin als Nebenkönigin in eine dieser Städte kommen, mag auch als einzige Königin über eine neugegründete Stadt herrschen.

Gefahrvoller ist es schon, wenn der Hochzeitflug sie über ihren Waldabhang hinausgetragen hat. Dort wohnen auch rote Waldameisen, doch gehören sie einem andern Volke an. Die junge Königin muß also an fremde Türen pochen. Da mag es geschehn, daß sie schlechtgelaunten Emsen begegnet, die in allen Wesen, die nicht zu ihrem Volke gehören, Feinde erblicken; so mag es vorkommen, daß sie sogleich getötet wird. Wahrscheinlich ist das nicht: aller Waldameisen schönster Traum ist die blühende Macht ihres Volkes, alle wissen, wie sehr jede junge Königin dazu beitragen kann. Sie hat also gute Aussicht, nach einigem Hin und Her freundlich aufgenommen und zur Nebenkönigin erhoben zu werden.

Bös sieht es freilich für die Waldkönigin aus, wenn sie nirgends eine Stadt der Waldameisen findet. Aber sie muß sich entschließen: so sucht sie endlich eine Stadt der schwarzgrauen Ameisen auf.

In der Regel wird jedes Weibchen, das nach dem Hochzeitflug zufällig auf ein fremdes Nest herniederfällt, angefallen und in Stücke gerissen – in einer volkreichen Stadt ist das unweigerlich der Fall. Dieser Gefahr hat also die junge Königin die Stirn zu bieten, muß aus der ihr von Natur aus feindlich gesinnten Emsenschar fremden Stammes in kurzer

Frist Freundinnen zu machen versuchen. Sie tut das, indem sie sich sehr sanft und bescheiden aufführt, alles Böse nur mit Gutem vergilt. Zerren und Reißen läßt sie sich geduldig gefallen, vor einem Schauerbade ausgespritzter Ameisensäure zieht sie sich nach Möglichkeit zurück. Sie betrillert, sobald das angeht, die feindlichen Emsen, füttert sie auch, sowie sie nur Gelegenheit hat. Kurz, sie versucht auf jede Weise, sich in ihre Herzen einzuschmeicheln. Und das gelingt häufig genug der roten Waldkönigin bei den Schwarzgrauen.

Manche Gelehrten nehmen an, daß in den meisten dieser Fälle die junge Königin sich an ein mutterloses fremdes Volk wende, oder auch von einzeln herumstreifenden Emsen aufgenommen werde. Ich bin anderer Ansicht. Ein Volk ohne Königin ist nicht so leicht zu finden. Einmal haben alle Königinnen ein erstaunlich langes Leben, dann auch tun ja die Arbeiterinnen, was sie nur können, um durch Nebenköniginnen ihres Volkes Macht, Zahl und Lebensdauer zu vergrößern. Ich bin vielmehr überzeugt, daß das junge, befruchtete Weibchen sich durchaus nicht scheut, in eine Stadt, die eine oder gar mehrere Königinnen hat, einzudringen. Sie muß eben ihr Glück versuchen — ihre Aussicht, sich am Leben zu erhalten und ein Volk zu gründen, ist ja ohnehin durchaus nicht sicher.

Was aber geschieht dann mit der fremden Königin? Am Leben bleibt sie keinesfalls auf längere Zeit, denn sonst müßten wir ja einen regelrechten Bündnisstaat vorfinden, in dem von beiden Arten alle Formen nebeneinander bestehn würden. In der Tat aber finden wir *nur* von der Art der jungen

Königin alle Formen, von der andern Art aber, die diese bei sich aufnahm, nur die alten Arbeiterinnen.

Möglich ist, daß die alte Königin wirklich schon recht alt ist, zum Eierlegegeschäft nicht mehr recht taugt und bald dahinstirbt. Möglich ist ferner, daß die Emsen, ihre eigenen Töchter, sie nun vernachlässigen und daß sie in der Folge an Mangel von Pflege und Nahrung stirbt. Das wäre allerdings eine ins Gegenteil verkehrte, widernatürliche Instinktregung – aber solche Abirrungen scheinbar tiefst eingewurzelter Gefühle kommen ja in der Ameisenheit ebensosehr vor, wie in der Menschheit. Mit dem Unterschiede nur, daß sie bei den Menschen nur bei Einzelnen, selten bei ganzen Gruppen sich zeigen, während sie bei den so sehr viel sozialer und nationaler, so durchaus gemeinsam empfindenden Ameisen gleich ein ganzes Volk ergreifen. In der Ameisenheit sehn wir die Umkehrung des ursprünglichen Instinktes bei der gefährlichen Liebe, die sie zu fremden Gästen, wie den goldlockigen Fransenkäfern, zeigen.

So ist es denn durchaus möglich, daß zugunsten der neuen jungen Königin die sie aufnehmenden fremden Emsen alles Gefühl für ihre eigene Mutter verlieren, daß sie diese verhungern lassen, ja aus dem Neste heraustreiben oder selbst töten. Nicht nur die roten Waldameisen, sondern auch unsere behaarten Gartenameisen gründen auf solche Weise ihre Staaten.

Ehrlicher und anständiger, vom menschlichen Standpunkte aus, ist es allerdings, wenn die junge Königin, die die alte entthront, deren Erledigung nicht den Töchtern der alten Königin überläßt, sondern mit eigener Hand ihr mit dem Throne auch das Leben nimmt. Und das tut

Die Königinmörderin.

Die Grubenameise gehört wie die Lumpenameise der Gruppe der Langhalsameisen an. Diese Lumpenameisen sind ein rechtes Gesindel; in ihrem ganzen Tun und Treiben weichen sie ab von allen anständigen Ameisen, die etwas auf sich halten. Sie graben nicht; bauen einfach auf den Wiesen hohle Kuppeln, denen Grashalme und andere Pflanzen dann als stützende Säulen dienen. Nur wenige Kammern haben sie, oft überhaupt keine; sie legen dann ihre Brut einfach innerhalb ihrer Erdkuppel auf Blätter und Grashalme. Die Arbeitsteilung ist ihnen unbekannt, geflügelte Weibchen und selbst Männchen beteiligen sich an der Arbeit; ja sie helfen bei einem Umzug in ein neues Nest – gegen alle Ameisensitte – sogar mit dem Tragen der Brut. Mehr noch: diese liderlichen Geschöpfe lachen über den Ernst eines solchen Umzugs – sie betrachten ihn als gute Gelegenheit zum Liebesspiel. Da klettert so ein lüsternes Männlein mitten auf dem Weg auf ein Weibchen, das hübsch stillhält – reitet dann, eng mit ihm verbunden, weiter zum neuen Nest, während beide noch dazu eine Larve tragen. Zuweilen halten die Lumpenameisen Vieh – aber keine ordentlichen Kühe, sondern höchstens armselige Ziegen, wie es Lumpengesindel eben zukommt. Also nicht fette, wohlgenährte Blattläuse, sondern nur kleine Leuchtzirpen. Flink und behend sind die kleinen Lumpen; setzen sich auch, wenn sie angegriffen werden, stets zur Wehr. Freilich beißen sie nicht, noch stechen sie; sie drehn sich herum und spritzen dem Feinde eine Ladung Giftes ins Gesicht. Dies Gift ist aber ihre beste Seite; so unangenehm es dem Feinde sein mag, für uns Menschen riecht es würzig und wohlduftend. Sie fressen alles Aas, das sie finden; sind dazu die rechten Leichenfledderer, Hyänen des Schlachtfeldes. Wo nur ein Kampf zwischen großen und mächtigen Ameisen stattfindet, da sind sicher die Lumpenameisen dabei: sie stürzen sich gierig auf die Toten und schwer Verwundeten.

Das junge Weibchen der Grubenameisen nun fliegt seinen Hochzeitflug, wie andere Ameisenweibchen. Nach den kurzen Stunden des Liebestaumels sieht es sich der rauhen, gefahrdrohenden Wirklichkeit gegenübergestellt. Listig und verschlagen, falsch, grausam und zugleich von unbezähmbarem Mute — wie die fränkischen Frauen aus Merowingischem Königsblute — sucht sie herum, bis sie ein Nest des Lumpengesindels findet. Sie geht keineswegs hinein; sie streift draußen herum, bis sie die Aufmerksamkeit einiger Lumpenemsen erregt, welche sie ergreifen und gefangennehmen. Gefangennahme bei den Ameisen bedeutet: Tod in schlimmster Art, in Stücke reißen bei lebendigem Leibe. Die junge Königin läßt es darauf ankommen. Sie wehrt sich nicht, läßt sich an Beinen und Fühlern in das Nest zerren. Auch drinnen antwortet sie auf alle Mißhandlungen nur mit duldender, liebenswürdiger Freundlichkeit, betrillert, beleckt die Feindinnen, ja versucht es, sie zu füttern. Dabei aber sucht sie baldigste Gelegenheit, sich zu der jungen Brut zu retten, setzt sich auf die Eier und Larven der Lumpenameisen. Es ist fast, als ob dieser Platz eine sichere Freistatt wäre; wenigstens rühren die Emsen sie hier nicht mehr an, vielleicht verdutzt über das merkwürdige Gebaren der Fremden, die auf alle Gehässigkeiten nur mit Freundlichkeiten erwidert. Ein anderes Plätzchen im Lumpennest aber scheint noch sicherer, noch heiliger zu sein: das ist der Rücken der alten Mutter-Königin. Dorthin klettert das Grubenweibchen; streichelt sie, leckt sie, schlingt ihr die Oberkiefer zärtlich um den Hals. Die Emsen fühlen: das muß ein treues, braves, ehrliches Geschöpf sein, das so lieb zu ihrer Königin ist. Zwar eine Fremde – aber gewiß eine sehr gute Freundin: langsam verkehrt sich in ihnen der Haß zu einer anerkennenden Liebe. Ruhig sitzt die gute Fremde derweil auf dem Rücken der alten Königin, eine Stunde lang und manche Stunden lang. Immer enger und immer zärtlicher wird der Griff ihrer Kieferzangen um der Königin Hals: in aller Freundschaft und mit vollendeter Sanftmut sägt sie ihr langsam den Kopf ab.

Die alte Königin stirbt, sinkt in sich zusammen – langsam steigt die Henkerin herab.

Die Königin ist tot – es lebe die Königin! Das betrogene Volk der Lumpenemsen gibt der frechen Kronräuberin der Alten Thron; erkennt sie völlig als deren rechtmäßige Nachfolgerin an.

Diese tritt sofort ihre Herrschaft an. Sie legt Eier und läßt ihre Brut aufziehn. Allmählich sterben die Lumpenemsen aus: die Grubenkönigin ist alleinige Herrscherin über ihr eigen Volk.

Die junge Grubenkönigin aber ist nicht die einzige,

338

die sich durch Mord ihr Königreich erobert; es
steht außer Zweifel, daß dies Kopfabschneideverfahren auch bei Kronprätendentinnen anderer Arten beliebt ist.

Grausam? Gewiß ist es das. Aber wir Menschen
haben nicht das Recht, mit Steinen zu werfen. War
nicht durch Jahrtausende bei den meisten Fürstengeschlechtern der Mord des alten Königs der sicherste Weg, um selbst auf den Thron zu gelangen?
Brüder mordeten ihre Brüder, Söhne und Töchter
ihre Mütter und Väter, wenn nicht zur Abwechslung
einmal ein allzu mißtrauischer Königsvater es umgekehrt machte. Die junge Thronräuberin vom
Ameisenstamme aber mordet nur eine Fremde, mordet die Königin eines Volkes, das ihr im Innersten
verhaßt ist.

Es ist schon ein Unterschied — und er fällt nicht
zugunsten der Menschheit aus.

ES IST NOCH MAL GUT GEGANGEN

Mit der Oppenheimbaronin hab ich's verschüttet. Uebelnehmen kann ich ihr's ja weiter nicht — denn das hat keine Mutter gern, wenn ihr Bub um ein paar lausiger Ameisen willen beinahe tot geschlagen wird.

Ich ging aus, um ein Nest auszugraben; mit Schaufel und Spaten. Und der Oppenheimbub kam mit; der trug stolz den Sack und die schwere Hacke. Oben auf der Pfarrerwiese, da wo der Weg zu den Ruinen der byzantinischen Basilika San Pietro hinführt, lag unser Nest.

Hart wie Stein ist der rote Inselboden im Sommer; man muß schlagen und hacken und hauen, daß einem der Schweiß in Bächen herunterrinnt.

Da huschte ein Silberfischchen zwischen den aufgeregten Ameisen. Das mußte der Bub sehn, hing seine Nase vor.

In dem Augenblick riß ich die Hacke hoch, traf ihn — in Blut schwamm sein Gesicht.

Ich ließ die Hacke fallen — sehr übel war mir. Aber der Junge war brav, zog sein Taschentuch heraus, wischte das Blut ab. Lachte dazu.

Ich untersuchte ihn. Dicht über dem rechten Auge hatte ich ihn getroffen. Ein langer Riß, aber nur die Haut war zerschnitten; nach wenigen Minuten schon hörte die Blutung auf.

340

Wie eine stark geschwungene, schwere Hacke
schneiden kann, werde ich nie begreifen. Doch ist
nicht zu leugnen, daß sie es kann.

Schön rein gewaschen kam der Bub zurück zum
Hotel. Nur: die Baronin merkte es doch — es ist
nicht leicht, Müttern was vorzumachen.

Seither mag sie nichts mehr wissen von mir. Doch
ist sehr anzuerkennen, daß sie sich nicht beschwert
hat bei der Hoteldirektion. Meine Stellung ist ohnehin
schwer erschüttert; schon ein halbes Dutzend Gäste
hält künstliche Ameisennester in ihren Zimmern.
Und der Direktor meint, daß die Hotels für Menschen gebaut seien und nicht für Ameisen.

Da hat er ja eigentlich recht.

XV

HERRINNEN UND SKLAVINNEN

*Eine höhere Kultur kann nur dort entstehn,
wo es zwei unterschiedene Kasten der Gesell-
schaft gibt: die der Arbeitenden und die der
Müßigen; oder mit stärkerem Ausdruck: die
Kaste der Zwangsarbeit und die der Freiarbeit.*
Nietzsche, *Menschliches, Allzumenschliches.*

Zwei Rassen in einem Volk.

Legt man Eier, Larven, Puppen einer beliebigen
Ameisenart auf das Nest einer andern Art, so werden sie sofort in das Nest getragen und verzehrt;
höchstens eine so streng auf Pflanzenkost einge-
schworene Ameise, wie die Pilzzüchterin wird die
Leckerbissen verschmähn. Nun leben, dank ihrem
unermüdlichen Fleiße und der hochentwickelten Arbeitsteilung die Ameisenvölker meist in Ueberfluß;
sie haben mehr Nahrung, als sie verzehren können.
Es kommt also vor, daß sie einen Teil solcher ihnen
hingelegter Brut mit dem besten Willen nicht mehr
aufessen können; diese stirbt mangels Pflege und
wird auf den Abfallhaufen geworfen. Doch werden
bisweilen Larven verwandter Arten auch gefüttert
und großgezogen — wir finden fremde Individuen im
Staate, die als ziemlich gleichberechtigte Bürgerin-

nen betrachtet werden und sich auch selbst so betrachten. Eine amerikanische Forscherin hat manche Erfolge auf diesem Gebiete erzielt. Von dem alten Gedanken ausgehend, daß, was immer man von frühester Jugend an zusammen aufzieht, sich als Bruder und Schwester betrachtet, hat sie eben aus der Puppe geschlüpfte Emslein verschiedener Arten, die sonst einander totfeind sind, im künstlichen Neste zusammengesetzt und friedlich lebende Gemeinschaften aus ihnen zusammengemischt — freilich nur von Arbeiterinnen. Erstaunlich ist das weiter nicht — Hagenbeck hat auf dieselbe Weise in seinem Tierpark Freundschaften unter Tieren aller Art erzielt, die noch viel weniger Verwandtschaft miteinander hatten.

Als Völker freilich kann man solche künstlichen Gemeinschaften nicht ansprechen. Ein soziales Empfinden mögen die einzelnen Tiere zu einander haben, ein Nationalbewußtsein haben sie gewiß nicht.

So haben auch in der Natur die gemischten Ameisengemeinschaften irgend einen Mangel, der die Entstehung eines wirklichen Mischvolkes unter Gleichberechtigung beider Teile verhindert. Entweder haben die beiden Arten getrennte, wenn auch noch so benachbarte Behausung und Brutpflege, oder aber sie sind nur für eine kurze Zeit verbunden oder endlich sie zeigen nur die eine Art in allen drei Formen, während bei der zweiten Art die eine oder andere Form fehlt.

Sklaverei bei Menschen und Ameisen.

Der Ueberfall eines Ameisenstammes auf ein fremdes Nest zum Zwecke des Brutraubes ist eine gewöhnliche Sache. Die Wanderameisen beispielsweise gehn an keinem Nest vorbei, ohne es gründlich auszuplündern. Was sie rauben, hat aber für sie nur den Wert der Nahrung. Diese Räuberheere sind nicht die einzigen, die jede gute Gelegenheit, fremde Brut zu rauben, benutzen: in allen Fällen aber handelt es sich nur um Erbeutung von Lebensmitteln.

Die sklavenhaltenden Ameisen jedoch suchen — neben der Nahrung — in den fremden Puppen noch etwas anders: künftige Hilfskräfte, um ihren Staat mächtiger zu machen.

Die Menschheit kennt die Sklaverei in mancher Weise. Es gab fast bei allen Menschenvölkern eine Zeit, in der es gang und gäbe war, daß jeder Kriegsgefangene sofort zum Sklaven gemacht wurde. Wir haben Völker gehabt, die nur zeitweise Sklaven hielten und andere, bei denen die Sklaverei als eine dauernde Einrichtung galt. Bei einigen gab es nur Staatssklaven, bei andern nur Sklaven, die den einzelnen Bürgern gehörten. Im Rußland des großen Peter war jeder einzelne Russe der Sklave des weißen Zaren, der nach Laune über sein Leben verfügen konnte — im alten Rom galt der Sklave als außerhalb der menschlichen Gemeinschaft stehend. »Alberner! Also der Sklav' ist Mensch?« ruft Juvenal aus. Gelegentlich wurden die Sklaven auf's grausamste behandelt; zu andern Zeiten und bei andern Völkern führten sie ein recht behagliches Leben, galten mehr oder weniger als Familienmitglieder, wie die türkischen Sklaven, die oft die Töchter des Hauses heirateten. Ein wirres Durcheinander, wie man sieht!

Bei den Ameisen jedoch hat sich im Laufe der

Jahrhunderttausende die Einrichtung der Sklaverei nach einer bestimmten Richtung entwickelt, bei der ziemlich feste Grundsätze gelten.

Die Sklaverei erstreckt sich nur auf die Form der Arbeiterinnen; die einzelnen Sklavinnen also sterben, ohne Nachkommen zu hinterlassen. Neue Sklavinnen werden stets aus frischgeraubten Puppen einer fremden Brut großgezogen, werden also: in die Sklaverei geboren. Nur Königinnen machen zuweilen auch erwachsene Emsen zu Sklavinnen.

Die Behandlung der Sklavinnen ist eine gute; sie werden nicht als minderwertige Geschöpfe, sondern stets als Ameisen behandelt — mehr noch, sie werden im großen ganzen als ziemlich gleichberechtigte Mitglieder der großen Volksfamilie angesehn.

Einige sklavenhaltende Ameisenarten sind durchaus auf Sklavinnen angewiesen, haben also die Sklaverei zur dauernden Einrichtung gemacht. Andere wieder halten nur zeitweise Sklavinnen und können auch ohne diese auskommen. Zu diesen zählt eine in Mitteleuropa heimische Ameise, die ‚Blutrote‘, die auch in Amerika nahe Verwandte hat.

Nun kommt eine wunderschöne Ueberschrift:

»*Der Blutroten Königin Glück und Ende.*«

Es ist schon recht anerkennenswert, wenn Tante Wissenschaft einem Insekt einen Namen gibt, der wenigstens *halb* paßt — und das tut er in diesem Fall. Allerdings ist der Hinterleib der Ameise schwarz, aber die Farbe des vorderen Teiles kann man mit einigem guten Willen als blutrot bezeichnen. Ich möchte sie freilich lieber die Montekarlerin nennen oder die Roletteameise, weil man diese Worte nun einmal mit ‚Rouge et noir‘ verbindet – doch bin ich leider nur ein armseliger Laie und gelte nichts in der Gelehrtenrepublik. Es ist leicht genug, aus einer Kaiser-Wilhelmstraße und Ludendorffgasse einen Liebknechtring und einen Bebelwall, aus Christiania Oslo, aus Preßburg Poszony und aus Poszony Bratislava zu machen. Oder auch Großwardein, Hermannstadt, Karlsburg, Klausenburg in Nagyvarad, Nagyszeben, Gyulafehervar, Kolosvar zu verwandeln und daraus Oradea Marc, Sibin, Alba Julia, Cluj entstehn zu lassen. St. Petersburg hieß es vorgestern, Petrograd gestern, Leningrad heute – wer weiß, wie’s morgen heißt! Kleinigkeit sowas – und dabei ist doch der eine Name genau so gut wie der andere. Aber man versuche nur einmal den blödsinnigsten Namen der armseligsten Laus zu ändern und dafür dem Tierchen einen Namen zu geben, bei dem sich die Menschen etwas denken können – das wäre ein freches Eingreifen in die geheiligten Rechte aller Wissenschaft!

Also ich füge mich: von mir aus mag die Rotschwarze in alle Ewigkeit und in allen Sprachen der Welt die *Blutrote* genannt werden.

Sie also, die Blutrote weiblichen Geschlechts, fliegt hinaus aus der Stadt zur Hochzeitfahrt. Sie findet ein Männchen, blutrot wie sie selbst, und vermählt sich mit ihm. Sie nimmt zärtlich Abschied von dem Geliebten – und vermählt sich gleich darauf noch ein zweites, drittes und viertes Mal. Die Blutroten Damen halten’s dabei mit Mephisto. Der sagte: »Frauen – denn ein für allemal denk ich die Fraun nur im Plural.« Die Blutroten Bräute ihrerseits denken die Männer – nur im Plural.

Uebrigens — man soll sie nicht tadeln, die nicht allzu Getreuen! Es ist ja richtig, daß Menschenbräute im allgemeinen etwas länger befristete Treue halten, aber sie brauchen sich auch nicht, nach einem kurzen Liebesstündchen, dann drei Lustren lang als vierfache Witwen nur mit Eierlegen zu beschäftigen.

Der Liebestraum ist aus — aus dem leichtfertigen Flatterbräutchen ist im Augenblick eine ernste Frau geworden, die mit der Vergangenheit gründlich bricht und nur noch für die Zukunft lebt. Die Flügel — die sind das Zeichen der Braut, die Zeichen der fliegenden Lust, der im blauen Aether alles vergessenden Liebe. Das ist nun vorbei — darum weg damit: zum Kampf ums Leben sind sie überflüssig. Sie fühlt die Aufgabe, die ihrer harrt, die Mutterkönigin eines großen Volkes zu werden, und sie zögert nicht, sich diesem großen Gedanken mit allen Kräften zu weihn. Voll von Lebenskraft geht sie auf ihr Ziel los.

Sie weiß, daheim, in der großen Stadt, aus der sie kam, waren neben ihrer Mutter, der Königin, neben ihren geflügelten Brüdern und den geflügelten und ungeflügelten Schwestern, noch eine Reihe von anderen Ungeflügelten, dunkler und kleiner als diese. Liebe Geschöpfe, fleißig, arbeitsam, stets bereit zu helfen, wo es nottat, wohlgelitten von allen. Dennoch — da war ein Unterschied. Wenn ihre blutroten Schwestern zum Raube auszogen, zogen diese Schwarzgrauen nicht mit, blieben zu Hause, pflegten, fütterten die junge Brut. Nicht, als ob einzelne Schwestern das nicht auch taten — die Blutroten gehn gewiß keiner Arbeit aus dem Wege. Aber die

Grauschwarzen waren besonders tüchtige Kindermädchen, auch zu bauen verstanden sie meisterhaft.

Wenn man solche Hilfe dahätte – ja da könnte
man leicht eine Stadt gründen und seine Brut aufziehn!

Die Schwarzgrauen haben überall im Wald ihre
Städte – wie wäre es, wenn man eine davon auf-
suchte? Die junge Königin macht sich auf den
Weg.

Bald hat sie, unter Moos versteckt, eine solche
Stadt erreicht. Sie sieht die Burg, aber über sie hin
ein starkes Gewimmel. Sie bleibt stehn, unentschlos-
sen – wie mag man sie dort aufnehmen? Da kommen ein paar Grauschwarze vorbei, augenscheinlich
Bürgerinnen der volkreichen Stadt. Ein gewohnter
Anblick – sie schaun genau so aus, wie ihre Freundinnen daheim. Sie geht ihnen entgegen.

Aber diese Schwarzgrauen tun garnicht freundlich;
nein, ihre Haltung ist eine ausgesprochen feindse-
lige. Sie fürchtet sie nicht – sie ist vom Herrinnen-
geschlecht. Mit denen da würde sie schon fertig werden. Aber die unendlich vielen dort unten in der
riesigen Stadt?

Die Grauröcke laufen fort, der Stadt zu. Und die
junge Königin wendet sich, zieht auf anderm Wege
durch den Wald. Vielleicht mag sie eine Stadt finden, die nicht so ungeheuer bevölkert ist.

Weiter wandert sie und manche Gedanken kommen ihr beim Wandern. Sie erinnert sich der Geschichten, die ihre Schwestern, die Emsen, ihr erzählten und die alle von ihrer Mutter stammten, der
alten Königin. Einiges davon hatte diese selbst erlebt, anderes wieder als Kind von ihrer königlichen

Mutter erzählen hören. Und die hatte es wieder von ihrer Mutter – ah, es gibt eine uralte Ueberlieferung bei den stolzen Völkern der Blutroten.

Es war einmal eine junge Königin, hieß es in solchen Geschichten, die zog hinaus, ein Volk zu gründen. Sie kam zu einer großen Stadt der Graugerockten – und sie wurde, ob sie noch so sehr sich wehrte, in Stücke gerissen. Eine andere sah es, zog weiter und fand eine kleine Stadt; da wohnte ein schwaches, verwaistes Volk der Schwarzgrauen, das keine Königin mehr hatte. Das nahm die junge Königin auf und zog ihre Brut groß. Man soll kleine Völker aufsuchen, wenn man selbst ein Volk gründen will.

So lehrt die alte Ueberlieferung der Blutroten. Ein Geschlecht erzählt es dem andern – alle wissen's.

Dichterische Uebertreibungen! Anthropomorpher Unsinn! Nie hat je eine Ameisenmutter ihren Töchtern Geschichten erzählt! Nur den Instinkt zum Handeln hat sie ihnen vererbt!

Meinetwegen – aber dann ist es noch viel verwunderlicher, meine Herrn Weisen! Das Geschichtenerzählen kann ich sehr gut begreifen – die Vererbung von Instinkten aber, die so verzwickte Handlungen auslösen, kann ich mir ebensowenig vorstellen, wie ihr das könnt. Dabei ist's im Grund ganz dasselbe: ererbte Weisheit, die wir beide uns nicht erklären können. So gebe ich ein einfaches Bild, ein Gleichnis, das den Vorgang wenigstens anschaulich machen kann – *ihr* aber nur ein inhaltsleeres Wort, eine hohlschellende Phrase!

Die junge Königin wandert durch den unendlichen Wald und denkt verträumt an die alten Geschichten. Sie geht vorbei an den großen Städten der Schwarzgrauen; müde wird sie, wie der Abend fällt.

Da sieht sie plötzlich, dicht vor sich, eine kleine Stadt; wenige Emsen kommen heim vom verspäteten Ausflug. Langsam folgt der letzten die junge Königin, langsam zieht sie ein durch das weit offene Tor.

Aber nur einen Augenblick ist sie allein — gleich kommt eine Schar der Grauschwarzen auf sie zu. Wieder versucht es die junge Königin mit aller Freundlichkeit, die ihr zu Gebote steht, will die fremden Emsen als Freundinnen begrüßen, sie betrillern, sie im Kusse füttern aus ihrem vollgefüllten Kropfe. Aber keiner mag sie zu nahe kommen, alle ziehn sich mißtrauisch zurück. Sie geht weiter hinein in die fremde Stadt — da stürzt eine der Emsen auf sie zu, faßt sie am Bein. Und eine zweite folgt der ersten, will ihre Fühler greifen. Die Blutrote merkt: das bedeutet Kampf, Kampf auf Leben und Tod. Sie besinnt sich nicht lange; sie öffnet die starken Kiefer, greift zu, hebt den Hinterleib, spritzt einen Schauer von Ameisensäure über die Feindinnen.

Kurz ist der Kampf; tot liegen die Angreiferinnen am Boden. Ihre Schwestern, erschreckt und zu feige ihnen zu helfen, entfliehn. Langsam zieht die junge Königin ihnen nach. Stark wächst ihr Selbstbewußtsein — wenn nicht alle Grauröcke auf einmal kommen, so hat sie nichts zu fürchten in dieser Stadt.

Durch Kammern und Gänge — ein wenig anders als daheim, aber sie findet sich schon durch. Noch einmal wird sie angegriffen — aber auch diese Angreiferin büßt ihre Tollkühnheit mit dem Leben. Und die Königin, weitereilend, kommt in die Kinderstube.

Ein merkwürdiges Empfinden erfaßt sie, ein seltsam gemischtes. Junge Brut – die zieht man groß; es ist eine Lust zu sehn, wie die Kleinen wachsen, bis man sie herausholt aus ihren Puppenwiegen. Junge Brut der Dunkelgrauen dazu – die kann man auch essen, wenn man Hunger hat, das ist eine uralte Regel bei allen blutroten Völkern. Dann aber, stärker noch als diese Empfindungen, ein ander Gefühl: wenn sie diese Brut aufzieht, so hat sie Hilfskräfte, soviel sie nur braucht. Hat graugerockte Dienerinnen, die ihr Freundinnen sind; braucht nicht die andern, die jetzt da sind und die alle sie hassen.

Ihr Entschluß ist gefaßt: diese Brut will sie haben. Wieder stellen sich ein paar Emsen ihr entgegen. Sie wissen, was die Blutrote will – denn auch bei den Grauschwarzen gibt es eine Ueberlieferung. Die lehrt: hüte dich vor den Blutroten! Grausame Räuberinnen sind sie, die die Brut rauben. Wieder kommt es zum Kampfe; drei Feindinnen tötet sie, die andern entfliehn. Nun ist sie Herrin in der Kinderkammer: sogleich wird aus der stolzen Kämpferin eine sorgsame Amme. Sie leckt die Kleinen und pflegt sie –

Müde wird sie – so lang war dieser Tag. Hinaus flog sie in die Luft – wie lange ist das schon her! Ja gewiß, Flügel hatte sie –

Und der weite endlose Weg durch den Wald. Und die Kämpfe hier in der fremden Stadt. Sehr müde ist sie.

Ein Geräusch hört sie, wendet sich. Sieh doch,

grauschwarze Emsen, die die Brut wegtragen, unter ihren Augen! Im Nu ist sie zwischen ihnen, in kürzester Frist wälzen sich drei, vier in Zuckungen. Aber die andern haben derweil von den Larven und Puppen manche weggetragen. Haben sie gestohlen — denn als ihr ausschließliches Eigentum betrachtet sie schon die junge Königin.

Sie beschließt wach zu bleiben. Setzt sich über die Brut, paßt wohl auf, wendet sich nach allen Seiten.

Völlig erschöpft schläft sie dennoch am Ende ein.

Nicht sehr lange freilich — aber sie fühlt sich erfrischt nach dem Schlafe. Sie besinnt sich — wie wenn die Dunkelfarbenen sie angegriffen hätten? Ein Dutzend und mehr — während sie schlief?! Welches Glück nur, daß die so feige sind. Immerhin — sie haben die Zeit gut benutzt. Sie blickt um sich: über die Hälfte der Brut hat man ihr fortgetragen.

Da hebt sich die junge Königin. Auf und ab stolziert sie in dem alten Königinschritt der Blutroten, tänzelnd ein Bein vor das andere setzend, wie ein edles Pferd Araberblutes, das spanischen Schritt geht. Auf und nieder tänzelt sie, ihre Gedanken wohl wägend. Und sie beschließt: nichtsnutzige, feige Diebinnen sind diese Grauröcke, sie stehlen einem die Brut! Man muß sie töten — eine um die andere — alle! Alle muß man töten. Dann erst kann man in Ruhe leben in dieser Stadt.

Sogleich macht sie sich auf den Weg. Wo sie eine der Dunkelfarbenen sieht, faßt sie sie; ihre Kampfeslust und Blutgier scheint sich zu steigern mit jedem neuen Morde. Ein wilder Schrecken ist in die Bürgerinnen gefahren, kaum mehr wagt es eine, sich auch nur zu wehren. Wo aber die Königin Larven findet und Puppen – da greift sie diese, bringt sie hinab in ihre Kinderkammer.

Durch Tage geht dieser Kampf. Sie ist nur eine und der Grauschwarzen sind viele. Wenn sie auch jetzt zu entmutigt zum Kampfe sind – die Liebe zu ihrer Brut haben sie doch nicht verloren: immer wieder stehlen sie hinter dem Rücken der Blutroten Königin.

Einmal, auf ihrem Mordgang durch die Stadt, kommt die junge Königin an eine Kammer, die sie bisher nicht gefunden hatte. Ein paar Emsen werfen sich ihr entgegen, wieder kommt es zum Kampfe – mit gleichem Ausgange. Sie dringt in die Kammer – da ruht, umgeben von ihren Emsen, die alte Königin des schwarzgrauen Volkes.

Und noch einmal, ein letztes Mal entspinnt sich ein Kampf. Es ist, als ob die Gegenwart ihrer Mutter ihnen Mut verleihe, ein halbes Dutzend stürzt verzweifelten Mutes auf die Eindringende. Diese fühlt, daß sie siegen muß oder untergehn; sie weicht nicht einen Schritt zurück, nimmt den Kampf auf mit sechsen zugleich.

Und sie bleibt Siegerin. Die andern fliehn; sie jagt hinter ihnen her –

Still wird es allmählich in der kleinen Stadt. Immer noch eine und immer noch eine der Schwarzgrauen findet die junge Königin – jede einzelne tötet sie. Wenn sie Hunger hat, greift sie eine der Larven und sättigt sich, dazwischen pflegt sie, reinigt und füttert die andern. Doch schenkt sie ihre besondere Aufmerksamkeit den Puppen – sie weiß, daß aus ihnen bald die Dienerinnen auskriechen werden, die ihr helfen sollen. Die Jungen können nicht allein aus dem festen Gespinst heraus – da hilft sie, hält es fest, beißt ein Loch hinein, daß die Kleine ausschlüpfen kann. Eins kriecht aus und wieder eins, bald ist ein Dutzend da – und dieses Dutzend hilft bei der Pflege der Brut. Immer mehr Larven verpuppen sich, immer mehr Emsen kriechen aus den Puppen – bald ist ein Volk von ein paar hundert jungen Grauröcken um sie und alle betrachten sie und nur sie allein als ihre Mutter und Königin.

Nun ist ihr Werk getan. Nun mag sie der Ruhe pflegen, mag sich putzen und füttern lassen und derweil Eier, unendlich viele Eier legen. Alle andere Arbeit aber ihrem dienenden Volke überlassen.

Irgendwo liegt im Königssaale einsam und verlassen, ungepflegt und hungernd die alte Königin. Die junge Königin, die Blutrote, die nach Herrenrecht ihre Stadt eroberte, bekümmert sich nicht um sie. Wichtigere Dinge hat sie zu tun. Eier legen muß sie, muß ein Volk gründen, ein großes, mächtiges Volk der Blutroten.

Aber die Töchter der alten Königin finden diese. Kein Funken von Liebe lebt für sie in ihren Herzen; all ihr Gefühl – Anhänglichkeit mit Angst gemischt, wer weiß es? – gehört der Thronräuberin, ihr, die ihnen aus dem engen Gefängnis der Puppenwiege hinaushalf in die Welt: sie allein gilt ihnen als Herrin und Mutter. Die Alte aber gehört nicht ins Nest, denken sie; sie schaffen sie hinaus – tot oder lebendig.

Aus den Eiern der jungen Königin werden Larven, Puppen aus den Larven, junge Emsen kriechen aus den Puppen. Ausgezeichnete Ammen sind die Grauschwarzen, trefflich gedeiht die junge Brut. Wochen vergehn und viele Monate – immer zahlreicher wird das Volk der Blutroten. Eine aber um die andere der fleißigen Schwarzgrauen stirbt dahin: so kommt der Tag, an dem die Königin nur über ihr eigen Volk herrscht.

*　　*　　*

Das ist *ein* Weg, wie das befruchtete Weibchen der Blutroten sein Volk zu gründen vermag. Manch anderes ist möglich – je nach den Umständen. Es ist denkbar, daß sie von blutroten Arbeiterinnen aufgenommen wird, oder daß sie ein königinloses Volk der Grauschwarzen findet und friedlich als Königin begrüßt wird. Es ist denkbar, daß sie in eine sehr bevölkerte Stadt eindringt, der Uebermacht unterliegt und getötet wird. Oder sie mag zu einem jungen, kleinen Volke kommen und nach anfänglichen Kämpfen eine Anzahl der Grauröcke für sich gewinnen. Dann mag der andere Teil mit der alten Königin und einem Teile der Brut aus dem Neste fliehn. Sie mag auch alle Emsen so für sich einnehmen, daß diese, völlig verblendet, die eigene Mutter töten oder vertreiben. Sie mag in unersättlicher Kampfgier selbst zur Mörderin der alten Königin werden oder auch diese mit einem Teile ihres Gefolges aus dem Neste heraustreiben. Sie mag endlich nach dem Hochzeitflug eine schwarzgraue Königin treffen, sich ihr anschließen und von ihr sich ihre erste Brut mit großziehn lassen – dann wird, sowie die

ersten blutroten Emsen erwachsen sind, von diesen
die schwarzgraue Königin vertrieben oder ermordet.

All das − und vielleicht manch anderes noch − ist
möglich, mehr noch, es ist sehr wahrscheinlich, daß
jeder einzelne Fall sich ereignet. Ueberhaupt ist es
falsch, anzunehmen, daß sich das Leben der Ameisen − oder das aller andern Geschöpfe − genau so
maschinenmäßig abspielt, wie es in naturwissen-
schaftlichen Büchern dargestellt wird. Hier liegt der
große Vorzug jeder anthropomorphen Auffassung,
hier der blendende Reiz *Peter Hubers*, der vor ein-
hundertundzwanzig Jahren schrieb, *Fabre's* und
Brehm's gegenüber allen *exakten* Gelehrten. Zugegeben, daß dabei einiges schiefe und mißverstandene
herauskommt, manches, das nur halb stimmt; zugegeben, daß gar etwas falsches, ja unsinniges erzählt
wird. Nur: das ist bei den ,Exakten' genau so der
Fall. Man vergleiche nur die ersten Auflagen der an-
erkanntesten heute lebenden Ameisenforscher mit
den zweiten, etwa zwanzig Jahre später erschienenen.
Man wird finden, daß überall geändert und verbes-
sert werden mußte, ja, daß ganze Kapitel ins grade
Gegenteil verkehrt wurden. Die Wissenschaft will
buchstäblich genommen werden − für den vermeintlichen Gewinn der reinen Wahrheit schluckt dann
der Leser willig alles Trockene und Langweilige.
Die anthropomorphe Einstellung dagegen verzichtet zugunsten einer fesselnden Schilderung auf
das allzu exakte, wenn sie gewiß auch bestrebt
ist, den ,letzten' erkannten Wahrheiten Rechnung zu tragen. Aber: sie ist sich wohl bewußt, daß
die sogenannte wissenschaftliche Wahrheit in vielen
kleinen Einzelheiten nur ein sehr kurzes Leben hat

und nach wenigen Jahren durch neue Forschungen überholt wird. Die Folge ist, daß die von der Gelehrtenwelt so verachteten anthropomorphisch geschriebenen Werke sehr viel mehr Wahrheit, und solche von sehr viel längerer Lebensfähigkeit haben, als die *exakt* wissenschaftlichen. Die Natur läßt sich eben nirgends in eine Zwangsjacke einspannen, je freier wir an sie heran gehn, je mehr Möglichkeiten wir offen lassen — um so eher kommen wir ihrem innersten Wesen nahe.

*   *   *

In ihrer Königinkammer, umgeben von ihren Töchtern, die sie füttern und pflegen, ruht die Königin der Blutroten. All die grauschwarzen Emsen sind gestorben; nur ihr eigen Volk haust in der Stadt, zahlreicher, mächtiger mit jedem Tage. Ringsherum ist die Stadt gewachsen, rings hinaus streifen ihre Kinder. Nicht nur Arbeiterinnen nimmt man nun aus den Puppenwiegen; auch geflügelte, Männchen und Weibchen, bestimmt, zur Gründung neuer Völker zu dienen. Sie wachsen heran; bald naht der warme Julitag, an dem alle ausfliegen, hinaus in die Luft zum Hochzeitfest.

Allein ist die Königin mit ihren Emsen. Leerer geworden ist es im Nest. Auch die Vorräte sind erschöpft; sehr viel haben die Geflügelten gefuttert, um mit voller Kraft in die Welt zu ziehn.

Jägerinnen sind die Blutroten. Auf ihren Jagdzügen haben einzelne Arbeiterinnen eine fremde Stadt entdeckt, bringen die Kunde davon heim. Denn die jungen Emsen wissen — Ueberlieferung von der Mutter her — was man holen kann aus den Städten

im Walde: waren nicht die Ammen, die sie einst
großzogen auch Grauröcke?

Und man beschließt, die fremde Stadt zu erobern
und auszuplündern.

★   ★   ★

Ich las manche Berichte über die Kriegsführung
der Blutroten, wenn sie zum Raubkriege ausziehn.
Alle diese Darstellungen zeigen Abweichungen — und
dennoch ist jede einzelne wahrheitsgetreu. Selbst beobachtete ich, in Europa wie in Amerika, eine Reihe
solcher Kriegszüge — und jeder einzelne war verschieden von dem andern. Nur das allgemeine Verfahren ist das gleiche, in Einzelheiten richten sich
die Blutroten nach den Bedürfnissen, die der Augenblick erfordert.

Manchmal marschieren sie in einer geschlossenen
Phalanx von einigen Metern breit, manchmal in einzelnen getrennten Heerhaufen. Meist ziehn sie morgens aus dem Tor ihrer Stadt, um zu Nachmittag
wieder zurück zu sein, manchmal bleiben sie auch
über Nacht fort. Bald kommt es zu heißen, sehr
blutigen Kämpfen, bald wieder gelingt es ihnen
durch ihren plötzlichen Angriff, einen besonders fei-
gen Feind so in Schrecken zu jagen, daß dieser Hals
über Kopf flieht, sodaß nicht nur die Blutroten
keine Verluste erleiden, sondern nicht einmal eine
einzige der Angegriffenen zu töten brauchen. Eines
ist immer gleich: in schnurgerader Linie ziehn die
Blutroten von ihrer Stadt gegen die Fremden.

Die Blutroten haben keine Offiziere, die vor der
Front oder neben dem Zuge hermarschieren. Dennoch müssen sie besondere Leiterinnen haben, es
wäre sonst undenkbar, daß die ganze Menge ohne

jemals rechts oder links abzuweichen, vielleicht hundert Meter weit trotz fortwährender Hindernisse des Geländes gradaus marschiert. Dazu kommt, daß die Spitze stets wechselt, man gewinnt den Eindruck, als ob einzelne Führerinnen – vermutlich die, welche die zu erstürmende Stadt ausgekundschaftet haben – immer wieder durch den ganzen Zug eilten, bald vorne den Weg wiesen, bald hinten zur Eile anspornten. Wenn sie in einzelnen Haufen marschieren, scheint es, als ob die Führerinnen eine Schar Emsen nach der andern überredeten, an dem Feldzuge teilzunehmen. Die, die sich zuerst entschlossen haben, laufen los; nach einer Weile folgt ihnen ein anderer Trupp, dem wieder in kurzen Fristen manche noch folgen. Vor dem fremden Neste angekommen, nehmen sie rings herum Aufstellung, greifen nicht an, sondern warten einstweilen ruhig ab, was die Gegnerinnen tun mögen. Fühlen sie sich nicht stark genug, so werden eilende Boten zurückgeschickt, um Verstärkungen heranzuholen.

Mittlerweile haben die Grauschwarzen den Feind bemerkt; selbst ein starkes Volk, beschließen sie, nicht zu fliehn, sondern Widerstand zu leisten. In hellen Scharen kommen sie heraus, nehmen dichtgedrängte Schlachtordnung. Immer noch halten sich die Blutroten zurück; kleine Scharmützel entspinnen sich, stets begonnen von den aufgeregten Schwarzgrauen. Inzwischen bringt ein Teil die junge Brut heraus, um für den Fall, daß die Schlacht verloren gehn sollte, durchzubrechen und zu retten, was zu retten ist; bei diesem Teile halten sich auch die jungen Flügeltiere. Der Kampf entwickelt sich, die Grauschwarzen, in starker Ueberzahl, machen den

Blutroten genug zu schaffen. Da entsteht eine Verwirrung; geführt von einigen Weibchen, versucht ein starker Trupp der Grauröcke, jede beladen mit einer Larve oder Puppe, durch die feindlichen Reihen sich durchzuschlagen. Diesen Augenblick benutzen die Blutroten, wenden sogleich alle Aufmerksamkeit auf diese Seite. Die Grauschwarzen, die Kindlein im Arm, versuchen, sich auf Grashalme hinauf zu retten. Von allen Seiten greifen nun die Blutroten an — während die Schwarzgrauen Chamade blasen. Aus den Kiefern wird ihnen die junge Brut gerissen; jede Blutrote, die Beute gemacht hat, eilt sofort stolz damit nach Hause — übrigens geschieht es auch, daß eine der andern ihre Beute abnimmt. Nur auf die Brut kommt es ihnen an; sie kämpfen nur, töten nur, wenn eine Grauschwarze sie angreift, oder ihre Puppe nicht gutwillig abgeben will. In Scharen dringen die Blutroten in die Stadt hinein, untersuchen sie nach allen Richtungen, holen heraus, was nur zu holen ist an junger Brut. Manche schleppen, recht unfreiwillig freilich, noch was anderes heim. Da hängt der einen am Fühler ein grauschwarzer Kopf, der anderen eine halbe Grauschwarze am Vorderbein. Festgebissen haben sich die Feindinnen; auch im Tode halten sie noch fest. — Jeder Herr Myrmekologe hat eine hübsche Ameisensammlung; in allen sieht man stets blutrote Kriegerinnen, an denen zwei, drei, ja vier halbe Feinde hängen.

Heim geht's, schwer beladen mit lebender Beute. Mögen die Grauschwarzen sich wieder sammeln, möge ihre Königin recht viele Eier legen, mögen sie bald noch viel mehr Larven und Puppen haben, als sie heute haben! Die Blutroten wünschen ihnen von Herzen alles Wohlergehn: je eher bei den Grauröcken wieder ‚geordnete Zustände‘ herrschen, um so schneller kann man ihnen wieder einen Besuch abstatten und neue Beute holen.

Ist's anders bei den Völkern der Menschen? Höchstens wird da noch verlangt, daß das trauriggraue Volk der Besiegten dem blutroten Siegervolk seine sauer erworbenen Schätze auch noch — und immer wieder — selbst in's Haus trägt!

★   ★   ★

Neue Kinderstuben in der Stadt der Blutroten werden gefüllt mit den geraubten Larven und Puppen. Aber diese Kammern sind nun nicht nur Kinderstuben — sie sind Vorratskammern zu gleicher Zeit. Denn die Blutroten tun sich gütlich an der fremden Brut, speisen nach Herzenslust. Freilich, ein Teil der Brut, und besonders die Puppen, die bald vor dem Ausschlüpfen sind, werden beiseite geschafft. Man pflegt sie, hilft ihnen aus dem Gespinst, freut sich, wenn eine Schar grauschwarzer Emslein herauskriecht: Sklavinnen, die sehr erwünschte und sehr brauchbare Dienste leisten können.

In ihrer Kammer liegt die Königin, legt Eier, legt Eier. Sie weiß schon, daß sie bald einige grauschwarze Dienerinnen haben wird, hat sie doch reichlich und gut von deren Schwestern gegessen. Und sie erwartet das Heranwachsen der Grauröckchen mit Sehnsucht — erinnert sie sich doch aus früher Jugendzeit und aus ihrer ersten Königinzeit, daß sie von diesen stets besondere Leckerbissen erhielt. Wenn man immer so herumliegt und Eier legen muß, dann freut man sich auf ein wenig Abwechslung im Speisezettel.

Die grauschwarzen Sklavinnen nämlich, die verstehn sich auf das Viehzüchten. Sie ziehn hinaus aus der Stadt, melken die lieben Blattläuse und kehren heim mit vollgefülltem Kropfe. Ihr aber, der Königin, bringen die Milchmägde stets das allerbeste: köstliches Manna, Honigtau!

Nicht als ob sie nun ihr ganzes Leben in derselben Kammer beschließen müßte, nicht als ob sie nie wieder die weite Welt und den gewaltigen Wald und den Himmel darüber und die Sonne zu sehn bekäme. Das würde ihr wenig gefallen – sie ist eine echte Blutrote und die Blutroten sind unruhigen Geistes und verlangen Abwechslung im Leben. Stolz sind sie dazu, vornehme Geschöpfe, die wissen, was sie sich schuldig sind.

Für den Sommer eine Stadt – eine andere für den Winter! Nicht genug damit: wenn ihnen der Platz, wo sie grade hausen, nicht gefällt, ziehn sie um, bauen an anderm Platze eine neue Stadt. Alle Emsen legen Hand an, schnell geht die Arbeit weiter. Aber gut ist es doch, daß man geschickte Sklavinnen hat, denn die suchen ihresgleichen als Erdarbeiterinnen. Manchmal spart man sich auch den Neubau, bezieht kurzerhand eine eroberte Stadt, trägt Brut und Vorräte und alle Sklavinnen hinüber.

Da zieht denn die Königin mit um, ein paar Mal in jedem Jahr: *da wo sie ist, da ist die Heimat.*

★   ★   ★

Sehr unabhängig sind die Völker der Blutroten. Hat auch jede ihrer Königinnen mit Hilfe fremder

Sklavinnen, die sie selbst großzog, ihren eigenen Staat gegründet, so ist dennoch dieser Staat keineswegs auf die Einrichtung der Sklaverei angewiesen – manche Staaten haben zeitweise keine Sklavinnen, andere überhaupt niemals. Viele Völker haben viel mehr Sklavinnen als Bürgerinnen, bei anderen wieder ist es umgekehrt. Auch beschränken sie sich durchaus nicht darauf, aus den Städten der Grauschwarzen sich die junge Brut zum Essen wie zur Sklavenzucht zu holen, sie statten vielmehr den Nestern aller möglichen Arten Besuche ab. In Europa allein sind ein Dutzend Arten bekannt, von denen die Blutroten sich Sklavinnen heranziehn, darunter häufig die Rotbärtigen, gelegentlich auch die sehr streitbaren Roten Waldameisen und die Waldwiesenameisen. Manchmal findet man gar Sklavinnen verschiedener Arten im Neste. Aber nicht immer siegen die Blutroten, nicht immer gelingt ihnen die Eroberung der fremden Stadt: manchmal ziehn die Räuberinnen auch mit leeren Taschen heim, abgeschlagen von der Ueberzahl eines kräftigen Wiesen- oder Waldvolkes.

Genau wissen die Blutroten zwischen der Brut der einzelnen Arten zu unterscheiden. Ihre geschworenen Feinde sind die rußhaarigen Gartenameisen, denen sie gerne einen Raubbesuch abstatten. Die Rußhaarigen, mutige, kleine Geschöpfe, wehren sich verzweifelt, verfolgen die heimkehrenden, beutebeladenen Blutroten bis zu deren Stadt, hängen sich an ihre Beine und Fühler. Dennoch wird die geraubte Brut in Sicherheit gebracht und – Stück für Stück verzehrt. Nie wird die Larve einer Rußhaarigen großgezogen, augenscheinlich sind die Blutroten der

Ansicht, daß diese wilden Kriegerinnen sich nicht zu Sklavinnen eignen.

*　　*　　*

Gut geht's der Königin mittlerweile. Sie tut ihre Pflicht, legt Eier, wieder Eier, noch mehr Eier. Freilich zur Winterzeit ruht sie etwas aus. Kalt ist's draußen, aber man ist ja im festen Winterhaus. Immerhin ist's frostig; da spürt man wenig Lust zur Arbeit. Zudem — was soll man jagen? Im Schnee läuft kein Ameisenwild herum. Das beste ist schon — man drängt sich zusammen und döselt so vor sich hin. Nur die nötigsten Arbeiten werden verrichtet, wenig nur gegessen: die meiste Zeit verschläft man, Königin und Volk, träumt von Macht und Ruhm.

Wenn die junge Lenzsonne den Wald wieder küßt — da wacht man auf zu neuem Leben!

Trefflich wird sie gepflegt; ihre Töchter bringen hübsche Brätchen aller Arten, und die grauen Dienerinnen reichen ihr Honigtau. Noch andere Sklavinnen hat sie nun, Rotbärtige, die nicht minder aufmerksam sind.

Immer mächtiger wird ihr Volk. Schon hat man dutzende von Siedlungstädten gegründet, hat Nebenköniginnen aufgenommen, die nun helfen müssen, Eier zu legen.

Dennoch, nicht nur Glück füllt das Leben der Königin — bisweilen gibt's auch trübe Nachrichten. Die Frau Königin will ,Sonne haben' — so sind nun mal die Königinnen. Freilich nicht in ihrem königlichen Gemach — das Eierlegen besorgt man besser im Dunkeln. Aber *Sonne* will sie für ihr mächtiges Volk, nur Gutes will sie hören, nur von Siegen und Eroberungen fremder Städte. So unterdrückt man gerne

– das ist stets so bei Hofe – unangenehme Nachrichten. Dann aber, so langsam, sickert's doch durch, irgend eine schwatzhafte Dienerin plaudert's aus. Und ihre königliche Majestät muß sich ärgern, bekommt gar Migräne und muß das Eierlegen für ein Weilchen unterbrechen.

Das ist sehr begreiflich – muß man sich nicht giften, wenn man sowas hört:

Eine große Stadt von Waldameisen war ausgekundschaftet worden; das Volk der Blutroten schickte sich an zum Eroberungszug. Man sammelte sich vor dem Nest, eine Anzahl der rotbärtigen Sklavinnen war mit dabei, um die tapferen Kriegerinnen abziehn zu sehn. Kaum aber hatte das Heer sich in Bewegung gesetzt, war eine Weile marschiert, als es plötzlich ungestüm angegriffen wurde.

Wilde Kriegerinnen waren das, Emsen vom Amazonenstamme. Nicht viele, kaum ein halbes Hundert. Aber die warfen sich, ihre scharfen Sichelzangen weit öffnend, mit solch heißem Ungestüm auf das Heer der Blutroten, daß sich dieser im Augenblicke eine furchtbare Verwirrung bemächtigte. Einige, die sich zur Wehr setzten, wurden sofort niedergemacht; die Amazonen durchbohrten ihnen den Kopf oder die Brust mit ihren Sicheln. Eine wilde Panik entstand, alles floh Hals über Kopf.

Es war eine schmähliche Niederlage – ein großes kriegstüchtiges Heer unter den Augen der Sklavinnen besiegt von einer Handvoll Amazonen! Was aber das beschämendste war: eben diese Sklavinnen, die kleinen Rotbärtigen, hatten mehr Mut gezeigt, als die Blutroten. Sie waren zu Hilfe geeilt, einzeln, ohne Ordnung, hatten sich kampfesfroh und todesmutig den wilden Feinden entgegengeworfen. Sie waren es, die den Rückzug mit dem Verlust ihres Lebens gedeckt hatten; ihnen allein war es zu danken, daß die Stadt nicht erobert wurde.

Ein Schandfleck in der Geschichte des blutroten Volkes! Kein Wunder, daß sich die Königin darüber ärgern muß!

★　　★　　★

Das ist merkwürdig bei der Sklaverei in der Ameisenwelt: die Sklavinnen nehmen manche der Instinkte ihrer Herrinnen an. Furchtsam, ja feige von Natur, lernen sie von den so mutigen, kriegerischen Blutroten, werden tapfer und kampflustig. Sie fühlen sich *ein* Volk mit ihnen, interessieren sich außerordentlich für die Raubzüge. Wenn die Blutroten beutebeladen nachhause kommen, nehmen sie ihnen gern ihre Last ab, tragen sie in die Vorratskammern und Kinderstuben. Gewiß lehren sie die Herrinnen auch ihre Kunst: das Viehmelken; aber nur selten sieht man eine Blutrote einmal bei einer Blattlaus als Milchmädchen sitzen. Sie tötet diese lieber, um den ganzen Braten zu haben.

Die Herrn Gelehrten streiten sich, ob man die Sklavinnen bei dem fremden Volke wirklich mit Recht ‚Sklavinnen‘ nennen könne. Ob man sie nicht vielmehr als ‚Hilfsameisen‘ ansprechen solle, da sie ja von den Herrinnen so gut behandelt und als gleichstehende Bürgerinnen betrachtet würden. Die Gelehrten haben nie Sklaven bei den Menschen gesehn, wissen nicht, daß auch Menschensklaven in den meisten Fällen gut behandelt werden. Dann aber: es ist ja garnicht wahr, daß die versklavten Emsen völlig gleichberechtigt sind. Denn es gilt als oberstes Gesetz in jedem Sklavenstaate, daß *nur* die Geschlechtstiere der Herrenart großgezogen werden, nie aber die der Sklavenarten.

Dann aber ist augenscheinlich den Fachgelehrten nie der Gedanke gekommen, daß es neben einem Herreninstinkt auch einen ausgesprochenen Sklaveninstinkt giebt. Das gehört freilich in ein anderes Fach, in die Sexualpsychologie – und kein Fachgelehrter kümmert sich darum, was im Zimmer nebenan gelehrt wird. Zwar sehn wir solche Sklavenlust tagtäglich an unseren Hunden, zwar hat jeder, der mit offenen Augen durchs Leben lief, Mitmenschen getroffen, die geborene Sklaven waren, denen der Gedanke allein, Sklave genannt zu werden und sich als Sklave zu fühlen, Wonneschauer erregte – was weiß davon der Myrmekologe vom Fach? Auch hier ist die Aehnlichkeit zwischen Menschheit und Ameisenheit eine schlagende – nur hat bei den so viel mehr sozialer und nationaler, also in Massen empfindenden Ameisen der Sklaveninstinkt wie der Herreninstinkt gleich in ganzen Arten sich eingewurzelt.

Wenn wir also die ‚Hilfsmenschen‘ als Sklaven bezeichnen, so müssen wir den ‚Hilfsameisen‘ mit noch viel größerem Rechte diesen Namen geben.

*   *   *

Immer noch liegt die alte Königin in ihrer Kammer, eierlegend. Manche Geschlechter ihrer Töchter hat sie aufwachsen und sterben sehn, manche Sklavinnen kommen sehn und wieder verschwinden. Nie beklagt sie den Tod einer einzelnen; eine Ameise ist ja nichts – nur das Volk gilt. So gilt auch ihre Liebe nie dieser oder jener: nur dem gesamten Volke. Aber nun quälen sie manche bösen Sorgen.

Da hatte man, in nächster Umgebung der Stadt, ein paar schwarzgraue Königinnen versteckt gefunden — die rotbärtigen Sklavinnen, die sie entdeckt hatten, hatten kurzen Prozeß mit ihnen gemacht. Nun aber war es vorgekommen, daß wieder solch eine landstreichende graugerockte Königin sich dicht bei der Stadt herumgetrieben hatte — schwarzgraue Sklavinnen hatten sie gefunden und waren mit ihr auf und davon gegangen. Dies undankbare Gelichter! Statt dankbar zu sein, in dem stolzen Staat der Blutroten, ihr, der mächtigen Königin, dienen zu dürfen, hatte diese Bande ihr eine kleine graugerockte Prinzessin vorgezogen, einen hergelaufenen Rotznas, der noch nie im Leben auch nur ein einziges Ei gelegt hatte!

Sehr ärgerlich war es. Immerhin: es waren noch genug Sklavinnen in der Stadt und man konnte neue Brut rauben und großziehn.

Nicht daran dachte sie jetzt.

Auch nicht an die Diebsvölker, die sich in der Stadt herumtrieben. Es ist ja wahr, sie vermehrten sich unheimlich in letzter Zeit; wurden immer frecher. Ist das Gesindel nicht neulich gar in eine Kinderstube eingebrochen, die dicht bei ihrer Königskammer lag?! Und hat sie völlig ausgeraubt, ehe noch Hilfe kam! Ihre starken, großen Töchter können den kleinen, giftigen Räuberinnen wenig anhaben — es ist nur gut, daß man schwarzgraue und rotbärtige Sklavinnen in der Stadt hat, die kleiner sind und so besser mit dem räuberischen Pack fertig werden.

Aber die alte Königin hat noch schlimmere Sorgen. Wie ein drückendes Verhängnis liegt es über der ganzen Stadt.

Goldlockige Fransenkäfer laufen durch die Gassen, kommen von einem Raum in den andern. Wie besessen sind die Blutroten; sie füttern und pflegen die Goldgelockten, nur um lecken zu können an ihren Haaren. Da ist ein duftiger Aethertrank und dieser Trank berauscht. Allen Sklavinnen hat sich die Lust nach Rausch mitgeteilt — mit den Herrinnen um die Wette drängen sie sich an die Fransenkäfer.

Neulich kam so einer gar in die Königskammer. Und ihre Töchter und ihre Dienerinnen rannten von ihr weg, hin zu dem Goldgelockten. Die eine reichte ihm im Kusse ein feinzerkautes Larvenbrätchen, die andere ein Tröpfchen Honigtau — gute Dinge, die für sie, für die Königin, bestimmt waren. Taten das unter ihren eigenen Augen!

Vernachlässigt wird sie, die Königin. Nur ein Gedanke noch scheint die Stadt zu beseelen: der an die Goldgelockten, an den berauschenden Aethertrank. Sie werden gepflegt, gereinigt, beleckt, geküßt und gefüttert, ihre Brut wird aufs sorgsamste herangezogen. Vernachlässigt aber, wie die Mutter-Königin, wird die eigene Brut.

Seltsame Geschöpfe sah sie durch ihre Kammer kriechen. Halb Weibchen, halb Arbeiterinnen, faule, feige, lebensuntaugliche Zwittergeschöpfe. War das ihr Fleisch und Blut, waren diese mißgewachsenen Kreaturen ihre Töchter?! Hatte die Verblendung des Rausches, die alles vergessende Liebe zu den Goldlockenträgern, diese alte Erbsünde des Geschlechts der Blutroten soweit schon um sich gegriffen, daß man die eigene Brut den gefräßigen Jungen der Fransenkäfer überließ und als Nachwuchs ihres stolzen Geschlechts nur noch solch jämmerliche Mißgeburten großzog?!

Hungrig war die alte Königin; schmutzig fühlte sie sich. Wer denn kümmerte sich noch um sie, wer putzte sie, wer fütterte sie? Wo blieben ihre Töchter, ihre Dienerinnen und Sklavinnen?

Müde war die alte Königin. War das der Inhalt dieses Lebens? War man darum zur Mörderin geworden, darum in die Stadt der Schwarzgrauen eingedrungen, alles tötend, was sich ihrem Willen in den Weg stellte? Stieß man darum die Königin der Grauröcke vom Throne, machte darum deren Töchter zu Sklavinnen? Zog man darum ein mächtiges Volk groß, legte man darum Eier durch alle die Monate und langen Jahre?

Darum nur? Um dieses große, tapfere, blühende Volk, dieses zu allem fähige und tüchtige Volk auf so schmähliche Weise zugrundegehn zu sehn? Um ein paar armseliger Käfer willen, die Goldlocken hatten und einen berauschenden Trank spendeten?

Darum nur? War das allein der Zweck dieses Daseins?

Die alte Königin begriff es nicht. Sie legte sich, um zu sterben —

Waldameisen und Waldwiesenameisen.

Da sind Ameisen — die wissen mehr von der Sklaverei als alle andern Ameisenvölker in Wald und

Flur. Denn die andern Arten, die kennen nur die eine Seite: entweder sind sie Herrinnen, die rauben, oder Sklavinnen, die geraubt werden.

Die roten Waldemsen aber und die Wiesenemsen kennen die Sklaverei von beiden Seiten. Ihre jungen Königinnen gründen ihren Staat nach Herrinnenart, dringen in eine fremde Stadt der Schwarzgrauen oder der Rotbärte ein, lassen sich aufnehmen in aller Freundschaft. Oder auch mit Gewalt. Denn sie sind mutig und kriegerisch, trotz ihrer Kleinheit.

Von fremden Sklavinnen wird die erste Brut der jungen Königinnen aufgezogen, mit fremden Sklavinnen zusammen bestellen der Königinnen erste Töchter Haus und Stadt. Mit ihnen zusammen bauen sie am Neste, mit ihnen zusammen ziehn sie aus, Nahrung zu holen, besorgen sie die Ammenarbeit der Kinderstuben.

Langsam sterben die fremden Dienerinnen. Dann bleiben die Waldameisen und die Wiesenameisen unter sich. Ziehn nicht aus auf Sklavenraub. Wenn sie Gelegenheit haben, fremde Larven und Puppen zu stehlen, tun sie das gewiß — aber nur als Beilage zum Speisezettel, nicht, um sie großzuziehn.

Im Kampfe stehn sie fest genug, verteidigen ihre Städte gegen Blutrote und Amazonen. Manche Belagerung halten sie siegreich aus — manchmal aber werden sie doch geschlagen von den überstarken Feinden. Die Stadt wird besetzt — die junge Brut wird geraubt: was nicht verzehrt wird, wird zu Sklavinnen erzogen von den Sklavenjägerinnen.

Und Schwestern von Emsen, die einst als Herrinnen von Sklavinnen großgezogen wurden, ziehn nun

— selbst Sklavinnen — als getreue Ammen der Herrinnen Kinder auf!

Ameisenschicksal! Nicht auch Menschenschicksal? Mancher Fürstensohn, an die Ruderbank der Galeere geschmiedet, manche Königstochter, im Harem eingeschlossen, konnte dasselbe Liedlein singen!

DIE AMEISENKÖNIGIN

Der Herr Hoteldirektor hat schon wieder zu klagen über mich und meine Ameisen.

Ihre Durchlaucht, die Fürstin, ist abgereist — mit ihren zwei Zwillingspärchen, mit einem Diener, zwei Zofen und einer Erzieherin. Und der Hoteldirektor behauptet, ich allein sei Schuld daran — ich hätte sie vertrieben.

Es ist aber garnicht wahr; ganz unschuldig bin ich. So ist die Geschichte:

Ihre Durchlaucht bekam schon zweimal ein Zwillingspaar: jedesmal nur Mädchen. Jetzt soll sie wieder welche bekommen — so im nächsten oder übernächsten Monat. Sie sieht aber aus, als ob es diesmal wenigstens Drillinge würden — und alle drei recht kräftige, gut ausgewachsene Zehnpfundbuben.

So was fällt auf; alle Kinder reden davon. Sie sagen zu den vier Durchlauchtzwillingen, daß die Mama doch nicht soviel essen solle — sonst platze sie noch. Und das Gezwillinge sagt's dann der Mama weiter.

Nun aber ist da die kleine schwarze Lolo, fünf Jahre alt und eines Arztes Kind. Die — *weiß*. Und was sie weiß, sagt sie all ihren Freundinnen; seit acht Tagen ist die ganze Jugend gründlich aufgeklärt. Da sie aber ein gutes Herz hat, so wollte sie wieder gutmachen, was die andern verbrochen hat-

ten, als sie erzählten, daß die Durchlaucht zu viel
fräße und nächstens noch platzen würde.

Darum ging sie artig zu ihr, machte einen hübschen Knix und sagte: »Tante Durchlaucht, iß du
nur recht tüchtig! Das ist gut für die Drillinge in
deinem dicken Bauch.«

Dafür mußte Ihre Durchlaucht der kleinen Lolo
auch noch einen Dankeskuß geben.

Immerhin, das ertrug sie noch, daß alle Kinder tu-
schelten, wo immer sie hinkam. Aber dann hat die
Lolo etwas neues ausgeheckt.

Alle Kinder kamen zu mir, sich die Ameisen anzusehn; wenn sie besonders brav waren, zeigte ich
ihnen eine Königin. Eine hatte ich mit einem mächtig aufgeschwollenen Leib: ,Die sieht grad aus, wie
die Durchlaucht!‘ erklärte die freche kleine Lolo.
Und wirklich, das tat sie.

Aber noch am selben Tage wußten es alle Kinder. Wo nur die Fürstin sich sehn ließ, da lachte
es und zirpte und zwitscherte: »Ameisenkönigin!
Ameisenkönigin!«

Das schlimme aber war: die Großen machten's den
Kindern nach. Sie lachten nicht, noch sagten sie was
— aber sie lächelten und dachten. Und die Fürstin
merkte recht gut, was sie dachten.

Ameisenkönigin!

Zu bunt wurde es ihr schließlich — da reiste sie
ab mit Kind und Kegel.

Und nun soll ich schuld daran sein!

XVI

DIE AMAZONEN

Auf jetzt, ihr Amazonen, auf zur Schlacht!
Reicht mir der Speere treffendsten, o reicht
Der Schwerter wetterflammendstes mir her!
H. v. Kleist, *Penthesilea, V. Auftritt.*

‚Polyergus' nennt die Wissenschaft dies Ameisen-
geschlecht, Polyergus, die Vielarbeitende. Vermutlich deshalb, weil es überhaupt nicht arbeitet, sondern nur Krieg führt und Toilette macht. Zu jeder
andern Arbeit sind die Amazonenameisen unfähig,
weil ihnen etwas fehlt, das zum Arbeiten notwendig
ist. Dieses Etwas nennt die Wissenschaft den K a u -
r a n d — gewiß aus dem überaus einleuchtenden
Grunde, weil er zum Graben, Bauen, Mauern, kurz
zu jeder Verrichtung von den Emsen benutzt wird,
bloß *zum Kauen niemals.* Es ist so, als ob man die
Hand Riechrüssel nennen wollte oder den kleinen
Zeh ein Sehglied — du lieber Gott, es ist ja ein Hüh-
nerauge drauf!

Der *Kaurand* ist der großgezähnte Innenrand der
Oberkiefer. Bei den Amazonen ist dieser Innenrand
an der obern Seite zwar auch gezähnt, doch sind
die Zähnchen so klein, daß man sie nur unterm Mikroskop sehn kann. Dazu sind die Oberkiefer wie

lange, gegeneinanderstehende, sehr spitze und kräftige Sicheln geformt. Es sind furchtbare Waffen, aber: zu anderem Gebrauch, als zum Waffenhandwerk sind sie völlig wertlos.

Die Amazonen sind infolgedessen auf die Hilfe von Sklavinnen überall, während der ganzen Dauer ihres Lebens, angewiesen — mit einziger Ausnahme ihrer Kriegszüge. Sie sind in der Ameisenwelt die Sklavenjägerinnen von Beruf, ihr ganzer Staat ist auf das Halten großer Sklavinnenscharen aufgebaut. Wie man bei ihnen von einer Gleichberechtigung von Herrinnen und Sklavinnen sprechen kann, ist mir unbegreiflich. Wenn die Herrinnen den Kriegspfad beschreiten, bleiben die Sklavinnen zuhause; ihnen ist dafür alle Arbeit überlassen. Sie bauen die Nester, sie pflegen die Mutter-Königin und die Brut der Amazonen, wie die geraubte Brut; sie sorgen zum großen Teil für die Nahrungsbeschaffung, ja füttern die Amazonen, denn diese haben die Kunst, selbständig zu essen, verloren. Die Amazonen sind also auf die Bedienung ihrer Sklavinnen angewiesen — aber: sie haben die Kraft und die Macht, für die stete Erneuerung des ungeheuren Sklavinnenbedarfs zu sorgen. Sie verstehn es auch, bei ihren Sklavinnen die nötige Achtung zu erhalten. Zuweilen wird diesen die Arbeit, ewig ihre Herrinnen zu füttern, zuviel; namentlich, wenn sie in ihrem Kropfe selbst nichts mehr haben. Dann mögen sie, statt im Kusse der Herrin ein Futtertröpfchen zu reichen, diese unwirsch abfertigen — wie bei uns manche Köchin gelegentlich einen Koller bekommt und der Dame vom Hause einen tüchtigen Tanz aufführt. Nur: die menschliche Herrin ist dann meist froh, wenn sie heil aus der Küche herauskommt, höchstens kündigt sie der Allzufrechen. Die Amazonenherrin ist nicht so sanft – sie durchbohrt mit ihren Dolchen den Kopf der Widerspenstigen.

Die Sklavinnen der Amazonen rekrutieren sich, in Eurasien wie in Amerika, aus denselben Arten, wie die Sklavinnen der Blutroten, also in der Hauptsache aus den schwarzgrauen, den rotbärtigen, den aschfarbenen Völkern sowie den diesen entsprechenden Arten auf der andern Seite der Atlantis. Der Bedarf an Sklavinnen ist bei den Amazonen freilich ein unvergleichlich viel größerer, je mehr von ihnen da sind, umso besser; man hat Staaten gefunden, die fünfzehnmal soviele Sklavinnen wie Amazonen enthielten.

★   ★   ★

Wenn die junge Amazonenkönigin auszieht, ihren Staat zu gründen, macht sie's zunächst wie die Hochzeiterin aus dem Geschlechte der Blutroten. Auch sie sucht eine Stadt der Grauschwarzen, der Rotbärtigen oder einer der andern Arten auf, die zum Sklavendienst sich eignen. Die Amazonenkönigin kann aber keine Brut aufziehn, weder ihre eigene noch die fremde. Möglich, daß auch sie gelegentlich von einem königinlosen Volke ohne weiters aufgenommen wird. Alle Ameisen kennen und fürchten ja die furchtbare Sichelwaffe der Amazone; wenn sie nur ihre Kiefer ein wenig öffnet, vermag sie schon Schrecken einzujagen. Nur ist für sie ebensowenig wie für die Blutrote eine königinlose Stadt so leicht zu finden; dazu bedarf sie zur

Aufziehung ihrer Brut und als Lebensbedingung für ihr künftiges Volk nicht nur zeitweise einiger weniger, sondern dauernd möglichst vieler Sklavinnen. Sie darf sich also auf einen Kampf mit den Arbeiterinnen nach Möglichkeit nicht einlassen — jede von ihr getötete würde ja einen Verlust für sie bedeuten. Sie läßt sich infolgedessen alle Angriffe geduldig gefallen, hält höchstens durch ein drohendes Kieferöffnen die allzu scharf vorgehenden fremden Emsen in Schach. Nur, wenn es durchaus nicht anders geht, tötet sie einige. Sie sucht so bald als möglich in die königliche Kammer zu kommen, schließt dort mit der Königin treue Freundschaft. Wie sie es anstellt, sich bei dieser beliebt zu machen, entzieht sich menschlicher Vorstellung — daß sie es aber tut, steht außer Frage. Die Emsen, die sehn, wie ihre Mutter und Königin die Fremde in Gnaden und Freundschaft aufnimmt, ändern nun ihr Betragen zu ihr, eine nach der andern söhnt sich mit ihr aus, beginnt die dicht neben der alten Königin Sitzende zu füttern und pflegen. Das geht so eine Weile; immer mehr gewöhnen sich die Emsen an die Fremde. Aber eines Morgens finden sie ihre eigene Königin tot, trauernd neben ihr steht die Amazone. Ob die Emsen es bemerken, daß ihrer Mutter Kopf mit den schrecklichen Sicheln durchbohrt ist? Ob sie in verzweifelter Angst dennoch die Mörderin nun als ihre Königin anerkennen? Oder ob sie den nächtlichen Mord nicht als solchen erkennen und in der neuen Königin nur die Freundin ihrer Mutter bedienen?

Wie dem auch sei: die Tote wird hinausgeschafft;

die Königinmörderin ist zur Herrscherin geworden. Eier legt sie – und ihre Brut wird großgezogen: ein neues Volk von Amazonen ist erstanden. Daneben wird auch die Brut der getöteten Königin aufgebracht: so vermehrt sich die Zahl der Sklavinnen.

Rechte Herrentöchterchen sind die jungen Amazonen. Sie kennen keine andere Beschäftigung, als sich schön zu machen, jede Arbeit ist tief unter ihrer Würde. Stundenlang putzen sie an sich herum; keine Frau der ganzen und der halben Welt verbringt so lange Zeit mit ihrer Toilette. Neben dem Sichschönmachen haben sie nur für Raufen noch Sinn; es ist, als ob sie sich vorbereiten wollten für ihre künftige Laufbahn als Kriegerinnen.

Die Kriegszüge der Amazonen sind überaus häufig. Während die Blutroten nur selten Raubzüge unternehmen, manchmal nur ein- oder ein paarmal im Jahre, ziehn die Amazonen während der Sommerzeit oft zweimal an einem Tage aus. Sorgsam kundschaften sie vorher; einzeln oder in kleinen Haufen ziehn sie dazu aus. Haben diese Kundschafterinnen ein fremdes Nest gefunden, so untersuchen sie sorgfältig die Eingänge, spähn aus, wie die fremde Stadt am besten zu nehmen sei.

Es ist sehr reizvoll, solchen Kriegszug der Amazonen zu beobachten. Ich weiß zwar nicht recht, ob das in demokratisch-pazifistischen Ländern überhaupt gestattet ist: es könnte ja, wie das ach so verderbliche Bleisoldatenspielen, in der Jugend eine Begeisterung für das Kriegshandwerk wachrufen!

Auf ihrem Neste sammeln sich die Amazonen stets in den frühen Nachmittagsstunden. Schöne Tiere sind es – soweit man bei Ameisen überhaupt von Schönheit sprechen kann. Braunrot Weibchen und Emsen, ein wenig ins Violette schimmernd; tiefschwarz die Männchen, mit weißen Flügeln. Wenn man erfahren will, was eine Ameise leisten kann, so binde man nur mit einem Amazonenvolke an. Die bösartigen Stachelameisen, die Wanderameisen, die Feuerameisen oder die bärtigen mexikanischen Ernteameisen gibt es nicht bei uns – doch mag man leicht Amazonen finden. Schon die Blutroten greifen furchtlos an und jagen manchen neugierigen Buben in die Flucht; die Amazonen mit ihren scharfen Sicheldolchen aber sind für jeden Menschen Gegner, die keineswegs zu unterschätzen sind.

Die Amazonen sammeln sich auf dem Neste, höchst aufgeregt und unruhig, alle reden miteinander in der Fühlersprache der Ameisen. Dazwischen laufen, nicht minder erwartungsvoll, die Sklavinnen herum. Zuweilen kommt es vor, daß die Sklavinnen die Kriegerinnen von ihrem Unternehmen abzubringen versuchen, sie zerren sie am Leibe und an den Füßen rückwärts in das Nest zurück. Etwas ähnliches kann man bei vielen Ameisenarten beobachten, wenn sich um die Zeit des Hochzeitfluges die geflügelten Geschlechtstiere auf dem Neste versammeln: auch dann zerren gelegentlich die Emsen die Männchen oder Weibchen zurück in das Nest.

Was ist der Grund hierfür? Kein Mensch weiß es. Ich möchte annehmen, daß die Emsen – im Amazonenstaat die Sklavinnen – den Zeitpunkt nicht für geeignet halten, und zwar aus irgendeinem Empfinden für die Witterung. Es gibt ja eine ganze Reihe von Tieren, auch manche Menschen, die einen Wechsel der Witterung vorausahnen. Ich habe bei solchen Verhinderungen – sowohl des Hochzeitfluges wie eines Kriegszuges der Amazonen – zuweilen feststellen können, daß in der Tat bald darauf ein Gewitter einsetzte.

Noch ein anderer Verzug kann eintreten: manchmal versuchen einzelne Emsen die Masse zu überreden, in einer Richtung auszuziehn, während andere sich die erdenklichste Mühe geben, das Heer in die entgegengesetzte Richtung zu treiben. Es sind die Kundschafterinnen: die einen haben hier, die andern dort ein Nest vom Sklavenstamme ausgefunden – jede Partei setzt sich nach Möglichkeit für ihren Plan ein. Schließlich einigt man sich, entschließt sich für den Raubzug nach Osten hin und verschiebt den nach Westen auf den nächsten Tag.

Der Amazonenzug setzt sich in Bewegung; niemals ziehn die Sklavinnen mit, dagegen zuweilen die geflügelten Weibchen. Das hat gewiß den Grund, daß diese das Gelände rings um ihre Stadt kennen lernen wollen, erfahren wollen, wo in der Nähe Städte von Sklavenstämmen sich befinden: sie benötigen solche ja unbedingt nach dem Hochzeitfluge, um ein neues Volk zu gründen. Die Weibchen beteiligen sich nicht an dem Ueberfall; ja, sie verlassen den Zug, um rechts und links zu spähn und fremde Nester ihrem Gedächtnis einzuprägen. Ueberhaupt haben die Amazonen ein erstaunliches Erinnerungsvermögen. Nicht nur bringen die Kundschafterinnen den Heereszug stets in grader Linie zu dem von ihnen gefundenen Neste – auch voneinander getrennte Volksgenossinnen erkennen sich noch nach langer Zeit wieder. So hat man, in künstlichen Nestern, Amazonen eines Stammes über ein Jahr lang getrennt gehalten: zusammengesetzt erkannten sie einander sofort und begrüßten sich aufs freundschaftlichste.

Die Schlachtreihen sind dicht geschlossen. Eigentliche Offiziere gibt es nicht, wohl aber laufen die Kundschafterinnen immer zurück bis zum Ende und dann wieder vor, leiten also den Marsch von innen heraus. Auch zu beiden Seiten laufen einzelne Amazonen; doch haben diese wohl die Aufgabe, die Flanken zu decken; an der Führung beteiligen sie sich nicht. Im Zuge selbst bleibt stets die eine und andere der Amazonen stehn; sie hat etwas sehr wichtiges zu besorgen: sich zu putzen. Sie wirft sich dazu ein paar Sekunden lang auf den Rücken; dann eilt sie weiter. Trotz dieser stetigen Aufenthalte marschieren die Emsen mit großer Schnelligkeit; man hat ausgerechnet, daß ihre Marschzeit bei gutem Gelände, auf menschliche Größe übertragen, etwa vierzig Kilometer in der Stunde betragen würde, eine Geschwindigkeit, die bei der Bewegung starker menschlicher Heere auf größere Entfernungen trotz aller vervollkommneten Fortbewegungsmittel wie Eisenbahnen und Kraftwagen auch nicht entfernt erzielt wird. Uebrigens scheint die Hitze die Amazonen zu befeuern — je wärmer es ist, um so schneller laufen sie.

Vor der fremden Stadt angekommen, machen die Amazonen nicht erst Halt, wie das die Blutroten tun, warten nicht ab, was die feindlichen Bürgerinnen tun werden, sondern stürzen sich sofort in dichten Massen in die vorher ausgekundschafteten Tore. Es ist, als ob eine schwere braune Flüssigkeit sich

hinein ergösse. Auch die Amazonen greifen nicht
selber an, versuchen zunächst den Schrecken ihres
plötzlichen Ueberfalls wirken zu lassen, der sich wie
ein Verhängnis über die unglückliche Stadt ergießt.
So kommt es vor, daß bei einem solchen Ueberfall weder Freund noch Feind getötet, ja nicht einmal verwundet wird. Freilich sind heftige Kämpfe
viel häufiger. Die Amazonen fassen den Kopf, auch
wohl Kehle oder Brust der Feindin und durchbohren sie mit ihren Sicheln — in wenigen Sekunden
stirbt diese in Zuckungen. Auf der andern Seite
hängen sich die Rotbärtigen oder Grauschwarzen an
ihre Beine und Fühler, spritzen ihr Gift aus, das
mancher Amazone das Leben kostet. Die Amazonen
selbst scheinen nur im äußersten Notfalle von ihrem
Gifte Gebrauch zu machen.

Aus dem fremden Neste heraus kommen die Amazonen, jede eine Larve oder Puppe zwischen den
Kiefern. Sie tragen sie vorsichtig, um sie nicht zwischen die Spitzen ihrer Sicheln gleiten zu lassen,
eilen ohne jeden Verzug einzeln nach Hause. Dort
angekommen, geben sie ihre Beute am Stadttore den
Sklavinnen ab, die sie hineintragen; sie selbst hasten
sogleich zurück zu der eroberten Stadt, holen eine
neue Beute, ja, machen denselben Weg gar ein drittes Mal. Inzwischen versuchen sich die Ueberfalle-
nen durchzuschlagen, mit ihrer Brut beladen eilen sie
fliehend aus dem Neste. Die Amazonen stürzen nach,
ihnen die Brut abzujagen, schieben ihre Sicheln über
die Puppen hin. Oft läßt dann die Feindin ihre Last
fallen, sonst schieben die Amazonen die schrecklichen Dolche weiter vor, fassen den Kopf der Trägerin. Auch jetzt warten sie stets noch einen Augen-

blick, wie um der Feindin noch eine letzte Gnaden-
frist zu geben, die Puppe fahren zu lassen — und
meist gehorcht diese solcher Drohung. Tut sie es
nicht — ist ihr Kopf durchbohrt.

Von allen Seiten verfolgt, eilen die Amazonen
schwer beladen nach Hause. Manche, die keine Larve
oder Puppe mehr finden konnten, haben, um doch
eine Beute zu haben, eine junge Emse oder gar eine
völlig ausgewachsene ergriffen und schleppen sie
mit. Wenn man seine Waffen als Tragbahre benutzen muß, sind sie wenig tauglich zum kämpfen,
so kommt es vor, daß auf dem Rückwege die Feindinnen, zu fünf, sechs oder gar sieben eine einzelne
Amazone zugleich angreifend, an allen Beinen sie
zerrend, einen Teil der geraubten Brut zurückerobern. Auch manche der Gefangenen gewinnen ihre
Freiheit wieder; es macht fast den Eindruck, als ob
die Amazonen nach besserem Nachdenken zu der
Einsicht gekommen. wären, daß Gefangene zu nichts
nutze seien: so öffnen sie denn ihre Oberkiefer und
lassen sie laufen. Andere Gefangene freilich werden
heimgebracht und dort in Stücke gerissen — manche
wieder garnicht erst nachhause getragen, sondern
gleich auf der geplünderten Stadt oder auf dem
Wege getötet. Zuweilen werden auch Amazonen zu
Gefangenen gemacht; an allen Beinen hängen die
Feindinnen und zerren sie fort. Dann mag man
sehn, wie eine andere Amazone plötzlich zuhilfeeilt
und die schwer bedrängte Schwester befreit. Schließlich haben die Amazonen, viel schnellere Läuferin-
nen trotz ihrer Lasten, die Verfolgerinnen abgeschüttelt.

Nicht immer sind die Amazonen siegreich; bis-

384

weilen erliegen sie auch einer allzu großen Uebermacht. Ueberhaupt sind die Kämpfe von großer Mannigfaltigkeit; es ist falsch, wenn behauptet wird, daß die Amazonen instinktiv nach einem bestimmten Plane Krieg führten. Es kommt vor, daß eine Handvoll Amazonen durch einen wilden, tollkühnen Angriff ein großes feindliches Heer in die Flucht schlägt; es kommt auch vor, daß eine ziemlich ansehnliche Amazonenschar sich zurückzieht, Boten aussendet und Verstärkungen heranholt. Meist ist der Rückmarsch ungeordnet; wird er aber allzusehr von den Verfolgerinnen angegriffen; so schließen sich die Reihn eng zusammen. Es ist ganz unverkennbar, daß überall der persönliche Unternehmungsgeist einzelner Emsen den Ausschlag gibt. Stets erhält man den Eindruck, daß die Amazonen — wie in etwas geringerem Grade auch die Blutroten — die Technik des Krieges meisterhaft beherrschen, während man einen solchen Eindruck bei den Kämpfen der Wanderameisen nicht immer hat. Diese überfluten einfach alles mit ihren ungeheuren Massen — schaffen mehr eine Sintflut als ein Schlachtfeld.

Nie zieht übrigens das Gesamtheer der Amazonen aus der Stadt; immer bleibt mit den Sklavinnen eine starke Bewachung zurück.

* * *

Gelegentlich kommen die ausgesandten Späherinnen unverrichteter Sache nachhause, haben kein fremdes Nest gefunden. Dann beschließt das Amazonenvolk auf gut Glück auszuziehn. Auf dem Neste versammelt, bespricht man lebhaft die Frage, wohin man sich wenden solle, einigt sich endlich und rückt los. Alle Amazonen sind nun zugleich Kundschafterinnen, suchen eifrig, bleiben stehn, biegen nach allen Seiten ab. Manchmal finden sie eine fremde Stadt, manchmal müssen sie auch ohne Beute zurückkehren.

Häufig genug werden sie bei ihren Kriegszügen von Emsen aller Arten angegriffen; jede Ameise haßt diese gefährlichen Räuberinnen. Am heftigsten sind die Schlachten, wenn zwei Amazonenheere aufeinanderprallen, dichte Knäuel ballen sich dann zusammen und wälzen sich herum.

Uebrigens schließen die Amazonen auch zuweilen Frieden. Einzelne Kriegerinnen, die recht gut wissen, daß sie für ihre Ernährung Sklavinnen nötig haben, schließen sich etwa an rote Waldameisen an. Da diese auch kriegerisch sind, entsteht zunächst ein Kampf, bei dem einige Rote das Leben lassen. Dann aber einigt man sich — und zwar geht stets der Gedanke zum Friedensschluß von den Amazonen aus.

*　　*　　*

Daheim beschäftigt sich die Kriegerin nur damit, sich zu putzen. Sie reinigt sich, kämmt sich, bürstet sich, ölt sich — kurz, sie findet ein immer neues Vergnügen darin, Toilette zu machen. Wenn sie auch zur Zeit der Raubzüge sehr viel leistet, so nehmen doch diese Züge nur einige Stunden im Tage ein; dazu dauert die Zeit der Plünderungen nur wenige Monate im Jahre. Die übrige Zeit führt sie ein Genießerleben, überläßt alle Arbeit den Sklavinnen, erteilt höchstens einmal einer eben ausgeschlüpften Amazone Putzunterricht. Sie hält ihre Kräfte frisch durch Sport und Spiel; bisweilen arten diese Ringkämpfe so aus, daß die eine oder andere Amazone von ihrer Schwester verwundet oder gar getötet wird. Zur Jagd zieht sie niemals aus, obwohl sie dazu dank ihres schnellen Laufens und ihrer scharfen Todeswaffen sehr wohl befähigt wäre. Nur die geraubte Brut trägt sie als ihren Beitrag zur Ernährung des Staates bei; allerdings ist die Zahl der Larven, die ein einziges starkes Volk von etwa tausend Amazonen im Laufe eines Sommers zusammenschleppen kann, eine erstaunliche; man hat sie bis auf fünfzigtausend geschätzt. Da nun nur ein kleiner Teil von diesen aufgezogen wird, so ist immerhin der Vorrat, den die Amazonen in ihre Stadt bringen, nicht zu unterschätzen. Dennoch müssen für die Ernährung in der Hauptsache die Sklavinnen sorgen, die sowohl auf Jagd gehn, als auch in großem Maße Viehzucht betreiben. Ihnen liegt auch alle Bauarbeit ob, die Amazonen selbst beteiligen sich nicht daran. Bei einem Umzuge tragen sie auch nicht ihre Sklavinnen, wie es die Blutroten tun, sondern lassen sich von diesen tragen.

Die gesamte Brut ist der Obhut der Sklavinnen anvertraut. Sie ziehn in erster Linie die Amazonenbrut auf, Männchen, Weibchen und Kriegerinnen. Dann auch, soweit sie nicht verzehrt wird, die geraubte Sklavenbrut; jedoch nur die Arbeiterinnen, nie die Geschlechter.

Wie die Brutpflege, so ist auch die Fütterung vollständig den Sklavinnen überlassen. Wenn die Amazone hungrig ist, so fordert sie die nächste Sklavin auf, ihr Nahrung zu reichen; diese tut das aus ihrem Kropfmagen nach Emsensitte. Gewiß füttern sich die Amazonen auch untereinander; aber es ist doch immer nur Nahrung, die sie selbst kurz vorher von einer Sklavin erhalten und noch in ihrem Kropfe aufbewahrt haben. Selbständig zu essen hat die Amazone zwar nicht vollständig, aber doch beinahe verlernt. Zwar lecken sie, wenn sie grade darauf stossen, ein wenig Feuchtigkeit auf, auch rinnt, wenn sie eine feindliche Emse durchbohrt haben oder auch eine Larve so ungeschickt aufgenommen haben, daß sie verletzt ist, in den Rinnen ihrer sichelförmigen Oberkiefer ein wenig Blut herunter, das sie dann auflecken, aber dies bißchen Nahrungsaufnahme ist rein zufällig und niemals ausreichend, sie am Leben zu erhalten. So kommt es, daß Amazonen, denen man im künstlichen Nest ihre Sklavinnen nimmt, verhungern, wenn man ihnen auch noch soviel Nahrung hinsetzt. Setzt man zu den halb verschmachteten dann eine einzige Sklavin, so bringt diese in kürzester Frist alles wieder ins rechte Lot.

Man hat daraus, daß die Amazone, dicht neben dem besten Futter sitzend, verhungert, immer wieder, fast triumphierend, auf ihre »Unintelligenz« geschlossen. Ganz gewiß mit Unrecht. Es läßt sich sehr leicht vorstellen, wie die Amazonen den Instinkt, selbständig Nahrung zu sich zu nehmen, im Laufe der Jahrhunderttausende verloren haben. Bei ihren Beutezügen gilt es, die geraubte fremde Brut so schnell wie möglich in Sicherheit zu bringen; jeder Aufenthalt zum Fressen würde eine Gefahr bedeuten. Innerhalb des Nestes aber ist *jede* Ameise gewohnt, die heimkehrenden Schwestern um Nahrung zu bitten: diese Art der Ernährung wurde also den Amazonen die natürliche. Der immer wiederholte Versuch, sklavinnenlose Amazonen im künstlichen Neste verhungern zu lassen, muß schon darum ein völlig falsches Bild geben, weil ja im natürlichen Neste die Amazonen nie ohne Sklavinnen sind, sondern stets ganze Scharen zu ihrer Verfügung haben. Das Verfahren, die Nahrung stets nur aus dem Munde einer anderen Emse zu verlangen, ist also genau so *intelligent,* als das, sich selbst die Nahrung in den Mund zu stecken. Das *Gefüttertwerden* ist ihnen eben die einzig natürliche Nahrungsaufnahme geworden.

Das ‚Nicht-selbständig-Nahrung-aufnehmen-können‘ der Amazonen gilt allen Fachgelehrten als ein ebenso sicherer Beweis der Entartung wie der mangelnden Intelligenz dieser Tiere. Genau mit demselben Rechte aber müßte man auch die denkbar klügsten und gebildetsten chinesischen Frauen um ihrer künstlich verkrüppelten Füße willen für entartet und unintelligent halten, wegen ihres ‚Nicht-selbständig-Laufen-könnens‘. Wenn man in China kleine, verkrüppelte Füßchen in seidengestickten Schuhen für besonders schön hält, auf Laufen und Springen keinen Wert legt und zu der Fortbewegung, die gewünscht wird, stets Dienerinnen und Sänfte zur Verfügung hat, wenn man im Amazonenland es vorzieht, die Nahrung im Kusse gereicht zu erhalten und dazu nur einer Sklavin zu winken braucht — so ist das von Amazonen und Chinesinnen beliebte Verfahren von ihrem Standpunkte aus durchaus intelligent und nur die Gelehrten können das nicht begreifen! Goethe begriff es recht gut:

»Wenn ich sechs Hengste zahlen kann,
Sind ihre Kräfte nicht die meine?
Ich renne zu und bin ein Mann,
Als hätt’ ich vierundzwanzig Beine!«

DER HERR PROFESSOR

Längst abgereist sind die Professoren. Einer nur ist zurückgeblieben; er hat sich beurlauben lassen für das Sommersemester. Er ist sehr abgearbeitet und benötigt dringend ein längeres Ausspannen. Tagsüber geht er spazieren, spielt Golf, badet; abends sitzt er beim Wein unter den Pinien am Meer.

Manches weiß er. Und gestern hat er uns eine Geschichte erzählt.

Die Damen zogen hinüber zum Tanzplatz – eine große Schar buntgefederter Gänse und Gänschen aller Rassen. Mager meist, doch waren auch einige Mastgänse darunter. Ein paar traten an den Tisch; versuchten ihr bestes, uns zu überreden, doch mitzukommen. Wir hatten Mühe, sie los zu werden.

»Es ist ein groß Geriß um die Männchen beim Menschengeschlecht,« lachte der Kurarzt, »sie haben's besser, als die Ameisenmännchen. Die leben nur, um einmal für ein paar Sekunden ihre Pflicht zu tun – dann weg damit.«

Da sagte der Professor: »Auch bei den Menschen gibt's Männchen, denen es kaum besser geht. Ich weiß ein Lied davon.«

Wir baten ihn, zu erzählen. Er leerte sein Glas.

XVII

ZWISCHENSPIEL: ARMER FREDDY

»Sie wissen ja, meine Herrn,« begann der Professor, »daß ich der Psychologe unserer Universität bin. Unter meinen Studentinnen nun war eine, die ich Elsa Krüger nennen will — ihr wirklicher Name klang nicht viel anders. Sie ist die eine Person meiner Geschichte; die andere war ihre Freundin Julia — über die weiß ich wenig nur, nicht einmal den Vatersnamen.

Endlich noch: mein Neffe Freddy, meiner einzigen Schwester Sohn. Getauft war er freilich Karl Friedrich August — aber die Mutter nannte ihn Freddy vom ersten Tage an und dieser spielerische Name blieb ihm.

Um das gleich vorauszuschicken — denn es ist wichtig in dieser Geschichte — Freddy war von keiner Seite her und nach keiner Richtung hin erblich belastet. Gesund in jeder Beziehung war seiner Mutter Familie, wie die seines Vaters, der mein Jugendfreund gewesen war. Sein Vater starb durch einen Sturz vom Pferde bald nach Freddys Geburt; seine Mutter heiratete einige Jahre später ein zweites Mal und diese zweite Ehe war äußerst unglücklich. Nicht, daß die beiden einander nicht sehr liebten — es ist vielmehr gewiß, daß das von beiden Seiten während

der ganzen Zeit ihrer Ehe der Fall war. Nur war
mein zweiter Schwager, ein Rittmeister, ein leicht-
sinniger Bruder, der den Lockungen auch der billig-
sten weiblichen Eroberung nicht widerstehn konnte:
jede Zofe, jedes Ballettmädel oder Ladenfräulein
fand bei ihm offene Türen zu Herz und Hose.
Darüber natürlich ehelicher Zwist; dann eine geschlechtliche Erkrankung, mit der er auch seine
Frau ansteckte. Beide wurden zwar völlig geheilt;
es erfolgte baldige Aussöhnung, bei welcher der
Rittmeister, ehrlich zerknirscht, gründliche Besse-
rung gelobte. Sehr vermögend, nahm er längeren
Urlaub, um sich der Umgebung zu entziehn und
machte mit seiner Frau eine Weltreise; über ein
halbes Jahr wandelte er, treu seinem Versprechen,
auf dem Pfade der Tugend und ehelichen Treue.
Dann aber hatte er einen bösen Rückfall, den das
Schicksal in grausamster Weise strafte: in irgendeiner Yoshiwara in Japan holte er sich eine ab-
scheuliche Lues. Er hatte diesmal Ueberlegung genug, sich von seiner Frau fernzuhalten — der er
dennoch das weitere Leben zur Hölle machte. Sie
wissen alle, meine Herrn, welch grauenhaftes Gesicht diese Krankheit annehmen kann, wenn sie von
einer fremden Rasse, Indianern oder Chinesen, auf
einen Weißen übertragen wird: der Fall meines
Schwagers war so ekelerregend abschreckend, wie
mir niemals ein anderer vorgekommen ist. Ich ver-
schone Sie mit den Einzelheiten — doch mußte ich
diese Tatsache erwähnen, weil sie für das Wesen
meines Neffen Freddy ausschlaggebend wurde. Meine
Schwester pflegte ihren Mann mit unendlicher Aufopferung, bis dieser nach einigen Jahren starb.

Schon bei Antritt ihrer Weltreise hatte ich Freddy in mein Haus genommen; dort blieb er bis zum Tode seines Stiefvaters. Dann nahm ihn die Mutter wieder zu sich – qualvolle Erinnerungen an die schwerste Zeit des Hauses sind ihm also erspart geblieben. Er wuchs frei und sorglos auf, lief seinen Weg durch die Schule wie andere Buben. Nur in einem Punkte beeinflußte die Mutter seine Erziehung, indem sie, schon sehr früh, ihm eine Scheu und Furcht vor jeder Berührung mit dem weiblichen Geschlecht einpflanzte.

Als der Krieg ausbrach, war Freddy sechzehn Jahre alt und saß auf der Prima. Er meldete sich sofort als Freiwilliger, bestand das Notmaturum sowie die ärztliche Untersuchung, die ihm den Eintritt in das Heer ermöglichte. Die Mutter weinte natürlich; aber ihre fressende Angst war weniger die, daß ihren Einzigen eine Kugel treffen möchte, als daß er da draußen Weibern in die Hände fallen würde, die – Und als sie Abschied von ihm nahm, würgte sie jede Scham herunter und erzählte ihm in allen krassen Farben der Wirklichkeit von dem grauenvollen Ende seines Stiefvaters. Das machte auf Freddy einen sehr tiefen Eindruck; er versprach seiner Mutter, keine Frau anrühren zu wollen.

Meine Schwester kannte solche Versprechungen und glaubte nicht daran. All die Kriegsjahre ließ diese Angst sie nicht los und machte sie vor der Zeit alt. Aber Freddy kehrte nach Hause zurück so frisch und unberührt, wie er ausgezogen war.

Ueber fünf Jahre war er fortgewesen. Er hatte sich öfter ausgezeichnet, war Leutnant und gar Oberleutnant geworden. Er war braun gebrannt und muskelfest, dabei schlank und hochgewachsen. Blond, blauäugig, ein Prachtbissen für jedes echte Weib.

Die Mutter behielt ihn ein halbes Jahr bei sich, verwöhnte ihn nach Herzenslust, ließ ihn nicht aus den Augen. In dieser Zeit des Nichtstuns kam etwas seltsam Verträumtes in den Jungen, das ihn nicht mehr verließ. Etwas mußte er doch werden und er wußte nicht recht was. Endlich meinte die Mutter, daß er studieren solle. Keinen festen Plan machen, nur sich da und dort umsehn in allen Fakultäten − zugreifen, wenn ihm irgendwas zusagen würde.

So kam er zur Universität. Diesmal hielt die Mutter ihm keine Abschiedsrede, doch gab sie ihm einen langen Brief an mich mit, daß ich über ihn wachen solle. Wie ich den Prachtjungen ansah, dachte ich: den können nicht hundert Höllenhunde bewachen! Eine hübsche Katz vor dem Kater bewachen ist schwer genug − aber wie soll man den Kater vor der Katz bewachen, wenn man's nicht eben macht, wie man's halt macht bei Katern? Und ich sagte mir: das gescheiteste wäre schon, ihm schleunigst eine ärztlich garantiert gesunde Frau zu verschaffen.

Ich irrte mich. Freddy ließ sich nicht in Versuchung führen. Alle Mädchen und Frauen waren hinter ihm her, doch schien er auch die deutlichsten Anerbietungen nicht einmal zu verstehn. Er war eine seltsame Mischung eines gereiften, überaus kräftigen und sehr wissenden Mannes und eines völlig unerfahrenen, naiven Kindes. Dennoch wußte ich wohl: in alle Ewigkeiten konnte das nicht so weiter-

gehn. Einmal mußte die Natur ihr Recht fordern
– wenn nur erst die Richtige kommen würde.

Um diese Zeit arbeitete Elsa Krüger in meinem
psychologischen Institut. Im Laufe der Geschehnisse
zog ich später Erkundigungen über sie ein, die ich
hier vorausschicken will. Als Kind deutscher Eltern
wurde sie in Rußland geboren und verlebte dort ihre
Kindheit; besuchte dann ein Dresdener Mädchenpen-
sionat. Ihr Vater hatte nicht nur in Rußland große
Liegenschaften und Fabriken, sondern allmählich
auch in unserm Lande manches an sich gebracht;
eine seiner Besitzungen, ein recht hübsches Schlößchen mit großem Parke und ziemlich viel Land lag
nicht weit von unserer Stadt. Während die älteren
Brüder den russischen Besitz verwalteten, reiste Elsa
viel mit ihren Eltern rum; der Krieg überraschte sie
in der Schweiz, wo sie dann einstweilen verblieben.
Elsa besuchte dort das Gymnasium, erhielt das Reife-
zeugnis und begann in Zürich Medizin zu studieren.
Nach dem russischen Friedensschluß kehrte die Familie nach Rußland zurück, aber Lenins aufgehende
Sonne machte den Stern des reichen Hauses Krüger
verbleichen.

Elsas Brüder fielen im Kampfe gegen die Bolsche-
wiken; ihr Vater wurde an die Wand gestellt und
erschossen; die alte Mutter kam bei einem Raub-
überfall um. Aller Besitz der Familie wurde be-
schlagnahmt. Elsa rettete aus dem Gefängnis nur
das nackte Leben; wie sie das fristete, konnte ich
nicht mit Sicherheit feststellen. Nach einem Bericht
soll sie Monate lang die Mätresse eines bekannten
Sowjet-Kommissars gewesen sein. Gewiß ist, daß sie
als Kellnerin diente, als Tippfräulein in einem Amte

tätig war und auch als Tänzerin auftrat. Als sich ihr eine halbwegs sichere Gelegenheit bot, floh sie; ihre Liegenschaften und ihr Vermögen hier im Lande, von einem alten, kinderlosen Bruder ihres Vaters verwaltet, machten sie im Augenblick, als sie die Grenze überschritt, wieder zur reichen Erbin. Sie bezog ihr Schlößchen draußen vor der Stadt und hielt sich alle Zwangsmieter durch reichliche Wohnungsabgaben vom Halse.

Sie war damals wohl siebenundzwanzig Jahre alt; also wenigstens fünf Jahre älter als Freddy. Eine Gestalt, die größer schien, als sie war; ein Körper, dem man an jeder Bewegung ansah, daß er durchtrainiert war bis zum letzten Muskel. Schwarzäugig, dunkelhaarig, schlank und schmalhüftig, dabei doch von leichter Ueppigkeit, die nun umso aufreizender wirkte. Die Beine vielleicht ein wenig zu lang — große Schritte daher. Auch die Hände zu groß, Männerhände, aber sehr schmal und edelgeformt. Nichts Blaustrumpfiges an ihr; ihre wirklich ungewöhnliche Intelligenz nie sich aufdrängend. Zurückhaltend, aber nie ausweichend. Sehr tüchtig in jeder Arbeit — aber nie eine Streberin.

Dennoch war sie nicht eigentlich beliebt. Man hatte stets ein Empfinden, als ob irgendwas nicht ganz stimme bei ihr. Ihre Kollegen und Kolleginnen nannten sie homosexuell — aber Sie wissen ja, wie leicht man in Universitätskreisen damit bei der Hand ist, wenn uns eine Studentin nicht recht augenfällig vom Gegenteil überzeugt. Richtig ist, daß sie mit keinem Studenten in näherem Verkehr stand — aber auch mit keiner Studentin.

Diese Frau, Elsa Krüger, war es, die meinen Neffen zu sich heranzog. Freddy besuchte damals, bunt durcheinander alle möglichen Vorlesungen jeder Fakultät, ohne sich recht zu diesem oder jenem entschließen zu können. Daß er auch bei mir zuweilen arbeitete, war natürlich. Er spielte dabei mit dem Gedanken, es mit einer Kunst zu versuchen, dilettierte überall so herum. Er zeichnete und aquarellierte ein bißchen, kratzte die Geige, klimperte auf der Laute, sang ein paar Liederchen, die er komponiert hatte; auch mit dem Dichten versuchte ers gelegentlich. Er war nicht grade faul; stets irgendwie beschäftigt – aber alles war nur harmloseste Spielerei, aus der nie etwas ernstes erwachsen konnte. Doch tat er, was er tat, in einem leichten Nebel solch liebenswürdiger Verträumtheit, daß man sich dem natürlichen Reiz dieses bildhübschen Jungen nicht verschließen konnte.

Damals, wie heute noch, hatte die Universität sehr schwer mit Geldsorgen zu kämpfen. Die staatlichen Zuschüsse reichten nicht entfernt aus; der Lehrkörper war gezwungen, nach Möglichkeit private Hilfe heranzuziehen. Die Folge war, daß wir jeden Menschen, von dem wir nur halbwegs hoffen konnten, daß er eine volle Tasche hatte und diese vielleicht öffnen würde, in jeder Richtung gut behandelten: Sie wissen ja, wie alle Universitäten darin wetteiferten, sich Doctores Honoris Causa zuzulegen. Fräulein Elsa Krüger nun hatte schon einmal eine recht annehmbare Summe für mein Institut gestiftet – kein Wunder also, daß ich sie in meine Wohnung bat, die sich übrigens in einem Flügel des psychologischen Instituts befindet. Bisher hatte sie von diesen freundlichen Einladungen herzlich wenig

Gebrauch gemacht; seit Freddy da war, der natürlich bei mir aus- und einging, wurde das anders.
Ihr Benehmen zu ihm fiel mir und jedem andern
auf: sie ließ keinen Blick von ihm, zog ihn immer
wieder ins Gespräch. Es schien, als wollte sie ihn
recht eigentlich auf Herz und Nieren prüfen, ganz
genau ihn kennen lernen, bevor sie weiter sich mit
ihm einließ.

Sie hatte in einem Hotel ein festes Zimmer; bisher davon aber nur selten Gebrauch gemacht. Vielmehr war sie fast jeden Nachmittag in ihrem Auto
zu ihrem Schloß hinausgefahren, um frühmorgens
zurückzukehren. Nun änderte sich das – sie blieb
häufiger in der Stadt; nachtmahlte mit Freddy oder
ließ sich von ihm ins Theater führen.

Was Freddy betrifft, so schien er einstweilen nicht
sehr viel davon zu bemerken, daß diese Frau hart-
näckig Jagd auf ihn machte. Ich hatte, als ich seiner Mutter Brief bekam, um doch wenigstens etwas
zu tun, ihm davon gesprochen, hatte ihn gebeten,
mich's doch wissen zu lassen, wenn er mit einer Frau
was vorhabe – das hatte er lachend versprochen. Ich
beobachtete unauffällig die beiden, soweit mir das
eben möglich war; es war gewiß, daß ihre Beziehungen bisher rein freundschaftliche waren, ihre Ge-
spräche harmlos natürliche, wenn auch manchmal
recht frei studentische. Ich gewann immer mehr den
Eindruck, als ob diese überaus gescheite Frau den
lieben Jungen aus einem ganz bestimmten Grunde
bis in die letzte Einzelheit erkennen wollte. Wenn
diese Prüfung ihr genügen sollte – *dann* allerdings mochte von heute zu morgen aus der kühlen
Freundin eine gefährliche Verführerin werden.

So standen zu Anfang Juni jenen Jahres die Sachen – die sich dann freilich mit ungeheurer Schnelligkeit entwickelten. Als ich eines Mittags aus dem Kolleg nachhause kam, lag ein Zettel Freddys auf meinem Schreibtisch, worin er mich bat, ihn doch gleich anzurufen und ihm die Adresse eines durchaus zuverlässigen Arztes mitzuteilen, der ihn von Kopf zu Füßen gründlich untersuchen solle. Ich rief ihn sofort auf, ließ mich aber auf weitere Unterredung am Telefon nicht ein, sondern verlangte, daß er sofort zu mir kommen solle; in einer halben Stunde war er da. Ich fragte ihn, was denn geschehn sei, ob er sich etwa krank fühle? Zu meinem Erstaunen antwortete er, daß er ganz gesund sei. Das Fräulein Elsa Krüger habe ihn zu den Ferien auf ihr Schloß eingeladen und er habe die Einladung angenommen. Sie habe dann hinzugefügt, halb lachend, halb ernsthaft, daß man nie wissen könne, was geschähe, wenn zwei junge Leute zusammenhausten. Und darum sei es für alle Fälle gescheiter und für sie beruhigender, wenn sie wisse, daß er völlig gesund sei.

Wenn ich nun auch, meine Herrn, ein warmer Anhänger des Gesetzentwurfes bin, wonach die Heiratserlaubnis einem jungen Paare nur dann gegeben werden soll, wenn beide vor einem Aerztekollegium eine sehr scharfe Gesundheitsprüfung bestanden haben, so muß ich doch gestehn, daß ich im ersten Augenblick über diese Zumutung an meinen Neffen völlig paff war. Sie wollen bedenken, meine Herrn, daß zwischen den beiden jungen Leuten auch nicht das allergeringste vorgefallen war, nicht ein Wort, nicht einmal ein etwas kräftigerer Händedruck eine mögliche zukünftige Annäherung angedeutet hatten. Ich muß sagen, daß mir eine solche hundeschnäuzig-kalte Berechnung, die für alle Fälle sicher gehn wollte, sehr wenig sympathisch war, wobei ich zugeben will, daß das vielleicht ein wenig altmodisch gedacht sein mag. Jedenfalls sollte ich mich, wie Sie gleich sehn werden, sehr irren, wenn ich annahm, daß solch überkluge Voraussicht der Romantik der ganzen Geschichte auch nur den kleinsten Abbruch tat.

Was Freddy anbetrifft, so war er keineswegs beleidigt; er empfand die Zumutung als durchaus natürlich und harmlos, freute sich ordentlich drauf, seiner Freundin beweisen zu können, wie fabelhaft gesund er sei.

»Weißt du, Oheim,« sagte er, »du kennst doch meines Vaters Familie. Und deine eigene natürlich auch. Könntest du mir nicht in ein paar Zeilen bestätigen, daß ich in gar keiner Weise erblich belastet bin?«

Ich versprach's; schickte ihn dann zu einem befreundeten Arzte.

Am andern Morgen traf ich Fräulein Krüger im Hörsaal; ich bat sie, nach der Vorlesung einen Augenblick auf mich zu warten. Sie tat es und ich gab ihr die von mir aufgeschriebene Erklärung über Freddys Vorfahren mit den Worten: »Hier, liebes Fräulein, das wird Sie ebensosehr beruhigen, wie das Zeugnis, das Ihnen mein Neffe von seinem Arzte bringen wird.«

Sie nahm das Papier und zog sich ein wenig zurück, da grade einige Studenten zu mir traten. Ich beobachtete sie; sie las, steckte das Schreiben in ihre Tasche. Dann ging sie langsam auf und ab, augenscheinlich auf mich wartend. Als ich die Studenten verabschiedet hatte, trat sie an mich heran und sagte ganz unvermittelt: »Wenn das Institut Geld benötigt, Herr Geheimrat, so bin ich bereit, zu geben.«

Das kam so gradheraus, so ins Gesicht klatschend, daß ich sie einen Augenblick hilflos anstarrte.

»Wenn das, Fräulein,« begann ich —

Aber sie ließ mich nicht zu Worte kommen. »Das Institut braucht dringend Geld«, sagte sie, »ich weiß es, und Sie wissen es. Wenn ich es gestern angeboten hätte, hätten Sie's gewiß gern genommen. Sie haben kein Recht, es heute abzuweisen, weil Sie annehmen, daß ich besondere Gründe für mein Angebot habe.«

Ich besann mich eine Weile. »Da Sie so offen sind,« antwortete ich schließlich, »so brauche ich Sie nach diesen Gründen ja nicht erst zu fragen. Ich nehme also Ihr Geld für das Institut — aber unter einer Bedingung!«

»Welche?« fragte sie.

»Wenn man meinem Neffen gegenüber,« fuhr ich fort, »so vorsichtig ist, vorher eine gesundheitliche Untersuchung zu verlangen, so darf es nicht wundernehmen, wenn von der andern Seite das gleiche verlangt wird.«

Es schien mir, als ob für das Zehntel einer Sekunde ein leichter Schatten ihr Gesicht erbleichen mache. Aber sie faßte sich sofort, sagte:

»Das finde ich vollkommen berechtigt.«

»Gut also!« schloß ich. Ich nahm eine Besuchskarte heraus und schrieb ihr Namen und Adresse des Arztes auf; fügte die Worte hinzu: »Ich bitte dringend um recht eingehende Untersuchung in jeder Richtung.« Ich gab ihr die Karte, die sie sogleich las.

»Das«, sagte sie, und ihre Stimme klang gedämpft, »das ist nicht sehr angenehm für – eine Dame!« Aber sie fügte gleich hinzu: »Es wird geschehn, wie Sie wünschen, Herr Geheimrat. Der Arzt wird Ihnen sein Gutachten zusenden.«

Ich zuckte die Achseln; sie tat, als ob sie es nicht bemerke. »Ich werde morgen nicht in der Stadt sein,« begann sie wieder, »dennoch möchte ich unser Geldgeschäft gern sofort in Ordnung bringen. Würde es Ihnen recht sein, morgen Abend draußen bei mir zu speisen? Ich würde Ihnen dann gegen fünf Uhr mein Auto schicken.«

Natürlich war ich einverstanden: je eher und je mehr, umso besser, dachte ich. Ich war ganz zufrieden mit mir, kam mir ordentlich gescheit vor. Ich hatte alle Pflicht meinem Neffen gegenüber aufs peinlichste erfüllt: wenn dies Weib ihn durchaus in der Liebe Irrgarten einführen wollte, so konnte, wenn er zufrieden war, ich gewiß nichts dagegen haben. Wenn bei dem Handel obendrein noch das notleidende Institut wieder flott wurde, so gab ich meinen Segen mit beiden Händen dazu.

Das Auto der jungen Dame kam am nächsten Nachmittage; der mir oberflächlich bekannte Bankier Strauß saß darin. Er war völlig im Bilde; das Fräulein hatte ihn, als ihren Geschäftsverwalter, gebeten, zu helfen. Ich schmunzelte, dachte mir: dann muß es sich schon um eine ganz erkleckliche Summe handeln; sonst hätte sie mir einfach einen Scheck gegeben. Und ich sollte mich darin nicht täuschen.

Ich erfuhr bald, daß Bankier Strauß ihre Eltern gut gekannt hatte, auch mit ihres Vaters Bruder in ständiger Geschäftsverbindung war. Ich holte ihn also aus und er gab mir bereitwillig die Auskünfte, die ich Ihnen, meine Herrn, ja schon vorhin mitteilte. Wir fuhren etwa fünfviertel Stunden zur Station Krautmannsdorf; dort stellte, dicht am Bahnhof, der Chauffeur sein Auto in einen Schuppen, während wir einen hübschen Zweispänner bestiegen, der auf uns wartete. Der Bankier war wenig zufrieden damit: »Zehn Minuten Zeit verlieren wir«, brummte er, »und das nur, weil sie nicht will, daß auf ihrem Boden ein Auto fährt!«

Ich muß sagen, mir gefiel es so.

Ein Diener empfing uns, bürstete uns ab und führte uns die Treppen hinauf in einen kleinen Saal. Die Schloßherrin war nicht dort, sie würde gleich kommen, hieß es; inzwischen möchten wir Tee trinken. Aber der Bankier setzte sich nicht zu mir an den Tisch; er eilte zum Schreibtisch und ließ sich dort nieder. Seinen Tee ließ er vor sich hinstellen, öffnete seine Aktenmappe, die ganz augenscheinlich mit Fräulein Krügers Papieren gefüllt war, und begann zu arbeiten.

»Entschuldigen Sie bitte,« rief er, »ich bekam erst heute Mittag Nachricht, herauszukommen und hatte noch keine Zeit, mir ihre Sachen näher anzusehen.«

Ich trank eine Tasse Tee, trat dann hinaus auf den schmalen Balkon, blickte in den abendlichen Sommerpark. Ich hörte irgendwo helle Frauenstimmen, dazwischen ein Klingen und Klirren von Metall — sah aber nichts. Ich bemerkte, daß der Balkon, der an diesem Zimmer begann, um die runde Ecke des Hauses herumlief, so folgte ich ihm, um zu sehn, was es da gäbe.

Und nun sah ich ein eigentümliches Schauspiel.

In voller Blüte hohe Lindenbäume, deren Duft zu mir hinaufdrang. Unter ihnen zwei Menschen, die mit Stoßdegen fochten, am Boden ein paar Klingen, Brustpanzer, Fechtmasken, Mäntel, Tücher. Grad im Augenwinkel, sodaß ich ihr volles Gesicht sehn konnte, Elsa Krüger. Seltsam genug angezogen. Hohe graulederne Reitstiefel mit kleinen Silbersporen, dann ein silbergrau- und grünes Brokatkleid, wie es mittelalterliche Fürstinnen zum Ritt auf die Sauhatz getragen haben mochten – auf der Bühne oder in Wirklichkeit, was weiß ich davon. Lange Aermel, wildlederne Stulphandschuhe, das Kleid glattanliegend und die Gestalt voll herausarbeitend bis zu den Hüften. Dann aber, weit und breit werdend, vorne am Knie sich raffend, sodaß man die Stiefel sehn mochte, nach hinten in eine schwere, zwei, drei Meter lange Schleppe auslaufend. Dazu ein flacher, großer Hut, vorn hochgebogen, mit langen, seitlich wippenden Straußfedern. Der Stoßdegen paßte dazu; er wirkte wie eine Reitgerte. Keine Fechtmaske, kein Brustschutz.

Ein Kleid fürs Pferd, nicht für den Fechtboden.

Ihr gegenüber ein Bub. Pagenkostüm: schwarz und violett. Hohe Trikots, kurzes, bauschiges Pagenhöschen, silbern gesenkelt. Samtjacke, aber ein Brustpanzer darüber geschnallt. Keine Mütze; die enge Fechtmaske vor dem Gesicht, aus der eine Fülle blonder Locken über die Schultern hinausquollen. Lederhandschuhe. Ein Kostüm, ebensosehr zum

Fechten geeignet, wie das der Krüger dazu ungeeignet war.

Ein Gang war eben vorüber; sie bereiteten sich
zu einem neuen vor. »A loro!« klang die helle Stimme der Krüger — sie gingen in Stellung. Die Klingen bekamen Fühlung, sogleich begann der blond-
lockige Knabe sein Spiel. Die Schleppendame zeigte
ihm eine tiefe Innenblöße, er stieß zu, bekam aber
einen parierenden Tempostoß, dem im Augenblick
eine Antwort auf Quint folgte.

»Toccato!« rief die Krüger.

»Niente affatto!« klang es zurück — dabei war der
Lockenbub sichtlich getroffen.

Obwohl er stets im Angriff war, einen Ausfall
nach dem andern machte, nahm ihm doch die Frau
immer mehr Boden ab. Ihre Schleppe schien sie
nicht im geringsten zu hindern; es war erstaunlich,
wie sie mit einer schnellen Fußbewegung sie zurück-
warf. Zoll um Zoll zwang sie den Gegner zurück.
Sie gab sich oft absichtliche Blößen, innen und außen, über und unter der Hand. Der Knabe bemerkte
das geschwind genug, aber seine raschen Stöße waren viel zu weich, leicht fing sie, in der halben
Stärke, die Klinge der Schleppendame. Die ganze
Schwäche ihrer Klinge aber lag stets an dem Pagen;
der setzte seine Paraden ein, fing ihre Stöße, aber
nur auf Kosten seines Bodens. Nun trieb sie ihn
herum im Kreise, ligierte, traversierte — es war ein
wundervolles Schauspiel für einen alten Fechter wie
mich. Ganz plötzlich machte sie einen Sprung zurück, mitten hinein in ihre Schleppe — es ist mir un-
erfindlich, wie sie es möglich machte, sich mit den
Sporen nicht in dem schweren Brokat zu verheddern.

Im Augenblick war sie dann wieder vor, fing leicht eine gutgemeinte, doch viel zu schwache tiefe Terz, stringierte und setzte eine Reprise drauf, die dem Knaben wieder einige Zoll Boden kostete. Dicht vor einen Lindenbaum hatte sie ihn getrieben, er konnte nicht mehr zurück, mußte nun vorgehn. Und jetzt, da sie alle Vorteile des Weichenden vor dem Angreifenden hatte, zeigte sich erst ihre große Kunst. Der blonde Knabe focht sehr anerkennenswert, ganz augenscheinlich nur von dem einen glühenden Wunsche beseelt, seiner Meisterin wenigstens *einen* Treffer zu geben. Dabei schien er nicht im geringsten verwirrt dadurch, daß diese weder Maske noch Brustschutz trug, es war augenscheinlich, daß er solchen Kampf mit ihr gewohnt war. Unbekümmert zielten seine Stöße auf Brust und Gesicht; trotz des Lederknopfes der Klinge hätte sein Treffer recht böse verletzen können. Aber die Frau im Federhute schien, wenn auch nicht unverletzlich, so doch untreffbar zu sein. Den schweren Nachteil des Gegners, daß sein Arm schwach war, alle seine Stöße nicht kräftig genug, nützte sie meisterhaft aus, lockte ihn immer wieder mit Finten und scheinbaren Blößen, um stets rechtzeitig zu parieren.

Dann eine prachtvolle Flankonade. »Toccato!« rief sie.

»Gia!« antwortete der Knabe.

Er warf seinen Degen fort, riß die Drahtmaske ab. Die Krüger öffnete ihm auf dem Rücken die Riemen des Brustpanzers, der zu Boden fiel: da sah ich, daß dieser schlanke Bub ein Mädchen war. Nun verstand ich, warum seine Stöße so schwach waren.

Die Schleppendame zog ein Seidentuch aus dem

Busen, wischte dem blonden Pagenmädel die perlenden Schweißtropfen vom Gesicht. Bebend stand es da, zitternd von Kopf zu Fuß; dicke Tränen quollen aus seinen Augen. Die Krüger legte ihren Arm um ihre Schulter, küßte ihr die Tränen von den Augen.

»Sehr brav hast du gefochten!« sagte sie. »Sehr brav, Julia!«

Die Kleine antwortete nicht, duckte ihr Köpfchen an die Brust der Freundin, die ihr zärtlich durch die Locken strich. Aber gleich schaute sie wieder auf, rief unter Tränen lachend: »Warte du nur! Das nächste Mal!«

Eng umschlungen gingen die beiden dem Schlosse zu.

Ich stand noch eine Weile da, blickte in den wundervollen Abend, sog den Lindenblütenduft ein, ging langsam zurück über den Balkon. Der Bankier rief meinen Namen, ich trat zu ihm an den Schreibtisch.

»So«, sagte er, »ich glaube nun alles geregelt zu haben. Fräulein Krüger wünscht gewisse Papiere für das Konto des Psychologischen Instituts zu hinterlegen, Effekten, deren Zinsen den voraussichtlichen Bedarf völlig decken werden. Ich habe solche gewählt, die meines Erachtens nach die größte Sicherheit bieten; ist es Ihnen recht, daß das Depot bei unserem Bankhause verbleibt?«

Natürlich war mir das recht; die Summe war eine so bedeutende, daß ich zu allem Ja und Amen gesagt hätte. Herr Strauß legte mir nun einen Plan vor, daß er ein kleines Komitee gründen wolle: ‚Die Freunde des Psychologischen Instituts.‘ Ich müsse auch dabeisein — er aber möchte gern Vorsitzer werden. Ob mir das recht sei?

Aber gewiß war mir's recht! Ich begriff, daß ihm das Ansehn geben würde und ihm schon irgendwie nützlich sein konnte. Umso besser dann — je mehr reiche Freunde die Universität hatte, je unabhängiger sie in diesen jammervollen Zeiten von den quälenden täglichen Sorgen war, umso fruchtbringender konnte sie sich entfalten.

Wir besprachen alles sehr eingehend; ich zeichnete die Papiere, die er mir vorlegte. Es war acht vorbei, als Fräulein Krüger eintrat — übrigens in einfachem Straßenkleide — und uns zum Nachtmahle bat. Der Bankier bestand darauf, daß das Geschäftliche vorher erledigt werde, da er nach dem Abendessen sofort zur Stadt zurück müsse; er setzte ihr noch einmal kurz seine Anordnungen auseinander, mit denen sie sich ohne weiteres einverstanden erklärte.

Dann gingen wir zu Tisch und speisten. Wir drei — das blonde Mädchen war nicht dabei. Während der ganzen Mahlzeit juckte es mich, nach ihr zu fragen; ich suchte nach einer Gelegenheit. Aber die gab sich nicht — so ließ ich es laufen. Dann drängte der Bankier zum Aufbruch; als er schon auf der Treppe war, wollte ich ihr noch einmal meinen Dank aussprechen. Sie schnitt das kurz ab. Ich hatte das Empfinden, noch irgendwas sagen zu müssen, wußte nicht recht was. Da kam mir, ganz unbewußt, die Frage auf die Lippen:

»Sagen Sie mir, Fräulein Krüger, wollen Sie vielleicht meinen Neffen — heiraten?«

Da entfuhr es ihr: »Heiraten?! Aber unter gar keinen Umständen!«

*   *   *

Ein paar Tage drauf bekam Freddy Nachricht, daß seine Mutter erkrankt sei; er fuhr sogleich hin und blieb einige Wochen fort. Inzwischen schickte mir der Arzt das sehr eingehende Gutachten über ihn, das genau so ausfiel, wie wir erwarteten. Bei dieser Gelegenheit klingelte ich den Arzt an, fragte ihn, ob nicht auch eine junge Dame mit einer Karte von mir bei ihm gewesen sei? Er bestätigte das, erzählte, daß er sie ebenso eingehend untersucht habe, wie meinen Neffen — und mit demselben glänzenden Erfolge. Wenn die beiden für einander bestimmt seien, meinte er, so könne er für die prächtigste Nachkommenschaft gutsagen. »Eine Jungfrau übrigens«, fügte er lachend hinzu, »selten genug heutzutage in unserer Stadt! Und voll echt weiblicher Scham; es hat ihr große Ueberwindung gekostet, sich untersuchen zu lassen.«

Das überraschte mich einigermaßen — ich hatte meine Schülerin anders eingeschätzt.

An einem der letzten Tage des Semesters kam Freddy zurück. Aber schon am Tage zuvor hatte ich von Fräulein Krüger einen Brief erhalten, in dem sie mir mitteilte, daß sie notwendig für einige Zeit verreisen müsse. Sie hielte natürlich ihre Einladung auf ihr Schlößchen aufrecht und bäte mich sehr, doch mit Freddy zusammen hinauszufahren; das würde mir gewiß eine Erholung sein. Alles sei zu unserem Empfange vorbereitet; Wagen und Auto ständen mir jederzeit zur Verfügung, sodaß ich beliebig zur Stadt fahren könne.

Diese Einladung kam mir sehr erwünscht. Ich hatte schon beschlossen, die Ferien über in der Stadt zu bleiben, um die dringend notwendigen Neueinrichtungen des Instituts, die ich nun endlich machen lassen konnte, selbst zu überwachen. Das konnte ich nun bequem tun und zu gleicher Zeit eine sehr nötige Erholung genießen.

Ich fuhr also mit Freddy hinaus und verlebte einige ruhige, glückliche Wochen. Man wies mir ein paar Zimmer im zweiten Stock zu, während Freddy ein großes Gemach unter mir bekam. Während aber meine Zimmer augenscheinlich — wenn auch sehr gediegen ausgestattet — Gastzimmer waren, war Freddys Raum ein mit schwelgerischem Luxus eingerichtetes Schlafzimmer, in dem mir besonders das ungeheure gotische Bett auffiel. Neben seinem Zimmer befand sich ein großes Badezimmer, das wieder in das Schlafzimmer des Fräuleins führte, also für beide Zimmer gemeinsam gedacht war. In ihrem Zimmer, nicht weniger üppig ausgestattet, stand ein gleich großes, zweischläfriges Himmelbett. Deutlich genug war das alles, verstimmend deutlich — nur Freddy merkte nichts von der Absicht und war garnicht verstimmt. Mit kindlichem Vergnügen wälzte er sich, wenn ich ihn morgens nach dem Frühstück, das er im Bett einnahm, abholte, in seinem Matratzenzirkus herum.

Freddy ritt. Freddy fuhr mich im Auto zur Stadt und zurück. Freddy zog mit der Büchse durch die Felder und schoß Hühner. Wir suchten die Waffen heraus und ich gab ihm Stunden im Florettfechten. Daneben fiedelte er, sang mir ein Liedchen zur Laute vor. Wenn ich einmal das Gespräch auf Elsa Krüger brachte, ging er bereitwillig darauf ein – aber sein Puls schlug nicht ein bißchen schneller. Gewiß war er ganz und garnicht verliebt. Sie war ihm sympathisch, mehr nicht; er hätte sie gern dagehabt, um mit ihr zu plaudern, aber nicht, um ihr einen Kuß zu geben. Weder ihr, noch irgendeinem andern menschlichen Wesen.

Das ging so ein paar Wochen lang, als ich plötzlich eine Aenderung in Freddys Wesen bemerkte. Ich fand ihn am Fenster stehn, wie er einer Magd zusah, die im Hofe Wasser pumpte. Freddy schaute sich um zu mir und lachte: »Hübsches Ding, was?«

Daß sie hübsch war, war allerdings nicht zu leugnen, aber daß Freddy das bemerkte, war erstaunlich. Ein paar Tage darauf kamen wir mit dem Auto von der Stadt zurück; er stellte es in den Schuppen und nahm, wie üblich, den Wagen, mit dem der Kutscher auf uns wartete. Freddy griff grade die Zügel, als eins der Stubenmädchen angelaufen kam und bat, sie doch mitzunehmen. Freddy war gleich bereit; ließ den alten Kutscher zu mir steigen und das Mädchen neben sich auf den Bock sitzen. Er plauderte die ganze Zeit mit ihr – und ich hätte kein Psycholog zu sein brauchen, um zu bemerken, daß es ihm in den Fingern kribbelte, sie anzutapsen. Am nächsten Morgen wartete ich auf ihn beim Nachtmahl; Freddy kam nicht, so ging ich ihn suchen. Ich fand ihn endlich im Kuhstall, wie er der strammen Kuhmagd beim Melken zusah – kein Auge ließ er von ihrem vollen Busen.

Ich wollte ihn gleich beim Essen zurredestellen; doch kam Bankier Strauß, um einiges mit mir zu besprechen. Er hatte seine Gesellschaft in der Grundlage schon aufgebaut: aus den »Freunden des Psychologischen Instituts« bereits »Freunde der Universität« schlechthin gemacht. Den Ehrendoktor, auf den er's abgesehn hatte und den er späterhin auch richtig bekam, hat er sich redlich verdient.

Am andern Morgen ging ich zu Freddy, der wie gewöhnlich noch im Bette lag. Er war etwas mißgestimmt, klagte, schlecht und sehr unruhig geschlafen zu haben. Auf meine Frage gab er mir sofort zu, daß ihn seit kurzem ein jedes Mädchen aufrege, besonders eins mit hochgeschürztem Rock oder halboffener Bluse. Ich lachte ihn aus; das sei in seinem Alter nun nicht eben weiter verwunderlich. Fragte ihn dann, ob ihm eins der weiblichen Wesen im Schlosse besonders gefalle?

»Nein, nein,« rief er. »Jede, die grade da ist!« Als ob er sich plötzlich vor mir schäme, sprang er aus dem Bett, lief ins Badezimmer. Gleich darauf hörte ich ihn unter der Brause prusten und pusten.

Ich saß noch auf dem Bettrand, neben mir stand das Teebrett, von dem Freddy gefrühstückt hatte. Sehr reichlich, wie stets, Früchte, Eier, Schinken — unsere Schloßherrin ließ uns nicht verhungern. Gedankenlos griff ich ein Stückchen Brot, kaute daran herum, während ich mich durch die Tür mit meinem Neffen unterhielt. Plötzlich glaubte ich einen leichten bittern Geschmack auf der Zunge zu fühlen. Ich nahm das Brot aus dem Munde — ein reger Verdacht stieg in mir auf. Ich brach ein Stück von einem andern Brötchen ab — derselbe bittere Geschmack.

»Sag doch, Freddy, rief ich, »was ist denn mit deinem Brote los?«

Aber er plätscherte im Bad, arbeitete unter der Dusche, verstand mich nicht.

»Was ist — los?« brüllte er.

Ich schwieg. Mir fiel seine Untugend ein — die einzige, die er hatte, soviel ich weiß. Freddy tunkte nämlich. Das war, von Kindsbeinen auf, seine höchste Wonne gewesen, das Brot in den Kaffee zu tunken! Die Mutter hatte es dem einzigen Jungen durchgehn lassen und im Kriege hat man sich um andere Sachen bekümmert, als darum, ob jemand tunkte oder nicht. So tat er's heute noch: also würde er in dem hübsch in Kaffee eingeweichten Brot kaum diesen leichten bittern Geschmack bemerkt haben.

»Willst du mich zur Stadt fahren?« rief ich, so laut ich konnte. Diesmal verstand ers — in zehn Minuten sei er fertig! Zwei Brötchen waren noch übrig, ich steckte sie in die Tasche. Ging ⁿuf mein Zimmer, Hut und Stock zu holen.

Mein Frühstückstisch war noch nicht abgeräumt, ich versuchte vorsichtig an jedem der Brötchen, die noch dawaren: nicht eines hatte diesen merkwürdig bittern Geschmack.

Noch am selben Morgen brachte ich die Brötchen zu meinem Freunde Dr. Bouterweck ins chemische Laboratorium der Hochschule — vor Abend hatte ich schon Bescheid: sie enthielten ein ziemlich stark aufreizendes, im übrigen aber völlig unschuldiges Aphrodisiacum.

An diesem Abend trank ich mit Freddy — im Trinken, wie im Fechten war ich immer noch sein Mei-

ster. Backchos ist Aphroditens Feind – und ich
wollte ihn wenigstens heute vor Gefahren behüten.
Er schwankte etwas, als wir aufstanden; ich brachte
ihn zu Bett und war gewiß, daß er diesmal eine
sehr feste Nachtruhe haben würde. In meinem Zimmer überlegte ich mir dann die Sachlage.

Es gehörte keine besondere Spürnase dazu, um zu
erkennen, daß Freddys Brötchen auf Geheiß der
Schloßherrin vorbereitet waren. Sie hatte ihn gründlich studiert, kannte also genau seine kühle Natur
in sexualibus. Wußte auch, daß Freddy tunkte –
daß daher seine Morgenbrötchen das geeignetste Mittel seien, um ihm den Stoff beizubringen, der aus
einem knabenhaftkühlen einen jünglingsheißen
Freddy machte. Es war klar, daß sie, ohne daß der
Junge das geringste bemerkte, ihren Zweck vollkommen erreicht hatte.

Nur – vielleicht ein wenig zu vollkommen! Denn
Freddy befand sich in einem Zustande, wie ihn Plutarch von den Freiern der getreuen Frau des Odys-
seus erzählt: ‚sicut Penelopes proci, qui quum
non possent cum Penelope concumbere, rem cum
ejus ancillis habuissent‘! Mit dem Unterschiede, daß
Penelope die unerwünschten Kerle recht gerne den
Mägden überließ, während unsere Gastfreundin mit
solchem Tausche gewiß keineswegs einverstanden
gewesen wäre.

Ich freilich fühlte weniger das Bedürfnis, ihr meinen unschuldigen Neffen bis zu ihrer Rückkehr rein
zu erhalten, als vielmehr nur das, diesen selbst zu
schützen. Bisher hatte das seine Natur selbst getan;
wenn die nun – endlich und gottseidank! – ihn
einmal im Stich ließ, mußte ich mein möglichstes

tun, daß der liebe Junge sich nicht gleich bei der allerersten eine greuliche Krankheit holte. Gewiß sahn die Mägde und Mädel im Schlosse alle appetitlich genug aus und ich alter Junggeselle hätte mehr als einer gern einmal einen kleinen Gefallen getan; gewiß waren auch eine ganze Anzahl von ihnen völlig gesund – aber ebenso gewiß mochte die eine oder andere dennoch krank sein. Freddy aber war in diesen Tagen alles Weiberfleisch gleich lieb: ob es Suse oder Lise oder Hannchen oder Bärbelchen hieß. Ich konnte doch nicht gut die ganze Gesellschaft zur Stadt schicken, sich untersuchen zu lassen.

Nein, es ging nicht anders – ich mußte alles tun, sein allzu ungestümes Liebesbegehren für die einzige Frau aufzubewahren, deren ich sicher war.

Ich setzte also noch in der Nacht ein Telegramm an die Krüger auf, das ich in aller Frühe absenden ließ: »Kommen Sie in Ihrem eigensten Interesse sofort zurück!«

Nachmittags erhielt ich ihre Antwort: »Erwarte Sie Mittwoch morgen zehn Uhr Bahnhof Krautmannsdorf. Bitte Freddy allein auf Schloß zurücklassen.«

Das war deutlich genug. Ich sollte zurück zur Stadt: sie wollte ohne mich ihren Honigmond feiern! Mir war's recht – wenn sie nur erst da war!

Aber bis zum Mittwoch war's noch drei Tage hin – und drei Tage lang mußte ich Argos und Kerberos zugleich spielen, mußte diesen liebestollen Kater bewachen, der in jedem grauen Dorfkätzchen die herrlichste Angorahelena erblickte!

Ich kann nicht behaupten, daß dieser Sonntag,

Montag und Dienstag zu den angenehmsten Tagen meines Lebens zählen. Ich, ehrsamer Hochschullehrer, Professor der Psychologie, war plötzlich in die Lage versetzt, bei meinem eigenen Neffen zugleich Tugendwächter gegen zwanzig Mädel und Kuppler für die Herrin dieser Mädel spielen zu müssen.

Es blieb mir nichts übrig: ich durfte ihn nicht aus den Augen lassen.

Das einzig Glückliche war, daß Freddy nichts merkte, sonst wäre es ihm ja ein leichtes gewesen, mich hinters Licht zu führen! Ich beschäftigte ihn also, so gut es gehn mochte; bekam plötzlich eine außerordentliche Lust auf Rebhühner, die er mir schießen mußte, fuhr täglich zur Stadt mit ihm, bewunderte ihn auf dem Apfelschimmel im Springgarten – keine eifersüchtigste Gattin hätte klettenhafter sein können als ich. Trotzdem umlauerten ihn Gefahren, warfen die Versucherinnen die Netze nach ihm aus. Schon am Morgen, als ich seiner Morgentoilette in seinem Zimmer beiwohnte, sah ich drei, vier Mädel vor dem Fenster auf- und abschalanzen und schnelle Blicke hinaufwerfen. Am Nachmittage hatte ich ihm ein paar Briefe in die Maschine diktiert; er ging in sein Zimmer, ein neues Schreibband zu holen. Verdächtig lange blieb er mir fort – über fünf Minuten. Ich eilte also hinaus, ihn zu holen; traf ihn im Gang bei der Anna, die auf dem Fensterbrett stand und die Scheiben putzte. Er hatte die Linke ein wenig vorgestreckt und ich sah, daß es ihm in den Fingern juckte, sie in die dralle Wade zu kneifen. Die Rebhühner brachte er selbst in die Küche – auch da schien eine Unterhaltung mit der Köchin sehr wünschenswert. Da sie noch zwei Mägde zur Hilfe hatte, so war's nicht so gefährlich, ich ließ ihn eine halbe Stunde lang sich dort ergötzen, bis ich ihn mir zurückholte. Noch am letzten Abend wär er mir beinahe zufallgekommen. Ich wollte ihn zum Abendessen holen, da hörte ich in seinem Zimmer eine halblaute Unterhaltung. Die Tür war nur angelehnt; ich sah ihn bei der hübschen, braunen Zofe stehn, die sein Bett machte. Grade die hatte ich schon lange in Verdacht, als die Hauptschlange, die meines Neffen Tugendkränzchen stehlen wollte. Und weiß Gott — sie fragte ihn, ob auch alle Kissen recht gut lägen und ob er auch ja gut schlafe? Denn in solch großem Bette, meinte sie, das ja eigentlich für zwei wäre, könne man sehr leicht so ein Kissen verlieren. Und dann läge der Kopf zu niedrig und dann schlafe man schlecht! Der Freddy sagte, daß das wohl möglich wäre. Da meinte sie, daß sie dann lieber doch noch einmal nachsehn kommen wolle, wenn der junge Herr schlafe, ob auch die Kissen richtig lägen. Der Freddy seufzte und sagte, das solle sie nur tun. Worauf die Brünette auch seufzte und noch einmal seufzte und ihn sehr lieb anschaute und dann sagte — daß er aber ja nicht abschließen dürfe und auch niemandem nichts sagen dürfe — denn die Menschen dächten so leicht etwas Schlimmes.

Welche Seele von einem Mädchen, dachte ich — und sowas muß einmal sterben! Neidisch war ich dazu noch auf den Bengel: die kleine Kammerzofe mit dem Stupsnäschen und den Braunaugen und den weißen Bändchen im Haar war gar zu appetitlich!

Ich rief meinen Neffen und nahm ihn zum Nachtmahl. Er war sehr zerstreut an diesem Abend und viel mehr wie »Prosit« bekam ich nicht von ihm zu hören. Er behauptete, nicht recht wohl zu sein, Kopfschmerzen zu haben, dringend der Ruhe zu bedürfen. Bis etwa zehn Uhr hielt ich ihn noch — dann verabschiedete er sich: aus einer leidenden wurde plötzlich eine höchst strahlende Miene.

Ich trank unsern Wein zu Ende, den er kaum angerührt hatte. Da stand er nun am Rande des Abgrunds, wollte mit lautem Wonneglucksen hineinspringen! Also mußte ich, sein Schutzengel, wachen. Ich überlegte mir die Sache, endlich beschloß ich, zu ihm zu gehn, mich nochmal nach seinem Befinden zu erkundigen und ihn beim Fortgehn in seinem Zimmer einzuschließen. Dann mußte er zwar meine menschenfreundliche Absicht merken — aber gerettet war er wenigstens!

Als ich in den Flur hinaustrat, hörte ich Schleicherschritte von oben herunterkommen; sah dann eine weibliche Gestalt, die sogleich wieder fortlief. Aha, dachte ich, da naht schon die Verführerin. Ich ging also zurück zu meinem Zimmer, schlug recht hörbar die Tür zu, zog die Schuh aus und schlich wieder vor. Es dauerte auch nicht lange, bis das Zöfchen die Treppe hinunter huschte — fast in die Arme lief sie mir.

»Wohin so spät, Fanny?« rief ich sie an.

Sie schrak auf, faßte sich aber schnell. »Ich muß nur — muß nur eben mal —« japste sie. Und als ob sie die Wahrheit dieser Worte bestätigen wolle, lief sie an mir vorüber, riß die Tür zum Oertchen auf und verschwand. Ich knipste das Licht an — von außen steckte der Schlüssel. Schnapp, schloß

ich ab und steckte den Schlüssel in die Tasche —
mochte sie da nur die Nacht über zubringen! Ich.
gebe zu, daß das sehr herzensroh von mir war —
aber was tut ein Onkel. nicht alles für des Neffen
Tugend!

Früh um halb acht befreite ich sie. Grantig war
sie, bitterbös sah sie mich an. Aber ich tröstete sie:
»Du hast recht, Fanny, die Menschen denken so
leicht etwas Schlimmes! Aber wenn man ein so reines Gewissen hat, wie du, braucht man das nicht
zu fürchten! Und nun geh und wasch dich — und
dann bring mein Frühstück.«

Als sie den Tee mir brachte, sagte ich ihr, daß
ich gleich abfahren müsse — für immer. Aber der
junge Herr würde noch bleiben. Sie glaubte das nicht
recht, schaute mich schief und mißtrauisch an. Ich
gab ihr ein übergroßes Trinkgeld — sie schwankte,
ob sie es nehmen solle. Schließlich entschloß sie
sich, meinte: »Ihr Geld will ich schon nehmen —
aber leiden mag ich Sie doch nicht mehr!«

Sie half mir beim Packen; dann eilte ich zu Freddy. Ich fand ihn im tiefen Schlafe — vermutlich
hatte er sich in der Nacht in ungeduldiger Erwar-
tung herumgewälzt und war dann erst gegen Morgen eingeschlummert. Ich weckte ihn nicht: er würde
noch früh genug erfahren, daß ich heute abgereist,
seine Freundin aber dafür angekommen war.

Als ich zum Bahnhof kam, war der Zug eben eingelaufen. Fräulein Krüger stieg aus, mit ihr eine
blonde, junge Dame; trotz ihres Schleiers erkannte
ich den jungen Pagen, den sie ‚Julia‘ nannte. Als
sie mich sah, ließ sie die Begleiterin stehn, kam
sogleich auf mich zu; ich erzählte ihr so kurz wie

möglich, warum ich ihr gedrahtet hatte. Ich ließ sie merken, daß ich hinter ihre Brötchenschliche gekommen sei, sagte ihr, daß ich mordsfroh sei, die anstrengenden Gouvernantentage hinter mir zu haben. »Sie haben alles erreicht, was Sie wollten«, schloß ich, »nun ist es aber die allerhöchste Zeit!«

Ich hatte einen kleinen Ausruf — oder wenigstens ein Lächeln — der Zufriedenheit, der Freude, des Triumphes erwartet, statt dessen erbleichte sie sichtlich. Ein gedehntes Stöhnen kam aus ihrer Brust, als sie flüsterte: »Die — höchste Zeit? — Dann also — — heute Nacht!«

Das klang weißgott nicht, als ob sie dieser Nacht Freuden heiß herbeisehnte. Klang im Gegenteil, als ob sie mit äußerster Willensanstrengung zu einer ihr höchst widerwärtigen Handlung sich zwingen wolle.

Ich stand ein wenig blöd da, wußte nicht recht, was ich sagen sollte. Schließlich reichte ich ihr die Hände zum Abschied. Sie ergriff beide, beugte sich nieder und küßte sie: »Ich danke Ihnen,« stammelte sie, »danke Ihnen für alles, was Sie für mich taten, Herr Geheimrat.«

Das verwirrte mich noch mehr — ich machte mich schnell los und ging fort; vergaß sogar, mich für ihre Gastfreundschaft zu bedanken.

★   ★   ★

Der August ging zu Ende, dann der September. Ich hatte sehr viel zu arbeiten, dennoch dachte ich zuweilen an meinen Neffen. Ich hatte gehofft, für Wochenende mal eine Einladung zum Schlößchen zu bekommen — aber ich hörte kein Wort, weder von ihm, noch von der Schloßherrin.

Natürlich war ich neugierig. Dies Abenteuer, in das ich immerhin, wenn auch nur als Begleiterscheinung, mitverstrickt war, war gewiß nicht alltäglich. So klar ich in Freddys Seele lesen konnte – so wenig verständlich war mir die Krüger. Ueberall Widersprüche, die sich nicht versöhnen lassen wollten.

Der Bankier Strauß hatte mir gesagt, daß sie fast ein halbes Jahr lang die erklärte, wenn auch wohl halb erzwungene Mätresse eines der Moskauer Machthaber gewesen sei – er nannte auch den Namen; er behauptete, daß sie ihm das, als sie aus Rußland zurückgekommen sei, selbst erzählt habe. Warum sollte er, der sonst nur in den höchsten Tönen von seiner Klientin sprach, mir etwas vorlügen?

Dann aber: der Arzt erklärte, daß er eine unberührte Jungfrau untersucht habe. Er fügte hinzu, daß ihm ihre übergroße weibliche Scham aufgefallen sei – *der* Elsa Krüger aber, die ich kannte, die über die heikelsten Dinge so frei sprach, wie nur irgend ein Student, die von Freddy eine ärztliche Untersuchung ‚für alle Fälle‘ verlangte und den Jungen durch einen gerieben ausgedachten Plan der Verabreichung von Aphrodisiacum für ihre Wünsche sich vorbereitete – dieser Elsa Krüger konnte man gewiß nicht übertriebene Schamhaftigkeit nachsagen.

Sie wollte meinen Neffen – und ließ sich diesen Wunsch ein schönes Stück Geld kosten. Aber: sie wies zugleich den Gedanken, ihn zu heiraten, fast schaudernd zurück. Warum nur? Zum Ehemann hätte ich mir nichts bequemeres und geeigneteres vorstellen können, als ihn; dazu mußte ihm, wenn er fünfundzwanzig Jahre alt wurde, das wirklich sehr große Vermögen, das ihm sein Stiefvater vererbt hatte, zufallen. Tausend Frauen konnten sich die Finger nach ihm lecken — und taten es.

Heiraten wollte sie ihn nicht — aber *haben* wollte sie ihn mit allen Mitteln. Dann aber — was sollte das Leichenbittergesicht, ja das starre Entsetzen, das sie ergriff, als sie an ‚diese Nacht' dachte!

Oder — war sie dennoch homosexuell? War ihre blonde Begleiterin, der hübsche Page Julia — ihre erklärte Freundin? Nun tappte ich ganz im Dunkeln: *was wollte sie dann von Freddy?*

Alle Handlung war von ihr ausgegangen — nie hatte er ihr den Hof gemacht. Sicher war er nicht verliebt in sie; nicht den geringsten Wert schien sie darauf zu legen. Dennoch: ihr Werk allein war alles — einen ganz fest umrissenen Plan hatte sie geschickt ausgeführt und nicht die kleinste Einzelheit dabei vergessen.

Vielleicht so: sie liebte ihn — körperlich schon, aber zugleich weit darüber hinaus? Die Moskauer Liebschaft mochte sich schließlich doch noch in Einklang bringen lassen mit der Virgo immaculata — jeder Sexualpatholog würde das zugeben. Dann aber mußte aus dem Ekel erzwungener Perversionen heraus sich der Widerwillen gegen jede Berührung eines Mannes ergeben. Zerspalten also die Seele: hier eine große, volle Liebe zu Freddy — dort ein Grauen vor jedes Mannes Berührung, auch seiner. Ihre Liebe trieb sie zum Handeln mit aller Verschlagenheit einer hochbegabten Frau, ließ sie den Kampf aufnehmen mit dieser kindlich kühlen Natur meines Neffen, der in jeder Frau nur etwas sah, vor dem man sich in Acht nehmen müsse. Solch ein Kampf mußte sie reizen. Soweit hatte sie nun gesiegt, daß Freddy das Weib in ihr glühend begehrte — konnte nicht aus dieser seiner Liebe zu ihrem Leibe auch eine höhere hervorwachsen? Und konnte damit zugleich nicht auch ihr eigener Ekel vor dem Manne schwinden? Dieser Ekel, der sie den Gedanken an eine Heirat entrüstet zurückweisen ließ, der sie schaudern machte, wenn sie nur dachte an eine Liebesnacht! Sie liebte Freddy und ekelte sich doch vor dem Manne in ihm, der, heute wenigstens, das Weib — wenn auch nur das! — in ihr verlangte. So mochte es sein — dennoch mochte alles harmonisch enden. Schon größeres sah man fanatische Liebe zuwegebringen — und Fanatismus hatte diese Frau.

So legte ich mir das alles fein logisch zusammen. Sie werden gleich hören, meine Herrn, ob ich Recht hatte.

★   ★   ★

In den ersten Oktobertagen trat eines Abends Freddy in mein Arbeitszimmer. Ich dachte: nun erfahre ich des Rätsels Lösung.

Schöne Lösung — noch viel verzwickter wurde die ganze Geschichte!

Freddy war restlos glücklich, überspannt glücklich, stand noch völlig im Bann — solcher Nächte. Er machte den hoffnungslos vertrottelten und zugleich zum Rasen beneidenswerten Eindruck eines Jünglings, der zum ersten Male das große Geheimnis des weiblichen Leibes entdeckte. Kein vernünftiges Wort war aus ihm herauszubringen, mit seligstem Lächeln behauptete er, daß es in der ganzen,

Welt nichts Schöneres gäbe, nichts Herrlicheres gegeben habe und nichts Unvergleichlicheres je geben
werde, als sie –

Sie – sie – sie!

Zweimal umarmte er mich, küßte mich lachend
auf mein unrasiertes Kinn. Phantasierte von Mondschein, der sie auf dem Bette in Silber gebadet habe,
von Rosenblättern auf ihren Brüsten, von Küssen,
die süßer seien als –

Nicht ein zusammenhängender Satz, alles hervor-
gestoßen und herausgejubelt in verzückten Tönen.
Fest überzeugt war er, daß ich – und alle Menschen
– das alles genau so mitempfinden müßten. Ihre
Hände, ihre Locken, ihre Augen, ihre Arme und
Beine – und ihr Busen erst!

Unerträglich blöd war er; ich war froh, als er
nach einer Viertelstunde schon nach seinem Hut
griff. Er müsse sogleich nach Hause, meinte er:
unterwegs sei ihm eine Melodie eingefallen, die wolle
er setzen. Eine Melodie zu einem Gedichte für Julia.

»Julia??« fragte ich. »Du meinst – Elsa!«

»Ach was – Elsa!« rief er. »Julia! Julia! Julia!«

Hinaus rannte er. Noch von der Treppe und vom
Garten hörte ich ihn jauchzen: »Julia! Julia!«

*　　*　　*

Am andern Tage war er schon zum Frühstück da
– mit seiner Klampfen; ich bekam das Julialied als
Aubade zum Morgentee. So oft hab ich's seither
hören müssen, daß ich's nie wieder vergessen werde.
So ging's:

Wie war ich doch so wonnereich,
Dem König und dem Kaiser gleich

In meinen jungen Jahren,
Als Julia, das schöne Kind,
Schön wie die lieben Englein sind
Und ich beisammen waren.

»Es hat noch zwei weitere Strophen«, sagte Freddy,
»aber die dritte sing ich nicht, weil sie zu dumm ist!«
»Warum schriebst du sie denn?« fragte ich.

»Das ist doch nicht von mir,« lachte er. »Das
Lied steht in des Knaben Wunderhorn, ich kenn
es schon lange – es hat mir immer gefallen wegen
des Namens: Julia! Klingt das nicht –«

Ich unterbrach ihn, fürchtend, daß er wieder in
die Blöderei von gesternabend fallen würde. »Ja, ja,
wie Musik klingt's! Aber gewiß! Das hat der junge
Herr Montecchi aus Verona schon vor einigen hundert
Jahren herausgefunden. Im übrigen, Freddy, interessiert mich deine Liebesgeschichte natürlich außerordentlich. Doch kannst du nicht verlangen, daß ich
all deine Tiraden und Exklamationen anhören soll;
ich bin sehr beschäftigt und habe grad heute verdammt wenig Zeit. Ich mache dir also einen Vorschlag: bring die ganze Sache zu Papier. Da bekommt alles notwendig ein bißchen Zusammenhang
– und ich begreif's gleich, wenn ich lese. Du kannst
mir später ja immer noch soviel erzählen, wie du
Lust hast – ich werde dem dann ein weit besseres
Verständnis entgegenbringen.«

Das leuchtete ihm sofort ein, »Du hast Recht, Onkel! Außerdem kann ich mir heute keine schönere
Beschäftigung denken!« Er legte die Laute weg und
setzte sich sogleich an den Schreibtisch.

»Willst du etwa hier schreiben?« zögerte ich.

»Warum nicht gleich anfangen?« gab er zurück. »Es wird ohnehin lang genug werden — jede einzelne Minute ist wert, festgehalten zu werden.«

An diesem Morgen erfuhr ich noch, daß er in den Wochen im Schlosse Fräulein Krüger nur sehr wenig gesehn und sie kaum gesprochen hätte. Daß sie zurzeit mit seiner Julia verreist wäre. Wohin wisse er nicht — doch würde er bald Nachricht haben.

Ich ging übrigens an diesem Tage zu dem Arzte, zu dem ich die Krüger gesandt hatte. Bei meiner telefonischen Unterredung hatte ich ihm damals gesagt, daß mir seine Auskunft genüge und daß sich also eine schriftliche Niederlegung des Gutachtens erübrige. Meine jetzige Vermutung bestätigte sich: nicht die Krüger war mit meiner Karte bei ihm gewesen, sondern eben dieses kleine Fräulein Julia. Da sie von mir geschickt war, hatte er nicht weiter nach dem Namen gefragt; sie überhaupt so schonend wie möglich behandelt. Es war darnach völlig klar, daß Elsa Krüger von vornherein die Absicht gehabt hatte, für diese, nicht aber für sich selbst, meinen Neffen als Mann oder Liebhaber zu gewinnen und daß von diesem Plan, wenn auch vielleicht nicht in allen Einzelheiten der Ausführung, so doch im allgemeinen diese rätselhafte Julia von Anfang an Kenntnis hatte. Sehr auffallend erschien mir dabei, daß das hübsche blonde Mädchen den jungen Mann, der ihr — und gewiß mit ihrer Zustimmung — als Liebhaber zugedacht war, die ganze Zeit vor dem Honigmond auch nicht ein einziges Mal zu sehn bekam.

★   ★   ★

Zehn Tage lang schrieb Freddy an seinem Manuskript, von dem er mir eine Maschinenabschrift, über zweihundert Seiten stark und fein säuberlich gebunden, überreichte. Diese Aufzeichnungen zeigten immer noch ein höchst wüstes Durcheinander. Da er aber in der Folge bald diese bald jene Einzelheit mir erzählte – stets unterbrochen von der gesungenen, gepfiffenen, gesummten Juliamelodie – so gelang es mir doch bald, ein klares Bild zu gewinnen. Heraus mußte er mit seinen Gefühlen aus seinem übervollen Herzen – und ich war die bequeme Tonne, in die er den gährenden Most seiner Empfindungen hineinschütten konnte.

War der erste Akt von Freddys Liebesdrama komisch und grotesk genug, so war dieser zweite Akt, wie Sie gleich sehn werden, meine Herren, ganz lyrisch und sentimental. Ich werde mich daher kurz fassen, Ihnen möglichst nur die Tatsachen mitteilen – mögen Sie sich die Farben und Stimmungen selbst hinzutun.

An dem Morgen meiner Abreise schlief Freddy – nach aufgeregt durchwachter Nacht – ungewöhnlich lang. Als er aufwachte und sah, daß es schon elf Uhr vorbei war, sprang er sogleich auf, sein Bad zu nehmen; derweil brachte ihm Fanny das Frühstück, zugleich mit der Mitteilung, daß ihre Herrin angekommen sei und mit ihm auszureiten wünsche. Er beeilte sich, traf sie vor dem Haustor, wo der Reitknecht schon die Pferde hielt. Sie begrüßte ihn sehr kurz – ,fast gehässig sah sie mich an‘, schrieb Freddy. Sie ritten lange durch die Felder; er redete sie einigemal an, ohne eine Antwort zu erhalten. So ließ er sie vorausreiten, folgte ihr mit einigen

Pferdelängen Abstand. Dann schien sie sich zu besinnen, winkte ihn zu sich heran. Sie ritten noch eine Weile schweigend nebeneinander; endlich, am Waldesrande, hielt sie, sprang ab; er folgte ihrem Beispiel. Sie ließen die Pferde grasen, gingen auf und nieder; es war augenscheinlich, daß das, was sie ihm mitzuteilen hatte, wichtig genug war.

Schließlich blieb sie vor ihm stehn, sah ihn voll an, sagte: »Ich sprach heute Morgen mit dem Geheimrat! Sie brauchen – Sie – Sie – wollen – ein Weib?«

»Ich – ich – weiß nicht,« stotterte Freddy, »weiß wirklich nicht, was –«

»Ja oder nein?« forderte sie.

»Ja!« sagte Freddy trotzig.

Sie schwieg eine Weile; schlug Mohnblumen ab mit der Reitgerte. Sagte dann, stiller: »Sie müssen warten – bis heute Nacht. Das Schicksal wird Ihnen geben, was Sie wollen.«

‚Bleich wie eine Tote war sie', schrieb Freddy.

Aber hart klang es wieder, als sie fortfuhr: »Sie sind Offizier, nicht wahr?«

Freddy nickte.

»Und sind ein Ehrenmann?« kam es weiter.

»Ich hoffe«, sagte Freddy.

»So werden Sie mir Ihr Ehrenwort geben« schloß sie, »als Offizier und als Ehrenmann, daß Sie nichts verlangen werden, was man Ihnen nicht freiwillig gibt! Vor allem: auch wenn Sie die Frau in Ihren Armen noch so heiß lieben sollten – Sie werden nicht verlangen, sie zu heiraten.«

Freddy begriff das nicht recht, versuchte ein Lachen. »Aber Elsa,« meinte er, »was soll denn das

428

alles? Das ist doch unvernünftig. So was kommt doch von selber. Warum uns vorher binden nach der einen oder der andern Seite? Wenn Sie und ich —«

Sie wippte ungeduldig mit der Reitgerte. »Ja oder nein?« verlangte sie. »Habe ich Ihr Ehrenwort!«

Da nahm er Haltung. Riß den Hut ab, zog den Handschuh aus, streckte ihr seine Rechte hin. »Gut also! Mein Wort darauf.«

Sie griff seine Hand; drückte sie fest. ‚Sie sah prachtvoll aus in diesem Augenblick‘, erzählte er, ‚ich hatte Lust, sie in meine Arme zu reißen!‘

Er versuchte ihre Hand zu küssen, aber sie entzog sie ihm rasch.

»Ich werde Sie heut am Tage nicht mehr sehn, Freddy«, begann sie wieder. »Gehn Sie gegen zehn Uhr in Ihr Zimmer. Entkleiden Sie sich, Sie werden nicht lange zu warten brauchen.«

Sie ging zu ihrem Pferde; Freddy half ihr auf- steigen. »Folgen Sie mir nicht«, sagte sie, »ich will allein nachhause reiten.« Sie sah ihm, nachdenklich, voll in die Augen. »Wenn's einer sein muß — Sie sind es wert, Freddy!« Sehr weich klang das, zum ersten Male. Sie fuhr ihm streichelnd liebkosend über Wangen und Locken, wiederholte: »Sie sind es wert!«

Dann ließ sie den Gaul den Sporn fühlen, sprang fort. »Freuen Sie sich, Freddy, freuen Sie sich auf heute Nacht!« rief sie. Galoppierte quer durch das Roggenfeld.

Freddy erzählte mir, daß er sich die größte Mühe gegeben habe, ‚sich drauf zu freuen‘ — daß ihm das aber ziemlich mißlungen sei. Eine Nacht, oder

ein Stündchen wenigstens, mit der kleinen Fanny
konnte er sich recht gut vorstellen – mit der Schloßherrin durchaus nicht. Irgendetwas tragisches, hoch-
dramatisches lag an dem Tage in ihrer Art, das zu
Freddys einfach-natürlicher Liebessehnsucht so garnicht paßte. So schlug er sich alle Gedanken an die
ihm bevorstehenden Freuden – an die er dennoch
unbestimmt glaubte – nach Möglichkeit aus dem
Kopf. »Ich dachte, ich wollte mich überraschen lassen,« sagte er mir.

Trotzdem war er unruhig. Er ritt noch ein wenig
herum; kehrte dann zurück zum Schloß. Aß allein
zu Mittag, versuchte zu lesen; nahm dann die Büchse
und strich durch die Felder. Je später der Nachmittag wurde, um so ungeduldiger wurde er; unendlich
langsam kroch ihm die Zeit. Er machte sorgfältig
Toilette zum Nachtmahl, obgleich er wußte, daß sie
nicht kommen würde. Er speiste zu Abend – statt
der Zofe wartete ein Diener ihm auf. Die Schloßherrin hatte ihm Champagner kaltstellen lassen und
er leerte die Flasche. Dann ging er auf den Balkon,
blickte in den dunklen Garten, rauchte Zigaretten.
Alle paar Minuten blickte er auf die Uhr, deren Zei-
ger stillzustehn schienen. Er ging in die Bibliothek,
nahm eine Zeitung, ein Buch – lief die Treppen
hinunter in den Park, herum um das Haus.

Gegen zehn hatte sie gesagt. Einmal mußte doch
diese Zeit dasein. Dann, plötzlich, fühlte er sich
müde. Vielleicht kommt sie garnicht, dachte er. Und
er hatte ein Empfinden, als ob es ihm beinahe lieber
sei, wenn sie nicht käme. Heute Nacht würde er gut
schlafen – mehr verlangte er nicht in dieser Viertelstunde.

Zehn Minuten vor zehn ging er in sein Zimmer —
im Augenblicke wußte er, daß sie doch kommen
würde. Alle Birnen waren mit dünner violetter Seide
verhangen, die nur ein sehr mattes Licht durchließ.
Vasen mit Rosen überall, wo man nur eine hinstellen konnte — ihr Duft mischte sich mit einem Par-
füm, das er nicht kannte.

Freddy stutzte; er begriff, daß das irgendwie Stim-
mung machen sollte. Er empfand es ein wenig billig und kitschig-sentimental — und konnte sich
doch eines gewissen schwülen Eindrucks nicht erwehren. Uebrigens hatte er keine Zeit darüber nachzudenken; er fühlte, daß ihm am ganzen Leibe der
Schweiß ausbrach — sei es nun wegen der stundenlang verhaltenen Unruhe oder weil er ein dutzend-
mal in schnellsten Schritten um das Schloß herum-
gelaufen war. Er wußte: bald würde sie kommen —
und sie wollte ihn entkleidet finden. ,Nur einen Gedanken hatte ich‘, schrieb er, ,kalte Dusche!‘ So
warf er die Kleider ab und eilte ins Badezimmer.
Noch während er unter der Brause stand, klopfte es
— und gleich darauf öffnete sich die Tür. Er starrte
erschrocken hin: es war der Diener, der eine Flasche Wein brachte und auf den Tisch stellte.

»Auf Befehl des Fräuleins!« sagte er. Zog sich
zurück.

Freddy stieg aus der Wanne, trocknete sich rasch
ab, zog sein Kimono über und ging ins Zimmer zurück. Trotz der kalten Brause glaubte er zu brennen; er nahm die Flasche, um sich ein Glas zu füllen. Burgunder —

Aber drei Gläser standen da. Drei?

431

Warum drei?

Unmöglich irgendwas zu denken. Drei Gläser? Er füllte sie alle drei.

Aber er trank nicht. Schritte hörte er, leise Stimmen. Die Türe öffnete sich, schloß sich wieder. Zwei Frauen standen vor ihm.

Elsa Krüger die eine. Aber eine andere führte sie an der Hand, zog die zögernde heran, dicht zu ihm hin. Sie sprach zu ihm: »Hier ist die Frau, die Ihnen bestimmt ist – hier ist Julia!«

Freddy starrte sie an. Von den Schultern fiel ihr ein schwarzer Seidenmantel, der die ganze Figur bis zu den Füßen bedeckte. Nur ihr Gesicht sah er, goldene Locken, amethystene Augen. Er sah, wie sie ihn anstarrte, hilfeflehend, fühlte, wie unter dem Mantel ihr Leib bebte.

Die Krüger lachte hoch auf. Griff mit jeder Hand ein Glas, reichte Freddy das eine, das andere dem Mädchen. Ein nackter weißer Arm schob sich aus dem Mantel und griff das Glas. Aber das dritte hob Elsa Krüger.

»Trinken wir!« rief sie. »Trinken wir darauf, Julia, daß dein Wunsch sich erfülle noch in dieser Nacht!« Sie leerte ihr Glas in einem Zuge, wie Freddy tat. Aber Julia nippte am Glase, nippte noch einmal – es war, als ob die zugeschnürte Kehle die Tropfen nicht schlucken wollte.

»Trink!« mahnte die Krüger. »Trink den Wein!«

Fester faßte das Mädchen das Glas – leerte es.

Und die beiden jungen Menschen starrten sich an.

Wieder brach Elsa Krüger das Schweigen. Wieder lachte sie. Rief: »Was steht ihr beide da, stumm und steif! Nehmen Sie doch, Freddy, was Ihnen gehört in dieser Nacht!« Sie riß der Blonden den Mantel von den Schultern, warf ihn auf den Teppich. Eilte hinaus, warf die Tür hinter sich zu.

Nackt stand das Mädchen vor ihm, regungslos – zitternd. Dann, plötzlich, schrie es auf, ließ das Glas fallen, lief zum Bett, kauerte sich unten am Fußende hin, riß die Decke auf, hüllte den Leib.

Weinte, weinte – schluchzte.

Freddy setzte sein Glas auf den Tisch, blickte zu ihr hin. Rührte sich nicht vom Fleck. Schließlich krochen lahme Worte von seinen Lippen: »Fräulein – wenn Sie – wenn Sie lieber gehn wollen, Fräulein –?«

Sie hörte nicht, was er sagte, oder begriff es nicht. Er wiederholte es, einmal, noch einmal. Alle Fleischeslust war ihm vergangen – er hatte nur den einen Wunsch, aus dieser peinlichen Lage herauszukommen. Schließlich ging er zur Tür, faßte die Klinke, um es ihr recht deutlich zu machen. »Fräulein«, begann er wieder, »glauben Sie doch nicht, daß ich Sie festhalte. Sie sind ganz frei. Sie können ruhig gehn – Sie können jeden Augenblick gehn.« Da klang es vom Bette her: »Nein! Nein! – Schließen Sie ab!«

»Was soll ich?« zögerte er.

»Abschließen!« flüsterte sie. »O Gott – schließen Sie doch ab!«

Er drehte den Schlüssel um.

Dann hörte er: »Drehn Sie das Licht aus!«

Wieder gehorchte er. Stand im Dunkeln.

Stille. Dann ein leichtes Geräusch bewegter Decken

und Tücher. Ein paar tiefe Seufzer. Und nun, unhörbar kaum geflüstert: »Kommen Sie!«

Freddy kam —

★ ★ ★

Diese erste Liebesnacht, die recht trübselig begann, verlief in der Folge sehr glücklich. Wenn ich, meine Herrn, aus meines Neffen überspannter, zauberschillernden Darstellung die Geschehnisse in meine kaltwägende Denkweise übersetze, war es so: aus einer sehr verkünstelten Quälerei, deren Gründe Freddy nicht kannte, die aber dennoch höchst ansteckend auf ihn wirkte, wurde allgemach bei beiden jungen Menschenkindern reinste Natur. Er dürstete nach dem Weibe, sie hungerte nach dem Mann — so stillten sie Hunger und Durst und vergaßen bald alles andere.

Als Freddy von einem lauten Klopfen an die Tür erwachte, war es heller Mittag. Er rief: »Herein«, aber niemand kam — er sprang auf, fand die Tür, wie er sie am Abend verschlossen hatte. Er öffnete, ließ den Diener das Frühstück auf den Tisch stellen. Dann erst kam ihm die Erinnerung an die Nacht; er ging zum Bett, fand es leer. Die Gefährtin hatte ihn also verlassen, während er schlief. Zur Flurtüre war sie nicht hinaus — so eilte er ins Badezimmer. Der Schlüssel zu dem Schlafzimmer der Schloßherrin, der bisher stets auf seiner Seite gesteckt hatte, war verschwunden; er versuchte leise, ganz vorsichtig, die Klinke — die Tür war von der andern Seite abgeschlossen. Dort also war sie hinaus.

Er spürte einen kräftigen Appetit; ging zurück zum Tisch. Auf dem Frühstücksbrett lag ein Brief;

er öffnete ihn. Las die Worte: »Ich komme früh zu dir heute Nacht.« Und das ‚früh‘ war unterstrichen.
Auf *diese* Nacht konnte er sich freuen.

Die Nacht – und alle weitern Nächte – waren wie die erste, ohne das unerquickliche Vorspiel. Wenn er vom Abendessen kam, fand er stets frische Blumen in allen Vasen – er fühlte, daß es die Schloßherrin war, die sie füllte. Er verschloß die Tür, zog sich aus: sie kam nun immer durch das Badezimmer. Und alles verlief nach beider Herzenswunsch – bis sie in den Morgenstunden sich wegstahl, stets wenn Freddy schlief. Während Freddy tausend verliebte Einzelheiten als sehr wichtig im Gedächtnis blieben, ist in der Tat kaum etwas bemerkenswert. Sie verzichteten bald auf das tiefe Dunkel, das in der ersten Nacht ihrer Scham entgegenkam; ließen dafür das matte Licht brennen oder auch den Mondschein ins Zimmer fluten; genossen einander in der vollen Lust ersten Genusses.

Den Namen Elsa Krüger erwähnte keines von ihnen auch nur ein einziges Mal.

Die Tage verträumte und verspielte er. Er sah sie nie bei Tage, wußte nicht einmal, wo sie war und fragte nicht danach. Es war ihm genug zu wissen, daß sie abends wieder in seinen Armen liegen würde – köstlich das Gefühl, wie seine Sehnsucht langsam wuchs zum Abende hin.

Auch Fräulein Krüger sah er kaum. Einmal traf er sie in der Bibliothek; sie stand sofort auf, als er hineintrat. Seinen Gruß erwiderte sie nicht; haßerfüllt schien ihm ihr Blick. Dann lachte sie jäh auf, schritt an ihm vorbei aus dem Zimmer. Ein andermal sah er sie im Schloßparke, wie er von der

Ulmenallee zu dem kleinen Teiche einbiegen wollte
– da saß sie auf einer Steinbank, die Ellenbogen
auf die Knie gestützt, mit fest zusammengebissenen
Lippen und der Tränen nicht achtend, die ihr über
die Wangen rollten. Ehe sie ihn bemerken konnte,
zog er sich leise zurück. Ein drittes Mal sah er sie,
mitten in der Nacht. Julia schlummerte an seiner
Seite; eine leichte Unruhe hielt ihn wach. Dann
hörte er raschen Hufschlag; stand auf, trat ans Fenster. Unten vor der Schloßtreppe führte der Reitknecht ein Pferd auf und ab – durch den Park her
jagte ein Galopp. Unwillkürlich trat er hinter die
Gardine – da flog auf ihrem Fuchshengst das Fräulein heran. Sie sprang ab; bestieg sofort das andere
Pferd, ohne nur ein Wort an den Burschen zu richten. Hob den Kopf, warf einen raschen Blick zum
Fenster empor, schlug dem Apfelschimmel die Gerte
über die Flanke, sprengte davon. Das alles ging so
schnell, daß er zu träumen vermeinte – doch sah er
deutlich den Reitknecht, der sich um den schmäh-
lich abgetriebenen geiferschäumenden Fuchs mühte,
das völlig durchnäßte Tier abrieb und in Decken
hüllte.

Am andern Tage sprach er im Stall mit dem Kutscher; erfuhr, daß das Fräulein allnächtlich ihre
drei Pferde zu Schanden ritt.

Aber all das machte ihn nicht einen Augenblick
nachdenken. Mit dem fast tierischen Egoismus eines
glühheiß Verliebten hatte nur ein Gedanke in seinem
Hirn Platz: Julia. Und er genoß, durch fünfund-
dreißig Nächte, seines Lebens Glück – da mochte
rings um ihn die Welt zugrundegehn.

Nur einmal, in einer der letzten Nächte, ward dieses Glück auf kurze Zeit getrübt. Ganz plötzlich, ohne sichtbare Ursache, wurde Julia sehr elend. Sie setzte sich auf im Bette – er fühlte kalten Schweiß auf ihrer Stirne. Dann sprang sie auf, stand schwankend da; er führte die Taumelnde ins Badezimmer. Sehr schlecht war ihr – aber kaum zehn Minuten lang. Dann hatte, so schnell, wie es gekommen, das Uebelbefinden ein Ende – vollkommen wohl fühlte sie sich wieder. Freddy war sehr erschreckt, wollte durchaus versuchen auf des Uebels Grund zu kommen, um es dann richtig zu behandeln. Vielleicht habe sie etwas gegessen, das ihr schlecht bekommen war? Aber sie schüttelte den Kopf, zog ihn zu sich ins Bett.

Dann versuchte er: »Vielleicht hab – vielleicht hat – es dich überanstrengt?«

Sie sah ihn groß an – erriet dann, was er meinte: »Hat es *dich* vielleicht überanstrengt?« lachte sie. Schlang ihre Arme um seinen Hals.

Dieses ganz plötzliche, kurze Uebelbefinden wiederholte sich noch einige Male in den folgenden Nächten. Es erschreckte Freddy zwar nicht mehr so, wie das erste Mal – dennoch machte er alle möglichen blöden Vorschläge, ihr zu helfen, besonders als sie ihm sagte, daß es in der letzten Zeit auch tagsüber sich bisweilen einstelle. Sie wies alles zurück, lachte, sagte ihm, daß er ein lieber, dummer Junge sei, küßte ihn. Nur als er davon sprach, daß sie vielleicht der Schonung bedürfe, war sie beinahe böse. Sie wurde plötzlich ganz ernst, sagte: »Du und ich – wir werden uns noch lange genug – schonen müssen.« Und verbot ihm, auch nur ein Wort darüber zu verlieren.

Als sie das letzte Mal in sein Zimmer kam, sagte sie ihm: »Morgen reisen wir fort, ich und – meine Freundin. Du wirst von mir hören – man wird dir schreiben – aber es mag recht lange dauern.«

Freddy fuhr auf, rief, daß er sie nie wieder lassen würde, daß –

Aber sie ließ ihn nicht zehn Worte sprechen, hielt ihm den Mund mit der Hand zu. »Still«, sagte sie, »still. Es kann nicht anders sein. Du hast ihr dein Ehrenwort gegeben – du weißt es. Nie hätte ich sonst zu dir kommen können – du weißt es! Nun bin ich da – nimm diese Nacht, die dir gehört!«

Sie hieß ihn die Jalousien tief herunterziehn, alle Vorhänge zustecken.

»Keine Sonne soll uns wecken,« flüsterte sie, »nie enden möge diese Nacht!«

★   ★   ★

Nun, die Nacht endete doch einmal, wie alle Nächte tun, wenn sie auch freilich ungewöhnlich lang war. Es war sechs Uhr abends, als Freddy aufwachte; seine Finger hielten ein Zettelchen, auf dem sie die Worte wiederholt hatte: ‚Du wirst von mir hören. Man wird dir schreiben.‘ Nur ihr Name stand noch da: Julia.

Der Diener sagte ihm, daß die Damen schon vor vier Stunden abgefahren seien; fragte, ob er ihm mit Packen behilflich sein dürfe? Freddy nickte; noch am selben Abende war er dann bei mir in der Stadt.

★   ★   ★

Und nun kommt der dritte Teil von Freddys Liebesgeschichte, sehr tragisch, wenn auch äußerlich ganz undramatisch.

438

Um das gleich vorauszuschicken: von seiner Julia hörte er nichts, kein Sterbenswörtchen. Ich fragte ihn zuweilen in den ersten Monaten; er schüttelte dann den Kopf, fügte stets hinzu: »Sie hat gesagt: es mag recht lange dauern.« Er war sehr zuversichtlich, durchaus gewiß, daß er endlich doch Nachricht bekommen würde.

Sein Leben ging wie zuvor – mit dem einen Unterschied, daß er mich tötlich langweilte mit seinen Erzählungen. Fast täglich kam er; sprach von nichts anderm als seiner Julia. Das Julialied wurde mir dabei nie erspart; noch heute kann ich an Freddy nicht denken, ohne sofort die Melodie zu summen. Eines Abends rief ich in heller Verzweiflung: »Um Himmels willen, Freddy, nun ists genug für heute! Wenn's durchaus noch einmal gesungen werden muß, so will ich es tun; das ist doch wenigstens eine Abwechslung. Und ich legte los mit meiner heiseren Reibeisenstimme:

> Die Mutter nannt mich Bräutigam,
> Wir wurden garnicht rot vor Scham
> Wir mochten gern so spielen.
> Doch Julia, das schöne Kind,
> Das ging nun fort in kalten Wind
> Und mochte es nicht fühlen.

Freddy war begeistert, klatschte in die Hände vor Freude. »Ich werd's ihr schreiben,« rief er, »daß du es auch schon singen kannst!«

Jede Nacht schrieb er einen langen Brief an Julia; diese Briefe bewahrte er auf; er würde sie alle zusammen absenden, sobald er von ihr hören würde.

Das Wintersemester verging — Freddy hörte nichts. Im Sommersemester kam er nicht zur Universität; blieb vielmehr bei seiner Mutter, die immer mehr kränkelte. Er hatte ihr mit keinem Worte von seinem Abenteuer gesprochen, auch mich gebeten, ihr gegenüber nichts zu erwähnen. Um doch wenigstens einen Ausfluß für seine Gefühle zu haben, schrieb er mir lange Briefe — in denen stets dasselbe stand; ich hörte bald auf, sie überhaupt zu lesen. Als ich dann in den großen Ferien seine Mutter besuchte, fand ich Freddy sehr verändert. Er schien für nichts mehr Interesse zu haben, konnte stundenlang in seinem Zimmer sitzen und vor sich hinstarren oder sinn- und zwecklos durch die Straßen schlendern. Meisterschaft hatte er allerdings darin erreicht, diesen Depressionszustand vor seiner Mutter zu verheimlichen; wann immer er mit ihr zusammen war, schien er der alte, liebe, harmlose Junge. Dennoch witterte meine Schwester Unrat; jedenfalls verlangte sie, daß Freddy zum Herbst wieder zurück solle zur Universität. Auf mich stürzte sich Freddy, wie ein Verdurstender auf den Trunk. Das Julialied bekam ich zwar nicht mehr in gesungenem Zustande, wohl aber gesummt und gepfiffen stündlich vorgesetzt — am liebsten hätte er Tag und Nacht ohne Unterbrechung mir von Julia geschwatzt. Ich versuchte mich nach Möglichkeit zu drücken; dennoch wurden diese Geschichten, die ich in seinen verstiegenen Phrasen nun schon auswendig kannte, mir so unerträglich, daß ich meinen Besuch abkürzte und abreiste.

Als dann Ende Oktober mein Neffe wieder zur Musenstadt kam, um gleich am ersten Abende von neuem loszulegen, beschloß ich, der Sache ein für allemal ein Ende zu machen.

Ich sagte ihm, daß ich nun lange genug das alles über mich habe ergehn lassen und gewiß volles Freundesinteresse für seine liebesleidende Seele gezeigt habe. Nun aber müsse er Schluß machen. Er habe ein wunderschönes Abenteuer erlebt – dann über ein Jahr lang auf die Fortsetzung gewartet: nun müsse er einsehn, daß von der andern Seite eine solche Fortsetzung nicht gewünscht würde. Er müsse endlich ein Mann werden; er sei es seiner Mutter und sich selbst und schließlich auch mir schuldig, daß –

Kurz, es war eine wunderschöne Rede.

Freddy hörte sehr geduldig zu. Als ich fertig war, flüsterte er: »Sie hat versprochen, daß ich Nachricht von ihr bekommen werde.« Dann ging er.

Immerhin verschonte er mich nun mit seinen Gefühlsausbrüchen. Ich sah, wie er darunter litt, und gab ihm zuweilen Gelegenheit, dennoch zu sprechen – sehr dankbar war er dafür. Im übrigen hatte meine Rede auch nicht den geringsten Erfolg. Er arbeitete überhaupt nichts mehr, ja, hörte allmählich auf, sich auch nur mit etwas zu beschäftigen. Er aß und trank, sehr bescheiden übrigens, schlief und verträumte seine wachen Stunden.

Weihnachten kam und Neujahr – Freddy bekam keine Nachricht. Sein Zustand wurde allmählich so beunruhigend, ging mir dabei persönlich derartig auf die Nerven, daß ich beschloß, selbst einzugreifen. Wenn meinen Neffen auch ein höchst kindisches Ehrenwort von jedem kleinsten Handeln zurückhielt, so konnte *ich*, ohne sein Wissen, ja gegen sein Wollen, doch für ihn handeln. Irgendwo mußte man diese Julia auffinden können, irgendwie konnte man sie beeinflussen, guten Wind zu blasen, um das Lebensschifflein Freddys wieder flott zu machen. Ich wog hin und her, wie und was ich anstellen sollte, um ihrer habhaft zu werden, als mir ein Zufall zuhilfe kam. Auf einer Sitzung der ‚Gesellschaft der Freunde der Universität‘ teilte Bankier Strauß, jetzt schon Dr. med. h. c. Felix Strauß, mit, daß es ihm gelungen sei, von einem anonymen Gönner einen sehr namhaften Betrag zu erhalten, der genüge, unseren völlig verwahrlosten Anatomiesälen den alten Glanz wieder zu verleihen. Wir alle vermuteten, daß der ungenannte Gönner niemand anders wäre, als er selbst. Als wir jedoch aufbrachen, nahm er mich zur Seite, fragte: »Nun, Herr Geheimrat, raten Sie, von wem die Schenkung kommt?«

»Von Ihnen natürlich!« sagte ich.

»Falsch,« schmunzelte er, »wenn ich sie auch wohl veranlaßt habe. Die Geberin ist unsere Freundin!«

»Was?« rief ich, »Fräulein Krüger? Seit Fünfvierteljahren sah ich sie nicht — wo steckt sie denn eigentlich?«

Da erfuhr ich, daß sie seit Monaten wieder auf ihrem Schlosse hause.

Zuerst wollte ich ihr schreiben; dann beschloß ich, selbst hinauszufahren. Ich wollte das am übernächsten Tage, einem Sonntage tun, wurde aber beruflich abgehalten und verschob den Besuch zum nächsten Sonntage. Jedoch bekam ich wenige Tage später einen Brief, der diesen Besuch überflüssig machte. Sie schrieb mir:

442

»Hochverehrter Herr Geheimrat!

Wie mir mein Bankier mitteilt, hatten Sie die
große Liebenswürdigkeit, sich nach mir zu erkundigen. Ich bin leider noch immer nicht in der Lage, meine Studien wieder aufnehmen zu können,
da ich unnötige Begegnungen vermeiden möchte.
Inzwischen, Herr Geheimrat, muß ich eben, wie bisher, allein weiterarbeiten, doch hoffe ich, daß bald
eine Zeit kommt, die mir ermöglicht, meine Studien,
wenigstens äußerlich, abzuschließen, da ich immer
noch den gewöhnlichen Dr. dem Dr. h. c. vorziehe. Darf ich, um wenigstens mein Interesse zu
zeigen, Ihnen beiliegenden Scheck übersenden, den
Sie gütigst zur Unterstützung notleidender Studenten benutzen wollen. Einliegenden Brief wollen Sie
bitte Ihrem Herrn Neffen überreichen.«

Was in diesem Briefe stand — und was nicht darin
stand — war mir klar genug. Dr. Strauß hatte ihr
gesagt, daß er mir die Stifterin der Schenkung verraten hätte — es war ihr das garnicht recht, daher
der Stich auf ihn. Sie rechnete sofort damit, daß
ich sie oder ihre Freundin wegen meines Neffen
belästigen würde — denn ganz augenscheinlich war
sie über dessen trostlosen Zustand genau unterrichtet. Das ging vorher aus ihrer Bemerkung, daß sie
,unnötige Begegnungen vermeiden möchte': nur
Freddy konnte damit gemeint sein.

Am Schluß ihres Briefes hatte sie noch einen Satz
angefangen, dann aber jedes einzelne Wort sorgfältig ausgekritzelt. Mit Mühe entzifferte ich:

,Ich bin bereit, Herr Geheimrat, falls Sie —

Sie hatte also noch einen Gedanken — zog es aber

vor, ihn mir nicht mitzuteilen. Was konnte dieser Gedanke sein? ‚Sie war bereit' – etwas zu tun. Aber sie war hierzu nur bereit, ‚falls ich' – etwas anders täte. Es war klar, daß beides im engsten Zusammenhange mit ihrem Briefe stehn mußte, ferner, daß es etwas sein mußte, daß sie, obwohl sie es gern gesagt hätte, doch lieber nicht sagte. Sie schrieb, daß sie gern weiter studieren möchte – aber nicht könne, da sie ‚unnötige Begegnungen vermeiden möchte', das heißt also: so lange Freddy in der Stadt war. Und ganz augenscheinlich hätte sie sich die Beseitigung dieses Hindernisses etwas kosten lassen. So also las ich ihren Satz zu Ende:

‚Ich bin bereit, Herr Geheimrat, falls Sie es zuwegebringen könnten, daß Freddy eine andere Hochschule bezieht, für einen von Ihnen zu bestimmenden Zweck eine weitere Schenkung zu machen'.

Ich weiß natürlich nicht, ob diese Wiedergabe ihres Gedankens richtig ist – aber ich weiß, daß sie mir sehr einleuchtete und daß ich überzeugt bin, daß sie dies und nichts anders sagen wollte.

Einen Augenblick hatte ich das Empfinden, sofort ihr Geld zurückzuschicken. Wenn ich aber an die ausgemergelten Gesichter meiner hungerleidenden Studenten dachte, hatte ich die verdammte Pflicht, es anzunehmen. Ich sah mir den Scheck an – über zwanzig Studenten konnten ein Semester lang davon leben! Ja, ich spielte mit dem Gedanken, ob es nicht gescheit wäre, ihrem unausgesprochenen Gedanken näherzutreten. Ob mein Neffe hier oder anderswo nichts studierte, war völlig gleichgiltig – ja es war möglich, daß in völlig neuer Umgebung vielleicht sein verzweifelt apathischer Zustand sich bessern würde. Ich nahm mir vor, ganz offen mit ihm darüber zu sprechen; letzten Grundes war *er* es ja, dem die Universität all diese Spenden zu verdanken hatte. Und wenn die Laune dieser Frau nun noch einmal —

Freddy kam, unterbrach meinen Gedankengang. Jetzt erst fiel mir der Brief ein, der beigeschlossen war; ich reichte ihm den Umschlag, der übrigens keine Adresse trug.

»Was soll das?« fragte er.

Ich gab ihm nun auch den Brief der Krüger — er überflog die Zeilen; riß dann sofort den für ihn bestimmten Umschlag auf. Er zog zwei kleine Liebhaberphotos heraus, warf einen raschen Blick darauf, wendete sie um, betrachtete, etwas länger, die Rückseite. Dann legte er, ohne ein Wort, die beiden Bilder auf den Schreibtisch.

Ich nahm sie auf — es waren die Bilder zweier etwa halbjähriger Babies.

Er stand auf, lachte ein heiseres, unangenehmes Lachen. »Nun brauche ich nicht mehr zu warten. Nun habe ich Nachricht!« stieß er hervor.

Ich betrachtete die Rückseite der kleinen Photos. ‚Julia‘ stand auf der einen, auf der andern ‚Freddy‘. Darunter zwei Daten: ein Septembertag und ein Tag — neun Monate später.

»Ich gratuliere, Freddy!« rief ich. »Vater bist du und gleich von Zwillingen!«

Statt aller Antwort begann er zu singen. Das Julialied — aber eine Strophe, die ich nicht kannte.

> »Nun bin ich garnicht wonnereich,
> Dem alten Manne bin ich gleich
> Und bin doch jung an Jahren.

445

Ich bin ein König ohne Land —
Denn Julia, an deiner Hand
Da spielen Engelschaaren!«

»Nun kann ich die letzte Strophe singen,« sagte er, »nun ist sie tot.«

»Dummes Zeug, Freddy,« rief ich, »wer sagt dir denn, daß sie tot ist? Dies ist das erste Lebenszeichen, bald —«

»Nein, nein, Onkel«, beharrte er. »Für mich ist sie nun tot. Ich werde nie wieder von ihr hören — *das* da war die Nachricht, die ich bekommen sollte.«

Verzweifelt klang das, hoffnungslos. Ich hatte ein Empfinden, ihn trösten zu müssen um jeden Preis. Ich zeigte auf die Bilder. »Sieh doch, Freddy«, sagte ich, »das ist doch nicht ihre Schrift! Es ist die der Krüger — vergleich sie doch mit dem Brief! Also wirst du von ihr noch hören — sie versprach es dir ja.«

Er schüttelte still den Kopf. »Glaubst du, Onkel, daß ich das nicht gleich bemerkt hätte? Aber was sie versprach, war nicht, daß *sie* schreiben würde!« Er nahm seine Brieftasche, zog den Zettel heraus, den sie ihm zum Abschied ließ, in der letzten Nacht. Er las: »Du wirst von mir hören. *Man* wird dir schreiben.«

Er zerriß den Zettel in kleine Fetzen. »Das hat sie versprochen und nichts anders. Nun hat *man* geschrieben — nun habe ich von ihr gehört! Aber sie selbst, Julia, hat keinen Gedanken mehr für mich. Längst bin ich tot für sie — wie sie tot sein will für mich!«

Er summte seine Melodie, ging fort.

Ueber eine Woche sah ich ihn nicht; dann kam er,

446

um Abschied zu nehmen: er müsse wieder zu seiner Mutter. Diesmal schien er ganz ruhig, fast vernünftig – keinen Versuch machte er, von seiner Julia zu sprechen. Nach einer Weile verlangte er die Photos zu sehn; ich sagte ihm, daß sie wohl noch auf dem Schreibtisch liegen müßten, da, wo er sie hingelegt habe. Er fand sie sogleich, lachte auf, rief: »Ich hab mir's gedacht.«

»Was?« fragte ich.

Er hielt mir die Bilder hin; sie waren nicht gebadet und also völlig schwarz geworden im Lichte. »Ich hab mir's gedacht,« wiederholte er. »Nachricht sollte ich haben – aber behalten sollte ich nicht einmal diese Bilder!«

»Es ist ein Versehn,« bemerkte ich, »sie werden dir gern andere Abzüge geben.«

Er kam dicht zu mir hin. »Nein,« sagte er, »das werden sie nicht. Du bist so klug – begreifst du denn nicht, daß es Absicht war? Ich weiß recht gut, Onkel, daß du mich seit langem für einen Trottel hältst, aber du wirst schon sehn, daß ich recht habe. Wissen sollte ich, daß ich nichts, aber auch garnichts mit diesen Kindern zu tun habe, daß ich keinen kleinsten Teil an ihnen habe. Nur zu einem war ich gut: *sie zu zeugen.* Das war mein Zweck, das war meine Bestimmung – *und nichts sonst!«*

Er steckte sich eine Zigarette an, paffte ein paar Züge, legte sie fort. »Und nun habe ich meine Bestimmung in diesem Leben erfüllt. Ueberraschend gut erfüllt, über Erwarten gut! Gleich Zwillinge! Nun kann ich abtreten vom Schauplatz.«

Ich wollte ihm erwidern, doch bat er mich, sehr

weich, aber auch sehr entschieden, nicht mehr davon zu sprechen.

Einige Tage später klingelte Fräulein Krüger mich an, fragte, ob ich sie wieder als Schülerin aufnehmen würde. Ich fragte sie, ob sie wisse, daß mein Neffe abgereist sei, was sie sofort bejahte. Als ich dann von ihr eine gründliche Aufklärung verlangte, war sie garnicht erstaunt, erklärte vielmehr, daß sie das erwartet habe. Ich bekam in der Tat noch am folgenden Morgen ein Schreiben, das sie also wohl schon länger vorbereitet hatte.

Sie ging darin, was ihr Verhältnis zu Julia anbetraf, nicht auf Einzelheiten ein, setzte es vielmehr als mir bekannt voraus. Sie stellte kühl fest, daß sie ‚den Mann‘ kenne und zwar gründlich aus einer ganzen Reihe sehr intimer Beziehungen von ihrem fünfzehnten Lebensjahre an; zunächst Neugierde, dann die Gier nach sinnlicher Befriedigung, endlich auch Zwang habe sie getrieben. Sie sei mehr und immer mehr von dem andern Geschlecht angewidert worden, habe nie ein kleinstes Glück gefunden und sei schließlich soweit gekommen, daß ihr selbst die leiseste Berührung eines Mannes Ekel eingeflößt habe. Alles das aber, was ihr hier versagt gewesen sei, habe sie bei Julia im reichsten Maße gefunden — ein großes Glück, das auch ihre Freundin geteilt habe.

Soweit gab ihre Darstellung durchaus nichts besonderes, schilderte vielmehr einen immerhin abnormen, aber doch in seiner Art typischen und genügend bekannten Fall. Nun aber entwickelte sich etwas — für mich wenigstens — ungewöhnliches: ihre kleine Freundin verlangte nach einem Kinde.

,Alles konnte ich ihr geben', schrieb sie. ,Ich konnte sie mit jedem Luxus umgeben, alle ihre Wünsche und Launen erfüllen. Ich konnte ihr – Mann sein, mehr, voller, reicher, als irgend einer, der Hosen trug. Nur das eine konnte ich nicht: Vater werden.'

Sie aber verlangte ein Kind! Und dieses kleine, blonde Mädchen, das längst seinen eignen Willen aufgegeben hatte, das sich in allem widerstandslos der starken Willenskraft und überragenden Intelligenz der Freundin beugte, das sein eigen Glück nur in dem ihren sah, das dies Leben zu zweien als das beste und herrlichste betrachtete, wurde plötzlich von dem Gedanken besessen, Mutter zu werden! Das ließ sie nicht mehr los, das quälte sie Nacht und Tag, wuchs schließlich zu einer hysterischen Angst aus, zeitlebens unfruchtbar zu bleiben.

Elsa Krüger versuchte, sie von diesem Gedanken abzubringen, schuf ihr immer neue Zerstreuungen, erschöpfte ihre Liebe ins grenzenlose – nichts half.

Auch ihren Vorschlag, ein fremdes Kind anzunehmen, wies Julia mit Widerwillen zurück: sie wollte ihr eigen Kind! Immer stärker, immer peinigender wurde diese Selbstquälerei.

Und Elsa Krüger erkannte: entweder mußte sie ihre Freundin verlieren – oder aber ihren Wunsch erfüllen. Mußte jemanden finden, der das konnte, was ihr selbst die Natur versagt hatte.

Diesen Entschluß faßte sie, führte ihn aus. Kein Wort schrieb sie über ihre eignen Gefühle; nur einmal fand ich die Bemerkung: ,es war nicht leicht für mich'. Nicht leicht! Unerträgliches muß diese Frau gelitten haben, als sie der geliebten Freundin

das in die Arme legte, was ihr selbst das Ekelhaf-
teste war.

Dennoch ging sie ungesäumt ans Werk. Sie hatte
Erfahrung genug mit Männern, Liebe übergenug dazu für ihre kleine Freundin, um ihr das beste aus-
zusuchen, das nur zu finden war. Wenn es schon
sein mußte, so solle ihr all das Widerwärtige erspart bleiben, das sie selbst durchgemacht hatte.

Sie fand Freddy, sie begann ihr Spiel.

Freilich: um Haaresbreite hätte sie verloren!

Denn, während ihr der Mann — oder die Männer
— nur bitterste Enttäuschung bereitet hatte, während
sie, höchstes erwartend, aus allen Himmeln immer
wieder in stinkenden Schmutz geworfen war — war
es ganz anders bei Julia! Die erwartete garnichts
— nur eine Art widerlicher Operation, die noch dazu öfters wiederholt werden mußte. Und sie fand
— Freddy.

Freddy — jung, schön, stark. Biegsam, rein und
ganz gewiß viel unschuldiger, als sie selbst war
trotz ihrer ärztlich begutachteten Jungfräulichkeit!
Freddy — der ihr mit seinem Leibe seine ganze Seele
gab, Freddy, der von der ersten Nacht an nichts anders mehr fühlte und dachte als nur sie — sie! Kein
Mann war er — er war ein Engel vom Himmel.

Elsa Krüger verstand sehr bald, was da vor sich
ging. Und während die beiden in ihrem Bette, in
dem Dufte der Blumen, die sie selbst gepflückt,
übermenschlich selige Nächte genossen, jagte sie
ihren Gaul durch die Felder, hetzte ihre schreiende
Qual durch die Nacht. Sie begriff: es war ein harter
Kampf um Julia. — und sie nahm diesen Kampf auf.

Ein seltsamer Kampf! Freddy führte ihn völlig

unbewußt, ohne nur zu ahnen, daß er überhaupt einen Gegner hatte. Nur mit seiner Liebe, nur mit seinen Küssen, nur mit dem entzückenden Reiz seiner Persönlichkeit.

Elsas Liebe war größer vielleicht, tiefer. Aber sie durfte sie nicht zeigen in diesen Wochen; Julia durfte nicht merken, welche Qualen sie litt. Sie mußte allen Schmerz in sich hineinfressen. Eine Nacht hatte genügt, um in Julias Herzen Freddy den Platz zu geben, den sie eingenommen hatte — obzwar diese das selbst kaum wissen mochte.

Sie empfand gut, daß bei Julia in dieser Zeit ihre Liebe gegen Freddys Liebe kaum einen Strohhalm wog. So konnte nur eines ihr helfen — Klugheit. Und die Klugheit gebot ihr, einstweilen nichts zu tun, nur zuzusehn, nur zu schweigen. Zu leiden und nichts von ihrem Jammer zu zeigen.

So hörte sie lächelnd die verliebten Ergüsse ihres blonden Pagen an, der nun so ganz sich zum Mädchen gewandelt hatte. Nahm ihre Küsse, die doch dem andern galten und die ihr das Herz zerrissen. Ließ kein Wort der Eifersucht aufkommen, tat, als ob auch sie glücklich sei in der Freundin Glück.

Dann erst, als sie sah, daß sich Julia Mutter fühlte, griff sie ein. Mitleidend und sanft, ganz allmählich und langsam blies sie ihr den Gedanken ein, daß es nun nötig sei, abzubrechen. Schön sei die Zeit und schön solle sie bleiben in ihrer Erinnerung: doch auch der liebestrunkenste Mann würde überdrüssig seiner Geliebten, wenn er sie schwanger sehe. Darum —

Das sei der Grund so vieler unglücklicher Ehen.

Ein ganzes Gespinst von Lügen ersann sie. Wußte

Antwort auf alle Einwände ihrer Freundin. Spann sie ein, ließ ihr kein kleinstes Loch, zu entschlüpfen.

Und Julia sah alles genau so, wie sie es sehn sollte. Rückhaltlos vertraute sie ihrer Freundin und jedem Wort, das sie sprach. Hatte die je ihr etwas anders getan, als liebes nur und gutes? Hatte sie nicht alles Glück ihr zu danken — und nun dieses Höchste, Größte auch? Ihr nur allein?

Nur um eine Nacht noch bat sie. Elsa Krüger lächelte, küßte sie und gab ihr die Nacht. Noch eine Nacht — und noch eine — sieben Nächte noch. Und die Freundin gab sie.

Nicht einmal schwer war es, schließlich Julia loszureißen. Mit einem Gefühl des gewissen Wiederkommens ging sie fort: nur diese Zeit der Entstellung wollte sie fern von ihm sein. Dann, eines Tages, würde sie vor ihm stehn — schöner noch, blühender als zuvor und ein lachendes Kind auf dem Arm.

Elsa Krüger wußte gut, daß ihr nun erst, nach der Trennung, der schwerste Kampf bevorstand. Sie mußte alles zurückerobern, was sie verloren hatte — mußte dazu jeden Gedanken an den geliebten Mann aus der Freundin Herzen reißen.

Sie schrieb kein Wort darüber, *wie* sie das tat. Ganz kurz nur bemerkte sie, aber unverkennbar mit einem stolzen Triumphgefühl, daß es ihr gelungen, restlos gelungen sei.

»Sie denkt an ihn«, schrieb sie, »wenn sie das gelegentlich tun sollte, etwa wie an den Prinzen aus einem schönen Märchen. Aber sie möchte dies Märchen nicht mehr mit der Wirklichkeit tauschen; wenn der Prinz plötzlich vor sie treten würde, würde sie keinen Blick für ihn haben, ihn achselzuckend wegschicken. Sie ist zufrieden und glücklich mit unsern Kindern und mir. Denn *ich* gab ihr die Kinder – wenn auch Freddy mein Werkzeug war.«

Und sie schloß ihr Schreiben:

»Ich habe, Herr Geheimrat, viel gelitten und manch qualvolle Stunden durchgemacht durch der Männer Schuld. Aber keiner von ihnen und alle zusammen nicht haben mir solche unsägliche Marter angetan, wie der Mann, den ich nie hatte – wie Freddy. Tausendmal habe ich ihm in meiner wilden Verzweiflung, in meinem jämmerlich ohnmächtigen Hasse dieselben Leiden und einen schmählichen Tod gewünscht. Heute möchte ich ihm nur Gutes wünschen, möchte versuchen, ihm in seinem eingebildeten Leiden, von dem ich unterrichtet bin, zu helfen. Wenn es ihm gelingen würde, an diese Septembernächte auch wie an ein Märchen zu denken –«

Hier brach sie ab.

Dieser Brief übte auf mich einen ganz andern Eindruck aus, als sie wohl erwartet hatte: ich fühlte mich, in der Person meines Neffen, verletzt. Sie schien mir ihrer Sache ein wenig zu sicher, zu völlig von ihrem Siege überzeugt. Ich teile, als Psychologe, gewiß nicht die moralischen Vorurteile irgendeiner sozialen Schicht, bringe jeden wie immer gearteten sexualen Beziehungen das offenste Verständnis entgegen. Diese Frau aber schien mir doch ein wenig zu weit zu gehn, wenn sie meinen Neffen Freddy nur als ‚Werkzeug' betrachtete, sich aber als den eigentlichen ‚Vater' der Kinder ihrer Geliebten.

Ich überlegte mir die Sache hin und her – grade hinter dieser übertriebenen Einstellung deuchte mich eine Schwäche verborgen zu sein. Wenn Freddys Erscheinen in der ersten Liebesnacht schon imstande war, die ganze große Liebe der blonden Julia ins Wanken zu bringen, wenn es ihm im Augenblick gelang, sich in ihrem Herzen an die Stelle der Krüger zu setzen, dann mochte ihm vielleicht ein zweiter, schönerer Sieg trotz ihrer stolzen Sicherheit nicht allzu schwer fallen. Vielleicht mochte ja in langen Jahren die Zeit seine Wunde vernarben machen – heute konnte allein Julias Kuß seine Leiden heilen, die, so eingebildet sie sein mochten, dennoch greifbar und sehr wirklich waren. Wenn aber schon jemand leiden sollte, so mochte es die Krüger sein, nicht mein Neffe, so lange ich es hindern konnte. Und diese kleine, blonde Frau – Vergangenheit her, Vergangenheit hin! – war nun einmal seiner Kinder Mutter: dies Band, das die beiden ebenso stark verband, wie die Wonne jener Septembernächte mochte schon dazu dienen, ein festes Glück für die Zukunft zu schmieden.

Ich entschloß mich kurz; nahm noch am selben Abende die Eisenbahn, um zu Freddy zu fahren.

Ich fand ihn am Bette seiner Mutter sitzen, deren Befinden beunruhigender war, als ich erwartet hatte.

Als wir allein waren, zog ich den Brief aus der Tasche. »Ich bringe gute Nachricht, Freddy«, sagte ich, »ich glaube, daß deine Karten, Julia wiederzugewinnen, garnicht so schlechte sind.«

Ich las ihm den Brief vor, entwickelte ihm dann in allen Einzelheiten meinen Gedankengang. Er hörte still zu, ohne mich ein einziges Mal zu unterbrechen.

Dann ließ er mich minutenlang auf eine Antwort

warten. »Nun, Freddy«, drängte ich, »was meinst du dazu?«

»Es ist sehr lieb von dir, Onkel«, begann er, »daß du dir so den Kopf für mich zerbrichst. Ich bin dir sehr dankbar – wirklich, das bin ich. Aber sieh: Elsa Krüger hat ganz recht, es ist alles genau so, wie sie es schreibt. *Sie* wollte die Kinder – sie und Julia! Wollte *ich* sie? Nicht den tausendsten Teil einer Sekunde habe ich je daran gedacht. Ich war das, wozu sie mich benutzt hat: ein brauchbares Werkzeug, um Julia zur Mutter zu machen. Ein Insektenmännchen – bestimmt abzusterben, nachdem es seinen Zweck erfüllt hat in der Natur. Das und nichts sonst! Es ist mir längst gelungen, recht wie es Fräulein Krüger wünscht, das alles als ein Märchen zu betrachten – ein wenig anders freilich, als sie glaubt. Mein Märchen ist nicht gestorben – nun muß ich es zu Ende leben. Bis es aufhört, irgendwo auf dem Wege.«

Dann lachte er wieder, so falsch, so gell, daß es mir wie ein Messer in die Ohren fuhr. Ein plötzlicher Gedanke durchzuckte mich. »Freddy«, rief ich, »versprich mir, daß du keine Dummheit machen wirst!«

Er verstand mich sofort. »O nein«, antwortete er, »solange die Mutter lebt, werde ich mir nichts antun. Und nun quäle mich nicht länger damit, Onkel, es tat mir weher, als du wohl glaubst!«

Sehr unzufrieden reiste ich ab am nächsten Tage.

Einige Monate später schickte mir Freddy die Todesanzeige seiner Mutter. Zugleich einen Brief, der genaue Verfügungen über sein Vermögen enthielt. Zum Schlusse teilte er mir mit, daß er nun

auf Reisen gehn würde. Doch möge ich mich beruhigen: er würde mir stets schreiben.

In der Tat erhielt ich, während über eines Jahres,
regelmäßig Nachricht von ihm aus aller Herrn Länder. Es waren nur Postkarten, die mir Grüße über-
mittelten, nichts sonst. Dann, wieder nach Monaten, bekam ich ein Schreiben unseres Konsuls in
Tientsin, der mir mitteilte, daß mein Neffe nach
kurzem Krankenlager dort verstorben sei. Eine To-
desursache sei nicht mit Sicherheit anzugeben; der
Arzt vermute Ptomainvergiftung, die zurzeit unter
den Europäern einige Opfer gefordert habe.

Gott, *möglich* konnte das sein. So oder so: seine
Pflicht war getan — sein Leben erfüllt. Irgendwie
starb er dann — irgendwo am Wege.

Armer Freddy!

XVIII

SELTSAME SKLAVENSTAATEN

»Die Sklaverei in jeder Form ist verboten!«
Abraham Lincoln.
»Ist erlaubt!!«
Stimme aus der Höhe.

Räubergastameisen.

Als die Sklaverei in der Menschheit noch selbstverständlich war, kannte man mehrere Verfahren, um zu Sklaven zu gelangen. Man machte die im Kriege Gefangenen zu Sklaven oder man veranstaltete Sklavenjagden; man züchtete Sklaven oder man kaufte sie auf dem Markte. Man konnte auch durch Gerichtsspruch zum Sklaven werden: ja, man konnte sich selbst als Sklaven verkaufen.

In der Ameisenheit haben wir bisher erst eine Art, zu Sklaven zu gelangen, kennen gelernt: die Sklavenjagden. Sie zeigen eine von den der Menschen abweichende Eigenart, insofern Kriegszüge von ganzen Völkern veranstaltet werden, die außer dem Erwerb von Sklaven auch dem von Nahrungsvorräten dienen. Nur die Brut wird geraubt, aus der dann Sklavinnen gezüchtet werden. Neben diesem Sklavenraub ganzer Völker sahen wir dann auch einzelne Tiere sich in den Besitz von Sklavinnen setzen: junge Königinnen, die das Wagnis auf eigne Faust unternahmen: sie machen auch erwachsene Emsen zu Sklavinnen.

Doch kennt die Ameisenheit noch mehr Verfahren.

Da lebt im Norden Europas eine Ameise, die — vorgestern noch — ,Tomognathus sublaevis‘ hieß — ein Name nach dem Herzen aller Fachgelehrsamkeit! Er bezeichnet eine glatte Ameise mit schmalen, schneidigen Oberkiefern. Ein Blick durch das Mikroskop zeigt zwar, daß die Ameise gar nicht glatt, sondern sehr dicht und rauh behaart ist und daß ihre Kiefer garnicht schmal, sondern vielmehr ganz auffällig breit sind — daß sie also grade umgekehrt so aussieht, wie sie ihr Name beschreibt! Leider, leider hat sie neulich diesen schönen Namen verloren — freilich durchaus nicht, weil er so ungeheuer blödsinnig war, sondern nur, weil ein anderes unglückseliges Tierchen schon diesen Prachtnamen führte. ,Harpagoxenus‘ heißt sie also seit gestern — das ist der *Räubergast;* den köstlichen ,Tomognathus‘ schleppt sie seither in Klammern mit sich herum.

Die Ameise haust, in kleinen Völkern, mit einer andern ihr verwandten Art zusammen, aus dem Geschlechte der Schmalbrüstigen.

So etwa haben sich die Räubergastameisen ihr Leben eingerichtet:

Ein kleines Volk von ihnen, Arbeiterinnen allein oder solche mit einer jungen Königin, ziehn aus, ein fremdes Nest zu erobern. Sie vertreiben alles, was darin ist, nehmen das Nest als Wohnung für sich und ziehn die fremde Brut auf. Freilich ist dieser Vorgang durchaus nicht so einfach. Im allgemeinen nämlich sind sie selbst weder kriegerisch, noch tapfer, noch zur Arbeit besonders tüchtig; die Angegriffenen werden mit ihnen verhältnismäßig leicht fertig. Jedoch scheint es, daß unter einem Räubergastvolke sich fast stets das eine oder gar mehrere Individuen befinden, die den Unternehmungsgeist, der der Allgemeinheit mangelt, in sich allein zusammenfassen. Vor diesen Ueberemsen nun haben die Fremden eine erstaunliche Angst. So jagt eine einzelne Räubergastameise ganz allein das fremde Volk aus dem Neste heraus, Emsen, Königin, auch Männchen — was halt da ist! Dann, nur mangelhaft unterstützt von ihren Schwestern, sorgt die Tatkräftige für das Aufbringen der Sklavenbrut. Ist diese Brut erst einmal groß geworden, so mag *sie* für die Ernährung und Brutpflege des ganzen Räubergastvolkes sorgen.

Nun aber werden von der Sklavenart nicht nur, wie bei den andern sklavenhaltenden Ameisen, die Arbeiterinnen aufgezogen, sondern außer diesen auch die Weibchen und Männchen. Bald gibt es auch eine Königin des Sklavenstammes im Neste, die entweder dort selbst von ihren Brüdern befruchtet worden ist, oder aber von den Sklavenemsen hereingeholt wird. Ebenso machen es auch die Räubergastemsen, falls sie allein, ohne im Besitze einer eigenen Königin, das Sklavennest erobert haben: sie suchen dann ein befruchtetes Weibchen nach der Hochzeit ins Nest zu bringen.

Ganz gelegentlich mag auch eine Sklavenjagd auf fremde Brut stattfinden — jedenfalls hat man einmal in einem Räubergastneste zwei verschiedene Arten von Sklavinnen gefunden, von denen die zweite,

459

nur in Arbeiterinnen vertretene, nur durch einen Brutraub ins Nest gekommen sein kann.

Die Räubergäste haben also das Sklavenvolk in allen drei Formen vertreten; die Sklavenkönigin hat für immer neuen Nachwuchs von Sklavinnen zu sorgen: hier ist die größte Aehnlichkeit in der Sklavenhaltung zwischen Ameisenheit und Menschheit.

Schon aus der Art, wie die Räubergäste ihre Siedlung gründen, ersieht man, daß sie an sich zur Arbeit wohl fähig sind, wie sie sich auch selbständig zu ernähren vermögen. In der Tat machen sie aber, wenn einmal ihr Staat fest gegründet ist, von dieser schönen Fähigkeit herzlich wenig Gebrauch. Sie sind der Ansicht, daß nun die Arbeit ihres Volkes getan sei und daß für alles andere in Zukunft die Sklavenart zu sorgen habe. Da man nun nicht zeitlebens Däumchen drehn kann, so beschäftigen sie sich, wie die Amazonen, in der Hauptsache mit ihrer Toilette, daneben mit Spielen und sportlichen Kämpfen, die manchmal gar in bitteren Ernst ausarten. Sie lassen sich, wie die Amazonen, von ihren Sklavinnen füttern und überlassen diesen auch völlig die Nahrungsbeschaffung, die Brutpflege beider Arten, die Sorge um die Sicherheit und den Nestbau. Selten nur, wie um ihre Langweile einmal zu unterbrechen, greifen sie selbst mit an oder ziehn einmal auf Puppenraub aus.

Jahrzehntelang glaubte man, daß die Räubergäste sich nur durch Jungfrauenzeugung fortpflanzten, da man durchaus kein Männchen auffinden konnte. Schließlich hat man doch ein paar geflügelte Männchen entdeckt, die sehr den Arbeiterinnen gleichen;

aber sie sind so außerordentlich selten, daß die Annahme jungfräulicher Zeugung für die meisten Generationen dennoch gerechtfertigt erscheint. Eine gelegentliche normale Zeugung ist ja selbst bei der durchgeführtesten Jungfrauenzeugung durchaus notwendig. Dabei ist aber die Jungfernzeugung der Räubergäste sehr verschieden von der sonst bei Ameisen üblichen. Während im allgemeinen aus unbefruchteten Eiern von.Ameisenweibchen oder auch Arbeiterinnen nur Männchen entstehn, ist es bei den Räubergästen grade umgekehrt: es entstehn nur Weibchen und Arbeiterinnen und erst nach einer Reihe von Geschlechtern wieder einmal Männchen. Ist das merkwürdig genug in der Ameisenheit, so doch keineswegs in der Natur – bei den Blattläusen haben wir dieselbe Erscheinung.

Sind die Männchen der Räubergäste, die übrigens den ihrer Sklavenart recht ähnlich sehn, geflügelt, so sind die Weibchen ihrerseits, die wieder ihren Arbeiterinnen gleichen, ungeflügelt: die Paarung wird infolgedessen in der Nähe des Nestes mit von andern Nestern auffliegenden Männchen stattfinden. Zuweilen freilich kommen neben dieser Form von Weibchen auch geflügelte vor.

Huberameisen.

Wenn die Oberkiefer der Amazonen Sicheln gleichen, so gleichen die der Säbelameisen, aus der Familie der Knotenameisen, krummen Türkensäbeln. Wir kennen eine Reihe von Arten der Säbelträgerinnen: sie zeigen recht die Entwicklung von einem über eine Sklavenschar herrschenden, körperlich sehr kräftigen Herrenvolke zu einem Volke, das, als schwächliche Schmarotzer lebend, von der Gnade der Sklavinnen völlig abhängig geworden ist.

Alle Säbelameisen, kleine Geschöpfe, im weiten Umkreise um das Mittelmeer hausend, haben als Sklavenvolk dieselbe Art, die viergeteilte Rasenameise, die ihnen nahe verwandt und sehr ähnlich ist; die gemeinsame Wohnung ist stets das Nest der Viergeteilten.

Dem stolzen Volke der Amazonen zwar durchaus nicht verwandtschaftlich, wohl aber der Lebensart am nächststehenden ist die Hubersche Säbelameise, so genannt nach dem ausgezeichneten Ameisenforscher. In manchen Stücken steht sie gar den Blutroten näher, denn sie vermag, auch ohne fremde Hilfe, einige Arbeiten zu leisten, sogar zu graben.

Die Gründung eines neuen Staates der Huberameisen geht auf ähnliche Weise vor sich, wie bei den Amazonen: die Königin zieht auf eigne Faust auf Eroberung einer fremden Stadt aus. Das Volk erhält sich dann später durch neuen Sklavenraub. Man hat das zwar bezweifelt, da man einmal beobachtete, daß von den Sklavinnen alle geraubten und eingetragenen Puppen — man hatte einem Hubervolke ein Volk von Rasenameisen nebst Brut vor das Nest geschüttet — später wieder hinausgetragen und weggeworfen wurden. Warum dies in diesem einzelnen Falle geschah, warum die guten Puppen sowohl zur Nahrung wie zur Aufzucht verschmäht wurden, vermag ich nicht zu sagen; jedenfalls wird ein besonderer Grund schon vorgelegen haben. Für mich steht die Tatsache, daß die Huberameise Sklavenraubzüge unternimmt und daß die so gewonnene Sklavenbrut von den Sklavinnen daheim großgezogen wird, außer

Frage. Man hat nie eine Rasenkönigin in ihrem Neste entdeckt; dann aber habe ich selbst bei der spanischen Säbelameise, einer der Huberameise sehr nahe verwandten Abart, Sklavinnen zweier verschiedener Arten gefunden, von denen wenigstens die eine nur durch Brutraub ins Nest gekommen sein kann – selbst wenn man annehmen will, daß die andere Art im Neste durch eine Königin vertreten war. Im Kampfe ist die kleine Huberameise sehr tüchtig, in ihrer Taktik gleicht sie den Amazonen. Auch ihr häusliches Leben ist dem der Amazonen ähnlich: verächtlich blickt sie auf alle Arbeit, läßt sich füttern und überläßt alle Sorgen um das Gemeinwohl den Sklavinnen.

Gelbrote Säbelameisen.

Nicht so selten, wie ihre Base, die Huberameise – und einige ihr nahverwandten Arten mit gleicher Lebensführung – ist die gelbrote Säbelameise; trotz ihrer Verbreitung aber ist sie schwer genug zu finden. Sie ist noch kleiner als die Rasenameise, in deren Nestern sie haust, während die Huberameise ein wenig größer als diese ist; die Gelbrote hat ferner zwar richtige glatte Säbelkiefer, aber sie ist viel zu schwach, um damit auch nur den geringsten Schaden anrichten zu können. Während die Huberameise an Zahl genau so stark im Neste vertreten ist, wie ihre Sklavin, sind bei den Gelbroten die Sklavinnen viel zahlreicher, manchmal gar in fast zwanzigfacher Anzahl vertreten.

Gewiß ist, daß eine Sklavenjagd für die Gelbroten ein Ding der Unmöglichkeit ist. Einmal sind die fremden Städte der Rasenameisen meist sehr volkreich, deren Bürgerinnen einem gelbroten Volke gegenüber also stets in ungeheurer Ueberzahl, dann aber ist auch jede einzelne Rasenemse viel kräftiger und stärker als eine Gelbrote. Freilich scheut sich diese durchaus nicht vor dem Kampfe. Führt man einen solchen herbei – man braucht dazu nur einen Haufen von fremden Rasenameisen mit ihren Puppen vor das Nest der Gelbroten auszuschütten – so wird man ein eigentümliches Schauspiel erleben. Sogleich eilen die Sklavinnen aus der gelbroten Stadt und greifen die Fremden an. Beide sind schwarz, beide gehören derselben Art an – aber sie kommen aus verschiedenen Städten, betrachten sich als verschiedene Völker und hassen einander wie die Birkebeiner und Wolfsbälge im alten Norwegen, wie die Franken und Sachsen der Karolingerzeit, wie die Florentiner und Genuesen, die Venediger und Mailänder der Renaissance einander haßten. Der Streit ist heftig, auf beiden Seiten werden eine Menge der Schwarzhemden getötet. Da kommt aus der Stadt ein kleiner Trupp der Gelbroten hervor – bis auf die letzte Kriegerin ziehn sie aus, keine bleibt zurück. Sie kämpfen nach Art homerischer Helden oder der Kreuzritter – viele jagen aus der Kampflinie heraus und stürzen als rasende Ajaxinnen in die dichteste Masse der Feinde. Dieser wilde, tollkühne Ansturm trägt Verwirrung in die mächtigen Scharen der feindlichen Schwarzhemden – sie wenden sich zur Flucht. Die Sklavinnen verdoppeln ihre Kraft: für sie und ihre Herrinnen ist der Tag entschieden.

Nur: dieser Sieg ist von den Gelbroten sehr teuer erkauft. Sie versuchen stets, nach Amazonenart, die Köpfe der Feindinnen zu fassen und mit den Oberkiefern zu durchbohren – aber sie sind viel zu klein und zu schwach dazu. Nicht eine einzige der fremden Rasenemsen können sie töten, während ihrerseits fast jede einzelne der den Linien voranstürmenden Heldinnen als Leiche auf dem Schlachtfelde liegt. Inzwischen haben die schwarzen Sklavinnen viele Gefangene gemacht; die Gelbroten versuchen, an ihnen den Tod ihrer Schwestern zu rächen. Vergebliche Mühe – sie vermögen ihnen – trotz all ihrer wilden Wut und trotzdem diese, als Gefangene, nach Ameisenart sich nicht mehr wehren, sondern alles mit sich geschehn lassen – kaum Leides anzutun: so übernehmen die Sklavinnen selbst die Hinrichtung der Gefangnen. Dann wird die Beute ins Nest getragen: auch hieran versuchen sich die Gelbroten zu beteiligen. Nun: ‚Das ging!‘ würde vielleicht die eine oder andere von ihnen stolz behaupten, wenn sie eine Puppe mit unendlicher Mühe einen Zoll weit fortschleppte. Aber, mit Faust, würde die schwarze Sklavin ihr lachend antworten:

»Das ging? Das hinkte, fiel, stand wieder auf,
Dann überschlug sich's, rollte plump zuhauf!«

Und schließlich sind es allein die Sklavinnen, die die Beute in die Stadt tragen.

Wie bei einer Schlacht, so geht's im ganzen Leben der gelbroten Säbelameisen. Sie sind vollblütig, haben Mut und Unternehmungslust, Entschlossenheit und Willenskraft. Aber: nirgends reicht es aus. Sie bekümmern sich ein wenig um die Brut, können sie aber nicht aufziehn, sondern müssen das den Sklavinnen überlassen. Sie können selbständig essen, aber doch nicht genug, um sich auf die Dauer ernähren zu können. Sie graben und bauen auch, doch leisten die Schwarzen die Hauptarbeit. Die Nahrungsorge vollends ist den schwarzen Freundinnen allein überlassen. Man kann sagen: die Gelbroten helfen überall ein wenig mit, aber sie sind dabei mehr hinderlich, als sie Nutzen bringen. Einzig beim Kampfe vermag ihr tollkühner, aufopfernder Mut einen Ueberraschungssieg zu veranlassen.

Wie kommt nun dieser seltsame Bund zustande? An und für sich sind die schwarzen Rasenameisen den Gelbroten keineswegs freundlich gesinnt. Setzt man Gelbrote, Arbeiterinnen oder Geschlechtstiere, zu Rasenameisen, so reißen diese die kleinen Gelbroten meist ohne jede Gnade in Stücke. An einen Sklavenraub, wie ihn die Blutroten und die Amazonen ausführen, können die gelbroten Säbelemsen nicht im Traume denken; trotz all ihrer Tapferkeit, würde nicht eine von einem solchen Zuge zurückkehren. Ebenso ist die Möglichkeit von der Hand zu weisen, daß eine junge gelbrote Königin ein Nest der Schwarzhemden, sei es durch List oder mit Gewalt erobern könne: selbst wenn das gelingen würde, so müßte ja, da kein Nachrauben von Sklavinnenbrut stattfinden kann, mit dem vorhandenen schwarzen Geschlecht auch das von diesem großgezogene Volk der Gelbroten aussterben.

Nun findet man in jeder Stadt der Gelbroten auch eine schwarze Königin; ihre Brut wird von ihren Töchtern, wie die der gelbroten Königin aufgezogen. Wenn man also nicht annehmen will, daß ein junges, befruchtetes Säbelweibchen von einem Volke von Rasenameisen freundlich aufgenommen wurde, oder daß gar ein ganzes gelbrotes Volk mit einem schwarzen ein Bündnis schließe — und beides ist wenig wahrscheinlich — so bleibt für die Entstehung des gemischten Staates nur eine Möglichkeit. Die nämlich, daß nach dem Hochzeitfluge, der bei beiden Arten zu gleicher Zeit stattfindet, die gelbrote Königin sich der schwarzen Königin anschließt, mit ihr ehrliche Freundschaft hält und sich von ihr helfen läßt, ihre Brut aufzuziehn.

Wir hätten es also in dem gelbrot-schwarzen Staate mit einem regelrechten Bundesstaate zu tun, in dem zwei Völker friedlich zusammenleben. Die Schwarzgerockten wären dann keineswegs als die Sklavinnen der Gelbroten zu betrachten, sondern lediglich als deren engverbündete Freundinnen. Daß die Lasten in dem Mischstaate einigermaßen ungleich verteilt sind, daß den Schwarzen alle wirkliche Arbeit zufällt, den Gelbroten aber in der Hauptsache nur das Vergnügen, würde dabei nicht besonders ins Gewicht fallen. Dagegen gibt's in diesen gemischten Staaten noch eine andere merkwürdige Tatsache, welche die Annahme, daß sich Gelbrot und Schwarz gleichberechtigt gegenüber stehn, doch einigermaßen ins Schwanken geraten läßt. Man findet nämlich zwar bei den Gelbroten außer der Königinmutter alle drei Formen, bei den Schwarzen dagegen außer dieser nur Arbeiterinnen, nicht aber Männchen und Weibchen. Ja, selbst unter den Puppen der Rasenameisen hat man nur ein einziges Mal ein paar männliche Puppen gefunden, während umgekehrt bei den Säbelameisen die Anzahl der Geschlechtstiere größer ist, als die der Arbeiterinnen.

Man mag hieraus zwei Schlüsse ziehn. Einmal liegt bei der Artentwicklung der gelbroten Säbelameisen die Neigung vor, allmählich die Arbeiterkaste – die ja eigentlich überflüssig ist, da die Schwarzen vollkommen für sie sorgen – auszumerzen. Daneben haben umgekehrt die Rasenameisen – soweit sie mit den Gelbroten in einem gemischten Staate wohnen – die individuelle Neigung, die geschlechtlichen Formen auszumerzen. Und nicht nur solche Neigung: sie tun das in der Tat.

Daß dies Vorgehn von seiten der Rasenemsen für das Wohlergehn des gemeinsamen Staates von großem Nutzen ist, scheint klar. Sie haben ja sowieso für die Gelbroten zu sorgen; sie ersparen also Arbeit, wenn sie für die Puppen der eigenen Geschlechtstiere nicht sorgen – sie vielmehr auffressen oder verfüttern. Dafür, daß sie hierzu grade die eigenen Geschlechtspuppen wählen, führt die Wissenschaft als Grund an, daß diese viel größer seien, also auf der einen Seite viel mehr Nahrung verlangten, als die Brut der Gelbroten, auf der andern Seite auch fettere Bissen abgäben.

Ich halte diese Erklärung für sehr dürftig. So einfach und bequem ist diese Frage denn doch nicht zu lösen. Bei allen einheitlichen Völkern der Ameisenheit gilt das Gesetz, daß die eigene Brut heilig ist, nur in besondern Fällen der Not wird davon gegessen. Bei den Sklavenstaaten gilt dagegen die Brut der Herrenart den Sklavinnen als heilig; daneben geben die Sklavinnen von der aus fremden Nestern geraubten Brut auch stets der Brut ihrer eignen Art den Vorzug, ziehn jedoch auch von dieser niemals Geschlechtsformen groß. Wenn nun in dem gelbrot-schwarzen Staat die Schwarzen ihre eigne gesamte geschlechtliche Aufzucht vernichten,

die der Gelbroten dagegen aufziehn, so tun sie damit etwas, was nie bei einem einheitlichen Volk,
sondern nur in Sklavenstaaten von den Sklavinnen
– dort aber regelmäßig – geschieht. Sie geben sich
dadurch also als echte Sklavinnen zu erkennen und
die Fachwissenschaft irrt, wenn sie das Verhältnis
der Gelbroten zu den Schwarzen ein gleichberech-
tigtes Bündnis nennt. In allen Stücken sind die Gelbroten die Herrinnen: sie arbeiten sozusagen nichts,
sie lassen sich vorne und hinten von den Schwarzen
bedienen. Da sie zu schwach sind, um auf Raubzüge auszuziehn, so legen sie freilich gelegentlich,
um nicht ganz vor Langeweile zu sterben, ein wenig Hand mit an, aber etwa so, wie wenn ich in der
Küche herumhantiere und die Köchin mir mehr entschieden als höflich bedeutet, doch bitte endlich hinauszugehn, da ich ihr überall nur im Wege stehe.
Alle wirkliche Arbeit verrichten die Schwarzen und
sie geben ihre echte Sklavinnennatur dadurch zu erkennen, daß sie zugunsten des besonderen Wohl-
ergehns der Herrinnen ihren eigenen Nachwuchs vernichten. Freilich sind sie größer, freilich sind sie
viel stärker als ihre Herrinnen. Aber wie die kleinen Gelbroten im Kampfe, ohne Waffen und völlig unfähig, auch nur eine Verwundung dem Feinde
beizubringen, dennoch durch ihren tollkühnen Mut
Schrecken und Verwirrung in seine Reihn tragen
und dadurch ihrer Seite den Sieg erringen, so verstehn sie es auch im Neste selbst, allein durch ihr
Auftreten sich in Hochachtung zu setzen und den
Schwarzen den Glauben beizubringen, daß sie die
Sklavinnen sind, die den Herrinnen zu dienen haben. Diese kleinen, schwachen Tierchen, die alles

nur ihrer Tatkraft und ihrem Willen zu danken haben, verächtlich als ,entartet' zu erklären — dazu gehört die verbohrte Liebe der Wissenschaft zum herrlichen Schema F!

Ein Jammer ist's, daß wir ebensowenig die Ameisensprache verstehn, wie die Ameisen die Menschensprache. Ich möchte so gern einem Gespräch zuhören, in dem ein weiser Professor einer Säbelemse auseinandersetzt, wie entartet sie im Grunde sei. Da, meine ich, möchte das kleine muntere Kerlchen sich Goethe zuhilfe rufen und dem Herrn Professor antworten:

» Was Henker! Freilich Händ' und Füße
Und Kopf und Hinterer — die sind dein!
Doch alles, was ich frisch genieße,
Ist das drum weniger mein?«

Arbeiterlose.

Es gab viele Ameisenvölker in grauer Vorzeit, die sich von fröhlichem Weidwerk oder von der ehrlichen Viehzucht nährten — genau so, wie manche das noch heute tun. Im Laufe der Zeiten wurden sie sich mehr und mehr der eignen Kraft bewußt, die sie in Kämpfen mit Nachbarn übten; ihre Völker wurden zahlreicher; größer und mutiger die einzelnen Geschöpfe. Kühne Raubritterinnen wurden aus den Jägerinnen und Hirtinnen, die nun durch Wegelagerei, Kriege und Eroberung fremder Städte und Herden Beute erwarben und ihren Lebensunterhalt gewannen. Nur auf solch wilden Kampf gestellt, mißfielen ihnen mehr und mehr die notwendigen häuslichen Geschäfte; sie lernten es, einen *Teil der geraubten Brut* großzuziehn und diesen

Fremden nun die Arbeit zu überlassen: so wurden Sklavenjägerinnen aus den Raubritterinnen. Selbst noch zu jeder Arbeit fähig sehn wir die Blutroten, von denen einzelne Städte überhaupt keine Sklavinnen haben; haben sie solche, so sind diese nur eine willkommene Hilfe, den stolzen Staat noch kräftiger und mächtiger zu machen. Sie also stehn auf dem Gipfelpunkte solcher Entwicklung. Wieder einen Schritt weiter – aber nun schon auf der absteigenden Seite des Berges – haben wir die Amazonen. Sie 'haben einesteils ihre Gestalt und Stärke, ihre natürlichen Waffen wunderbar entwickelt, dabei alles, was mit Krieg, Raub, Sklavenjagd zu tun hat, in höchster Weise vervollkommnet, haben aber diese Vervollkommnung als Kriegerinnen nur auf Kosten ihrer sonstigen Fähigkeiten erwerben können. Sie können weder graben noch bauen, können ihre eigene Brut nicht mehr aufziehn: müssen all das ihren Sklavinnen überlassen. Ja, sie haben gar die Fähigkeit, selbständig zu essen, verloren und müssen sich von ihren Dienerinnen füttern lassen, von denen sie also vollständig abhängig sind: die ,Entartung' hat eingesetzt. Schritt um Schritt geht es nun bergab, dank des entnervenden Einflusses, den das Halten von Sklaven mit sich bringt. Statt der großen, starken, kampffähigen Amazonen finden wir kleine und immer kleinere Formen. Die Huberameise kann zwar noch kämpfen und gelegentlich Sklavenjagden machen; die Gelbrote Säbelameise ist zu beidem schon völlig unfähig: sie ersetzt den Mangel an körperlicher Kraft lediglich durch eine fast komisch-wilde Tatkraft, hat also ihr ganzes Leben eigentlich nur auf einem frechen Blöff aufgebaut.

471

Auf der tiefsten Stufe stehn dann einige Arten, die sich völlig zu verächtlichen Schmarotzern bei ihrer frühern Sklavenart entwickelt haben. Sie sind klein und schwach an Körper und Hirn, haben die Arbeiterklasse völlig verloren, sind sehr gering auch an Volkszahl – kurz, sie stehn dicht vor dem Aussterben.

So stellt die Wissenschaft die Entwicklung dar. Fraglos – dieses Bild des Aufstiegs und Niedergangs einer Ameisenart durch den Sklaveninstinkt ist sehr hübsch und hat etwas außerordentlich verlockendes, zumal jede einzelne Entwicklungsstufe sich durch greifbare Beispiele belegen läßt. Einige Ameisenarten stehn erst am Beginn dieser Entwicklung, andere, wie die Blutroten und die Amazonen, sind auf ihrem Höhepunkt, während die Arbeiterlosen die ganze Laufbahn schon durchlaufen haben und nun vor ihrem Ende stehn. Der Kreis ist geschlossen: die Ameisen sind wieder da angelangt, wo sie vor Jahrbillionen anfingen: ohne Arbeiterinnen.

Wirklich, ein bestechender Gedanke und eine ausgezeichnete Anordnung. Auch kann man solch prächtige Nutzanwendung daraus ziehn. (Denn die Wissenschaft ist immer sehr für's sittlich fördernde!)

Nur leider – es stimmt nicht. Die Schuppenameisen, denen die Blutroten und Amazonen angehören, haben ganz und gar nichts zu tun mit den Langhalsigen und den Knotenameisen, zu denen die Grubenameisen, Raubgastameisen, Säbelameisen und die Arbeiterlosen gehören. Der Körperbau der Arbeiterlosen zeigt, daß sie durchaus nicht von Sklavenjägerinnen abstammen; weit eher waren ihre Vorfahren einmal Gastameisen. Alle diese einzelnen Stufen *bestehn* – *aber* zwischen ihnen ist kein Zusammenhang: von einer durchlaufenden Entwicklung kann nirgends die Rede sein.

Den passiven Sklaveninstinkt hat die Fachwissenschaft bis zum heutigen Tage ja überhaupt noch nicht begriffen – so sind uns hierüber gelehrte Abhandlungen bisher erspart geblieben. Auch da könnte man ja mit einigem guten Willen eine Entwicklung zur Entartung hin sich zurecht bauen: von den roten Waldameisen an, bei denen der Herreninstinkt, also der aktive Sklaveninstinkt umschlagen kann in den passiven Sklaveninstinkt, die Lust sich als Sklave zu fühlen – über die Lumpenameisen, bei denen nach der Ermordung ihrer Königin die Emsen der fremden Königin dienen – bis hin zu den schwarzen Rasenameisen, die in allen möglichen Formen ihren Sklaveninstinkt dartun, und Herrinnen mancher Arten dienen, die viel kleiner und schwächer, als sie selbst sind. Aber auch hier ist zu sagen: nicht der geringste Zusammenhang besteht zwischen den einzelnen Ameisenarten, die passiven Sklaveninstinkt zeigen: eine Entwicklung ist nirgend festzustellen.

Die Naturwissenschaft ist entzückt über jedes Schema – aber die Natur selbst wirft alle Schemata über den Haufen.

★   ★   ★

Wir kennen bereits ein halbes Dutzend arbeiterloser Arten; gewiß werden mit den Jahren noch mehr entdeckt werden. Alle sind selten genug; ihre Völker sind wenig zahlreich; die einzelnen Tiere sehr klein.

Die Wheelerameise ist, vor zwei Jahrzehnten, in Tunis gefunden worden; sie haust bei der Salomonameise, einer Knotenameise, wie sie selbst. Männchen und Weibchen sind geflügelt; dennoch findet kein Hochzeitflug statt, sondern Brüder und Schwestern vermählen sich schon im Neste selbst. Später erst fliegen beide aus, die Männchen nur, um zu sterben, die Weibchen, um neue Völker zu gründen. Die junge Königin sucht ein Salomonsnest und spaziert in seiner Nähe herum, bis sie von einigen Arbeiterinnen ,verhaftet' wird. Sie läßt sich diese Verhaftung geduldig gefallen, läßt sich von den Salomonemsen an Beinen und Füßen ins Nest schleppen. Dauert es ihr zu lange, bis sie gefaßt wird, so geht sie auch wohl selbst ins Nest hinein, läßt sich dann drinnen festnehmen. Die Salomonemsen nehmen sie meist sehr liebenswürdig auf, beginnen bald sie zu füttern und zu putzen; nach wenigen Tagen schon fängt sie an, Eier zu legen. Die junge Brut wird von den Salomonemsen gepflegt, deren Liebe zu der fremden Königin von Tag zu Tag wächst. In demselben Maße aber schwindet die Liebe zu ihrer eigenen Königinmutter; diese wird mehr und mehr vernachlässigt, bis sie eines Tages von ihren eignen Töchtern getötet wird — einer der wenigen Fälle zwangsläufigen Muttermords, die die Tiergeschichte kennt.

Aehnlich spielt sich die Gründung eines Volkes bei der amerikanischen ,Mitsparerin' ab, die bei einer Sparameise haust und die noch kleiner ist als die Wheelerameise, sowie bei einigen anderen seltenen Arten. Immerhin sind alle diese Arten körperlich durchaus normal und nicht verkümmert. Den wirklichen Tiefstand hat allein die europäische ,Arbeiterlose' erreicht; bei ihr allein kann man von einer

Entartung reden. Sie haust bei der schwarzen Rasenameise, dieser Ameisenart, bei der der Knechtsin-
stinkt so besonders stark entwickelt ist.

Trifft eine junge Königin der Arbeiterlosen eine
Stadt der Schwarzen, so mag sie darauf rechnen, daß
diese Stadt in kurzer Zeit ihr gehört und niemandem
sonst. Sie wird liebevoll aufgenommen, gehegt und
gepflegt und kann sich gleich daran machen, Eier
zu legen. Pech ist es freilich, wenn nicht sie allein,
sondern mit ihr einige ihrer Schwestern in das Nest
gedrungen sind, dann werden alle andern getötet
oder hinausgetrieben: nur eine einzige bleibt zurück
als die Herrscherin.

Die rechtmäßige Königin der Schwarzhemden wird
vernachlässigt, wird schließlich von ihren Töchtern
gemordet und hinausgeschafft: in selbstgewählter
Knechtschaft dienen diese als Sklavinnen der neuen
Königin.

Die Bevölkerung der Stadt sieht nun so aus: viele
schwarze Arbeiterinnen und eine Königin der Arbeiterlosen. Sie ist sehr klein, diese Königin, aber
ihr Leib beginnt jetzt ungeheuerlich anzuschwellen;
sie sieht bald genau so aus, wie eine der ballon-
bäuchigen Arbeiterinnen der Honigameisen, die ihr
Leben als lebendige Honigfässer zubringen. Nur
hängen diese hübsch nebeneinander an der Decke
ihres Kellers, während die Arbeiterlosenkönigin am
Boden herumliegt und sich nicht regen kann; sie
vermag mit den Beinen den Grund kaum mehr zu
berühren und hält sich darum an der Wand fest.
Stets sind ihre Dienerinnen um sie beschäftigt, füttern sie, putzen sie, schleppen sie auch wohl von
einer Kammer in die andere. Inzwischen legt die Kö-

nigin Eier; in den Kinderstuben sammelt sich die junge Brut. Was mit der noch im Neste vorhandenen Brut der alten, getöteten Rasenkönigin wird, ist nicht recht klar, da man niemals in solchem Neste Brut von Rasenameisen fand. Möglich, daß mit dem widernatürlichen Haß gegen die eigene Königin-Mutter sich bei ihren Töchtern auch eine plötzliche Abneigung gegen deren Brut entwickelt, sodaß diese aufgefressen oder weggeworfen wird. Wahrscheinlicher scheint mir freilich, daß wenigstens die älteren Larven und Puppen noch großgezogen werden und daß man diese Rasenameisenbrut nur deshalb noch nicht fand, weil eben bisher noch kein Mensch das Glück hatte, auf ein solches Nest zu stoßen, in dem erst vor kurzer Frist eine Arbeiterlosenkönigin ihren Einzug hielt.

Inzwischen wächst deren Brut, wohlgepflegt, allmählich heran — aber es sind *nur* Geschlechtstiere. Eine Arbeiterinnenkaste ist nicht mehr nötig, da ja alle Arbeit, ohne jede Ausnahme, von den Schwarzhemden getan wird. Die jungen Weibchen sind kleine, zierliche, geflügelte Geschöpfe, aber die Männchen sind recht üble Mißgeburten. Sie sehn viel eher aus wie verkrüppelte Flöhe, als wie ehrliche Ameisen. Flügel haben sie nicht; die Farbe ist ein ungesundes Gelb, der Hinterleib ist, wie bei Larven, stark nach unten gebogen. Gehn kann die Mißgeburt auch nicht recht; sie schwankt so wakkelnd herum. Ja, meistens fehlt ihr gar das den Ameisen so sehr notwendige Stück, die Reinigungsbürste an den Vorderbeinen, sodaß sie sich nicht einmal ordentlich reinigen kann. Ebenso sind die Oberkiefer ganz klein und schwach. Auch die Augen, die sonst bei den Geschlechtstieren der Ameisen besonders gut entwickelt sind, sind bei den Männchen der Arbeiterlosen verkümmert. Für diese armseligen Scheusäler nun hegen die schwarzen Sklavinnen eine ganz besondere Vorliebe. Sie tragen sie herum, lecken und putzen sie andauernd. Um die mehr selbständigen geflügelten Weibchen bekümmern sie sich weniger, wenn auch diese wie die Männchen stets gefüttert werden; selbständig Nahrung zu sich nehmen vermögen sie nicht, weil die Mundteile verkümmert sind.

Da die Männchen nicht fliegen können, muß die Hochzeit zwischen Brüdern und Schwestern im Neste selbst stattfinden. Aber selbst bei dieser Verrichtung zeigen sich die Männchen blöd und ungeschickt, stellen immer wieder erneute, oft erfolglose Versuche an, sodaß stets eine Reihe von Weibchen unbefruchtet bleibt. Die Paarung selbst macht garnicht den Eindruck einer Ameisenhochzeit; es sieht vielmehr so aus, als wenn Käfer plump und lange aneinander hängen.

Nach der Hochzeit fliegen die Weibchen aus. Die Sklavinnen haben nun plötzlich jede Liebe zu den Männchen verloren; sie tragen sie aus dem Neste und überlassen sie dort ihrem Schicksal.

Wie der Lebensinhalt, so ist auch die Lebensdauer eines solchen Arbeiterlosenvolkes vollkommen abhängig von den sie betreuenden schwarzen Dienerinnen. Das Geschlecht der Schwarzen kann etwa ein Alter von drei bis vier Jahren erreichen. Möglich, daß sich ihnen zuweilen verirrte Rasenemsen eines fremden Volkes anschließen — aber das kann die Dauer des Staates nicht wesentlich verlängern.

Eine nach der andern sterben die schwarzen Dienerinnen; mit ihrem Tode ist auch das Schicksal der
Arbeiterlosenkönigin und ihrer Brut, ihrer Töchter
und mißgestalteten Söhne besiegelt, höchstens mag
ein schon befruchtetes Weibchen ausfliegen und
sich zu andern Rasenameisen retten. Die übrigen
sind unweigerlich zum Hungertode verdammt: diese
Todesart ist also für jede Arbeiterlosenkönigin, der
es gelingt, ein Volk zu gründen, das natürliche Ende.

LEBT WOHL, SECHSBEINER!

Heute habe ich all meine Nester ausgeschüttet.

Nun bin ich bald fertig mit diesem Buch — da brauch ich sie nicht mehr. Im allgemeinen haben sie's ganz gut bei mir gehabt — dennoch bin ich überzeugt, daß es ihnen draußen besser gefällt.

Ich habe ihnen gute Plätze ausgesucht, in Wald und Wiesen; den ganzen Tag bin ich rumgelaufen. Ein paar Arten sind dabei, die's bisher nicht gab auf der Insel: mögen sie blühen, wachsen und gedeihen!

Schöne Abschiedsreden hab ich ihnen gehalten, gute Ratschläge ihnen gegeben. Und habe ihnen allen noch hübsch Futter hingelegt, für die erste Zeit.

Am Abend hat mir die Hoteldirektion einen großen Hummer geschickt und zwei Flaschen Brioniwein, Vino Scelto, bestes Gewächs der Inseln. Die Direktion denkt, daß ich endlich vernünftig geworden sei und es ihr zuliebe getan habe.

Zum Weine hab ich Don Lello eingeladen — der ist auch ein Dichter. Auf das Wohl aller Ameisen in der ganzen Welt haben wir getrunken.

XIX

PSYCHOLOGISCHES

In formica non modo sensus, sed etiam mens,
ratio, memoria.

Cicero, *De natura deorum, III, 21.*

Sinne.

Die Verbindung jedes Menschen und jeden Tieres
zur Außenwelt wird durch die Sinne vermittelt.
Wenn man mit dem Seelenleben des Menschen sich
beschäftigt, braucht man, von Einzeluntersuchungen
abgesehn, den Sinnen wenig Aufmerksamkeit zu
schenken, da jeder Mensch in jeder wachen Sekunde
seines Lebens ihre Tätigkeit erlebt, also erfahrungs-
gemäß genügende Kenntnis von ihnen hat. Beschäftigen wir uns aber mit einem Tiere, von dessen
Seelenleben wir ja nur durch Beobachtung seiner
Sinnesäußerungen Kenntnis gewinnen können, so
müssen wir diese Sinne eingehend studieren, da sie
oft von den menschlichen durchaus abweichen; wir
müssen dann versuchen, so gut das gehn mag, uns
in das Wesen eines Geschöpfes mit andersgearteten
Sinnen hineinzudenken. Nur so gewinnen wir eine
einigermaßen sichere Grundlage.

Dem *Gesicht* der Ameisen hat die Wissenschaft
eine nur kleine Rolle zugewiesen. Manche Arten ha-

ben, wenigstens in der Arbeiterinnenkaste, überhaupt keine Augen, andere wieder haben zwar Augen, aber keinen Sehnerv, sodaß auch sie blind sind. Bei den Arten, die sehn können, sind die Augen der Arbeiterinnen mäßig entwickelt, sie haben eine viel kleinere Anzahl Fazetten, als die der Geschlechtstiere. Viel brauchbarere Augen haben die Weibchen, noch bessere die Männchen — beide benötigen sie beim Hochzeitfluge. Außer diesen seitlich gelegenen Augen finden wir dann noch — in der Regel nur bei den Geschlechtstieren — die Stirnaugen, eins oder zwei, meist jedoch drei. Wozu diese Stirnaugen dienen sollen, wissen wir nicht; jemand hat vermutet, daß sie zum Nahesehn in der Dunkelheit dienen — und die andern schreiben diese Behauptung dem ‚Jemand' nach.

In der Tat spielt das Gesicht eine größere Rolle im Leben der Ameisen, als man gewöhnlich zugeben will. Man schreibt das Sichzurechtfinden der Ameisen außerhalb des Nestes dem Geruch und Gefühl zu, während doch das Gesicht dabei ebenso beteiligt ist. Die Richtung — von und zum Neste — wird mit dem Gesichtssinn wahrgenommen, wobei die Augen die Rolle eines Kompasses spielen. So vermögen Ameisen, wenn man einen Teil des Heimweges unter Wasser setzt, also jede Geruchspur zunichte macht, dennoch schwimmend die grade Richtung zum Neste beizubehalten. Bringt man auf einer Ameisenstraße eine drehbare Scheibe an, über welche die Ameisen laufen müssen, so kann man sich leicht überzeugen, wie sie die Richtung zum Neste stets beibehalten. Nehmen wir an, daß sich auf der Scheibe gerade eine Anzahl von Emsen befände, die mit Beute beladen nach Hause ziehn. Drehn wir nun die Scheibe um, so müssen sie alle vom Neste fortlaufen. Aber sie bemerken sehr bald diesen Irrtum, drehn um und nehmen die grade Richtung zum Neste wieder auf. Mit andern Worten: sie richten sich nach der Lichtquelle – in der Natur nach der Sonne, frei oder bewölkt; nach der elektrischen Birne im Laboratorium. Daneben richten sich die Emsen auch nach Wegmarken wie Steinchen oder Holzteilchen, wobei das Auge eine ebenso große Rolle spielt wie der Geruch. Eigentümlich und bisher wenig geklärt ist ihr merkwürdiges Vermögen, die Entfernung zum Neste richtig einzuschätzen. Setzt man die Drehscheibe mit den auf ihr laufenden Ameisen zwei Meter rechts von der Ameisenstraße, so laufen die Emsen gradeaus weiter, in der Richtung geleitet von der Lichtquelle, also parallel ihrer Straße. Sie kommen aber natürlich nicht zum Neste. Genau zwei Meter rechts davon werden sie unruhig: an dieser Stelle vermuten sie ihr Heim. Sie laufen nun nicht weiter, sondern suchen im Umkreise herum.

Das Auge der Ameisen ist entwickelt genug, um Farben und Formen unterscheiden und erkennen zu können, freilich in anderer Weise, als das Menschenauge. Langwellige Lichtstrahlen ziehn sie kurzwelligen vor; violett ist ihnen also sichtbarer und darum weniger angenehm als rot und grün, während uns diese Farben sichtbarer sind. Wir sehn im Spektrum drei Hauptfarben: rot, grün, violett; die Ameisen nur zwei: eine Farbe, die aus den violetten und ultravioletten Strahlen und eine andere, die aus rot und grün besteht. Was das Erkennen von

Formen angeht, so kann das Männchen auf ziemlich bedeutende Entfernung das fliegende Weibchen erkennen, während die weniger entwickelten Augen der Arbeiterinnen nur auf geringe Entfernung zu sehn vermögen.

Der *Gefühlssinn* der Ameisen, wenig erforscht, erstreckt sich über den ganzen Körper. Ueberall finden wir Tasthaare, doch besonders zahlreich und fein sind diese an den Fühlern. Da nun die Ameise ständig ihre Fühler benutzt, so ist anzunehmen, daß sie durch Tasten ein Bild des Betasteten gewinnt, etwa ähnlich dem Bild, das ein blinder Mensch von Gegenständen durch Befühlen gewinnt. Nun aber sind die Fühler zugleich auch die Träger des Geruchssinnes: in ihnen also mischen sich Tast- und Geruchssinn zu einem ganz besondern Sinne. Bei den Tasthaaren, mit denen der Leib bedeckt ist, kann man dagegen von einem *reinen* Gefühlssinn sprechen; auch dort, wo keine Tasthaare sind, vermag die Ameise zu fühlen. Zweifellos vermögen die Ameisen Schmerz zu empfinden, wenn auch nicht entfernt so wie Menschen; man kann einer Emse ein Bein oder gar den Hinterleib, während sie am Futternapf sitzt, vorsichtig abschneiden, sie wird es zunächst kaum bemerken, sondern ihren Honig ruhig weiter schlecken. Allerdings wurden im letzten Kriege oft Fälle beobachtet, daß Soldaten lebensgefährliche Verwundungen und Verstümmelungen erhielten, die sie in der Hitze des Gefechtes garnicht bemerkten, sondern erst viel später.

Uebertrifft der menschliche Gesichtssinn den der Ameise, so ist dafür deren *Geruchssinn* umso besser entwickelt. Er hat ebenfalls seinen Sitz in den Füh-

lern, schneidet man diese ab, so vermag die Emse
Freund und Feind nicht zu unterscheiden, ja nicht
einmal Nahrung zu finden. Die Berührung eines Ge-
genstandes mit den Fühlern ist zur Wahrnehmung
des Geruchs nicht notwendig; die Ameise vermag
Düfte aus Entfernungen zu riechen. Hier würde also ein dem menschlichen ähnlicher Geruchssinn in
Frage kommen. Berührt sie dagegen einen Gegenstand mit den Fühlern, so vermischen sich in dem
Empfinden der Ameise Tastsinn und Geruchssinn so
innig, daß sie nicht mehr voneinander zu trennen
sind, ja, daß man kaum von dem einen und andern – oder gar dem einen oder andern – sprechen
kann, sondern einen neuen aus den beiden hervor-
gegangenen Sinn annehmen muß. So einfach und
einleuchtend das auf den ersten Blick erscheint, so
ist die Wirkung eines solchen Doppelsinnes, eines
Tastgeruchsinnes, doch nicht so ganz leicht sich
klarzumachen, zumal wir dabei versuchen müssen,
die uns in Fleisch und Blut übergegangenen Begriffe des Riechens und Fühlens als einzelner Sinnesäußerungen auszuscheiden. Man versuche sich also vorzustellen, daß wir blind seien, dafür aber eine
elefantenrüsselige Nase hätten, die nicht nur ausgezeichnet riechen könnte, sondern zugleich ein überaus feines Gefühl habe. Mit dieser Tastnase also
befühlschnuppern wir nun jeden Gegenstand, um
uns ein Bild von ihm zu machen, tun das rein ge-
wohnheitsmäßig, genau so, wie wir jetzt unsere Augen benutzen. Da wir die Form durch das Gefühl,
den Duft durch den Geruch *zugleich* erhalten und
beide Eindrücke voneinander nicht scheiden, sondern als *einen* empfinden, so würden wir etwa ein

Ding als ‚rundranzig‘, ein anderes als ‚bitterspitz‘ ansprechen. Es erhellt daraus, wie verschieden die Aussenwelt einem Wesen erscheinen muß, das sie hauptsächlich mit dem Gesicht wahrnimmt und einem andern Wesen, das sie mit dem *Tastgeruch* aufnimmt. Dazu nun müssen wir uns gegenwärtig machen, daß unser menschlicher Tastsinn und Geruchssinn sehr verkümmert zu nennen sind im Vergleiche zu dem Tastgeruchsinn, den die Ameisenfühler ihren Besitzerinnen vermitteln.

Geruch und *Geschmack* ist schon bei Menschen oft nur sehr schwer voneinander zu scheiden; wie sehr beide ineinander übergehn, erhellt daraus, daß — in allen Kultursprachen — dieselben Ausdrücke sowohl einen bestimmten Geschmack wie einen bestimmten Geruch bezeichnen. So schmeckt — und riecht — etwas sauer oder süß, ranzig oder bitter. Bei den Ameisen ist es nicht anders. Obwohl sie im allgemeinen alles lieben, was gut riecht, und alles, was stinkt, nicht mögen, kann man doch leicht einen besonderen Geschmackssinn feststellen; man braucht nur ihrer Lieblingsspeise, Honig, etwas ihnen unangenehmes, dabei aber geruchsloses, etwa Morphium, beizumischen. Von dem Honiggeruch angelockt, eilen sie sofort heran, merken aber, sowie sie mit dem Munde den Honig berühren, den widerlichen Geschmack und essen nichts davon.

Wenig sicheres wissen wir bisher über den *Gehörssinn* der Ameisen. Die Verständigung der Ameisen ist eine Tastsprache, vielleicht unserer Blindensprache zu vergleichen, doch kann diese nur in nächster Nähe, von Fühler zu Fühler angewendet werden. Nun aber steht einmal fest, daß die Ameisen sich auch über Entfernung hin verständigen können und zweitens, daß sie eine Reihe von Geräuschen bei bestimmten Gelegenheiten hervorbringen – man muß also, auch wenn man noch nicht weiß, *wie* sie das machen, dennoch schließen, daß sie hören können. Einige Forscher vermuten, daß der Gehörssinn in den Vorderbeinen seinen Sitz habe. Wie Geschmack und Geruch, so ist Gefühl und Gehör auch beim Menschen sehr nahe miteinander verwandt. Daß beide uns getrennt erscheinen, kommt nur daher, daß die Luftwellen, die uns einen Ton zutragen, von uns nicht gefühlt werden, da unser Gefühl nicht fein genug dazu ist, sie noch wahrnehmen zu können. Schwimmen wir aber mit dem Kopf unter Wasser, so können wir einen starken Ton zu gleicher Zeit sehr wohl fühlen und hören. Bei plötzlicher Bedrohung des Nestes schlagen die Ameisen einiger Arten heftig mit dem Hinterleib auf den Boden, die anderer Arten mit dem Kopfe gegen die Wand ihres Nestes und rufen so ein Geräusch hervor, das auch das menschliche Ohr hören kann. Außerdem aber besitzen manche Ameisenarten am Hinterleibe, ähnlich wie die Heimchen, Schrillorgane; sie vermögen durch Aufeinanderreiben von Plättchen zirpende Geräusche hervorzubringen. Sowie eine Emse einen guten Futterplatz gefunden hat, fängt sie an zu zirpen und ruft dadurch im Augenblicke ihre Schwestern herbei. Bei einzelnen Arten, wie bei den Pilzzüchterinnen, vermag man dies Zirpen deutlich zu hören. Da nun die großen Weibchen am lautesten zirpen können, dann, in immer schwächeren Abstufungen, die Soldatinnen, die

486

Männchen, die großen, mittleren und ganz kleinen Arbeiterinnen, so mag jedes im Volke sehr leicht heraushören, wer um Hilfe zirpt.

★   ★   ★

Das Gehirn empfängt als Nervenzentrum die Sinneseindrücke und verarbeitet sie. Sehr klein und verkümmert ist es bei den Männchen, viel besser entwickelt bei den Weibchen und den Arbeiterinnen. Bei manchen Arten, bei denen die Königin besonders große Arbeit leistet, besonders auch nach der Gründung ihres Volkes noch an dem Staatsleben regen Anteil nimmt und sich nicht nur auf Eierlegen beschränkt, sondern auch sonst mit zugreift, ist das Gehirn der Königin dem der Arbeiterinnen zumindest gleich. Bei anderen Arten, bei denen die Königin nach Gründung des Volkes nur noch eine passive Rolle spielt, ist das Gehirn der Arbeiterinnen besser entwickelt. Dementsprechend sind dann auch die Ameisenmännchen geborene Trottel, die nur zur Fortpflanzung im Reiche benötigt werden, während die Weibchen und besonders die Emsen hohe geistige Fähigkeiten besitzen.

Instinkt.

Wenn man je das große Kotzen bekommt, dann ist es bei der Weisheit, die Naturwissenschaftler, Philosophen und Theologen auspacken, wenn sie auf Instinkt zu reden kommen. Es herrscht eine Begriffsverwirrung, mit der verglichen der Wirrwarr beim Turmbau zu Babel wie der einfachste Satz aus der Kinderfibel anmutet.

Dabei ist es letzten Endes gleichgiltig, ob man die **Begriffe** Instinkt, Vernunft, Verstand so oder so faßt.

Die Hauptsache ist, daß die Worte in den Sprachen eine wirklich feste Bedeutung bekommen. Dann erst, wenn sie wirklich etwas bestimmtes besagen, kann man mit ihnen arbeiten; solange sie nichts als verschwommene Begriffe sind, die immer wieder ineinander übergehn, ist aller Wortschwulst der Herrn Gelehrten nur ein hanswursthaftes Seiltanzen. Während bei den einen Vernunft und Verstand ineinanderfließen, mischen sich bei andern Reflex und Instinkt, Instinkt und Intelligenz. Was der erste noch Reflex nennt, bezeichnet der zweite schon als Instinkt, was der dritte Intelligenz nennt, ist dem vierten lediglich Instinkt, während der fünfte einen neuen verschwommenen Begriff prägt und zwischen Instinkt und Intelligenz die *Plastizität* einschiebt. Er ahnt dabei garnicht, daß er mit diesem neuen Begriff nichts erklärt und nichts vereinfacht, sondern alles nur noch breiiger und verwirrter macht.

Daß all diese Begriffe an bestimmten Punkten ineinander übergehn, ist ohne weiteres klar. Dennoch ist es nötig, einmal scharfe Grenzen zu ziehn und vor allem dem einzelnen Begriff einen festen, allgemeingiltigen Sinn zu geben. Ich habe Stöße von Büchern berühmtester Weisen gelesen und ich darf feststellen, daß sich von Jahr zu Jahr diese Begriffe mehr verwirren. Von Kant, Schelling, Schopenhauer über E. v. Hartmann, Spencer, Wundt, Claude-Bernard zu Bergson, Driesch, J. Loeb, Semon – um nur einige der allerbekanntesten Namen zu nennen – führt der Weg in immer tiefere Irrgärten. Man könnte allein mit den verschiedenen Definitionen des Instinkts ein starkes Buch anfüllen.

Bei den heute führenden Myrmekologen Forel,

Wasmann, Wheeler, finde ich folgende Definitionen:

»Instinkt ist eine mehr oder weniger komplizierte Tätigkeit, die ein Organismus ausübt, welcher erstens mehr als Ganzes, denn als Teil handelt, zweitens mehr als Repräsentant einer Art, denn als Individuum, drittens ohne vorausgehende Erfahrung, viertens mit einem Zweck oder einer Absicht, von der er keine Kenntnis hat.« (Wheeler.)

»Instinkt beginnt erst dort, wo ein Erkenntnisleben vorhanden ist. – Nur jene Tätigkeiten können instinktiv genannt werden, die ihre nächste Ursache in einer sinnlichen Wahrnehmung, Empfindung oder Vorstellung haben. Die unbewußt zweckmäßige Verbindung bestimmter sinnlicher Wahrnehmungen oder Empfindungen mit den entsprechenden Trieben und äußeren Tätigkeiten – das ist eigentlich das Wesen der Instinkthandlungen.« (Wasmann.)

»Instinkt ist ein erblich fixierter und übertragener, hereditärer, mehrphasiger Engrammkomplex, dessen erste Phase im Leben des Einzelindividuums durch eine spezifische, aktuelle, energetische Situation ekphoriert wird und dessen weitere Phasen sich – unter steter Kontrolle seitens der jeweils neu entstandenen Reizsituationen – als automatische Handlung sukzessive und mehr oder minder zwangsmäßig weiter abwickeln.« (Forel.)

Nun bitte ich meine sehr gütigen Leser, sich diese drei Pröbchen menschlicher Denkarbeit noch einmal durchzulesen. Das Forelsche Sprüchlein bedingt zum Verständnis eine sehr eingehende Vorarbeit, vor allem die gründliche Kenntnis der Lehre Semon's. Es ist zudem eigentlich gar keine Definition des Begriffes Instinkt, sondern, wie Forels begeisterte Schüler sagen, »eine endgiltige Ausschaltung des alten abgedroschenen Instinktbegriffes und dessen Ersatz durch eine klare, eindeutige Erklärung«. Endgiltig? Nichts ist in der Wissenschaft endgiltig — was zehn Jahre lang lebt, hat schon ein sehr langes Leben. Klar und eindeutig? Für den Biologen vom Fach vielleicht, aber jeder Laie, wie jeder nicht rein biologisch eingestellte Wissenschaftler kann auch nicht das geringste damit anfangen.

Das Wheelersche Sprüchlein ist ganz begreiflich, auch für jeden Laien. Aber es ist rein formal und für den Biologen völlig nichtssagend. Denn wie soll man in einem Organismus feststellen können, wo das Ganze aufhört und wo der Teil anfängt? Und kein Mensch auf der Welt kann sich eine Tätigkeit vorstellen, die »unbewußt absichtlich« ist.

Am gefährlichsten jedoch ist Wasmann, der in seiner Definition, die ebenfalls mit dem »unbewußt Zweckmäßigen« jongliert — so wie überall dort, wo er mit dem Begriff Instinkt arbeitet, seltsame Purzelbäume schlägt. Die Begriffsverwirrung der Wissenschaft ist ihm äußerst willkommen, um für sich dabei im Trüben zu fischen. Er gebraucht den Begriff Instinkt ganz unterschiedslos für alle möglichen Aeußerungen der Tierseele, bezeichnet als ‚instinktiv‘ Tätigkeiten, die kein anderer Mensch je als solche angesprochen hat, noch je ansprechen wird. Ja selbst, wo es sich handelt um auf den besonderen Einzelfall sich einstellende Aeußerungen — sogenannte ‚plastische‘ Anpassungen — auf Grund individuell erworbener Erfahrungen, selbst da redet er noch von instinktiven Handlungen. Dieser Naturwissenschaftler hat letzten Endes nur den einen Gedanken im Kopf, die Lehren des heiligen Thomas von Aquino über die menschliche Seele zu retten. Deshalb dürfen die Tiere unter gar keinen Umständen Intelligenz besitzen; schon der Begriff der ‚Plastizität‘ ist ihm zuwider, weil der immerhin ein wenig nach Intelligenz riecht. Nur der Mensch allein ist intelligent, ist es, weil er vom Lieben Gott eine Seele erhielt. Und so schließt wieder und wieder Wasmann mit einem »Te Deum«, versucht immer aufs neue zu beweisen, daß nur ein persönlicher Lieber Gott diese herrliche Welt erschaffen haben könne. Wie skrupellos er dabei vorgeht, mag aus folgendem Stückchen erhellen, das er dem alten Peter Huber entnimmt:

»Beim Anblick dieser Völkerscharen (der Ameisen), die zu unseren Füßen wohnen, und in denen soviel Ordnung und Einklang herrscht, glaube ich den Schöpfer der Natur zu schauen, wie er mit seiner allmächtigen Hand die Gesetze einer Republik (der Ameisen) vorzeichnet, die frei ist von Mißbräuchen; oder wie er das Urbild dieser gemischten Gesellschaften (der Sklavenstaaten) entwirft, in denen Knechtschaft mit den Interessen aller sich verbindet!« – »Das soll«, fügt Wasmann hinzu, »auch unser Schlußwort sein!«

Als der treffliche Peter Huber vor mehr als hundert Jahren diese Worte schrieb, waren sie ehrlich und wahr – als Schlußwort Wasmanns wirken sie gradezu als eine Gotteslästerung. Wasmann macht sich sonst gerne über Huber lustig, nennt ihn ‚rhetorisch angehaucht‘; hier plötzlich macht er die schönen, aber gewiß ‚rhetorisch angehauchten‘ Worte zu seinen eignen. Und er tut das, nachdem er vorher auf hunderten von Seiten genau das Gegenteil von dem erzählt hat, was Huber in diesem Satze schreibt! Huber glaubt ehrlich, daß die Ameisenrepublik ‚frei von Mißbräuchen‘ sei, glaubt, daß sich in den Sklavenstaaten ‚die Knechtschaft mit den Interessen aller verbinde‘ -- und *darum*, um dieser *‚Ordnung und dieses Einklangs‘* willen, preist er Gott. Wasmann hat uns auf Grund eingehender, in langen Jahren gesammelter persönlicher Erfahrungen und Erkenntnisse dargestellt und zu beweisen versucht, daß es in den Ameisenrepubliken eine ganze Menge der allerschlimmsten Mißbräuche gibt und daß die ‚Knechtschaft‘ sich nicht nur nicht ‚mit den Interessen aller verbindet‘, sondern im Gegenteil allen, sowohl den Herrinnen, wie den Sklavinnen sehr schädlich sei! – Woher nimmt er da den Mut, dafür Gott zu preisen?

Aber: es wäre eine große Ungerechtigkeit, nur den guten Vater Wasmann so festzunageln und die andern Weisen frei ausgehn zu lassen. Alle haben sie große Verdienste und von allen hab ich gelernt. Doch geärgert haben sie mich alle – jeder mit seinem eigenen Spleen. Es ist halt schon so, wie's in Grimmelshausen's Simplicissimus heißt: »Ich glaube, es sei kein Mensch auf der Welt, der nicht seinen besondern Sparrn habe – denn wir sind alle einerlei Geschöpfe – und ich kann bei meinem Birn' wohl merken, wenn andere zeitig sind.« Der Professor Forel aber hat gradezu eine Sammlung von Sparrn sich zugelegt und ist damit durch die ganze Welt hausieren gegangen.

Ich muß bei ihm einen Augenblick verweilen, weil
der Fall Forel mir besondere Gelegenheit gibt, zu
zeigen, warum es eine Notwendigkeit erschien, daß
dies Buch nicht von einem Fachgelehrten, sondern
von einem Laien geschrieben wurde. Sein Buch
»Mensch und Ameise« erschien unlängst, nicht
in einem wissenschaftlichen, sondern in einem
schöngeistigen Verlage: es ist augenscheinlich für
den allgemeinen Leserkreis geschrieben. Im Vorwort
nennt Forel dies Buch »eine Zusammenstellung seiner durch sechsundsechzig Jahre verfolgten Studien
über die Ameisen, verbunden mit Studien über die
verschiedenen Funktionen des menschlichen Gehir-
nes sowie mit Darstellungen über den verderblichen
Einfluß des Weltkrieges«.

Schon 1894 hatte Forel auf der 66. Versammlung
deutscher Naturforscher und Aerzte zu Wien einen
Satz gesprochen, der ihm so schön und so wichtig
erscheint, daß er ihn jetzt als besonders grund-
legend wiederholt:

»Das Studium der phylogenetischen Evolution der
Tierbiologie bringt uns zu der Ueberzeugung, daß
die ursprünglichste Nervenwellentätigkeit eine mehr
plastische ist, die jedoch bei geringer Elementen-
zahl und hohen Anforderungen zur Bildung von ein-
seitigen erblichen Automatismen führt. Uebrigens
sind beide Tätigkeiten nur relativ verschieden. In
uns selbst können wir bei jeder Erlernung den allmählichen Uebergang der einen in die andere sowohl zentrifugal (technische Fähigkeiten) wie zen-
tripetal (abstraktes Denken) studieren.«

Die Herrn zu Wien müssen sich sehr blöd vorgekommen sein, als der weltberühmte Forscher ihnen

diesen großartigen Satz an den Kopf warf. Gesprochen kann natürlich kein Mensch in der Welt das verstehn. Liest man es, so begreift man zwar nach einigem Bemühn, was Forel sagen möchte, aber man hat zugleich das Mißtrauen, daß er selber seiner Sache keineswegs sicher ist. Und gleich aus dem folgenden Satze geht hervor, daß der Gelehrte im Grunde nur mit Worten herumjongliert. Er sagt da:

»Dadurch, daß die individuell erworbenen Gehirnengramme unter sich mittels neuer Ekphorien immer zahlreicher und mannigfaltiger kombiniert werden, wird die Arbeit der Neuronen immer plastischer d. h. modifikationsfähiger.«

Das ist doch heller Unsinn! Warum in aller Welt soll denn *dadurch* die Arbeit der Neuronen »immer plastischer« werden??

»Die latente Kumulierung«, behauptet Forel weiter, »der individuell erworbenen Engramme im Laufe von Jahrtausenden und Jahrmillionen bewirkt nach und nach bei jeder Art Lebewesen das Ausschlüpfen neuer auf solche Weise erworbener Merkmale (de Vries: Mutation).«

Jaduliebergott: aber die Mutation ist doch grade sprunghaft! Es heißt doch die Lehre de Vries' auf den Kopf stellen, wenn man behauptet, daß Kumulierung — Mutation bewirke! Oder aber: Forel will die recht einfältige Weisheit aussprechen, daß ,die Natur endlos sei im Hervorbringen mannigfaltigster Einzelerscheinungen'. Was tut er? Er schlägt seinen Zuhörern diesen schauderhaften Satz um die Ohren:

»Diese Weltpotenz besitzt an sich die plastische Expansionsfähigkeit einer endlosen evolutionistischen Diversifikation im Detail ihrer Erscheinungen.«

Diese Beispiele mögen genügen. Ich führte sie an, um den Wirrwarr darzustellen, der in dem Kopfe dieses großen Gelehrten herrscht – zugleich, um dem Nichtfachmann, dem gebildeten Laien einmal zu zeigen, wie sich ein echter Wissenschaftler auszudrücken pflegt, wenn er – für's Volk schreibt. So klar, so einfach, so durchaus verständlich!

Denn dies Buch Forel's ist für's Volk geschrieben. Weil der Weise wirklich grundgescheite Arbeiten über die Ameisenwelt schrieb, glaubt er nun alle schwersten Fragen der Welt spielend lösen zu können. Es ist ihm ein leichtes, alle Völker und alle Menschen glücklich zu machen und er gibt gern umsonst sein Rezept: Alkoholverbot, Frauenstimmrecht, pazifistische Generale einer supranationalen Armee, Kampf gegen das Glücksspiel, Esperanto, Baháíreligion. Dann kann's garnicht fehlen, meint er. Die Herren Masaryk und Benesch, dazu China, das entbolschewisierte Rußland und die englische Labour-Party brauchten ihm nur ein klein wenig zu helfen, dann sei der ,wahre Weltvölkerbund einfach unvermeidlich, der nach Abschaffung aller Staaten die genannten Forderungen (und manche andern) des Weltfriedens und Menschenglückes leicht durchzusetzen vermöchte'.

Und das alles ist kein grotesker Witz: der gelehrte Herr Professor will tiefernst genommen werden!

Ich zweifle auch keinen Augenblick daran, daß ihm das gelingt bei einer recht stattlichen Anzahl von Menschen. Je blöder ein Plan ist, die Menschheit im Diesseits oder im Jenseits zu erlösen, um so sicherer wird er eine Idiotenhorde finden, die ihn mit Begeisterung zum Evangelium erklärt. Und am leichtesten in unseren Jahren, die eine lachfreudige Nachwelt einmal als die große Blütezeit menschlicher Vertrottelung kennzeichnen wird.

*   *   *

Instinkt ist für Schopenhauer die ‚lebhafteste Offenbarung des Willens zum Leben‘, für E. v. Hartmann die ‚kräftige Tätigkeit des Unbewußten, eine selbsteigene Leistung des Individuums, aus seinem innersten Wesen und Charakter entspringend‘. Damit kann freilich der Biologe wenig anfangen; der Nichtfachmann aber umso mehr, wenn er das nicht wörtlich, sondern, wie es gemeint ist, als Gleichnis nimmt. Man kommt sehr viel weiter, wenn man bewußt darauf verzichtet, manche schwankenden Begriffe verstandesmäßig zu erfassen, vielmehr versucht, sie unbewußt zu erfühlen. Wo Instinkt beginnt, ist nie mit Sicherheit festzustellen; nur durch ein Uebereinkommen der Sprache, nie aber wissenschaftlich, sind Wachstum und Entwicklung, Reflexe, Kettenreflexe auf der einen, Intelligenz auf der anderen Seite vom Instinkte zu trennen. Ueberall ist Instinkt die Fortsetzung von Wachstum und Entwicklung. Wenn aus dem Ei die Larve schlüpft, diese sich zur Puppe und die Puppe zur jungen Ameise auswächst, so ist das zweifellos ‚Entwicklung‘. Dennoch ist dazu die Tätigkeit der Larve notwendig, die zum Verpuppen ihren Kokon spinnt — was jedermann als instinktive Tätigkeit ansprechen wird. Setzt sich nun hier die rein organische Tätigkeit in einem Instinkte fort, den sie als Mittel benutzt oder schafft der Instinkt primär die organische Tätigkeit, die er benutzt?? Es erscheint völlig gleichgiltig, ob ich's von einem oder vom andern

Ende betrachte: beides deucht mich gleich richtig zu sein.

Ich habe bisher absichtlich das Wort *Triebe* vermieden, da es sich in die meisten fremden Sprachen nicht übersetzen läßt. Uns Deutschen aber ist das Wort so in Fleisch und Blut übergegangen, wir empfinden so deutlich seinen Inhalt, daß wir uns da nicht durch begriffsverwirrende Definitionen stutzig machen lassen. Liebe und Hunger sind die großen Triebe – Selbsterhaltung und Fortpflanzung – darin vereinigen sich alle Instinkte, beim Menschen nicht anders als bei den Ameisen und allen andern Geschöpfen.

Den beiden Trieben der Selbsterhaltung und Fortpflanzung dienen alle Instinktgefühle und Instinkthandlungen der Ameisen. So der Bau ihrer Wohnungen, die Brutpflege, das Versorgen mit Nahrung. Innerhalb der Kasten eines Ameisenvolkes lassen sich so recht die Verschiedenheiten der Instinkte erkennen. Beim Männchen sind sie völlig unentwickelt, nur eben hinreichend, es zu befähigen, seine Pflicht im Staate zu erfüllen. Es bettelt im Neste Nahrung von den heimkehrenden Emsen, um sich *selbst zu erhalten*, beim Hochzeitfluge sucht es, mit sehr guten Augen ausgestattet, das fliegende Weibchen, um mit ihm im kurzen Momente der *Fortpflanzung* zu dienen. Das Weibchen dagegen hat alle Instinkte ihrer Art in sich vereinigt. Jede einzelne seiner Handlungen nach der Hochzeit zeigt einen anderen Instinkt. Zunächst wirft es die Flügel ab, die ihm jetzt nur hinderlich sind. Dann gräbt es seine Höhle, schließt sich darin ein, beginnt Eier zu legen und die Brut aufzuziehn. Das alles geschieht mit solcher Sicherheit und Selbstverständlichkeit, daß man fast an eine Kette von Reflexen glauben möchte, die durch eine andere feste Kette von Reizen ausgelöst würden. Sieht man jedoch genauer zu, so läßt sich sehr leicht feststellen, daß davon keine Rede sein kann: die junge Königin ändert den festen Plan sofort ab, sowie sie die kleinste Möglichkeit sieht, auf anderm Wege schneller oder besser zum Ziele zu kommen. Es fällt ihr garnicht ein, ein Loch zu graben, wenn sie irgendwo eine fertige Höhle vorfindet. Wird sie nach dem Hochzeitflug von Emsen gefunden und freundlich behandelt, so läßt sie sich herzlich gern aufnehmen, und nimmt dankend jede angebotene Hilfe an. Gehört sie zu einer der Arten, bei denen das Weibchen durch Eindringen in eine fremde Kolonie ihren eigenen Staat gründet, so sieht sie sich einer ganzen Reihe von Möglichkeiten gegenüber, deren jede einzelne sie auf das Geschickteste ausnutzt. Sitzt sie einsam in ihrem Loch, damit beschäftigt ihre Brut mühsam aufzuziehn, daneben auch, um sich selbst zu erhalten, einige der Eier zu verzehren, so wird sie, wenn man ihr Honig gibt, dankbar diesen nehmen und damit auch ihre Brut füttern. Kurz, wir sehn, daß ihre Instinkte keineswegs fest sind, keineswegs starre Antworten, Reflexe auf irgendeinen äußeren Anstoß, sondern sehr biegsam und anpassungsfähig.

In der Arbeiterinnenklasse finden wir dann die Instinkte der Mutter in den Handlungen noch schärfer hervortreten und oft sehr abgetönt. Die Arbeiterinnen haben bei manchen Arten ein besser entwickeltes Gehirn als das Weibchen, zeigen dementsprechend eine umfassendere Tätigkeit. Man hat

viel darüber gestritten, wie sich die fortgeschritte-
neren Instinkte der Arbeiterinnen vererben können,
da diese ja im allgemeinen nur Tanten, nicht aber
Mütter sind. In der Tat aber ist die Jungfernzeugung bei den Ameisenvölkern wohl viel verbreiteter,
als man bisher angenommen hatte. Manche alten Arbeiterinnen werden geschlechtsreif und legen unbefruchtete Eier; so vermögen sie ihren Nachkommen
auch Instinkte in entwickelterer Form zu vererben,
als ihre Mutter noch besaß.

Manche Instinkte mögen auch verkümmern, ja völlig verloren gehn, wogegen andere dann um so glän-
zender entwickelt werden; wir haben das ja bei den
Amazonen gesehn, die sogar den Instinkt, selbständig zu essen, verloren haben. Andere Instinkte wieder mögen sich in einer Weise entwickeln, die für
das Volk recht schädlich ist, wie der mißleitete Brut-
pflegeinstinkt bei den Blutroten, welche die ihnen
so schädliche Brut der Fransenkäfer ihrer eigenen
vorziehn.

Es ist unwesentlich, ob man von unten herauf oder
von oben herunter den Instinkt erklären will, ob
man ihn einer ‚versenkten Intelligenz‘ vergleicht oder
aber als weiter entwickelten Reflexmechanismus
faßt. Wie schon Bergson ausführt, hat es jede dieser beiden Erklärungen leicht, über die andere zu
triumphieren; man kann ebenso gut beweisen --
und hat das in langen Auseinandersetzungen hundertmal getan – daß Instinkt kein reiner Reflex
sein kann, wie auch, daß er von der Intelligenz,
selbst wenn diese ins Unbewußte sich gesenkt hat,
etwas durchaus verschiedenes sein muß. Beides sind
im Grunde nur Symbole – ein jedes anwendbar von

dem einen Standpunkt aus und völlig unbrauchbar vom andern. Wenn wir aber glauben, daß unter allen Geschöpfen die Intelligenz ihre höchste Entwicklung im Menschen erreicht hat, so müssen wir hinzufügen, daß dafür in der Ameisenheit die instinktiven Fähigkeiten ihre höchste Blüte erreichten.

Intelligenz.

Ich vermeide mit Absicht den Begriff der ‚Plastizität‘, ich bin überzeugt, daß seine Einschiebung zwischen Verstand und Instinkt das Verständnis nicht erleichtert. Seitdem die Wissenschaft dieses schöne Wort erfunden hat, haben wir jährlich neue Definitionen dafür, die immer weiter auseinandergehn. Der allgemeine Sprachgebrauch kehrt sich nicht daran; ihm genügt das Wort Intelligenz – in allen Sprachen – vollkommen. Das deutsche Sprachgefühl ist hier ganz klar, jedermann wird, wenn er von Verstand spricht, nur an menschlichen Verstand denken. Der Inhalt des Wortes Intelligenz geht weiter, er umfaßt alles, was über den Instinkt hinausgeht, ist also durchaus auch auf Tiere anwendbar. Das Wort ‚Plastizität‘ hat nur verwirrend gewirkt, wie man den Begriff auch erklärt hat. Ob ich ihn als ein ‚Handeln auf Grund individueller Erfahrung‘, als ‚das Vermögen eines Organismus seine Handlungen dem Erfordernis des Augenblicks anzupassen, ohne dazu die Führung einer ererbten Anpassung zu benötigen‘ oder als ‚eine Tätigkeit, die auf historischer Reaktionsbasis fußt‘, fassen will – stets wird der Sprachgebrauch aller Kultursprachen das *Intelligenz* nennen.

Intelligenzäußerungen nun können wir immer wieder bei den Ameisen beobachten. Daß sie nicht höchste menschliche Intelligenz haben, daß sie keinen Faust schreiben und keinen Don Giovanni komponieren können, ist klar. Ob man ihnen ein Abstraktionsvermögen absprechen oder zuerkennen soll, ist schwer zu entscheiden; ich möchte die Frage eher bejahen als verneinen, dann wenigstens, wenn ich dieses Vermögen einem jeden einzelnen Menschen zusprechen soll. Die Schlucht, die zwischen der Amoeba primitiva und dem Herrn Budiker und Reichstagsabgeordneten Mulack klafft, ist lange nicht so tief, als die andere, die sich zwischen diesem ehrenwerten Herrn und Dante auftut.

Sehr auffallend ist das ausgezeichnete *Gedächtnis* der Ameisen, das sich bei jeder Gelegenheit offenbart. Wir sahen, daß die Amazonen regelmäßig ihre Kundschafterinnen aussenden, die Nester der Sklavenarten auszuspähn. Nicht nur die allgemeine Lage, sondern auch die genaue Anlage der fremden Stadt, besonders die Eingänge, werden scharf erkundet. Es ist dabei durchaus nicht gesagt, daß diese Stadt in den nächsten Tagen überfallen wird. Vielleicht haben andere Späherinnen andere Städte gefunden, denen man vorher Raubbesuche abstattet, vielleicht scheint auch die Witterung nicht günstig; kurz, der Zug nach diesem Nest mag sich um Wochen verschieben. Manchmal enthält das Nest eine so große Menge junger Brut, daß die Amazonen die weitere Plünderung auf den nächsten Tag verschieben, ja an drei, vier Tagen dem Sklavenneste neue Raubbesuche abstatten, um alle Beute herauszuholen. Aber sie merken sich ganz genau, ob noch etwas zu holen ist: in ein leergeraubtes Nest kehren sie gewiß nicht wieder zurück. Ebenso kennen die Hirtenameisen genau die Weideplätze ihrer Viehherden. Nimmt man von den Weiden die Blattläuse fort, so werden am nächsten Tage die emsigen Milchmädchen wieder zum Melken kommen, sie werden herumirren, nach den verschwundenen Herden zu suchen und schließlich mit leeren Kröpfen zurückkehren. Aber von nun an wissen sie, daß auf diesen Weidegründen keine Herden mehr sind — sie werden sie nicht mehr dort suchen.

Ueberschätzt von der Wissenschaft scheint mir der Tastgeruchssinn, den auch heute noch manche Gelehrten als ausschließlich maßgebend annehmen für das Spurfinden der Emsen von und zum Neste. In der Tat denken die Ameisen garnicht daran, *stets* ihrem Spurweg zu folgen. Wandern sie beispielsweise mit Sack und Pack aus, um ein neues Nest zu beziehn, so laufen sie durchaus nicht auf einer bestimmten Spur, sondern weit auseinandergezogen und einzeln daher, jede Eier, Larven, Puppen oder auch eine erwachsene Schwester tragend. Wie wir sahen, spielt auch das Gesicht für das Wegfinden eine wichtige Rolle. Nun aber finden manche Ameisen ihren Weg auch dann, wenn man, soweit menschlicher Scharfsinn das vermag, beide Möglichkeiten ausschaltet. Den Fußspurgeruch kann man völlig ausschalten, indem man eine Strecke des Wegs unter Wasser setzt — die Ameisen halten auch dann schwimmend ihre Richtung bei. Ja, man hat beobachtet, daß Amazonen, nachdem durch einen nächtlichen Wolkenbruch ihre Wiese gänzlich überschwemmt war, sodaß jeder letzte Rest einer Fußspur vertilgt sein mußte, dennoch am folgenden Tag vierzig Meter weit zu einer Sklavenstadt eilten, um dort den Rest der Brut zu holen.

In der Tat beruht das Wegfinden der Ameisen auf sehr verschiedenen Gründen, die einzeln wie auch zusammen wirken und sich stetig verändern. Neben dem Zurechtfinden mittels des Tastgeruchssinnes findet ein solches nach der Lichtquelle statt, ferner nach der Stärke der Schwerkraft — bei steigendem oder fallendem Gelände — dann nach einzelnen Gegenständen und ganzen Richtlinien wie Mauern, endlich nach der Windrichtung und nach den magnetischen Polen. Vielleicht auch noch nach andern Dingen, die wir heute noch nicht erkannt haben. Die Ameisen haben also ein auf höchster Stufe stehendes *Ortsgedächtnis*, wie es außer ihnen nur einige sehr hochstehende Säugetiere und ganz wenige Menschen besitzen.

Nicht minder entwickelt ist ihr Gedächtnis, wenn es sich darum handelt, einander zu erkennen. Nestgenossinnen, die viele Monate voneinander getrennt waren, erkennen sich ohne weiters. Man erklärt dieses sofortige Erkennen von Freundin und Feindin durch den Tastgeruchssinn, der die Ameise befähigt, den ihrem Volke eigentümlichen sogenannten ‚Nestgeruch‘ deutlich von jedem andern Geruch zu unterscheiden. Doch ist diese Frage nicht so einfach, wie sie auf den ersten Blick erscheint. Man nimmt an, daß dieser ‚Nestgeruch‘ bei der eben aus der Puppe geschlüpften Ameise noch nicht vorhanden ist, sich vielmehr erst entwickelt, während ihr Chitinpanzer sich erhärtet, also von jedem einzelnen Tiere eigens hergestellt wird. Das würde zur Not erklären, warum selbst Emsen, die man gleich nach dem Verlassen der Puppenhülle aus dem (künstlichen) Nest nahm und längere Zeit getrennt hielt, dennoch sofort als Schwestern willkommen geheißen werden, wenn man sie später wieder ins Nest setzt. Nun haben in den Sklavenstaaten die Sklavinnen ihren eignen Nestgeruch. Man nimmt an, daß die Herrinnen, von den Sklavinnen großgezogen und stets von ihnen geputzt und beleckt, auch etwas von diesem Sklavennestgeruch, also eine Art ‚Mischgeruch' erhalten würden. Obwohl alle Ameisenforscher hier übereinstimmen, scheint mir diese Erklärung nicht nur sehr gesucht zu sein, sondern offenbare und unlösliche Widersprüche zu bergen. Eine junge Amazonenkönigin – um den Fall zu setzen – dringt in ein Nest der Schwarzgrauen ein und wird dort aufgenommen. Sie hat zweifellos nicht den Nestgeruch der Schwarzgrauen, sondern einen feindlichen, der jedoch ihrer Aufnahme als Königin im fremden Neste nicht sonderlich im Wege zu stehn scheint. Die Schwarzgrauen ziehn nun die erste Brut der Amazonenkönigin auf, wobei diese durch Belecken einen Mischgeruch: ‚Amazonisch-Schwarzgrau' erhalten würde, den später auch ihre Brut annehmen würde. Das Volk entwickelt sich; die jungen Amazonen rauben die Brut eines Volkes der Rotbärtigen – diese junge Brut produziert, wenn sie erwachsen ist, den ihr eigentümlichen Nestgeruch, der wieder durch die Beleckung der Ammen zu einem Mischgeruch ‚Schwarzgrau-Rotbärtig' sich entwickeln würde. Ein neues Volk der Schwarzgrauen wird ausgeraubt; wieder wird eine junge Sklavinnenbrut aufgezogen, diesmal sowohl von schwarzgrauen wie von rotbärtigen Ammen. Wieder bringt die junge Brut ihren eignen Nestgeruch in den Amazonenstaat — denn nicht nur jede Art, sondern ein jedes Volk hat ja seinen eignen Nestgeruch — und wieder würde dieser neue Nestgeruch durch Beleckungspflege zu einem Mischgeruch neutralisiert werden müssen. Und das würde so weitergehn mit Grazie ad infinitum; immer neue Mischnestgerüche würden in dem Amazonenreiche sich geltend machen. Bei meiner allergrößten Hochachtung vor dem Tastgeruchssinn der Ameisen will mir das nicht einleuchten; ich bin überzeugt, daß sich schließlich keine einzige Emse mehr auskennen würde, am wenigsten aber die Amazonenherrinnen, deren Fähigkeiten ja, — so fabelhaft ausgebildet sie für Kriegszüge sind — für alles andere weniger gut sind. Dazu kommt aber, daß nach der allgemein anerkannten Nestgeruchslehre die *Brut selbst* noch durchaus keinen ihr eigentümlichen Nestgeruch haben würde, da dieser sich ja erst bei den jungen ausgekrochenen Ameisen entwickeln soll. Wenn das der Fall ist — ja woran erkennen dann Ammensklavinnen die verschiedene Brut voneinander?? Daß sie es im dunklen Neste mit dem Gesicht nicht können, ist klar. Daß sie sie aber in der Tat sehr gut unterscheiden, steht ebenso fest. Alle Brut der Herrinnenart ist heilig, wird sorgsam gepflegt, bei der geraubten Brut aus den Sklavenstaaten werden dagegen die größten Unterschiede gemacht. Geraubte Larven und Puppen einiger Arten, wie der rußhaarigen Gartenameisen werden überhaupt nicht aufgezogen, sondern dienen nur als Nahrung. Die Brut anderer Arten, wie der roten Waldameise oder der Waldwiesenameise wird meist verzehrt, gelegentlich jedoch aufgezogen. Die Brut der Schwarzgrauen und Rotbärtigen, die sich als Sklavinnen besonders eignen, wird von den Ammensklavinnen zum großen Teile aufgezogen; jedoch bevorzugt auch hier jede Art die ihr verwandte Brut: also schwarzgraue Sklavinnen ziehn lieber schwarzgraue, rotbärtige lieber rotbärtige Brut auf. Noch mehr: die Ammen unterscheiden zwischen den Geschlechtern, sie ziehn nur Arbeiterinnen der geraubten Brut auf, nie aber Männchen und Weibchen. Und das alles machen sie ohne ‚Nestgeruch‘, *den ja die Brut noch nicht besitzt!?!*

Nach alledem erscheint mir die Nestgeruchlehre, so bestechlich sie auf den ersten Blick erscheinen mag, jeder wirklichen Grundlage zu entbehren. Daß sie aber in ihrer starren Einseitigkeit vollends falsch ist, beweist folgender Versuch. Man nimmt aus einem schwarzgrauen Volke eine größere Anzahl Arbeiterinnen heraus und hält sie in einem getrennten Neste, gibt dann den im ersten Neste zurückgebliebenen ein befruchtetes Amazonenweibchen. Dieses wird nun als Königin von ihren Schwarzgrauen aufgenommen; die junge Brut wird aufgezogen. Setzt man später die abgetrennten Emsen wieder in das alte Nest — bringt also *die Schwestern, die denselben, ihrem Volk eigentümlichen Geruch haben,* wieder zusammen, so werden diese keineswegs freundlich aufgenommen, sondern als Feindinnen bekämpft. Ich würde auf diesen Versuch im künstlichen Nest nicht solchen Wert legen, wenn ihn nicht die Natur bestätigte. Völker, die Siedlungen anlegen, wie die Waldameisen oder die Blutroten, betrachten sich im allgemeinen — Mutterstadtbürgerinnen wie Tochterstadtbürgerinnen – als *ein* Volk: Schwestern eines Nestgeruchs. Aber zuweilen bekämpft eine Tochterstadt die Mutterstadt: *trotz desselben Nestgeruchs.* Wenn man also nicht annehmen will, daß die bloße Anwesenheit der Amazonenkönigin und das Herumlecken an ihr oder auch ein sehr gelegentliches Belecktwerden durch die Königin den schwarzgrauen Sklavinnen auch schon einen ‚Mischgeruch' gegeben habe, der für sie den ‚reinen' Geruch der abgetrennten Schwestern schon in einen feindlichen Geruch verwandelte, oder daß – im zweiten Falle – die Tochterstadtbürgerinnen urplötzlich einen anderen Geruch bekamen, dann muß man die einseitige Nestgeruchlehre glatt verwerfen. Sehr leicht kann man auch von der geringen Stichhaltigkeit der Nestgeruchlehre, von der die Fachwissenschaft so großes Geschrei macht, sich überzeugen, indem man erwachsene fremde Emsen in ein (künstliches) Amazonennest setzt. Es brauchen durchaus nicht die von ihnen bevorzugten Rotbärtigen oder Schwarzgrauen zu sein, man kann auch die sehr streitbaren Waldameisen dazu verwenden. Stets werden einige davon getötet, aber stets wird bald Frieden geschlossen, zu dem immer die ‚dummen' Amazonen den ersten Anstoß geben. Sie sind aber garnicht so dumm, wie die Wissenschaft behauptet, sie begreifen recht gut, daß ein Zuwachs an Sklavinnen ihnen nur nützlich sein kann, setzen sich über den feindlichen Geruch hinweg und nehmen die Feindinnen als Sklavinnen auf. Für mich ist nach alledem gar kein Zweifel, daß bei all diesen sehr schwierigen Unterscheidungen die Intelligenz in komplizierter Ideenassoziation allein die Hauptrolle spielt.

Das ist auch der Fall, wenn nach oft monatelangen, unentschiedenen blutigen Kämpfen zwei nahe beieinander wohnende Ameisenvölker, deren Bürgerinnen sich täglich dutzende von Malen begegneten, plötzlich miteinander Frieden schließen. Sie mischen sich durchaus nicht, leben vielmehr streng getrennt und denken garnicht daran, etwa durch gegenseitiges Belecken einen ‚Friedensmischgeruch' herzustellen. Dennoch wird der Kampf eingestellt. Manchmal wird so dauernder Friede geschlossen — manchmal auch nur längerer Waffenstillstand, der bei irgendeiner Gelegenheit den alten Zwist wieder aufflackern läßt — überall aber kann man ein zweckmäßiges Handeln *gegen* den angeborenen Instinkt erkennen.

Wo es ein Gedächtnis gibt, da gibt es auch ein *Vergessen*. In jedem Ameisenvolke gibt es Tiere mit hervorragendem Gedächtnis neben äußerst vergeßlichen Schwestern — genau wie bei den Menschen.

★   ★   ★

Auch bei dem Verkehr der Ameisen eines Volkes untereinander spielen Aeußerungen eine Rolle, die weit über alles Instinktive hinausgehn. Wenn auch durch Laute, wie durch das Zirpen oder durch Schlagen auf den Boden wohl im allgemeinen nur Alarmsignale gegeben werden, so haben die Ameisen doch eine sehr ausgebildete Fühlersprache, durch die sie einander Mitteilungen mannigfacher Art machen können. Findet eine Emse eine Beute, die zu schwer ist, um sie allein heimzutragen, so kehrt sie zurück, um Schwestern zur Hilfe zu holen; sie verständigt diese von ihrem Funde und veranlaßt sie, ihr zu folgen, die Beute zu sichern. Bringt sie ein

Stück der Beute mit, das sie vorzeigen kann, so folgen ihr sofort die Schwestern, sonst aber weigern sich leicht einige, mitzukommen, bis sie schließlich doch von der Kameradin überredet werden. Oder: eine Kundschafterin macht Mitteilung von dem von ihr ausgespähten Sklavenneste und schlägt vor, einen Raubzug dahin zu unternehmen. Oder: eine Schwester fordert eine andere auf, ihr zu essen zu geben. Oder: Emsen haben einen Platz gefunden, der besonders zu neuem Nestbau geeignet ist und schlagen den Gefährtinnen die Gründung einer neuen Stadt vor. Oder: eine Kriegerin läuft zum Neste zurück, um bei einer Schlacht Verstärkungen zu holen. Oder: eine Blutrote hat einen Fransenkäfer gefunden und überredet ein paar andere, den Freudenspender ins Nest zu schleppen. Oder: ‚Wir brauchen Blätter für den neuen Pilzgarten.‘ Oder: ‚Helft mir für die Blattlausherde einen Stall zu bauen.‘ Oder: ‚Die Jungen müssen jetzt ein wenig an die frische Luft gebracht werden. Oder – oder –‘

Unzählbar sind diese Mitteilungen; viele Seiten könnte man allein mit denen füllen, die man bisher als sicher beobachtet hat. Die Sprache der Ameisen erinnert etwa an das Telegraphieren auf dem Morseapparat: kurz, lang, lang, kurz – – …–.–––..–. Sanfte Fühlerschläge und heftige, mehr oder weniger große Pausen dazwischen oder schnell hintereinander, Betrillern des Kopfes oder der Fühler oben, unten oder in der Mitte.

★   ★   ★

Daß die Ameisen gelehrig sind, ist zweifellos. Sie lernen alle individuell durch Erfahrung, oft in erstaunlich kurzer Zeit. Forel brachte einmal ein Volk algerischer Ameisen nach der `Schweiz, setzte es in seinem Garten aus. Die Emsen bauten ihr Nest, wie sie das in der Heimat gewohnt waren, mit sehr großen Nestöffnungen. Da sie aber im neuen Lande von ihnen ungewohnten kleinen, behaarten Ameisen sehr gestört wurden, die durch die weiten Oeffnungen zwischen ihren Beinen aus- und einliefen, um die Brut zu stehlen, so lernten sie bald, ihr Nest zu schließen. Pilzzüchterinnen, seit vieltausend Geschlechtern ausschließlich ihrer Pilznahrung angepaßt, beginnen im künstlichen Neste schnell sich an Honig zu gewöhnen — gegen allen Instinkt. Manche Ameisen lernen leicht, auf den Finger zu kommen, um ein wenig Zucker zu nehmen, während andere nicht dazu zu bewegen sind. Ueberhaupt mag man sich bei allen Versuchen, die man anstellt, um die geistigen Fähigkeiten der Ameisen auszufinden, leicht überzeugen, daß einzelne Tiere gescheiter sind und auch besseres Erinnerungsvermögen haben als ihre Schwestern.

Freilich arbeitet das Gedächtnis der Ameisen anders als das menschliche. Während unser Gedächtnis Gesichtsbilder und Tonbilder bewahrt, sehr selten einmal ein Duftbild oder Gefühlsbild, ist es bei den Ameisen gerade umgekehrt: ihr Gedächtnis wird im allgemeinen Tastgeruchsbilder, viel weniger Gesichtsbilder, nur sehr selten vielleicht ein Tonbild bewahren.

★   ★   ★

Gewiß bringen Ameisen zuweilen etwas *nicht* zustande, was uns Menschen unendlich einfach deucht. Daraus zu schließen, wie es so oft geschieht, daß ihnen jede ‚eigentliche Ueberlegung‘ abgehe, halte ich für falsch. Zunächst braucht das, was *uns* leicht dünkt, für die Ameisen garnicht leicht zu sein, genau wie umgekehrt manches, was die Emsen mit fester Selbstverständlichkeit verrichten, uns sehr schwer fallen würde. Dann aber beweist ein negativ ausgefallener Versuch garnichts; ebensowenig wie wir auf die Unintelligenz eines Menschen schließen können, weil er im einen oder andern Falle etwas kindereinfaches ohne fremde Hilfe nicht begreifen kann.

Für mein Empfinden haben die Ameisen sowohl Ueberlegung, als auch ein Schlußvermögen, das dem menschlichen zwar nicht gleichwertig ist, ihm aber wohl ähnlich sieht. Beispiele darüber könnte ich aus eigener Beobachtung wie aus der anderer Forscher zu Dutzenden bringen; ich verzichte darauf, da ihre Mitteilung allzubreiten Raum einnehmen würde. Hier nur ein Versuch, den ich selbst ausführte; ich wähle absichtlich einen solchen, der schon vor mir von andern angestellt worden ist, die, von Einzelheiten abgesehn, dieselben Beobachtungen machten.

Im Lager Oglethorpe, Georgia, hauste ich als Gefangner in einem Zelt; mein Bett stand dicht an der Zeltwand, die ich unten hochgeschlagen hatte, um frische Luft zu bekommen. An dieser Stelle gewöhnte ich bald Ameisen an einen Futterplatz — ein kleines Näpfchen mit Streuzucker. Ich hing dann das Näpfchen auf, etwa zehn Zentimeter vom Boden entfernt; und zwar zog ich — um den Emsen das Wegfinden zu erleichtern — das Näpfchen hoch, während grade ein halbes Dutzend sich drin am Zucker gütlich tat. Die sechs Sechsbeiner kletterten, als sie ihre Kröpfchen gefüllt hatten, an der Schnur in die Höhe, auf das Zelt, und hinunter auf die Erde; sie fanden so ihren Weg zurück zum Nest. Während dann eine Reihe von andern Emsen unten noch nach dem verschwundenen Futterplatze herumsuchten, kam eine Schar Ameisen, darunter gewiß die ersten sechs, stiegen zum Zelt hinauf und die Schnur hinab zum Näpfchen: diesen Weg behielten sie nun die nächsten Tage über bei. Nach wenigen Tagen aber veränderte sich das Bild: zwar nahmen alle Emsen ihren Weg hinauf über Zelt und Schnur, die meisten auch diesen Weg zurück — einige aber, und bald immer mehr, ließen sich vom Näpfchen herunterfallen und kürzten so den Rückweg beträchtlich ab. Schon am nächsten Morgen sah ich wieder etwas neues: eine große Menge Ameisen war unterhalb des Futternapfes auf der Erde beschäftigt, Zuckerkrümchen zu suchen, während im Napfe selber sich nur acht Emsen befanden. Einige von diesen füllten ihre Kröpfchen, andere aber warfen über den Rand Zuckerkörner hinab. Augenscheinlich waren, als sie den Rand überkletterten, um sich hinunterfallen zu lassen, auch einige Körner zufällig mit hinuntergefallen; daraus hatten die Ameisen gelernt, nun selbst den Zucker hinabzuwerfen. Ich vertauschte jetzt den Napf mit einem andern, den ich aus einer blechernen Zigarettenschachtel hergestellt hatte, bedeckte aber nur einen Teil des Bodens mit Zucker, um so jedes zufällige Hinunterfallen auszuschließen. Am andern Morgen kam eine ganze Schar Emsen; fast alle krabbelten unterhalb des Näpfchens auf dem Boden herum, obwohl dort nicht das geringste mehr zu finden war. Bald entschlossen sich einige, hinauf auf das Zelt und über die Schnur in die Zigarettenschachtel zu steigen. Zunächst begannen alle eifrig ihren Kropf zu füllen. Dann aber trugen einige Zuckerkörner heran, stiegen den Rand der Dose hinauf und warfen sie hinunter. An diesem Tage ruhten sie nicht eher, bis auch das letzte Krümchen weggeholt war. Daß das Sichfallenlassen einzelner Emsen und das Hinunterwerfen der Zuckerkrümchen Ueberlegung und Schlußvermögen voraussetzte, ist für mich außer Zweifel. Uebrigens verhielten sich die Ameisen im Näpfchen durchaus nicht gleich. Während sie ihren Weg über die Schnur machten, fing ich sie einzeln mit der Pinzette, zeichnete sie farbig und setzte sie wieder zurück. Ich konnte nun folgendes feststellen. Zwei Emsen nahmen nur selbst Zucker und stiegen über die Schnur zurück. Eine nahm Zucker, warf anderen über den Rand und stieg über die Schnur zurück. Eine weitere nahm selbst Zukker, ließ sich aber hinunterfallen. Fünf nahmen selbst Zucker, warfen andern hinab und ließen sich selbst hinunterfallen. Dies ist auch ein Beweis dafür, daß die gewiß starke ‚Nachahmungssucht‘ der Ameisen doch durchaus nicht so bestimmend ist, wie es die Wissenschaft hinzustellen beliebt; das persönliche Temperament, die individuellen Fähigkeiten spielen eine viel größere Rolle bei allen ihren Handlungen. Auch

Gefühlsäußerungen
zeigen die Ameisen, die, über das Instinktive weit hinausgehend, nur bei Menschen und sehr hochstehenden Tieren Parallelen finden. Einen Platz, an dem einige ihrer Schwestern in Stücke gerissen wurden,

vermeiden die Ameisen. Bei all ihren Kämpfen kann man sowohl Mut, Tollkühnheit, Zorn, regelrechte Berserkerwut beobachten, als auch plötzliche Verwirrung, Entmutigung, Furcht, Feigheit: offenkundige Gemütserregungen. Tote und sterbende Volksgenossinnen, auch schwer verwundete oder kranke finden wenig Teilnahme; es macht durchaus den Eindruck, als ob die Emsen fühlten, daß hier keine Rettung mehr möglich sei und daß es das beste sei, die schwer Siechen ruhig sterben zu lassen. Ist aber Hilfe möglich, so wird sie sicher gebracht. Durchaus nicht von jeder Ameise; eine ganze Anzahl mag an der Verwundeten vorbeilaufen, ja sie beschnuppern und doch weiterlaufen, ohne zu helfen. Bis dann eine besonders Barmherzige kommt, die Hilfe bringt.

Dazu scheint mir nicht ausgeschlossen, daß die Ameisenvölker einzelne Individuen haben, die man mit unseren Aerzten oder Krankenschwestern vergleichen könnte; das liegt durchaus im Bereiche der Möglichkeit. Sowohl der äußeren Form nach wie individuell ist ja die Arbeitsteilung bei den Ameisen eine erstaunlich durchgeführte; dazu sind tüchtige Ammen zur Krankenpflege gewiß eher geeignet, als Kriegerinnen, Jägerinnen, Maurerinnen. Ich habe beobachtet, daß sich in einem meiner künstlichen Nester meist zwei gezeichnete Emsen — die ich Schwester Ursula und Schwester Kordula nannte — um alle Verwundete oder Kranke besonders bekümmerten.

Schwerverwundete werden gelegentlich schon wie Tote behandelt, aufgepackt und hinaus zum Totenplatze getragen, um dort zu sterben. Da kommt es nun vor, daß plötzlich eine andere Emse erscheint und die Verwundete sanft betrillert, als wollte sie ihr Mitgefühl ausdrücken. Manchmal läßt sie die Sieche liegen und läuft wieder fort, manchmal auch packt sie sie auf und trägt sie zum Neste zurück. Ich habe beobachtet, wie nach einer von mir veranstalteten Schlacht drei Schwerverwundete mit den Getöteten hinausgetragen wurden. Später kam eine Emse, eben die liebe Schwester Kordula, und besuchte alle drei, wobei sie sich bei einer nur ganz kurze Zeit, bei den zwei anderen länger aufhielt. Schließlich trug sie eine von diesen beiden ins Nest zurück. Ich konnte mich des Eindrucks nicht erwehren, als ob Schwester Kordula die Kranken untersuchte, bei zweien jede Hoffnung aufgab, bei der dritten aber noch einen Versuch zur Rettung machen wollte.

Bei Schlachten sieht man manchmal, daß eine Emse, die von einem halben Dutzend Feindinnen angegriffen wird und in Gefahr ist, getötet oder gefangen zu werden, von ihren Kameradinnen befreit wird. Es ist den Tatsachen ins Gesicht schlagend, wenn einige Gelehrte, um nur ja nicht den Ameisen eine Ueberlegung zugestehn zu müssen, behaupten, daß solche Rettungen rein zufällig wären; die Retterinnen ,wollten garnicht retten, sondern nur kämpfen, die Befreiung der Freundin liefe dabei so mit unter'. Nein, es handelt sich um ein ganz bewußtes Rettenwollen, genau wie in dem von mir und andern häufig beobachteten Falle, daß Emsen ihre ins Wasser gefallenen Schwestern, die an einem steilen Uferrande nicht hinaufkonnten und zu ertrinken drohten, hinausziehn.

★　　★　　★

Es hat mir schon als Schuljungen große Freude gemacht, alle möglichen Tiere betrunken zu machen. Im allgemeinen sind alle Tiere große Freunde von Alkohol; stets finden sich aber einige brave Geschöpfe, die durchaus nichts vom Suff wissen wollen und, nachdem sie einmal mit einem tüchtigen Brummschädel trübe Erfahrung gemacht, in Zukunft auch das leckerste Brotstückchen, das mit Branntwein getränkt ist, liegen lassen. Andere wieder können nicht genug davon bekommen. Betrunkene Hühner, Enten und Gänse führen die ergötzlichsten Szenen auf; eine Schildkröte, der ich mit großer Mühe und viel Geduld schließlich einen Mordsrausch verschafft hatte, wackelte zu allen Bäumen im Garten, stellte sich auf die Hinterbeine und gab sich die redlichste Mühe, raufzuklettern. Ein kleiner, mexikanischer Nasenbär, der von den Matrosen eines Hapagschiffes das Saufen gelernt hatte, entwickelte sich zum regelrechten Trunkenbold. Ich nahm ihn, in San Antonio, Texas, oft mit aus; er kannte jedes Wirtshaus und zog mächtig an seiner Leine, um mich zum Eintritt zu bewegen. Drinnen war er gleich hinter der Schenke; das Tropfbier vom Faß betrachtete er als sein Eigentum. Oft genug riß er sich auf der Straße los, um zum Wirtshaus zurückzulaufen; wenn er aber genug hatte, legte er sich hin, um seinen mächtigen Rausch auszuschlafen.

Daß die Ameisen einem Rausch nicht abhold sind, haben wir bei den Blutroten gesehen; die Sekrete der von ihnen beleckten goldlockigen Fransenkäfer rufen zweifellos eine Art Rausch hervor. Ich habe Versuche angestellt, um herauszufinden, ob viel-

leicht einzelne Individuen in einem Neste der Blutroten inbezug auf die Fransenkäfer Temperenzle-
rinnen seien, jedoch nie eine solche finden können:
es scheint, daß von diesem bösen Laster die ganzen
Völker ergriffen sind. Was den Alkohol angeht, so
ist er bei einigen Ameisen beliebt, bei anderen durchaus verhaßt. Betrunkene Ameisen benehmen sich
nicht viel anders als mein betrunkener Nasenbär: sie
schlafen ihren Rausch aus. Sehr lustig ist das Benehmen der nüchternen Emsen gegenüber ihren
schwerbetrunkenen Schwestern. Der englische Forscher Lubbock hat schon vor fast einem halben
Jahrhundert solche Versuche angestellt, die ein meinen eigenen Versuchen ähnliches, nur in Einzelheiten abweichendes Bild gaben. Seine lustigste Beobachtung ist folgende:

Er machte vierzig Ameisen betrunken und legte
sie auf eine vielbegangene Heerstraße; zwanzig von
diesen waren Bürgerinnen des Volkes, dem die
Straße gehörte, die andern zwanzig waren Feindinnen. Die nüchternen Emsen fanden bald die vierzig
schlafenden Trunkenbolde und packten sie alle auf.
Nun befand sich in der Nähe der Stelle ein kleiner
Wassertümpel. Von den zwanzig Feindinnen wurden
siebzehn in das Wasser geworfen, drei als Gefangene ins Nest geschleppt, um dort zerrissen zu werden. Von den betrunkenen Schwestern wurden sechzehn heimgebracht, damit sie in stiller Klause und
nicht öffentlich ihren Rausch ausschlafen sollten,
vier aber wurden auch ins Wasser geworfen. Mit
einer dieser vier aber geschah das komischste: schon
hatte sie eine Freundin zum Neste zurückgetragen,
als beim Stadttor zwei sittenstrenge Emsen ihr ent-

gegenkamen, die Trunkenboldin ihr abnahmen, sie zurücktrugen und auch in das kalte Bad warfen.

Bei meinen eigenen Beobachtungen benahmen sich in jedem Falle die nüchternen Ameisen ein wenig anders. Stets herrschte unter ihnen große Aufregung, stets kamen sie in Mengen heran, um die Betrunkenen zu betrillern; es schien immer starke Entrüstung zu herrschen. Meist wurden alle betrunkenen Schwestern nachhause getragen, gelegentlich ließ man auch ein paar liegen oder schleppte sie ein wenig abseits, auch wohl auf den Abfallhaufen. Legte ich ihnen fremde Emsen hin, so wurden diese sofort zur Seite getragen. Nur zweimal konnte ich feststellen, daß eine ins Nest geschleppt wurde, dagegen wurden öfter einige der fremden Säuferinnen auf der Stelle zerrissen. Das Inswasserwerfen habe ich zwar auch beobachten können, aber nur im künstlichen Nest, wo die Straße auf einem Brettchen über Wasser lief — es bedeutete also hier nichts mehr als ein einfaches Fortschaffen von der Straße. Dagegen ließen nüchterne Emsen, denen ich neben ihrer Straße einen kleinen Tümpel gemacht hatte, unweit von der Stelle, wo ich die Trunkenboldinnen hinlegte, diesen völlig unbeachtet, warfen bei verschiedenen Versuchen weder Freundin noch Feindin hinein. Uebrigens habe ich festgestellt, daß den betrunkenen Ameisen das kalte Bad garnichts schadet: von einem Dutzend, die ich ins Wasser warf, und die wie tot darin herumlagen, ertrank keine einzige; nach ein paar Stunden waren sie alle wieder rausgekrabbelt. Das ‚Inswasserwerfen' bedeutet also gewiß vielmehr ein einfaches Fortschaffen, als ein Ertränkenwollen.

Seele.

Wenn ich mich gedankenlos auf ein Ameisennest setze und nach einer kleinen Weile wie von der Tarantel gestochen hochschnelle, so ist meine Bewegung lediglich eine Reflexbewegung, keine ‚Handlung'. Zur Handlung gehört eine Wechselbeziehung zwischen meinen Sinnesorganen – in diesem Falle also dem Gefühl – und den übergeordneten sogenannten psychomotorischen Zentren. Daß die Ameisen ‚Handlungen' ausüben, nicht, wie einige Gelehrte wollen, stets und immer nur reflektorisch reagieren, erscheint wohl nach dem Erzählten ebenso bewiesen, wie, daß sie bei diesen Handlungen nicht nur reinen Instinkten, sondern auch Gefühlen, Impulsen, Gemütsstimmungen, Ueberlegungen gehorchen. Etwas aber muß in der Keimesanlage vorhanden sein, das von den niedersten Reflexen der Amoeba primitiva angefangen bis hin zu der Denkarbeit des Faustdichters, bewegend, treibend, richtunggebend wirkt.

Irgendetwas ist da in allen Geschöpfen. Es ist da bei den Menschen und es ist da im Infusorium. Es ist völlig gleich, wie man es nennt, mögen sich darum die Philosophen und Naturwissenschaftler untereinander streiten. Keiner von ihnen wird mir widersprechen können, wenn ich es »*Es in ihnen*« nenne, da lasse ich jedem das, was er haben will.

Ich glaube nicht an reine Reflexmaschinen, weder beim Menschen, noch bei Würmern und Wurzelfüßern. Die Lehre Loebs und seiner Schüler, die Lehre der »Tropismen«, ist, verallgemeinert, sicher grundfalsch. Diese Anschauung glaubt, durch Lichtwirkung oder Schwerkraftwirkung, durch chemische, elektrische oder Wärmereize rein elementar, *also ohne Vermittlung der Sinneswahrnehmungen,* bei lebenden Wesen zwangsläufig hervorgerufene Bewegungen chemisch-physikalisch erklären zu können. Ich habe im Rockefellerinstitut zu NeuYork viele fesselnde Versuche des großen Physiologen J. Loeb kennen gelernt — die mir jedoch nur die eine Ueberzeugung gegeben haben: wenn das Verhalten der Seeigel rein reflektorisch genannt werden muß, dann muß das der Menschen genau so reflektorisch genannt werden; es besteht zwischen beiden nicht der kleinste Unterschied. Daß alles lebende — und auch tote — auf irgend einen chemisch-physikalischen Reiz reflektorisch antwortet, ist zwar zweifellos richtig; aber neben dieser Antwort gibt alles Lebende noch eine *besondere Antwort* — und diese allein unterscheidet das Lebende vom Toten.

Wenn eine Amoebe auf der Jagd nach einer Beute ist, so mag das Beutetier, rein chemisch, bei ihr den Reiz auslösen, es sich einzuverleiben. Die Art aber, wie sie die Jagd ausübt, wie sie Füße und Greifer rasch wachsen läßt, wie sie ihre Bewegungen und Greifversuche bei der Verfolgung fortwährend ändert und so lange fortsetzt, bis sie die Beute verschlungen hat — *das* ist eine solch besondere Antwort, die ganz gewiß nicht reflektorisch ist.

Was aber gibt diese besondere Antwort?

Um die mechanischen Mittel verstehn zu lernen, mit denen die Amoebe ihre Bewegungen macht, hat man mit leblosem Stoff Versuche gemacht; sehr hübsch ist der Versuch mit einem Chloroformtropfen unter Wasser. Nähert man diesem Chloroformtropfen ein mit Schellack überzogenes Glasstäbchen, so wird das Stäbchen hineingezogen, es wird *ge-*

fressen. Sobald aber die Lackschicht sich aufgelöst hat, *verdaut* ist, wird das nun reine Glasstäbchen wieder ausgestoßen – wird *ausgespuckt* – denn Glas und Chloroform stoßen sich ab. Ganz ähnlich, wie dieses *künstliche Tier,* der Chloroformtropfen, handelt nun auch das wirkliche Tier: die Amoebe. Mit einem Unterschiede jedoch! Schneidet man der Amoebe ihren *Kern* aus, so ist sie zwar durchaus noch ein lebendes Tier – nun aber kann sie garnichts mehr leisten, viel weniger, als der Chloroformtropfen. Obwohl die wunderbare Fähigkeit der Amoebe, je nach der besondern Notwendigkeit im Augenblick besondere Glieder zum Wandern, zum Greifen zu bilden, im ganzen Tiere verteilt ist, so kann doch nur das kernhaltige Tier davon Gebrauch machen: es allein kann Beine und Arme aus sich wachsen lassen, kann Nahrung aufnehmen und verdauen, kann sich regeneriern. Und es kann das in immer neuer Art und Weise, kann stets andere *besondere* Antworten geben: die Amoebe ist hier also viel weniger *Maschine,* als es der Mensch ist.

Also: die Antwort geht vom Kerne aus – was aber ist dieser *Kern* anders als das Seitenstück zum menschlichen Gehirn? Da aber, scheint es, ist der Sitz des ‚Es in der Amoebe‘ – wenn ich nun beim Menschen dieses *Es* Seele nenne, so ist kein Grund, ihm bei der Amoebe einen andern Namen zu geben.

Ich habe lange bei den Monisten die Schweine gehütet, Darwins und Haeckels dürren Boden gepflügt. Ich bin dankbar genug dafür, daß mir meine nasentüchtigen Schweine manch köstliche Trüffel ausgruben – aber tiefer als zwei Fuß von der Oberfläche weg bin ich nicht gekommen. Die Neovitalisten, die Biologen, haben mich kaum tiefer schürfen lassen: das ewige Rätsel der *Seele* unserm kausalmechanischen Verständnis auch nur einen Finger breit näher zu bringen, ist keinem von ihnen gelungen. Die Tatsache, daß ich durch meinen bewußten Willen in diesem Augenblicke meine rechte Hand schreibend über das Papier laufen lasse, ist ursächlich vollständig unbegreiflich — menschlich nicht vorstellbar. Erst wenn man eine Maschine selbst bauen kann, erst dann *versteht* man sie wirklich: das gilt für die *Maschine* des lebenden Wesens genau so gut für die Dampfmaschine.

Solange wir das nicht können — und es scheint noch gute Wege zu haben bis dahin — solange ist uns der Zusammenhang zwischen Seelischem und Körperlichem vollkommen unfaßbar, obwohl wir diesen Zusammenhang in jeder Sekunde bewußt erleben. Und diese Unfaßbarkeit wird zum unerklärlichen Wunder, wenn wir sehn, daß das Unphysikalische, das *Seelische* — das *Uranfängliche* — das allein Bestimmende ist. Selbst mit dem Hinterpförtchen des ‚psychophysischen Parallelismus‘, der neben dem bekannten und anerkannten Physikalischen, dem Biologisch-Stofflichen, ein Seelisch-Unerkanntes als zwangsmäßig begleitend oder folgend annimmt, ist es nichts. Denn alles *Begleitende*, alles *Folgende* läßt sich ja wegdenken — dann aber bliebe das Mechanisch-Materielle als *ursprünglich* allein übrig: ein vollkommener Widersinn, wenn man das Seelische überhaupt als vorhanden anerkennt!

Wohl aber mag es umgekehrt sein.

Zwei Dinge machen alle Welt aus: Raum und Zeit. Das Atom, das wissen wir nun, besteht aus Elektronen: ein Elektron ist ein gedachter, ein geometrischer Punkt, ein Kraftzentrum ohne Ausdehnung. In diesem Punkte ist also nur Kraft, nicht aber Stoff: wo aber kein Stoff ist, da ist auch kein Raum. Ebenso wenig wie der Raum, ist aber die Zeit da – sie ist nicht wirklich vorhanden, sondern nur, insoweit wir sie denken. So ist im Anfang nur Etwas da: *das, was wir denken* – nur eine gedachte Welt existiert.

Dann aber ist ganz gewiß die Psyche das Ursprüngliche – und alles andere wächst aus ihr heraus, von den Sekundenbeinen der Amoebe angefangen, bis zu dem Faust Goethes und zu Beethovens Neunter.

‚Es in ihnen‘ läßt es geschehn!

*   *   *

Hundert Weise haben diesem Etwas hundert schöne Namen gegeben. Man hat es in den Stoff selbst gelegt, oder hat es als ein besonderes vom Stoff verschiedenes Prinzip gedeutet, das die Ururursache aller Entwicklung sei. Was dies Etwas ist, weiß ich so wenig wie ein anderer Mensch; daß es vorhanden ist, weiß ich gut. Mir scheint es am einfachsten, es Seele zu nennen. Noch vor einhundertundfünfzig Jahren schrieb man lange Schriften über die Frage, ob auch Frauen eine Seele haben – für und wider; eine ganze Literatur gibt es darüber in den Bibliotheken. Heute gesteht man – wie so manches andere – ganz allgemein den Frauen eine Seele zu; aber noch immer gibt es viele Hundertmillionen von Menschen, die nur dem Menschen, aber nicht auch dem höchststehendsten Tiere eine Seele zuerkennen wollen. Das hat höchstens eine ‚Tierseele‘, die von der menschlichen durchaus verschieden sei. Verschieden? O gewiß — gibt es doch nicht zwei Menschenseelen, noch auch zwei Menschenhände oder Menschenohren, die einander vollkommen gleichen. Dennoch aber ist die Seele, ist das geheimnisvolle Etwas, das alles Leben treibt, dasselbe bei der Butterblume, wie beim Infusorium, beim Menschen wie bei der Ameise.

★   ★   ★

In NeuYork gab's vor wenigen Jahren ein Gesellschaftsspiel, das hieß: Seelenwanderung; wo man nur hinkam, wurde es gespielt. Jeder wurde gefragt, was für ein Geschöpf er als Haus für seine Seele gern haben möchte, wenn er wieder mal neugeboren würde. Man mußte seine Wahl dann möglichst geistreich begründen — es ist garnicht zu sagen, welch blödes Zeug dabei herauskam. Dennoch glaube ich, wäre es ebenso wertvoll wie fesselnd, von berühmten Männern und Frauen — mit ihrer Begründung — zu wissen, als welches Tier sie bei einer Seelenwanderung wieder zum Leben kommen möchten.

Moltke interessierte sich sehr für die Seelenwanderung. Bismarck nicht weniger. Er sagte:

»Wenn ich die Gestalt zu wählen hätte, in der ich am liebsten noch einmal leben möchte, so glaube ich fast, daß ich eine Ameise sein möchte. Sehen Sie,« fuhr er fort, *»dieses kleine Geschöpf lebt unter einer vollkommenen politischen Organisation. Alle Ameisen sind verpflichtet zu arbeiten, ein nützliches Leben zu führen; alle sind fleißig, es herrscht vollkommene Subordination, Disziplin und Ordnung. Sie sind glücklich, denn sie arbeiten.«*

NAMENKUNDE

Ameisen.

Ackerbäuerin = sieh Ernteameisen.

Amazone = Polyergus rufescens.

Ammenameisen = Cremastogaster inflata, difformis.

Arbeiterlose = Anergates atratulus.

Aschfarbene = Formica cinerea.

Bäckerin = Aphaenogaster barbarus.

Ballonbauch = sieh Honigameise.

Bartameisen = Pogonomyrmex barbatus, Holcomyrmex, Messor usw.

Bartmacherin = Azteca barbifex.

Behaarte = Lasius.

Belanzte = sieh Wanderameise.

Bergarbeiterin = Lobopelta.

Bettlerin = sieh Gastameise, echte.

Blatthausameise = Oekophylla.

Blattschneiderin = Atta.

Blutrote = Formica sanguinea.

Bösartige = sieh Stachelameisen.

Bruträuberin = sieh Diebsameise.

Buckelameisen = Camponotinae.

Buckelgreis = Camponotus senex.

Bulldoggameise = Myrmecia fortificata

Dachdeckerin = Pogonomyrmex occidentalis.

Diebsameise = Solenopsis fugax.

Diebsameise, echte = Monomorium decamerum.

Erdarbeiterin = sieh Schwarzgraue.

Ernteameisen = Aphaenogaster, Messor, Pheidole, Holcomyrmex, Pogonomyrmex usw.

Feuerameise = Solenopsis geminata.

Gartenameise = Lasius.

Gärtnerinnen = Camponotus femoratus, Azteca olithrix usw.

Gastameise = Formicoxenus nitidulus.

Gastameise, echte = Leptothorax Emersoni.

Gemüsebäuerinnen = sieh Pilzzüchterinnen.

Grasgrüne = Oekophylla smaragdina.

Grubenameise = Bothriomyrmex meridionalis.

Hängebauch = Cremastogaster.

Hausameisen = Monomorium destructor, Pharaonis, Pheidole megalocephala, Iridomyrmex humilis, Solenopsis molesta usw.

Hirtin = sieh Viehzüchterinnen.

Holzschnitzerin = sieh Zimmermannsameisen.

Honigameisen = Myrmecocystus hortideorum, mexicanus, Camponotus inflatus usw.

Huberameise = Strongylognathus Huberi.

Hunnin = sieh Wanderameisen.

Hüpferin = sieh Zahnkämpferin.

Kanalarbeiterinnen = Lasius flavus, Solenopsis fugax usw.

Knotenameisen = Myrmicinae.

Königsmörderin = sieh Grubenameise.

Körnersammlerin = sieh Ernteameisen.

Küferin = sieh Honigameisen.

Langhalsige = Dolichoderinae.

Lappschildameise = Lobopelta.

Lebende Tür = sieh Türameise.

Legionsameise = sieh Wanderameisen.

Leichenfledderin = sieh Lumpenameise.

Lumpenameise = Tapinoma erraticum.

Maurerin = Lasius niger.

Milchmädchen = sieh Viehzüchterinnen.

Mitsparerin = Sympheidole elecebra.

Nomadin = sieh Wanderameisen.

Papierarbeiterinnen = Cremastogaster
Schenki, Azteca, Polyrhachis usw.

Pappmacherinnen = Lasius fuliginosus, um-
bratus, Dolichoderus, Liometopum microcepha-
lum usw.

Pflasterin = Pogonomyrmex occidentalis.

Pharaoameise = Monomorium Pharaonis.

Pilzzüchterinnen = Lasius fuliginosus, Atta,
Trachymyrmex usw.

Prärieameise = sieh Pflasterin.

Rasenameise = Tetramorium caespitum.

Räubergast = Harpagoxenus (Tomognathus
sublaevis).

Raubritterin = sieh Wegelagerin.

Roßameisen = Camponotus herculeanus, ligni-
perdus.

Rotbärtige = Formica rufibarbis.

Rote = sieh Waldameise.

Rußhaarige = Lasius fuliginosus.

Säbelameise, gelbrote = Strongylognathus te-
stacaeus.

Säerin = Pogonomyrmex molefaciens.

Salomonameise = Monomorium Salomonis.

Schlepperin = sieh Blattschneiderin.

Schmalbrüstige = Leptothorax.

Schnitterin = sieh Ernteameisen.

Schuppenameisen = sieh Buckelameisen.

Schwarzgraue = Formica fusca.

Sennerin = sieh Viehzüchterinnen.

Sklavenhalterinnen = Formica sanguinea, Polyergus rufescens, Strongylognathus usw.

Soldatenfresserin = Pheidole militicida.

Sparameise = Pheidole ceres.

Spinnerinnen = Oecophylla smaragdina, Camponotus senex usw.

Springerin = Odontomachus.

Stachelameisen = Ponerinae.

Stachelameise, gefleckte = Ponera Eduardi.

Tapeziererin = Lasius fuliginosus.

Tepegua = Eciton praedator, hamatum usw.

Termitenjägerinnen = Leptogenys, Lobopelta, Odontomachus usw.

Treiberameise = sieh Wanderameisen.

Türameise = Colobopsis.

Viehzüchterinnen = Lasius, Cremastogaster, Myrmica, Camponotus usw.

Vielarbeitende = sieh Amazone.

Viergeteilte = Tetramorium.

Waldameise, rote = Formica rufa.

Waldwiesenameise = Formica pratensis.

Wanderameisen = Dorylinae.

Wasserträgerin = Aphaenogaster picea.

Wegelagerin = Dorymyrmex pyramicus.

Wheelerameise = Wheeleriella Santschii.

Zahnkämpferin = Odontomachus.

Zeckenameise = Odontomachus clarus.

Zigeunerin = sieh Wanderameisen.

Zimmermannsameisen = Camponotus,
Colobopsis, Leptothorax usw.

Andere Insekten.

Ameisengrille = Myrmekophila.
Ameisenkakerlak = Attaphila fungicola.
Ameisenraubkäfer = Myrmedonia.
Bettlermücke = Harpagomyia splendens.
Blattflöhe = Psyllidae.
Blattkäfer = Chrysomelidae.
Blattläuse = Aphidae.
Bläulinge = Lycaenidae.
Buckelzirpen = Membracidae.
Büschelkäfer, sorglose = Atemeles.
Faulkäfer = Bradypus tridactylus.
Fransenkäfer, echter = Lomechusa.
Gastkäfer = Xenodusa.
Genossenkäfer = Hetaerius.
Gradflügler = Orthoptera.
Hängelippenkäfer = Cremastocheilus.
Hautflügler = Hymenoptera.
Holzläuse = Procidae.
Keulenkäfer = Claviger.
Leuchtzirpen = Fulgoridae.
Nager = Corrodentia.
Paussuskäfer = Paussus.
Pfeilschwanzschwenker = Dinarda.
Räuberfliege = Bengalia latro de Meijere.
Schildläuse = Coccidae.
Silberfischchen = Atelura.
Spitzleibkäfer = Oxysma.

INHALT

www.ingramcontent.com/pod-product-compliance
Lightning Source LLC
Chambersburg PA
CBHW020855210326
41598CB00018B/1677